编 委 会

环境科学特色专业建设的思路与实践

孙德智　王毅力　李　敏　主编

中国环境出版社·北京

图书在版编目（CIP）数据

环境科学特色专业建设的思路与实践/孙德智，王毅力，李敏主编. —北京：中国环境出版社，2013.6

ISBN 978-7-5111-1444-0

Ⅰ.①环…　Ⅱ.①孙…②王…③李…　Ⅲ.①环境科学—专业设置—研究—中国　Ⅳ.①X

中国版本图书馆 CIP 数据核字（2013）第 096131 号

出 版 人	王新程
责任编辑	付江平
责任校对	唐丽虹
封面设计	金　喆

出版发行　中国环境出版社
　　　　　（100062　北京市东城区广渠门内大街 16 号）
　　　　　网　　址：http://www.cesp.com.cn
　　　　　电子邮箱：bjgl@cesp.com.cn
　　　　　联系电话：010-67112765（编辑管理部）
　　　　　　　　　　010-67113412（图书出版中心）
　　　　　发行热线：010-67125803，010-67113405（传真）
印　　刷　北京中科印刷有限公司
经　　销　各地新华书店
版　　次　2013 年 6 月第 1 版
印　　次　2013 年 6 月第 1 次印刷
开　　本　787×1092　1/16
印　　张　21.75
字　　数　520 千字
定　　价　60.00 元

前　言

　　我国高等学校设置环境科学专业始于20世纪70年代末，这时的环境科学专业依托其他学科。进入80年代后，国内一些综合性大学先后设立了环境科学专业，表明我国的环境科学专业教育逐渐开展起来。

　　随着我国经济社会的快速发展，环境问题日趋严重，我国环境科学专业也进入快速发展时期，对环境问题的研究与培养专业人才进入了一个快速发展的阶段，环境科学专业点的数量明显增加。据不完全统计，到2012年，我国近250所的高等学校开设了环境科学本科专业，为国家培养了大量不同类型环境科学专业人才，对于解决我国严重的生态环境问题发挥了重要作用。但是，由于我国经济高速发展造成巨大环境压力的特殊国情，导致当前我国环境科学专业发展所面临的挑战也是空前的。环境科学作为一门导向性学科具有很强的社会应用性，既要不断地吸收其他学科的知识，又要立足于实际环境问题的解决。这也意味着环境科学面临着比其他学科更为艰巨、更为紧迫的任务。高等学校环境科学专业肩负着重要的历史使命与社会责任，既要研究污染的生成、转换、扩散等自然规律，研究控制污染的战略、规划、管理方案和技术手段，又要培养具有创新思想、创新能力和较强适应性的人才，进而为我国的环境保护与可持续发展事业作出应有的贡献。

　　北京林业大学环境科学本科专业始建于1997年，2003年环境科学硕士点获准招收工学硕士研究生。为加强环境学科的建设与发展，学校于2007年4月成立了环境科学与工程学院（以下简称学院），学院建设定位在科研与教学并重，学科方向为生态环境保护领域；人才培养定位在国家需求的高素质生态环境领域环境保护专门人才（特别是生态与农林领域）。自学院成立以来，将专业发展与国家经济社会发展密切联系，并得到了学校"211工程"三期和"985工程科技创新平台"等的支持，环境科学专业无论是人才培养质量还是科学研究，都得到高速健康的发展，得到学校和社会的认可，成为学校具有特色的专业之一，有着较为雄厚的师资和教学管理力量、完备的教学基础设施和办学条件。基于这些条件，学校认为环境科学专业符合教育部"质量工程"有关特色专业建设要求，同意申报国家特色专业进行建设，使专业不断发展和完善，成为特色更鲜明、优势更明显的高等教育专业，对我国同类专业的建设发挥更大的示范作用。

学院在环境科学国家特色专业建设的过程中，尤其在师资队伍建设、人才引进、实验基地和教学质量工程立项、国际交流等方面得到了学校的大力支持，为该项工程的顺利实施提供了有力帮助。经过3年的专业建设，基本上完成了计划任务书的主要建设任务，达到了预期建设成果。本书只是对我们进行环境科学国家特色专业建设的思路和实践过程的一个总结，还存在许多问题和不足，希望能得到国内同行的批评指导。

本书由"环境科学国家特色专业建设"负责人孙德智教授进行总体设计，并与王毅力教授和李敏教授共同组织编写而成，环境科学专业多位教师参与了本书的讨论和编写，其中孙德智负责第1章及第2章、第3章部分内容的编写，王毅力负责组织了第2章的编写，李敏负责组织了第3章的编写，专业教师张立秋、梁文艳、王辉、豆小敏、王春梅、黄凯、曲丹、姜杰、齐飞和马伟芳参与了部分内容的编写。全书由孙德智、王毅力和李敏负责统稿。

限于编者水平，加之时间仓促，书中的错误、疏漏之处在所难免，希望得到专家、学者及广大读者的批评指教。

编者

2013 年 2 月

目　录

第1章　环境科学国家特色专业建设总体思路

1.1　满足国家需求的环境科学专业发展战略

改革开放 30 多年来，我国的经济发展取得了长足的进步。但是，由于我国自然生态与环境的先天脆弱和地区发展的不平衡，加之人口过度增长、经济社会发展模式和某些政策不当，致使我国的生态与环境遭受了严重的破坏。当前，我国正处在改革发展的关键阶段，经济建设、政治建设、文化建设、社会建设以及生态文明建设全面推进，工业化、信息化、城镇化、市场化、国际化深入发展，人口、资源、环境压力日益加大。伴随着经济的快速增长，我们所面临的资源、环境和发展问题十分复杂，资源消耗和污染排放将面临非常严峻的形势，存在着水环境污染形势严峻、大气复合污染严重、大范围生态退化、生物物种资源丧失严重等诸多突出的环境问题。环境污染不断加剧与人民群众生活水平日益提高之间的矛盾也日渐突出，进而成为实现全面小康社会的最大制约因素。在未来的几十年间，如果采取的措施不力，主要污染物的排放量将持续攀升，水、大气、近岸海域、土壤等环境要素的质量存在着进一步恶化的巨大风险。

我国客观存在的不断恶化的环境形势，导致当前我国环境科学面临的挑战也是空前的。我国的环境科学肩负着巨大的历史使命与社会责任，需要尽可能地寻找出一条能在较短时间内解决我国环境问题的道路和途径，这就要求环境科学不仅要研究污染物生成、扩散、转化等自然规律，更要研究从根本上控制污染的战略、规划、管理方案和技术手段。而且需要不断提高环境科学人才的培养质量与规模。

最近 30 年来，我国环境科学的发展已经取得了很大的成就，不仅培养了大量合格的环境保护人才，而且为我国环境问题的解决作出了很大的贡献。然而，21 世纪经济社会的高速发展和全球化的国际竞争，对各类人才素质的要求不断提高，尤其需要具有国际竞争能力的外向型、复合型、创新型人才。因此，培养基础扎实、知识面宽、能力强、素质高的具有创新精神和实践能力的高级专门人才应该是环境科学专业人才培养的总体要求。

教育部制定的《国家教育事业发展第十二个五年规划》中明确指出："以加快转变经济发展方式为主线，推进经济结构战略性调整、建立现代产业体系，推进资源节约型、环境友好型社会建设，迫切需要进一步提高劳动者素质，调整人才培养结构，增加应用型、技能型、复合型人才的供给。"

社会对人才的需求是多样化的，因此人才的培养模式也应当是多样化的。概括起来，目前国家和社会发展急需环境科学专业培养以下四类人才：①具有高尚的科学素养和扎实的专业知识、对环境科学学术研究充满兴趣和研发能力的环境科学综合型学术人才；②将环境科学实用型技术应用到环境领域的专门型技术人才；③具有环境专业素质和组织管理能力的环境保护领域管理者；④具有强烈的社会责任感和奉献实干的环境保护产业实业人士。

当前，我国高等学校环境科学专业人才培养模式总体上还比较单一，往往是偏重学术人才、技术人才的培养，而对于具有环境素质的管理者以及环境领域的实业人才培养缺乏系统思考和机制应对，导致应用型、技能型、复合型人才的紧缺。在传统的培养体制下，教学较多关注的是学生业务学习能力的培养，而很少关注学术、科研以外的综合素质的培养，这样无异于抹杀或削减了学生成为具有高素质的环境管理者和实业人才的机会。而当今社会，用人单位更注重的是能力评价，独立工作能力、操作技能、学习新知识能力、表达与沟通能力及合作能力均受到更多的重视。

因此，在现有的培养体系的基础上，需要加强创新人才培养体制、办学体制、教育管理体制，改革教学内容、方法、手段，建设现代学校制度，如增加与社会实践密切相关的课程或者讲座等教学内容，以便有此方面兴趣的同学选修，通过实践性很强的培养训练，一方面能够锻炼和提高专业人才的综合素质；另一方面也能让专业人才更好地了解所学知识在现实生活中的应用情况，以便及时做出调整，也只有这样，才能真正培养出社会所需要的人才。

《国家教育事业发展第十二个五年规划》指出："人才培养的体制机制更加适应社会主义市场经济的要求，树立多样化人才观念，不拘一格培养人才。"要"尊重教育规律和学生身心发展规律，坚持德育为先，能力为重，全面实施素质教育，培养德、智、体、美全面发展的社会主义建设者和接班人。要服务国家战略，将服务加快转变经济发展方式的要求和理念贯穿到教育工作全局。进一步发挥教育人才培养、科学研究、社会服务和文化传承创新的作用，大力调整人才培养结构，扩大紧缺人才特别是技能型、应用型、复合型人才培养规模，着力提升人才培养质量。优化结构、强化特色，走以质量提升为核心的内涵式发展道路"。在提高人才培养质量方面，强调"全面发展和个性发展、创新思维和社会实践紧密结合"。在创新人才培养方面，强调"加强创新意识和能力培养。把激发学生的学习兴趣、保护学生的好奇心作为教学改革重要标准，努力营造鼓励独立思考、自由探索、勇于创新的良好环境。注重学思结合，知行统一，因材施教，推广启发式、探究式、讨论式、参与式教学方法。加强动手实践教学，增加学生参加生产劳动、社会实践和创新活动的机会。拓宽创新型人才的成长途径。按照培养造就新知识的创造者、新技术的发明者、新学科的创建者的要求，深入研究拔尖创新人才的特征和成长规律，有效识别具有创新潜质的学生。支持部分高等学校探索建立科学基础、实践能力和人文素养融合发展的人才培养模式。"

环境科学是问题导向性学科，因环境问题而产生，以解决实际的环境问题为根本。环境科学面对前所未有的挑战和机遇，必须清醒地认识到，环境学科专业人才培养和专业发展方向应密切结合当前国民经济和社会发展所面临重大生态环境问题的科技需求，为国家发展战略提供咨询研究工作，为国家或地区在发展过程中提供战略咨询，为企业环境问题的解决提供技术支持。从生态变化、资源利用、城市与区域规划与发展的角度分析和认识环境污染问题，提出解决方案，更需要从社会政策、经济等多重视角认真审视这些环境问题，才能够得出切实、可行、有效的解决方案。我国的环境问题在近 30 年内集中发生和累积，其复杂性和严峻性是世界之最，解决这一世界性的难题，为环境科学提供了极佳的发展机遇。近年来，环境科学在学科理论体系和方法学的构建上取得了突破，使得学科教学体系和专业知识体系的优化有了理论指导。环境科学的各个分支学科都在快速发展，无论是对污染物的环境行为，还是污染控制技术、生态保护技术，或者与生态环境保护相关的清洁生产技术、循环经济技术，乃至环境伦理、环境法律、环境规划与管理、环境经济学等都有了长足的进展。作为培养环境科学专业人才的高等学校，应当尽快适应这一变化，加快人才培养体系的改革步伐，以适应环境科学专业知识快速更新的节奏。

影响环境科学专业人才培养的因素是多方面的，其中最为重要的包括：中国国情和环境问题全球化对环境专业人才的需求、环境科学的快速发展、相关学科的发展、现代仪器设备和信息网络的广泛应用、国际履约与交流合作等。由于我国环境问题的复杂性，因此，需要培养的环境科学专业人才具有：①信念执著、品德优良、服务国家、服务人民的社会责任感；②系统分析环境问题的能力。能够对环境问题发生的多种原因（物理、化学、生物、技术、社会）做出全面、准确的定性描述，能够运用相关学科的知识和方法，对环境问题发生的原因和影响做半定量、定量的描述；③综合解决环境问题的能力。能够正确使用不同技术方法进行有效组合和系统集成，实现对环境问题的有效解决。

1.2　我校环境科学国家特色专业建设目标与建设内容

我国农林院校中设置环境科学专业的共有几十所，大部分院校中环境科学专业的办学均是参考或照搬了国内重点院校（学科）的办学模式，人才培养特色和专业发展方向不够突出，难以满足社会对环境科学专业不断变化的要求，或是在与其他重点院校环境科学专业毕业生的就业竞争中不占优势。然而值得注意的是，农林院校的环境科学专业在人才培养和专业发展方向上也存在着一些先天的优势，譬如北京林业大学作为国家首批"211 工程"和"国家 985 科技创新平台"建设的全国重点大学，在林学、水土保持、园林、生态学、生物学等方面具有鲜明的特色和雄厚的研究实力。环境科学专业可与上述专业进行交叉融合，充分吸收借鉴上述专业相关的理论与技术，有利于我校环境科学专业的发展和特色人才的培养。

基于上述背景，北京林业大学环境科学专业于 2010 年申请并得到教育部批准建设《环境科学国家特色专业》[高等学校特色专业建设点项目（TS11829）]，以期为我国农林院校环境科学专业的办学模式提供借鉴和参考。

1.2.1　"环境科学国家特色专业"建设目标

紧密结合我国经济社会和国际生态环境领域的发展前沿对环境科学专业的需求，构建出具有农林特色的环境科学专业人才培养模式，即培养的专业人才适应 21 世纪社会发展需要，德、智、体、美全面发展，掌握环境科学专业领域污染防治、环境规划、评价以及生态环境资源保护等方面的基本理论、基本知识和基本技能，具备较强的计算机和外语应用能力、创新意识和独立获取知识的能力以及环境科学领域的实践与科学研究、规划与管理能力，具备良好的科学素养与团队协作精神，能够从事生态环境污染防治研究及相关工作。建设一支师德高尚、业务精湛、结构合理、充满活力的高素质专业教师队伍。构建一套规范化专业建设与人才培养规章制度，实现精细化管理过程，为专业快速发展提供保障。

1.2.2　建设内容

我校环境科学国家特色专业建设内容包括如下几个主要方面。

（1）完善环境科学专业人才培养体系　完善专业人才培养体系，目的是提高人才培养水平。适应国家和社会发展需要，遵循教育规律和人才成长规律，深化教育教学改革，创新教育教学方法，探索培养四类专业人才方式，努力造就德、智、体、美全面发展的高素质专业人才。

2007年，我们参照教育部环境科学教学指导委员会"十一五"有关指导性文件，结合社会对环境科学专业人才的实际需要，以培养知识、能力和素质俱佳，具有"厚基础、宽口径、重能力、有特色"的人才为核心目标，对2002版环境科学专业人才培养方案进行了全方位、大幅度的修改，深入优化理论课程教学体系和实践课程教学体系，构建出2007版环境科学专业人才培养方案（以下简称"2007版人才培养方案"）。

"2007版人才培养方案"实施四年来，取得了显著的成绩，环境科学专业本科生的教学效果和教学质量明显提高，学生的专业知识、分析与解决实际问题的能力、实践动手能力与管理能力等方面均得到了显著提高，达到了预期的目标，得到了同学的认可和用人单位的好评。

但是，"2007版人才培养方案"实施也发现存在一些问题与不足，特别是人才培养的特色仍不够十分鲜明，理论与实践教学体系的内涵有待进一步丰富。为此，需要对"2007版人才培养方案"进行调整和完善。

按照教育部高等学校环境科学专业教学指导分委会提出的环境科学本科专业"十二五"人才培养战略和规范，我们将我校环境科学专业人才培养定位在：培养生态环境保护领域，特别是农林生态环境领域知识、能力、素质俱佳，具有"厚基础、宽口径、重能力、有特色"特征的，满足社会所需的高素质环境保护专门人才。据此来完善专业人才培养体系，具体内容包括：专业人才培养方案的修订完善，使特色更加鲜明；专业课程体系修订完善，构建出具有鲜明特色的环境科学专业课程体系；专业课程教学大纲修订完善，其目的是整合与优化课程内容，使课程内涵更加丰富，并加强精品课程建设；专业实践教学条件的建设与完善，着力加强培养专业人才分析问题、解决问题和动手能力，加强实验室和教学实习基地的建设。争取将环境科学专业建设成为整体水平居国内农林院校一流的专业和国家生态与农林环境保护行业人才培养基地。

（2）建设一支高素质专业师资队伍　我国的经济与社会发展对环境科学专业提出了更高的需求，各高校都十分重视师资队伍建设，确保专业拥有一支高水平、高素质、结构优化、质量优秀的教师队伍，是环境科学专业可持续发展的重要保证。

我校环境科学专业专职教师全部具有博士学位，而且皆来自国内外名牌大学。教师主要以中青年教师为主，40岁以下教师占80%。总体上，从培养国家和社会发展需要的环境科学专业四类人才角度来看，本专业目前的师资队伍还存在不少的问题，主要体现在：一是师资队伍年龄结构整体年轻，教学与科研的经历不多，尤其是教学方法与经验欠缺、教学技能与水平亟待提高；二是在国内外有影响力的教师偏少，与国际交流的能力亟待提高；三是师资队伍整体知识结构不尽合理。由于上述原因，导致我校环境科学专业的人才培养质量还不高，缺乏在社会上的竞争力。因此，需要通过"环境科学国家特色专业"的建设，强化教师队伍建设，提升教师整体素质。

师资队伍的建设内容包括：提升教师教学水平、科研能力和国际交流能力，改善教师队伍知识结构，全面提升教师队伍整体素质，形成一支师德高尚、创新能力强、知识结构与年龄梯队合理的高素质专业师资队伍，满足培养知识、能力和素质俱佳的环境科学专业人才的需要。

（3）构建一套规范化的专业建设规章制度，实现精细化管理过程　经过多年的专业发展和人才培养实践，我们充分认识到管理规章制度规范化，并在实施过程中实现精细化，是专业健康发展和高质量专业人才培养的重要保障。

根据专业发展方向和人才培养的需要，我们已经建立了一些管理规章制度，并付诸实施。在"环境科学国家特色专业建设"过程中，我们将根据专业发展方向和专业人才培养定位，建立健全环境科学专业各项规章制度、监督和奖励机制，构建出一套规范化专业发展和人才培养规章制度，并在管理过程中实现精细化。实现专业建设科学化、教学管理规范化、教研活动常规化、师资培训制度化。

1.3　预期建设成果

经过 3 年的建设，我校环境科学国家特色专业将建设成为具有特色鲜明、优势明显、教学与科研并重、整体水平居国内农林院校一流和国家生态与农林环境保护行业人才培养基地，可为我国农林院校环境科学专业的办学模式提供借鉴和参考。预期建设成果如下：

（1）完善环境科学专业人才培养体系　该培养体系面向国家对生态环境保护人才的需求，结合我校在水土保持、园林、生态与生物等学科的特色和优势，适应培养生态环境保护领域，特别是农林生态环境领域知识、能力、素质俱佳，具有"厚基础、宽口径、重能力、有特色"特征的，满足社会所需的高素质环境保护专门人才。

➢ 构建出满足环境科学专业人才培养的课程体系，其特色更加鲜明。课程体系要明确规定每门专业课的知识单元和授课内容，课程设置与教学内容充分体现我校农林院校特色。

➢ 修订完善环境科学专业各门课程的教学大纲，使课程内涵更加丰富，注重将本专业的新理论与新技术及时引入教学活动中。

➢ 加强精品课程建设；建设 6～8 门校级精品课程。建成 3～5 门校级精品课程（包括：环境化学、环境监测、水污染控制工程、大气污染控制工程），其中有 1～2 门课程可以申请北京市精品课程；出版《环境监测实验》专业教材 1 部。

➢ 申请各级教学改革课题 6～10 项，争取获校级教学成果奖 1～2 项。

➢ 发表教学论文 8～10 篇。

➢ 加强实践教学体系的建设和实习实践基地的建设。

实践教学体系的建设要充分体现学生创新能力、动手能力和解决实际问题能力的训练。争取将环境科学专业实验中心建成北京市级实验教学示范中心。

实习实践基地的建设，首先要建设好已有的两个教学实习基地（北京亦庄金源经开污水处理厂、北京高安屯垃圾处理厂）；3 年内新建两个教学实习基地（北京高碑店污水处理厂、北京鹫峰国家森林公园）。充分发挥校内北京市教委"污染水体源控与生态修复技术工程研究中心"和北京市"水体污染源控制技术"重点实验室产学研结合的功能，提高专业学生解决实际环境问题的能力。

（2）建成一支高素质专业师资队伍 全面提升专业教师的教学水平、科研能力和国际交流能力，构建一支师德高尚、创新能力强、知识结构与年龄梯队合理的高素质专业师资队伍，满足新时期环境科学专业人才培养的需要。力争形成环境科学专业校级教学团队。

（3）构建一套规范化的专业管理规章制度 建立健全环境科学专业各项规章制度、监督和奖励机制，实现精细化管理过程。专业管理规章制度包括：专业建设、教学管理制度、教师考核奖励制度、教研活动和师资培训等。

➢ 专业建设。依据在我国快速发展过程中环境问题的特殊性和解决环境问题的紧迫性对环境科学研究及环境科学人才培养的巨大需求，参照教育部高等学校环境科学专业教学指导分委会提出的环境科学本科专业"十二五"人才培养战略和规范，进行环境科学专业建设，采用科学的建设机制，定期投入，规范监督制度，有效推进建设步伐。

➢ 教学管理制度。在进一步完善现有教学管理制度基础上，强化教研室的建设，每门专业课程均由 2～3 名教师组成课程组，在教研室范围或专业范围内，共同研讨课程的教学方法和内容，并定期组织观摩教学。

➢ 教师考核奖励制度。完善教师考核奖励制度，将教学质量纳入教师评价体系，并与岗位聘任和津贴发放等挂钩。定期考核教师的业务水平，促进教师的业务能力提高，扩大本专业在国内外的影响。

➢ 教学研究活动制度。以教研室为单位，实现教学研讨和教学经验交流制度化。

➢ 师资培训制度。以提升青年教师教学和学术水平为宗旨制定相关制度，组建教学团队和科研团队。

第2章　环境科学特色专业建设实践

2.1　专业人才培养体系的建设实践

我们跟踪国际上环境科学领域发展动态，结合我国在环境科学领域的社会需求和对专业人才需求，特别是在农林与生态环境领域的科技需求和人才需求，参照教育部环境科学教学指导分委员会制定的环境科学专业"十二五"发展战略与规范，对环境科学专业人才培养体系进行了建设实践，主要工作包括专业人才培养方案的修订完善、专业课程体系建设实践、专业课程教学大纲的修订完善以及专业实践教学条件的建设等方面。

2.1.1　专业人才培养方案修订完善

根据环境科学特色专业建设的总体思路与目标，我们通过对 2007 版环境科学人才培养方案的实践效果进行了分析，认为尽管该培养方案在体现"厚基础、宽口径、重能力、有特色"的人才培养方面取得了较好的成绩，但还存在"人才培养的特色不够鲜明，理论与实践教学体系的内涵期待进一步丰富"的问题，从而在人才培养质量方面具有较为明显的局限性。鉴于此，我们对 2007 版环境科学专业人才培养方案进行了修订完善，形成了 2011 版环境科学专业人才培养方案。

2.1.1.1　培养方案修订原则

环境科学特色专业人才培养方案的修订完善遵循的原则。

1. 准确定位，突出特色

目前，我国环境问题"结构型、复合型、压缩型"的特点决定了高等学校培养环境科学专业本科人才的定位为"复合型、高技能、应用创新型、国际化"的环境保护的专门人才。北京林业大学作为国家首批"211 工程"和"国家 985 科技创新平台"建设的全国重点大学，在林学、水土保持、园林、生态学、生物学等方面具有鲜明的特色和雄厚的研究实力。因此，学院在秉承上述高等学校环境科学专业本科人才定位目标的同时，紧密结合北京林业大学的优势，最终确定北京林业大学环境科学专业本科人才培养的定位为"面向生态环境保护领域，特别是农林生态环境领域，培养具有'厚基础、宽口径、重能力、有特色'的和知识、能力、素质俱佳的高素质环境保护专门人才"。依据这一定位，本科人才注重素质、能力和知识 3 方面的培养，具体内容参考"教育部高等学校环境科学教学指导分委员会"制定的环境科学专业规范（征求意见稿）确定如下：

（1）素质结构要求　培养本科生的综合素质，使之具备强烈的社会责任感和奉献实干精神、团队协作精神、良好的职业意识；培养创新意识和创新思维能力，使学生具有掌握新技术、高技能、拓宽新市场、服务再创新的素质。具体而言，需要从思想道德素质、文化素质、专业素质以及身心素质4方面进行培养。

思想道德素质：即具有政治素质、思想素质、道德品质、法制意识、诚信意识、团队意识。具有科学的世界观、人生观和价值观；具有使命感、责任感、危机感、正义感等高尚的品质。热爱环境保护事业，注重职业道德修养。

文化素质：即具有丰富的国内外历史文化知识、较好的语言表达和人际交往能力以及较高的文化艺术修养；具有正确的思想观念，科学的思维方式，高尚的价值取向、人格品质和审美情趣。

专业素质：即具有敏锐的洞察力、创造性思维、科学思维方法、科学研究方法、创业创新意识，掌握综合分析问题的能力，具有求真务实的专业精神、严谨的科学素养和精益求精的专业态度。

身心素质：即具有主动锻炼的意识，具有崇高的理想、强健的体魄和健康的心理素质，乐观、自信，具有紧迫感、坚韧的毅力和不畏艰难的气魄，勇于面对风险。

（2）能力结构要求 总体而言，要求本科生具有分析能力、实践能力、创新应变能力、组织管理能力、终身学习能力、国际交流和竞争能力。为了达到上述能力要求，就需要本科生在获取知识、应用知识和创新知识的能力方面得到全方位的提高。

获取知识的能力：具有很强的自学能力，较好的表达、沟通与社交能力，较强的外语、计算机及信息技术应用和文献检索能力。

应用知识的能力：具有较强的综合应用专业知识和相关领域的知识去发现问题、分析问题和解决问题的能力，以及环境科学领域的综合实验与实践能力。

创新知识的能力：在环境科学领域内具有一定的创造性思维能力、创新实验能力、科技研发能力。

（3）知识结构要求 在知识结构方面，要求本科生具有扎实的理论基础和专业知识、高超的专业技能。对本科生的知识结构的培养，需要从工具知识、人文社会科学知识、自然科学知识、工程技术科学知识以及专业知识方面进行构建。

工具性知识：熟练掌握外语、计算机及信息技术应用、文献检索、科技方法、科技写作等方面的知识。

人文社会科学知识：具有基本的文学、历史学、哲学、政治学、法学、社会学、心理学、管理学、经济学等方面的知识。

自然科学知识：具有较扎实的数学、化学、物理学、生物学、生态学、地学等方面的基础知识。

工程技术科学知识：了解相关的工程技术科学知识，譬如：电工电子技术、仪器分析技术、污染控制技术、生态修复技术等。

专业知识：具有全面扎实的专业基础知识和专业方向知识，包括环境学、环境自然科学、环境技术科学、环境人文社会科学等领域的专业知识以及环境科学实验与实践的知识。

2. 优化体系，通专兼顾

优化环境科学专业人才培养体系，实现通识教育、学科基础教育、专业教育三大平台与综合拓展环节的有机结合。坚持通识教育与专业教育并重的原则，注重相关专业知识的交叉与融通，注重前沿和特色。按照"加强通识教育，拓宽学科基础，优化专业核心课程，拓展专业选修课程，强化实践环节"的总体思路，专业通识教育、学科基础以及专业核心课程的设置应体现"厚基础、宽口径、重能力、有特色"的人才培养目标，参考"教育部高等学校环境科学教学指导分委员会"制定的环境科学专业规范（征求意见稿）的普通教育（通识教育）、专业教育和综合教育 3 个知识体系，并体现我校农林生态环境保护特色以及专业发展的需要适当设置其余的课程。

3. 强化实践，注重创新

我们通过对 2007 版人才培养方案及其实施效果进行了深刻的剖析，对实践教学环节在高素质环境科学专业本科人才培养中的关键作用又有了更为明确的认识，因此在环境科学专业人才培养方案的修订完善过程中，对于每门专业课程均设置了相应的实践环节，包括课程实验、课程设计、综合实习、毕业论文，其目的是强化训练本科人才的实践动手能力与分析、解决实际问题的能力。其中，专业核心课程的实验课程均独立设课，在实验课程内容方面提高综合性、设计性实验比例；课程设计类型尽量接近具体的环境问题；综合实习的指导教师应该具有实际工程经验，内容应该紧密结合相关专业课程和现场工程技术；毕业论文均来源于生产实践和教师科研工作，通过上述措施，强调了实践训练的实战型特征，逐步构建"基础、综合、创新"系列化、多层次、阶梯状的实践教学体系。

同时我们通过充分发挥学院的科研优势，鼓励环境科学专业本科生积极参与大学生科研训练、学科竞赛、科技发明等活动，构建多种形式的创新创业教育和科研活动体系。

4. 分类指导，发展个性

对于社会需要的 4 类环境科学专业本科人才，除了专业规范中必须掌握的课程内容外，我们在环境科学人才培养方案中也分别设置了一些选修课程，本科生可以根据自己的兴趣和特点选择性学习，并聘请专业教师对他们进行专门指导，激发学生在某个方面所具有的优势与潜能，为他们创新创业能力的培养奠定基础。

2.1.1.2　环境科学本科专业的培养目标

结合"教育部高等学校环境科学教学指导分委员会"对环境科学专业规范（征求意见稿）的指导性意见和我校的农林生态环境保护特色，对环境科学专业的人才培养目标与规格定位如下：

本专业培养适应 21 世纪社会发展需要，德、智、体、美全面发展，掌握环境科学专业领域的化学、生物、生态、监测、规划与管理、影响评价、污染控制技术等的基本理论、基本知识和基本技能，具备较强的计算机和外语应用能力、创新意识和独立获取知识的能力以及环境科学领域的科学研究与污染防治技术的实际应用能力，具备良好的科学素养与团队协作精神，能够从事生态环境保护及相关工作的专门人才。

本专业学生本科毕业后可继续深造或者在科研院所、规划设计单位、企业、行政管理部门等从事与环境科学相关的科学研究、环境监测、环境评价、环境规划与管理、生态环境污染防治的技术研发等工作。

2.1.1.3　环境科学本科专业的培养方式

建立和完善有利于学生健康成长的培养机制，采用灵活多样的人才培养方式，包括课堂教学、实践教学、学术讲座、毕业论文、大学生素质拓展计划、讲座、社团活动等，充分发挥教师主导、学生主体的作用。教学中引入现代化的教学手段，丰富教学内容，扩大课堂教学的信息量，注重将最新的科学研究成果融入教学环节中。采用启发式、研讨式的教学方式，充分调动学生学习的积极性和主动性，培养学生的自学能力。重视实践性教学环节，加强学生科技创新能力的培养，注重学生科学研究、规划管理和动手能力的训练。

2.1.1.4　环境科学本科专业的知识体系

根据高等院校理工科本科专业规范的要求，环境科学本科专业的知识体系包括普通教育（通识教育）内容、专业教育内容和综合教育内容 3 大部分，在每一部分中，设立了相应的知识领域，其中每一个知识领域也设立了核心知识单元和选修知识单元。具体内容见表 2.1。

表 2.1　知识领域和知识单元

知识类别	知识领域	核心知识单元	选修知识单元
普通教育	人文社会科学	马克思主义基本原理 中国近代史纲要 毛泽东思想和中国特色社会主义理论体系概论 思想修养与法律基础	人文科学、社会科学类
	自然科学	高等数学 概率论与数理统计 无机化学 有机化学 分析化学 物理化学 物理学 电工与电子技术 仪器分析 学术讲座	线性代数 数学与自然科学类选修课程
	经济管理	管理学基础	
	外语	大学英语	
	计算机信息技术	计算机应用基础、C 语言	
	体育	体育	体育类
	实践训练		
专业教育	环境学	环境问题 环境学原理 环境科学研究方法	环境调控
	环境自然科学	环境生态过程与效应 环境化学过程与效应 环境生物过程与效应 环境地学过程与效应	环境物理过程与效应 环境数学模拟 环境毒理过程与效应
	环境技术科学	环境工程原理 环境监测 环境影响评价 水污染控制 大气污染控制 土壤污染控制 固体废弃物处理处置	环境工程制图 环境流体力学 物理性污染控制 生态修复 膜分离技术 土建概论
	环境人文社会科学	环境管理 环境规划	环境经济学 环境法学

知识类别	知识领域	核心知识单元	选修知识单元
专业教育	环境科学实验与实践	环境科学专业综合实习 毕业论文（毕业设计） 环境生物实验 环境化学实验 环境监测实验 环境规划与管理课程设计 环境影响评价课程设计 环境工程原理实验 水污染控制工程实验/课程设计	分析化学实验 物理学实验 有机化学实验 物理化学实验 仪器分析实验 环境流体力学实验 环境地学实验 膜分离技术实验 大气污染控制实验/实习 固体废弃物处理处置实验/实习 环境工程制图课程设计
综合教育	农林知识		植物学、植物学实验/实习、测量学、测量学实习
	思想教育文艺活动	入学教育及军训	形势与政策
	学术与科技活动	大学生素质拓展计划	大学英语自主听说、大学生科技创新
	素质修养	志愿服务与公益劳动	艺术审美
	体育活动		各类体育活动
	自选活动		职业生涯与发展规划、就业指导

在"教育部高等学校环境科学教学指导分委员会" 对环境科学专业规范（征求意见稿，表2.1）的基础上，通过认真分析"国内著名大学（北京大学、北京师范大学、南京大学、浙江大学、南开大学）的人才培养方案"，吸收了他们在具有"厚基础、宽口径、重能力、有特色"的专门人才培养方面的优点。此外，我们也紧密结合我校在水土保持、园林、生态与生物等学科与专业的特色和优势，在表2.1的专业教育领域补充"水污染和土壤污染生态修复"、"面源污染控制和水土流失控制基本原理"和"基础生态学和景观生态学"等知识单元的内容。构建具有鲜明农林生态环境保护特色的高素质环境保护专门人才培养的知识体系。

2.1.1.5　学制

标准学制四年。

2.1.1.6　毕业与学位

该专业毕业生至少修满174.5学分，其中理论及实验教学学分155学分，必修实践环节19.5学分。达到本专业的培养目标及相关要求，修满本专业规定的学分，毕业论文合格，准予毕业。达到毕业授予学位条件的，授予理学学士学位。

2.1.2　专业的课程体系建设实践

2.1.2.1　课程体系总体设计思路

在专业课程体系的建设过程中，强调系列课程体系的整体建设，积极进行环境科学专业教学内容的改革，进一步优化整合课程体系，优化课程体系的结构、内容，处理好相关课程之间的关系，使基础课、专业基础课与专业课内容配置更加合理、衔接更加紧密。重点突出行业教学特色，加强专业特色与优势课程建设，注重实验与实践教学内容，并及时补充更新教学内容。通过课堂理论教学、创新实践训练与综合素质培养等教学环节，实现"厚基础、宽口径、能力强、有特色"的专业人才培养目标，为我国农林院校环境科学专业建设提供示范作用。

通过研讨，我们确定环境科学专业才人培养方案课程体系按照通识教育、学科基础教育、专业教育3个平台进行设计：

（1）通识教育平台   通识教育平台由公共基础课和公共选修课构成。

公共基础课要在不同学科之间构建共同的基础知识平台，主要包括思想政治理论课、英语、体育等。

公共选修课分为社会科学、人文科学、数学与自然科学、艺术审美、体育五大类，学生选修与本专业相近课程（不计入通识教育学分）。

该平台的主要功能是以培养人格健全和素质全面的复合型人才为目标，加强人才的思想道德素质、外语工具性知识以及身心素质的培养，而且针对环境科学专业的理工特点，补充该专业本科人才的人文社会科学知识、自然科学知识，加强他们文化素质的修养。

（2）学科基础教育平台   学科基础教育平台由数学、物理、化学等基础性课程和学科大类基础课构成。按照学科要求进行设置，原则上应在前4个学期内完成。根据多层次人才培养需要开设名师讲堂或学术讲堂。

该平台的主要功能是针对环境科学本科专业的知识体系的要求，强化该专业本科人才的自然科学知识、计算机工具性知识以及工程技术科学知识的培养。

（3）专业教育平台   专业教育平台包括2个体系：理论教学体系和实践教学体系，其中理论教学体系包括专业核心课（必修）和专业选修课。

专业核心课：包括5～7门理论课，体现专业核心知识、能力和素质的培养要求。

专业选修课：按照专业特色与前沿、社会需求等情况灵活设置，为学生个性化发展提供空间。

专业实践教学体系包括课程实验、课程设计、综合实习、毕业论文，这些实践环节也分为必修课和选修课。

该平台的主要功能是提供环境学、环境自然科学、环境技术科学、环境人文社会科学等领域的专业知识，培养环境科学本科专业人才获取、应用及创新知识的能力和良好的专业素质。重点掌握环境污染物的行为效应、环境监测、评价、规划与管理的基本方法以及污染防治技术的基本技能，熟悉生态环境污染防治的基本方法与实验技能；系统地掌握环境科学领域相关的科学研究与实际应用能力；具有获取、应用和创新知识以及管理与合作交流的能力；具有在生态环境领域可以从事与环境科学相关的科学研究、环境监测、环境评价、环境规划与管理、污染防治的技术研发等工作的能力。

2.1.2.2 课程体系的构建

1. 通识教育平台的构建

依照在环境科学专业本科人才培养方案中通识教育平台的设计思路构建出如表2.2所示课程体系。其中公共基础课设置情况如下：思想政治理论课，14学分，另开设"形势与政策"课，2学分。可采取课堂讲授、网络学习与实践教学等相结合的教学模式；英语，大学英语200学时，12.5学分，并在综合拓展环节中安排大学英语自主听说120学时，7.5学分；体育，采取必修课与选修课相结合的方式，必修课64学时，4学分，其中包括1学分的实践环节，由体育教学部安排，选修课56学时，3.5学分。此外，开设"管理学基础"主要是培养环境科学专业理工类本科生在"管理学"方面的素质。

表 2.2　通识教育平台课程设置

课程名称	学时	学分	开课学期	备注
体育	48	4	1，2	必修
大学英语	200	12.5	1，2，3，4	必修
管理学基础	32	2	3	必修
马克思主义基本原理	48	3	3	必修
中国近现代史纲要	32	2	3	必修
毛泽东思想和中国特色社会主义理论体系概论	80	6	4	必修
思想道德修养与法律基础	40	3	4	必修
公共选修课		最低选修 14 学分	依照教务处安排	选修

公共选修课分为社会科学、人文科学、数学与自然科学、艺术审美、体育五大类，最低选修 14 学分，其中体育类至少选修 3.5 学分，其他类每个领域至少选修 2 学分。环境科学专业的学生，在社会科学、人文科学类至少修满 4 个学分。学生选修与环境科学专业相近课程，不计入通识教育学分。

这些课程主要体现环境科学专业本科人才培养的"宽口径"目标。

2.　学科基础教育平台的构建

环境科学专业本科人才培养方案的学科基础教育平台的课程设置，如表 2.3 所示。该课程体系主要由数学、物理、化学等基础性课程以及计算机技术、电工电子技术和仪器分析构成，这些课程均在前 4 个学期完成。并在此基础上开设学术讲座课程。通过这些课程的学习，目的是奠定环境科学专业本科生的自然科学知识、计算机工具性知识以及工程技术科学知识的基础，主要体现环境科学专业本科人才培养中的"厚基础"目标。因此在内容的设计上需要覆盖"环境科学本科专业的知识体系"中知识单元涉及的内容。

表 2.3　学科基础教育平台课程设置

课程名称	学时	学分	开课学期	备注
计算机应用基础	40	2.5	1	必修
无机化学	56	3.5	1	必修
高等数学	176	11	1，2	必修
C 语言	56	3.5	2	必修
分析化学	32	2	2	必修
分析化学实验	32	2	2	必修
物理学	48	3	2	必修
物理学实验	32	2	2	必修
电工电子技术	48	3	3	必修
有机化学	48	3	3	必修
有机化学实验	32	2	3	必修
概率论与数理统计	56	3.5	4	必修
物理化学	56	3.5	4	必修
物理化学实验	32	2	4	必修
仪器分析	48	3	4	必修
学术讲座	16	1	5，6	必修

3. 专业教育平台的构建

依据 2.1.2.1 中总体设计思路，理论教学体系的课程设置，如表 2.4 所示。其中专业核心课包括环境化学、环境监测、环境生物学、环境工程原理、环境规划与管理、环境影响评价、水污染控制工程等。这些课程是人才培养知识体系中专业知识的核心，是环境科学专业本科生必修的课程，主要体现环境科学专业本科人才培养中的"厚基础"目标。

表 2.4　专业教育平台中理论教学体系的课程设置

课程名称	学时	学分	开课学期	备注
环境生物学	32	2	3	必修
环境工程原理	40	2.5	5	必修
环境化学	32	2	5	必修
环境监测	40	2.5	5	必修
环境规划与管理	64（含课程设计 16 学时）	4	6	必修
环境影响评价	48（含课程设计 16 学时）	3	6	必修
水污染控制工程	56	3.5	6	必修
水污染控制工程实验	32	2	6	必修
环境学	32	2	1	选修
植物学	16	1	1，2	选修
测量学	40	2.5	3	选修
环境工程制图	56（含课程设计 16 学时）	3.5	3，5	选修
线性代数	48	3	3	选修
环境流体力学	48（含课内实验 8 学时）	3	4	选修
环境生态学	32	2	4	选修
物理性污染控制工程	24	1.5	4	选修
环境地学	40	2.5	5	选修
环境经济学	32	2	5	选修
膜分离技术	24（含课内实验 10 学时）	1.5	5	选修
土建概论	16	1	5	选修
大气污染控制工程	48（含课内实验 10 学时）	3	6	选修
固体废弃物处理处置技术	32	2	6	选修
环境毒理学	32	2	6	选修
水污染生态修复技术	24	1.5	6	选修
环境法学	32	2	7	选修

专业选修课：按照专业特色与前沿、社会需求等情况进行灵活设置，为学生个性化发展提供空间，并体现农林生态环境保护的特色和融合我校优势学科与专业的特色知识，主要体现环境科学专业本科人才培养中的"宽口径、有特色"目标。其中环境科学专业概论性课程为环境学；环境科学专业的理论知识课程包括环境生态学、环境地学、环境毒理学、环境经济学、环境法学等课程；环境科学专业本科人才的工程技术思维培养课程包括测量学、环境工程制图、环境流体力学、大气污染控制工程、固体废弃物处理处置技术、物理性污染控制工程、膜分离技术、水污染生态修复技术、土建概论等课程；体现我校优势学科与专业特色知识的课程包括植物学、环境地学、水污染生态修复技术等课程。根据课程

体系设置中"分类指导、发展个性"的原则,环境科学专业本科生可以根据自己的兴趣与特点,在教师的专门指导下,在上述几类选修课程中科学地进行选择性学习,构建自己的知识体系,激发他们在环境科学专业领域内某方面的优势和潜能。

环境科学专业的实践课程主要由实验课、课程设计、综合实习、毕业论文等组成,相应的课程设置如表 2.5 所示,主要体现环境科学专业本科人才培养中的"重能力"目标。除通识教育平台和学科基础教育平台设立的实践课程外,专业教育平台设立的实践课程包括环境化学实验、环境监测实验、环境生物学实验、环境工程原理实验、环境工程制图课程设计(课内)、环境流体力学实验(课内)、水污染控制工程实验、大气污染控制工程实验(课内)、植物学实验、环境地学实验、膜分离技术实验(课内)、环境规划与管理课程设计(不单独停课)、环境影响评价课程设计(不单独停课)、水污染控制工程课程设计、大气污染控制工程课程设计、固体废弃物处理处置技术课程设计、植物学校园实习、测量学实习、环境科学专业综合实习、毕业论文等。

表 2.5　专业教育平台中专业实践教学体系的课程设置

课程名称	学时/周数	学分	开课学期	备注
环境生物学实验	16	1	3	必修
环境工程原理实验	16	1	5	必修
环境化学实验	32	2	5	必修
环境监测实验	32	2	5	必修
水污染控制工程实验	32	2	6	必修
水污染控制工程(课程设计)	1 周	1	6	必修
环境科学专业综合实习	1 周	1	6	必修
毕业论文	28 周	8	7,8	必修
植物学实验	32	2	1,2	选修
植物学(实习)	0.5 周	0.5	2	选修
测量学(实习)	1 周	1	3	选修
环境地学实验	24	1.5	5	选修
大气污染控制工程(课程设计)	1 周	1	6	选修
固体废弃物处理处置技术(课程设计)	1 周	1	6	选修

环境科学专业实践教学(通识教育平台和综合拓展环节除外)的学时安排如下:必修课的教学实验 330 学时、教学实践 2 周;选修课的教学实验 118 学时、教学实践 3.5 周;毕业论文 24 周(2 个学期)。

综合拓展环节计划设置,如表 2.6 所示,主要是提高学生综合素质不可缺少的环节,包括入学教育及军训、大学英语自主听说、职业生涯与发展规划、就业指导、创新创业教育、志愿服务与公益劳动、大学生素质拓展计划、大学生科技创新等。

大学生素质拓展计划:主要包括思想政治和道德修养、社会实践和志愿服务、学术科技和创新创业、文化艺术和身心发展、绿色环保和环境教育 5 方面内容。具体要求见《北京林业大学大学生素质拓展计划实施办法》。

表 2.6　综合拓展环节计划设置

课程名称	学时/周数	学分	开课学期	备注
入学教育及军训		2	1，2	
志愿服务与公益劳动		2	2，3	
大学生素质拓展计划		3	1，2，3，4，5，6	
形势与政策			2，3，4，5，6	
大学英语自主听说			1，2，3，4	
职业生涯与发展规划			3	
就业指导			7	
大学生科技创新			1，2，3，4，5，6，7，8	

大学生科技创新：主要包括科技竞赛、学术论文、科学研究、发明创造等内容。对本科生在读期间所取得的创新成果给予一定的学分认定。具体要求见《北京林业大学大学生科技创新学分管理办法》。

2.1.3　专业课程教学大纲修订完善

通过分析 2007 版环境科学专业人才培养方案中设置的专业课程的教学效果，我们认为该人才培养方案的教学大纲存在以下问题：部分课程，尤其是实践性课程的内涵不丰富；部分理论课程内容落后，不能够反映环境科学专业及其相关领域的新知识、新技术等；不同课程的知识点存在重复；相关课程内容尚未很好地融合我校优势学科专业的基础知识和体现农林生态环境保护特色。因此针对这些问题，我们进行了环境科学专业本科人才培养方案课程体系中各门课程教学大纲的修订和完善。

2.1.3.1　修订完善原则

（1）紧密结合我校的农林生态环境保护特色，融合生态、水土保持、生物、园林等学科与专业的特色知识单元。为了强化特色人才培养，必须充分体现我校在农林生态环境保护领域的特色，借鉴我校优势学科与专业的特色知识内容，构建环境科学专业相关本科课程教学大纲的内容。

（2）不断将环境科学领域的新知识、新技术引入教学内容中。为了培养具有国际化视野的环境科学专业本科人才，课程的教学内容要及时反映该领域的最新科研进展，保证本科生接受到与国际同步的前沿知识。

（3）避免知识点的重复。按照本科教学中每一个知识点只出现一次的原则设计教学大纲及教学内容，提高教学学时的利用效率。

（4）加强实践课程的内涵建设。为了培养高技能、应用创新型环境科学本科人才，实践动手能力和创新思维的培养是人才成长中关键环节，在教学大纲修订中加强实践课程内涵的建设是很必要的。

2.1.3.2　修订完善措施

1. 更新与调整课程内容，建设优质课程

基于上述原则，对环境科学专业本科生公共基础教育平台中的课程内容提出建设性指导意见，包括高等数学、化学、物理、电子电工技术、计算机技术等课程。在专业教育平台中，将 2007 版专业课程体系中的《工程图学》改为《环境工程制图》，其内容作了重大调整，将《工程制图》课中讲授"机械零件"的内容改为讲授与环境工程相关的"构筑物、装置"等内容；将《工程图学》课中讲授 SOLIDEGE 软件改为环境工程设计中最常用的 AUTOCAD 软件，使学生通过该门课程的学习，初步掌握环境保护所涉及的构筑物、装置及设计软件，具有初步工程设计的能力，更加符合对环境科学专业人才培养的需求。

为了强化环境科学专业本科生对本领域现代科学技术的学习，结合环境领域的科研前沿以及环保行业的发展，注重吸收一些环境领域前沿和国家重大需求的科学技术问题；参考国家级精品教材、"十一五"规划教材内容，对每门专业课的内容进行了仔细推敲和研讨，按照本科学习水平的要求更新与调整相关知识点，保证课程内容的前沿性与内涵的丰富性，避免出现较为浅显内容。例如：将膜分离技术、膜生物反应器、新型脱氮除磷技术（譬如"厌氧氨氧化""短程硝化-反硝化"等方面研究的前沿成果）、生态处理技术、污染物在线监测技术等知识点引入理论与实践教学当中，在修订的专业课程体系中增加了《膜分离技术》《污泥处理与资源化》《环境毒理学》等选修课程，以便更好地适应社会的需要。为了确保一个知识点不能在本科教学中重复出现，在课程内容调整中，考虑了《环境化学》与《环境地学》《环境毒理学》内容上的重复，从而将相关内容划定在这两门课程中讲授，精简了《环境化学》课程内容，节约了理论课学时，把节约的学时用于实验课程。《大气污染控制工程》和《环境影响评价》都涉及"大气扩散模型"的内容，在新版人才培养方案中将该部分内容归属到一门课程中。同时，取消了不适合环境科学专业本科生学习的《环境数据分析》课程。

在上述工作的基础上，积极鼓励任课教师申请本科教学"质量工程"项目，进行精品课程建设，逐步建设环境化学、环境监测、水污染控制工程、大气污染控制工程、环境学、环境影响评价、环境规划与管理等课程为校级精品课程。

加强专业基础课教材建设，系统修订和完善专业课实验实习指导书，编制出版《环境监测实验》和《环境科学专业实验》实验教材。

通过精品课程和教材的示范引领作用，积极推进专业课程的建设，争取所有专业课都达到学校优质课程标准。

2. 融合农林生态环境保护特色内容

在《植物学》教学大纲中，专业要求任课教师讲授与污染环境植物修复相关的功能性植物类型、生理生化特性、种植方法等内容，以满足社会对环境污染生态修复专业人才的迫切需求，同时也可为后续的《环境生态学》《水污染生态修复技术》等专业课程的学习奠定了良好的基础。

基于我国在水污染和土壤污染生态修复方面的人才需求，在 2011 版环境科学专业人才培养方案中，强化了"水体污染和土壤污染生态修复"两个知识单元的教学，将 2007 版环境科学专业人才培养方案中《污染生态修复技术》课程内容分别并入《环境地学》和新增的《水污染生态修复技术》课程中。其中，在《水污染生态修复技术》课程中新设置了面源污染控制和水土流失控制等知识单元，借助我校水土保持专业在面源污染控制和水土流失控制方面的优势，将其技术原理和工程措施引入该课程的教学内容中，以便更好地满足社会对"生态环境保护领域专门人才"的迫切需要；《环境地学》授课内容作了大幅度调整，主要集中在地学基础理论和土壤污染生态修复方面。此外，在《环境生态学》的教学内容中，重点突出基础生态学和景观生态学方面的内容。

3. 改革实践教学，强化内涵，注重创新

2007 版环境科学专业人才培养方案，尽管规定了较为详细的实践教学环节，包括课程实验、综合实习、课程设计、毕业论文等。但如何在实践教学中强化提高学生们的动手能力和发现、分析与解决问题的能力，我们进行了有针对性的改革探索。

实践教学以培养本科生解决环境问题的实战技能为出发点，以提高学生实际操作能力、拓宽并夯实基础、培养创新思维与团队精神为目标，通过深化实践教学改革，优化实践教学内容，完善实验教学方法，构建以课程实验、课程设计、综合实习、毕业论文为主的实践教学体系。

优化实践教学内容，适当增加实践教学的学时，提高综合性、设计性实验比例，开发具有生态环境专业特色的创新性实验，丰富教学实践活动的内涵。对 11 门专业课程独立设置了实验课程，必修的专业实验课程为 108 学时；选修的专业实验课程为 118 学时。例如：《环境监测实验》课程进行了模块化改革，将过去传统的以实验室分析为主的实验安排修改为以不同环境介质（污（废）水、地表水、环境空气与噪声、土壤等）为监测对象的实验，包括实验方案设计、现场实验、实验室分析、监测报告编制等环节在内的综合实验过程，取得了良好的效果，目前正在编写由高等教育出版社出版的《环境监测实验》全国适用的教材。《环境化学实验》课程以污染物在环境介质中的迁移转化过程为实验对象，设置了以下实验项目：空气中烯烃与臭氧的反应、空气中氮氧化物与臭氧的日变化曲线及光化学反应、大气颗粒物中硝酸盐和硫酸盐的组分分析、水中重金属 Cu 的形态分析、有机物的正辛醇-水分配系数、底泥对苯酚的吸附作用、苯酚的光降解与光催化降解速率的测定，这些实验内容是结合目前我国存在的主要环境化学问题而进行设置的。

根据每门实验课程的特点，将开设的实验分为必修实验、演示实验、选修研究性实验 3 部分。要求学生必须做好规定的必修实验和演示实验。在此基础上，鼓励学生选修研究性实验，由学生在老师的指导下设计并完成实验，最大限度地锻炼学生动手能力和创新能力。

在课程设计方面，强化课程设计作为环境科学专业的重要实践教学环节的地位，明确认识其对培养学生分析、解决问题和工程设计能力的重要意义。对每门课程设计均规定了设计任务书的写作框架，包括课程设计内容、要求和评价指标体系；每门设计课程都能合理安排题目和设计内容，类型尽量接近工程实际，从"工程实战"的要求出发，使设计结果更具实用性，充分调动学生的积极性，提倡学生独立完成，同时做好课程设计的答辩与成绩评价工作。

环境科学专业学生要求必须对工程实践和管理有一定了解，专业综合实习是培养这方面能力的重要一环。在专业综合实习中，选择有实际工程经验的教师作为指导教师，要求指导教师在实习前安排好实习内容和思考题，在实习过程中，指导教师要引导学生去观察、认识或了解各类设备的构造及各种工艺流程等，并聘请工厂企业工程师现场讲解，使学生真正接触实际工程，提高实习效果。

为了提高环境科学专业本科生毕业论文质量，强化他们综合运用专业知识的能力，专业要求毕业论文均源于生产实践和教师科研工作的成果，并在 2011 版环境科学专业人才培养方案中，将毕业论文时间由一学期延长至两学期，缓解了毕业论文工作与本科生考研、工作实习之间的矛盾，保证了毕业论文的工作时间。并在毕业论文的选题、开题报告、中期检查、答辩等环节实行领导小组与工作小组的指导、监督与管理等制度，为毕业论文的质量提供保障。

2.1.3.3　主要专业核心课程的大纲

本节主要介绍环境监测、环境化学、环境规划与管理、环境影响评价、环境生态学、环境地学、水污染生态修复技术等专业核心课程的教学大纲。

专业核心课（一）　　环境监测教学大纲

学时数：总学时 40（讲课 36，研讨 4）　　学分数：2.5

课程类别：专业核心课　　　　　　　　　　开课学期：5

一、课程性质和目的

课程性质：《环境监测》是高等学校环境科学专业的专业基础课，为必修课程。

目的：通过本课程的学习，使学生获得环境监测方面的基本理论、基本知识和基本技能，尤其对水质、土壤、固体废物、噪声、生物监测等方面的内容有一个全面了解，掌握不同环境要素和污染源环境监测的布点、采样、分析、结果处理以及全过程质量保证方面的方法和技巧。了解环境监测发展的概况，为将来从事与环境监测、环境评价、环境化学、环境工程、环境管理等有关环境保护工作以及进一步深入学习研究打下基础。

二、课程教学内容、学时分配和课程教学基本要求

1. 环境监测概述（1 学时）

教学内容：

（1）环境监测的目的和分类，环境监测特点；

（2）环境监测技术与发展概述，环境标准；

（3）环境监测的学习方法和要求。

基本要求：

了解环境监测的含义、环境监测的分类和主要目的，我国环境监测目前的发展状况和存在的问题，尤其在环境监测技术方面的最新发展状况。掌握我国环境监测的主要标准分类，每类标准的主要标准，了解环境质量和污染物排放标准的主要内容，学会看标准。了解环境监测课程学习的方法和主要要求。

2. 水和废水监测（8 学时）

教学内容：

（1）水质监测方案的制订；

（2）水样的采集和保存方法；

（3）水质中主要污染物质的监测方法；

（4）底质样品的监测。

基本要求：

了解水质监测的对象和目的、水质监测项目、常用监测方法。掌握水质监测方案的制订，包括地面水监测方案的制订、地下水监测方案的制订、水污染源监测方案的制订。掌握水样的采集和保存：地面水样的采集、废水样品的采集、地下水样的采集、底质（沉积物）样品的采集、流量的测量。掌握常用水质环境监测指标环境监测的原理和方法，包括：颜色、残渣、电导率、浊度、透明度、氧化还原电位等物理性指标，汞、铬等金属化合物、

酸度，碱度，pH，溶解氧，氰化物，氟化物，含氮化合物等无机物；化学需氧量、高锰酸盐指数、生化需氧量、总有机碳等有机物指标，以及水质污染生物监测：生物群落法、细菌学检验法等。

3. 大气和废气监测（6学时）

教学内容：

（1）大气污染监测方案的制订；

（2）大气样品的采集；

（3）常见大气污染物的监测；

（4）大气降水的监测；

（5）标准气体的配制原理与方法。

基本要求：

了解大气污染物及其存在状态、大气污染物时空分布特点、大气污染的主要来源。掌握大气污染监测方案的制订内容。大气样品的采集和采样仪器：包括直接采样法、富集（浓缩）采样法、采样仪器、采样效率、污染物浓度表示方法与换算等。掌握常见污染物的环境监测原理和方法：二氧化硫、氮氧化物等气态和蒸气态污染物的测定原理和方法；总悬浮颗粒物、可吸入尘、自然降尘等颗粒物的测定原理和方法、悬浮颗粒中主要组分的测定。掌握大气降水的监测：布点、采样、降水中组分的测定。掌握大气污染源监测，包括固定污染源监测方法和流动污染源的监测方法。了解大气污染生物监测：植物在污染环境中的受害症状、大气污染指示植物的选择、监测方法。掌握标准气体的配制方法和原理。

4. 固体废物监测（2学时）

教学内容：

（1）固体废物样品的采集和制备；

（2）固体废物有害特性的监测方法和原理。

基本要求：

了解工业有害固体废物的定义和分类：定义、危害、特点、分类。掌握固体废物样品的采样、制备和保存；掌握固体废物有害特性的监测，包括急性毒性、易燃性、腐蚀性、反应性、浸出毒性的试验方法。了解生活垃圾分类，生活垃圾特性，掌握生活垃圾的监测。

5. 土壤污染监测（2学时）

教学内容：

（1）背景土壤的监测；

（2）污染土壤的监测。

基本要求：

了解土壤组成和土壤背景值。掌握土壤样品的布点、采集方法、土壤样品制备与保存、土壤污染物的测定。掌握土壤背景样品和污染样品的布点、采样方法、制备保存以及前处理方法。

6. 生物污染监测（2学时）

教学内容：

（1）生物样品的采样与制备；

（2）生物污染物的监测方法和原理。

基本要求:

了解污染物在生物体内的分布,生物污染的途径,污染物在生物体内的蓄积,污染物在动物体内的转化与排泄。掌握植物样品的采集和制备和动物样品的采集和制备。掌握生物样品的预处理方法:消解和灰化,提取和浓缩。掌握污染物的测定方法和原理。

7. 噪声监测(4 学时)

教学内容:

(1)声音和噪声的特性;

(2)噪声测量仪器;

(3)环境噪声监测;

(4)工业企业环境噪声监测。

基本要求:

了解声音和噪声的定义、噪声污染的危害和来源。了解声音的物理特性和量度:声音的频率、波长和速度;声音的声功率、声强和声压;声音的分贝。掌握噪声叠加和相减的方法和计算。理解噪声的物理量和主观听觉的关系,掌握响度、响度级、计权声级、等效连续声级、噪声污染级、昼夜等效声级的概念。了解噪声的频谱分析方法和原理。了解噪声测量仪器和噪声标准。掌握城市环境噪声监测方法、工业企业噪声监测方法、机动车辆噪声测量方法和机场周围飞机噪声测量方法。

8. 环境放射性监测(2 学时)

教学内容:

(1)放射性的基本概念;

(2)放射性防护标准;

(3)放射性监测方法和原理;

(4)放射性监测仪器。

基本内容:

了解环境中放射性的来源,放射性核素在环境中的分布,人体中的放射性核素及其危害。掌握放射性的概念及各种单位,了解放射性标准。了解放射性测量实验室要求和检测仪器工作原理。掌握放射性监测及内容和放射性监测方法。

9. 监测过程的质量保证(7 学时)

教学内容:

(1)质量保证的含义、目的和意义;

(2)实验室质量保证方法;

(3)环境监测数据的统计处理;

(4)环境标准物质的制备与应用。

基本要求:

了解环境监测过程质量保证的目的、意义和内容。掌握监测实验室质量保证方法,包括实验用水、试剂和试液、实验室的环境条件、实验室的管理及岗位责任制等方面要求。掌握监测数据的统计处理和结果分析、数据的结果表述、测量结果的统计检验、直线相关和回归。掌握实验室内部质量控制和实验室间质量控制方法和原理。了解环境监测管理内容、原则和方法。掌握环境标准物质的定义以及使用原则。

10. 连续自动监测技术与简易监测方法（2 学时）

教学内容：

（1）大气污染连续自动监测系统；

（2）水污染连续自动监测系统。

基本要求：

了解和掌握大气污染连续自动监测系统组成、子站布设与仪器装备、自动监测仪器、大气污染监测车、气象观测仪器。了解和掌握水污染连续自动监测系统组成、子站布设及监测项目、自动监测仪器、水质污染监测船。了解简易监测方法：简易比色方法、检气管法、环炉技术。

课程讨论（4 学时）：讨论主题包括我国环境监测发展过程中所取得的成绩和存在的问题、最新环境监测技术的发展、环境监测管理的作用以及环境监测对技术人员的要求。通过讨论让学生掌握当前我国环境监测发展的状况，我国环境监测技术的发展状况，并通过这些知识的了解，帮助学生更好地理解课堂所学知识和理论。

三、本课程与其他课程的联系和分工

本课程先修的专业课有无机化学、有机化学、分析化学、仪器分析、环境化学和数理统计等，为环境评价、污染控制原理、环境管理、环境规划、环境监测实验等后续课程的进行打下基础。

四、本课程的考核方式（略）

五、建议教材与教学参考书（略）

专业核心课（二）　环境化学教学大纲

学时数：总学时 32（全部授课）　　　学分数：2.0

课程类别：专业核心课　　　　　　　　开课学期：5

一、课程性质和目的

课程性质：《环境化学》是高等理工院校环境科学本科专业的基础课和必修课。

目的：该课程在环境科学本科人才培养过程中起着奠基作用。它是一门环境科学与化学交叉形成的新学科，具有较强的理论性和逻辑性。从不同层次和角度系统地阐明有关污染物危害人类和其他生物的环境问题。通过本门课程的学习，使学生掌握环境中污染物的来源、迁移、转化、积累以及有机污染物的定量结构—活性关系等归趋过程的基本理论知识和过程，了解多介质环境模型。在该课程的学习过程中，可以培养和提高本科生对环境污染物化学领域的研究和应用发展现状的认识程度、分析污染物环境化学行为过程和初步解决环境污染问题的能力，为从事与本专业有关的环境监测、环境分析、环境评价、污染控制工程技术和生态修复技术与工程等工作打下一定的理论基础。

二、课程教学内容、学时分配和课程教学基本要求

1. 环境介质与环境化学（2 学时）

教学内容：

（1）环境专业面临的机遇与挑战，环境问题，地球环境；

（2）环境化学产生的历史、任务、内容、特点以及发展动向；

（3）环境污染物的类别、环境效应及其影响因素，环境污染物在环境各圈的迁移转化

过程简介。

基本要求：

认识环境专业面临的机遇与挑战，了解环境化学在环境科学中和解决环境问题方面的地位和作用，掌握对现代环境问题认识的发展以及对环境化学提出的任务；理解它的研究内容、特点和发展动向，熟悉主要环境污染物的类别和它们在环境各圈层中的迁移转化过程；明确学习环境化学课程的目的。

2. 水环境化学（14 学时）

教学内容：

（1）水环境介质及其性质　天然水的基本特征，水中污染物的分布和存在形态，水中营养元素及水体富营养化，水体颗粒物；

（2）水环境中污染物的迁移过程　水的推移、分散、挥发，重力沉降，水体颗粒物的凝聚、吸附与分配；

（3）水环境中污染物的转化过程　水中污染物的酸碱离解（包括酸碱平衡、等电点、电中性原理、质子平衡原理等），溶解和沉淀，氧化还原，配合作用，水解作用，光解作用，生物降解作用，挥发作用；

（4）水环境中污染物的迁移转化模拟　氧平衡模型，湖泊富营养化预测模型，有毒有机污染物的归趋模型，多介质环境模型。

基本要求：

本章主要介绍天然水的基本特征，水中重要污染物存在形态及分布，污染物在水环境中的迁移转化的基本原理及水质模型。要求了解天然水的基本性质，掌握无机污染物在水环境中进行沉淀—溶解、氧化还原、配合作用、吸附—解吸、絮凝—沉降等迁移转化过程的基本原理，并运用所学原理计算水体中金属存在形态，确定各类化合物溶解度，以及天然水中各类污染物的 pE 计算及 pE—pH 图的制作。

了解颗粒物在水环境中聚集和吸附—解吸的基本原理，掌握有机污染物在水体中的迁移转化过程和分配系数、挥发速率、水解速率、光解速率和生物降解速率的计算方法，了解各类水质模型的基本原理和应用范围。

3. 大气环境化学（12 学时）

教学内容：

（1）大气环境介质及其性质　大气中的主要污染物，大气颗粒物的来源与消除，大气颗粒物的粒径分布，大气颗粒物的化学组成，大气颗粒物的来源识别，大气颗粒物中的 $PM_{2.5}$；

（2）大气环境中污染物的迁移过程　大气污染物迁移的方式，影响大气污染物迁移的因素，干沉降与湿沉降，酸沉降；

（3）大气环境中污染物的反应过程　自由基化学基础，光化学反应基础，大气中重要的自由基来源，氮氧化物的转化，碳氢化合物的转化，光化学烟雾，硫氧化物的转化及硫酸烟雾型污染，酸性降水，臭氧层的形成与耗损。

基本要求：

本章主要介绍大气结构，大气中的主要污染物及其迁移，光化学反应基础，重要的大气污染化学问题及其形成机制。要求了解大气中的主要污染物及其迁移过程。掌握污染物遵循这些规律而发生的迁移过程，特别是重要污染物参与光化学烟雾和硫酸型烟雾的形成过程和机理。还应了解描述大气污染的数学模式和酸雨及臭氧层破坏等全球性环境问题。

4. 有机污染物的定量结构—活性关系（QSAR）（4 学时）

教学内容：

（1）QSAR 的概述：基本概念和意义、发展趋势、模型数据来源；

（2）分子结构的参数化表征；

（3）QSAR 模型的建立方法及其透明性；

（4）QSAR 模型的验证和表征。

基本要求：

本章主要介绍有机污染物的定量结构—活性关系（QSAR）的概念、发展历史、模型建立与评价方法、模型应用等方面的基础知识。要求了解 QSAR 的基本概念和意义以及获取数据的方法；掌握分子结构的参数化表征方法以及模型的建立过程，熟悉模型的应用。

本课程的教学环节包括课堂讲授、作业、答疑。其中，课堂讲授以教师讲授为主，讲清楚概念及其背景；突出重点，讲透难点。采用启发式教学，鼓励学生自学，培养学生的自学能力。

三、本课程与其他课程的联系和分工

本课程的先修课为无机化学、有机化学、分析化学、物理化学、仪器分析、环境学等。在这些课程讲授中注意：化学反应平衡热力学、化学反应动力学、生物化学基本知识、分析测试原理、技术与过程等。该课程为专业核心课程，可以为后续专业课程的学习打下基础。

四、本课程的考核方式（略）

五、建议教材与教学参考书（略）

专业核心课（三） 环境规划与管理教学大纲

学时数：总学时 64（讲课 48，课程设计 16）   学分数：4

课程类别：专业核心课   开课学期：6

一、课程性质和目的

课程性质：《环境规划与管理》是普通高等学校本科环境科学专业的专业核心课，是必修课程。

目的：本课程对环境科学专业人才培养目标具有重要地位。通过本课程的学习，使得学生获得环境规划、环境管理方面的基本理论、基本知识和基本技能，初步掌握环境规划的技术方法，全面了解和掌握实施环境规划与管理的依据和手段，并能评析各类环境规划和管理方法的优缺点，为今后从事环境规划和环境管理方面的工作和学习打下基础。

二、课程教学内容、学时分配和课程教学基本要求

1. 环境规划绪论（讲课 6 学时）

教学内容：

（1）环境规划概述；

（2）环境规划的基本特征和原则；

（3）环境规划的基本任务和类型；

（4）环境规划的发展趋势；

（5）美国环境规划及其对中国的借鉴；

（6）荷兰环境规划及其对中国的借鉴；

（7）日本环境规划及其对中国的借鉴；

（8）总结对比国内外环境规划的历程与经验。

基本要求：

掌握环境规划的基本概念，学会运用基本概念识别环境规划的基本特征。基本了解环境规划的任务、内容、分类，能用自己的话叙述环境规划的概念和内容。了解环境规划工作发展各个阶段的基本特征。了解国内外环境规划的发展历程，学习总结国外环境规划的经验，理解其对我国环境规划的借鉴意义。

2. 环境规划的理论基础（讲课 2 学时）

教学内容：

（1）可持续发展思想；

（2）环境系统分析；

（3）环境容量与环境承载力；

（4）运筹学基础；

（5）费用效益方法。

基本要求：

深刻理解环境规划之所以能够达到环境保护目的，其理论依据是什么，能初步掌握和复述这些理论。

3. 环境规划的内容和技术方法（讲课 6 学时，研讨 4 学时）

教学内容：

（1）环境规划的编制程序；

（2）环境规划的内容、目标和指标体系，环境现状调查，环境评价，环境功能区划，环境质量预测，环境规划方案的生成和决策，环境规划的实施与管理等；

（3）环境规划的技术方法介绍，包括环境规划过程中涉及的模拟技术方法、预测技术方法、评价技术方法、规划决策技术方法、环境系统分析模型、费用效益分析技术方法等。

基本要求：

能整体上把握环境规划的工作内容和程序，初步了解完成规划各个环节所需技术方法，如制订环境规划目标的方法，环境评价和预测的技术方法，环境功能区划的方法，环境决策技术方法等。

4. 水环境规划（讲课 6 学时，研讨 4 学时）

教学内容：

（1）水环境规划的内容和类型；

（2）水环境规划的基本步骤；

（3）水环境规划的技术措施；

（4）流域环境规划概述；

（5）我国的流域水环境问题；

（6）流域环境规划与管理的研究进展；

（7）流域环境规划的理论和方法基础；

（8）流域环境规划方法；

（9）流域环境规划实例；

（10）国外流域环境规划介绍（莱茵河流域、特拉华流域、琵琶湖流域）。

基本要求：

了解水环境规划的内容和类型，理解和掌握水环境规划的基本步骤，全面掌握水环境规划的技术方法。了解流域环境规划的发展历程，掌握流域环境规划的理论和方法基础，并能运用恰当的技术方法完成流域环境规划。

5. 大气环境规划（讲课 2 学时，研讨 2 学时）

教学内容：

（1）大气环境规划的内容和类型；

（2）大气环境规划的组成；

（3）大气污染物总量控制；

（4）大气环境规划的综合防治措施。

基本要求：

了解和掌握大气环境规划的基本内容，全面掌握规划的技术方法，并能运用恰当的技术方法基本完成大气环境规划工作。

6. 固体废物管理规划（讲课 2 学时）

教学内容：

（1）固体废物管理规划基础；

（2）固体废物管理规划的内容和方法。

基本要求：

了解固体废物的基本特性，掌握固体废物管理规划的基本内容，了解固体废物管理规划的基本方法。

7. 生态城市规划（讲课 2 学时，研讨 2 学时）

教学内容：

（1）生态城市规划概述；

（2）生态城市的指标体系与评价；

（3）生态城市规划方法；

（4）生态城市建设途径和措施；

（5）生态城市规划实例。

基本要求：

掌握生态城市规划的一般内容，了解生态城市规划的一般程序和常用方法。

8. 环境管理的理论基础（讲课 2 学时）

教学内容：

（1）环境管理的基本问题；

（2）环境管理的公共管理基础；

（3）环境管理的定位与职能；

（4）公共政策与政策分析；

（5）环境管理绩效与评估。

基本要求：

掌握环境管理的基本概念，掌握公共管理的基本理论和基本方法，掌握环境管理研究的框架体系。了解环境管理思想的发展以及现阶段的主流理论。掌握环境管理的依据，即环境法的结构体系，并了解体系中各要素的特点及它们之间的关系。

9. 环境公共管理体系和方法（讲课 4 学时）

教学内容：

（1）环境管理体制变迁与中外比较、国家的环境管理职能；

（2）环境管理的依据有环境法、环境标准和环境政策；

（3）环境管理行政体制；

（4）环境管理的方针、政策和制度；

（5）环境管理的手段有行政手段、法律手段、经济手段、教育手段、公众参与等。

基本要求：

了解环境管理体制的变迁，掌握我国环境管理的依据，即环境法、环境标准和环境政策等的结构体系。全面掌握我国环境行政体制，熟悉我国环境行政管理的机构设置及其职能，掌握我国环境管理的方针、政策和制度，并能对其进行评价。熟悉和掌握常见的环境管理手段。

10. 我国环境行政管理的实践介绍（讲课 2 学时，研讨 2 学时）

教学内容：

（1）环境要素的管理实践　空气、水、固废等的管理案例研究；

（2）自然资源的管理实践　土地、水资源、海洋资源、森林资源等的管理案例研究；

（3）区域环境管理实践　乡村、城镇和流域等的管理案例研究；

（4）市场要素的环境管理实践　法人、企业和产业。

基本要求：

掌握各类环境要素、自然资源、各类产业、区域等环境管理的基本方法和实践。研讨内容为：环境行政管理在我国环境管理框架中具有什么样的地位？为何必须提高我国环境行政管理的水平？如何提高？

11. 企业组织的环境管理（讲课 4 学时）

教学内容：

（1）企业环境管理的概念和内容；

（2）作为管理对象的企业环境管理；

（3）作为管理主体的企业环境管理。

基本要求：

全面了解我国企业组织应对环境保护要求所要做的被动和主动的环境管理活动，初步掌握企业清洁生产设计、LCA 评价、环境报告、ISO 14000 认证、生态产业园等企业/产业的环境管理方法。

12. 其他组织和个人的环境管理活动（讲课 4 学时）

教学内容：

（1）环保 NGO 的发展；

（2）环保 NGO 环境保护活动的管理；

（3）公众参与环境管理活动的途径。

基本要求：

熟悉环保 NGO 在国内的发展，掌握我国环保 NGO 介入环境管理活动的主要途径，掌握我国公众参与环境管理活动的主要途径。讨论我国环境管理体制的优缺点和改进空间。

13. 全球环境管理（讲课 4 学时，研讨 2 学时）

教学内容：

（1）全球环境问题的现状、类型与特点；

（2）全球环境问题的管理与国际行动，各种环境公约、碳排放和碳交易等；

（3）我国关于解决全球环境问题的立场与态度，以温室气体减排为例。

基本要求：

掌握全球环境管理活动的主要框架和机制，了解我国参与全球环境管理事务的态度和立场，并能对此进行分析和评价。研讨内容为：如何评价我国在国际环境事务中的立场和对策？

14. 课程总结与归纳（讲课 2 学时）

教学内容：

对本门课程的教学内容进行全面总结与归纳。

三、本课程与其他课程的联系和分工

本课程的先修基础课程有高等数学、计算机基础、环境学、环境监测、环境化学、管理学基础、环境经济学等。通过这些课程的学习，学生应该已经基本具备了环境科学的基础知识，具备理解和分析环境规划和管理方法所需要的数学基础，为学习环境规划和管理做好了准备。

四、本课程的考核方式（略）

五、建议教材与教学参考书（略）

专业核心课（四）　环境影响评价教学大纲

学时数：总学时 48（讲课 32，课程设计 16）　　　　学分数：3

课程类别：专业核心课　　　　　　　　　　　　　　开课学期：6

一、课程性质和目的

课程性质：本课程是环境科学本科专业的专业核心课。

目的：使学生具备环境评价的基础理论知识，较熟练地掌握环境影响评价的常规技术方法和工作程序，熟悉我国环境质量标准和环境影响评价技术规范，初步学会运用所学专业知识解决环境影响评价工作中遇到的实际问题。强化环境评价综合分析和应用能力的培养，为今后从事环境评价和环境管理工作奠定一定的基本理论基础。由于该课程是一门综合性和实践性很强的专业课，因此在教学中既要重视基本知识的理论教学，又要结合有关法规、标准、程序和相关技术方法的学习，注重案例教学与实践教学，采用课程设计等形式，培养学生的实践应用能力。

二、课程教学内容、学时分配和课程教学基本要求

1. 概述（讲课 2 学时）

教学内容：

（1）环境与环境系统　环境系统的概念，环境影响的类别；

（2）环境质量评价　环境质量与环境质量评价的定义；

（3）环境影响评价　环境影响评价的定义、基本原则、类别和功能（重点内容）；

（4）中国环境影响评价制度与特点　环境影响评价制度，我国环境影响评价制度的特点、法律依据（重点内容）。

基本要求：

掌握环境质量、环境质量评价的基本概念，掌握环境影响、环境影响评价的基本功能及重要性，熟悉我国环境影响评价制度的建立与发展过程，了解我国环境影响评价制度的特点。

2. 环境影响评价程序与环境标准体系（讲课 4 学时）

教学内容：

（1）环境评价的管理与工作基本程序　环境影响评价程序的定义、分类，环境影响评价的管理程序和工作程序（重点内容），环境影响评价报告书的编制（重点内容）；

（2）环境标准体系　环境质量标准（重点内容）、污染物排放标准（重点内容）、环境基础标准、环境方法标准、环境标准样品标准、环保仪器设备标准。环境标准的制定原则和程序，环境标准体系之间的关系（重点内容）。

基本要求：

掌握环境影响评价的定义与分类、环境影响评价程序遵循的原则、环境影响评价的工作程序、环境影响评价大纲与环境影响报告书包括的内容，掌握污染物排放标准、环境质量标准、环境标准与环境评价之间的关系。

3. 环境评价方法（讲课 4 学时）

教学内容：

（1）环境评价方法的分类和作用　环境影响识别方法、环境影响预测方法、环境影响综合评价方法的定义和作用；

（2）环境影响识别方法　环境影响识别的一般技术要求、基本内容，环境影响因子、影响类型、影响程度的识别。环境影响识别的方法有列表清单法（核查表法）、矩阵法、图形叠置法、网络法等（重点、难点内容）；

（3）环境影响预测方法　类比法、专业判断法、数学模型法和物理模型法，具体在各环境要素的影响评价章节展开；

（4）环境影响综合评价方法　指数法（单因子指数、综合指数、巴特尔指数）（重点内容）、矩阵法、图形叠置法、网络法。

基本要求：

掌握环境影响识别、环境影响预测以及环境影响综合评价的各种方法的定义和作用，掌握列表清单法、指数法、综合评价法、图形叠置法、网络法等环境影响评价方法，熟悉地理信息系统技术在环境评价中的应用。

4. 工程分析（讲课 2 学时，课程设计 2 学时）

教学内容：

（1）工程分析的方法及分类　类比法、物料衡算法、资料复用法，污染型项目工程分析、生态影响型项目工程分析；

（2）污染型项目工程分析   工程概况，产污环节，污染源源强分析与核算（重点内容），等标污染负荷法（重点、难点内容），清洁生产水平分析，环保方案、总图布置等；

（3）生态影响型项目工程分析   工程概况，生态环境影响源分析，主要污染物与源强分析，替代方案分析等。

基本要求：

掌握工程分析的主要方法，掌握污染型项目和生态影响型项目工程分析的方法和内容，掌握等标污染负荷法，熟悉清洁生产分析方法。

课程设计内容及要求：

（1）内容   提出具体工程项目，开始课程设计的工程分析与影响因子识别部分内容；

（2）要求   结合授课内容，开展课程设计工作，给出具体工程项目，让学生开始了解项目，并进行工程分析与影响因子识别。

5. 水环境影响评价（讲课 4 学时，课程设计 4 学时）

教学内容：

（1）地表水环境影响概述   地表水体的污染和自净，点源排污系数，非点污染源负荷估算等；

（2）地表水质模型   河流中污染物的混合和衰减模型，守恒污染物和非守恒污染物在均匀流场中的零维、一维、二维扩散水质模型（重点、难点内容），BOD-DO 耦合模型，S-P 方程及其修正方程（重点、难点内容），河口河网水质模型，湖泊（水库）水质数学模型（重点内容）；

（3）地表水质模型的标定   混合系数估值，耗氧系数、复氧系数估值，实验法和公式法；

（4）开发行动对地表水影响的识别   工业建设项目建设期、运行期影响识别（重点内容），水利工程、农业、矿业开发等项目影响识别；

（5）地表水环境质量评价   工作程序，评价工作等级划分（重点内容），评价标准，工程分析，环境调查，水质现状评价（重点内容），地表水环境影响预测及评价（预测范围、预测时期、预测及评价方法）（重点、难点内容），减缓措施。

基本要求：

掌握地表水环境影响评价方法，地表水环境影响评价等级（地表水环境影响评价等级、划分等级的方法）、水环境现状调查与评价（调查范围和时间、调查内容、调查方法、地表水环境现状评价）；掌握零维水质模型、一维水质模型、二维水质模型及其应用，掌握地表水环境影响预测及评价。

课程设计内容及要求：

（1）内容   开展项目的水环境影响评价。

（2）要求   结合课堂知识，对于给出的工程项目，制订地表水和地下水现状监测方案。结合监测数据，应用不同的水质模型，开展相关的水环境影响评价内容，包括水环境质量现状评价和预测评价。

6. 大气环境影响评价（讲课 4 学时，课程设计 4 学时）

教学内容：

（1）大气污染气象与大气扩散   大气污染源的种类、污染物排放量与源强，大气层的垂直分布，影响污染物扩散的气象要素（重点内容），大气边界层的温度场、风场（重点内容），逆温现象及逆温类型（重点内容），大气稳定度（重点内容）。

（2）大气环境影响预测 大气污染物扩散的点源模式（重点、难点内容），连续点源扩散公式（重点、难点内容）、有混合层反射的扩散公式、熏烟扩散公式、连续线源模式，面源模式。地面最大浓度及其距离的计算（重点、难点内容），扩散参数的选择与计算（重点、难点内容），烟气抬升公式（重点内容）。实用模拟预测方法，平原局地空气质量模式。

（3）开发行为对大气环境的影响识别 大气环境影响的类型，建设项目的大气环境影响识别（交通运输、能源建设项目等）（重点内容）。

（4）大气环境质量评价 工作程序、评价等级和评价标准（重点内容），大气污染源调查和现状评价（重点内容），大气环境质量现状监测与评价（重点内容），大气环境影响评价（重点、难点内容），大气影响减缓措施。

基本要求：

掌握大气污染气象、大气扩散过程、大气污染物扩散模拟计算方法；掌握大气环境影响的类型、典型项目大气环境影响的识别；掌握大气环境影响评价的工作程序、评价等级和评价标准、大气污染源调查与现状评价、大气环境质量现状监测与评价、大气环境影响评价。

课程设计内容和要求：

（1）内容 开展项目的大气环境影响评价。

（2）要求 基于授课内容，进行工程项目的大气环境影响评价，包括：大气污染源分析及源强计算，大气环境质量现状监测方案的制订、现状质量评价、大气质量预测评价。

7. 物理性污染环境影响评价（讲课 2 学时，课程设计 2 学时）

教学内容：

（1）噪声和噪声评价量 噪声源及其分类，噪声的物理量；噪声评价量有声压和声压级，A 声级（重点内容），等效连续 A 声级 Leq（重点、难点内容）。

（2）噪声环境质量评价 评价等级划分、工作范围、评价标准（重点内容），环境噪声现状评价（重点内容），噪声环境预测模型（重点、难点内容），噪声防治对策。

（3）环境振动评价的评价量 铅垂向 Z 振级，冲击振动、无规振动、铁路振动和城市轨道交通等振动的测量要点（重点内容）。

（4）环境振动评价 评价范围，评价方法，振动防治对策。

（5）电磁辐射环境影响评价 辐射频率、功率、辐射性质等（重点内容），评价标准（公众受照辐射剂量）、评价范围、环境辐射评价方法，辐射防治对策。

基本要求：

掌握噪声环境影响预测和评价方法，掌握环境噪声种类、噪声源、噪声的基本评价量、噪声衰减因素、噪声影响预测方法与技术。掌握振动的评价量，测量方法以及振动防治对策。掌握电磁辐射频率、功率、辐射性质等，了解辐射评价的标准和方法。

课程设计内容和要求：

（1）内容 开展项目的物理性污染环境影响评价。

（2）要求 根据授课内容，制订物理性污染监测方案，进行现状评价。分析项目的污染源，评价项目建成后可能对周围环境产生的影响。

8. 土壤环境影响评价（讲课 2 学时）

教学内容：

（1）土壤环境影响识别　土壤环境影响类型，不同工程项目的土壤环境影响识别。

（2）土壤现状调查与评价　土壤污染现状监测调查与评价（重点内容），土壤污染评价因子、评价标准的选择，土壤污染、土壤退化及土壤破坏的现状评价（重点内容）。

（3）土壤环境影响预测　土壤中污染物的变化趋势预测，污染物残留量预测（重点内容），土壤退化趋势预测，土壤资源破坏和损失预测，防治负面影响的对策。

基本要求：

掌握土壤污染现状监测调查与评价的方法，掌握土壤中污染物残留量预测方法，熟悉土壤环境影响预测及评价方法。

9. 区域环境影响评价（讲课 2 学时）

教学内容：

（1）概述　区域环境影响评价的概念和特点，区域环境影响评价与项目环境影响评价的区别和联系（重点内容），区域环境影响评价的原则、目的意义。

（2）区域环境承载力分析　分析的对象和内容，区域环境承载力指标体系及承载力分析（重点内容），土地使用适宜性分析，生态适宜度分析。

（3）区域环境影响评价技术　环境影响识别、评价范围的确定，区域发展规划方案分析（重点内容），污染源分析，环境影响分析与评价，环境容量与污染物总量控制（重点、难点内容），生态环境保护与生态建设，环境管理与环境监测计划，环境保护综合对策。

基本要求：

掌握区域环境影响评价特点、区域环境影响评价的主要类型；掌握区域环境影响评价的工作程序和基本内容；掌握环境容量、总量控制与总量分配的优化方法及其在区域环境影响评价中的应用；熟悉区域环境承载力分析、土地利用和生态适宜度分析。

10. 非污染生态环境影响评价（讲课 2 学时）

教学内容：

（1）生态环境影响识别与评价等级　影响因素、影响对象和影响效应识别，评价范围，评价等级确定。

（2）生态环境调查与现状评价　生态环境调查内容，调查方法，现状评价的层次与类型，生态系统质量评价。

（3）生态环境影响评价　类比分析法、列表清单法、生态图法、指数法、景观生态学方法、生态系统综合评价法、生物生产力评价法等，生态环境保护措施及重点。

基本要求：

掌握非污染生态环境影响评价的概念、基本原理、评价程序、评价内容和方法。

11. 规划环境影响评价（讲课 2 学时）

教学内容：

（1）概述　规划环境影响评价的概念、重要性、特点和工作程序。

（2）规划环境影响评价的内容　规划分析（重点内容），评价范围，现状调查与分析，环境影响识别，确定环境目标和评价指标，环境影响预测与评价，环境影响减缓措施，供决策的环境可行规划方案，公众参与，监测与跟踪评价（重点内容），规划环境影响评价文件的编制。

基本要求：

了解规划环境影响评价的发展现状，熟悉规划环境影响评价的特点、程序及工作内容，熟悉规划分析，规划的监测与跟踪评价。

12. 典型案例分析（讲课 2 学时，课程设计 4 学时）

教学内容：

（1）建设项目的环境影响评价实例　啤酒厂、机场建设项目、污水处理厂等项目环评案例分析。

（2）区域环境影响评价实例　奥运会环评项目案例分析。

基本要求：

通过实际案例，学习建设项目的环境影响评价的程序及工作内容，了解区域环境影响评价的程序及工作内容。

课程设计内容及要求：

（1）内容　总结完成项目环境影响评价报告。

（2）要求　进行水环境、大气环境、噪声环境、固体废弃物等污染减缓措施分析、公众参与调查问卷设计、项目选址合理性分析等工作。完成项目环境影响评价报告，进行小组汇报。

三、本课程与其他课程的联系和分工

本课程是环境科学本科专业的专业课。需要学生先修下列课程：环境学、生态学、环境化学、环境监测、环境工程学等课程。

四、本课程的考核方式（略）

五、建议教材与教学参考书（略）

专业核心课（五）　环境生态学教学大纲

学时数：总学时 32（讲课 28，研讨 4）　　　　学分数：2

课程类别：专业选修课　　　　　　　　　　　　开课学期：4

一、课程性质和目的

课程性质：《环境生态学》是环境科学专业的专业必修课。

教学目的：掌握生态学、景观生态学、恢复生态学和产业生态学的基本概念和原理，学会运用这些生态学的理论，分析生态环境破坏的相关原因，利用生态恢复的基本原则和程序保护自然资源、治理产业污染，以满足环境科学专业对认识和解决我国当前生态环境问题的需求。

二、课程教学内容、学时分配和课程教学基本要求

1. 环境生态学概述（讲课：2 学时）

教学内容：

（1）学科定义与内涵；

（2）学科来源及归属；

（3）学科分支及划分。

基本要求：

通过本章的学习，要求学生熟悉环境生态学科的概念、分类、产生与发展，掌握环境

生态学的概念、产生与发展、对象和任务，掌握环境生态学的概念、类型、特点和基本原理，了解生态学的来源、归属、分支和划分。

2. 生态学基本概念和原理（讲课：8 学时，讨论：2 学时）

教学内容：

（1）学科概念及其发展历史；

（2）个体生态学；

（3）种群生态学；

（4）群落生态学；

（5）生态系统生态学。

基本要求：

要求深刻理解与熟练掌握生态学在个体、种群、群落和系统层面的相关概念与理论，特别是环境与生物的相互作用规律，种群的生长策略，群落的结构与演替，生态系统的组成与结构，生态系统平衡和失调的基本特征等知识点。

3. 景观生态学的基本概念和理论（讲课：6 学时）

教学内容：

（1）景观生态学的基本概念；

（2）景观生态学的基本理论；

（3）景观结构、过程与动态变化；

（4）景观边缘效应与等级理论；

（5）污染物对生态系统影响的景观表达。

基本要求：

要求深刻理解景观与景观生态学的概念，自然等级理论与尺度效应、岛屿生物地理学理论与异质种群、渗透理论、地域分异规律、景观生态学的一般原理与核心概念，斑块、廊道、基质、景观异质性、景观空间格局、网络，干扰与景观格局演变、景观连接度与连通性、景观中的物种运动、景观中的水分和养分运动，景观稳定性、景观变化的驱动因子、景观变化的生态环境影响。

一般理解与掌握景观生态学的发展与景观生态学的展望，系统论与景观生态学。

难点：自然等级理论与尺度效应，景观异质性，干扰与景观格局演变、景观连接度与连通性；化学物质的种群空间分布效应。

4. 生态破坏与恢复生态学（讲课：4 学时）

教学内容：

（1）受损生态系统的基本特征；

（2）恢复生态学的基本原理；

（3）生态恢复的诊断与评价；

（4）国内外典型生态恢复案例。

基本要求：

要求理解我国河流、湖泊、流域、近海等典型水环境或湿地生态退化的原因与特征、生物多样性丧失的主要原因和特征，掌握恢复生态学的基本原理和程序，熟悉生态恢复的诊断与评价的基本方法。

5. 产业生态学的概念与基本原理（讲课：8 学时，习题：2 学时）

教学内容：

（1）工业发展与环境问题的成因；

（2）产业生态学的发展历史和基本原理；

（3）物质流分析方法的概念、要素与应用；

（4）生命周期分析方法的概念、步骤与应用；

（5）国内、外生态设计案例介绍。

基本要求：

要求学生掌握工业发展历程及其演进模式、不同系统层面上污染问题的工业发展成因、产业生态学的主要发展历程和基本理论、产业生态学为解决环境问题提供的一系列概念性框架，具体包括以下概念及方法：区域层面上的工业代谢分析、生态足迹，企业层面上的工业共生与生态工业园、生产者责任延伸制度，产品层面上的生命周期分析、生态效率、生态设计（为环境而设计）等。

要求学生对工业生态系统与自然生态系统的类比性和系统性思维有个基本的了解，同时，本课程将结合具体企业、行业、工业园区、城市以及区域等层次的研究案例，介绍产业生态学所包含的概念、方法和工具及其在环境管理中的应用。

三、本课程与其他课程的联系和分工

先修课程：《环境学》；后续课程是《水污染生态修复技术》《环境影响评价》《环境规划与管理》等。前者主要介绍环境领域的基本问题与学科历史，本课程主要介绍这些问题的生态学原理，以及相关的产业生态学、恢复生态学、景观生态学的知识体系，而后者则把各种生态学的原理应用于生态修复、环境管理、环境评价等方面。

四、本课程的考核方式（略）

五、建议教材与教学参考书（略）

专业核心课（六）　环境地学教学大纲

学时数：总学时 40（全部授课）　　学分数：2.5

课程类别：专业选修课　　　　　　　开课学期：5

一、课程性质和目的

课程性质：《环境地学》是环境科学专业的基础课。

目的：环境地学是研究自然因素和人为条件下土壤的物质组成、基本理化性质、土壤物质循环与环境质量变化、影响及其调控的一门学科，它涉及土壤质量与生物、土壤与水和大气质量的关系、土壤与其他环境要素的交互作用、土壤质量的保护与改善等土壤环境工程的相关研究与应用，环境地学是一门新兴的土壤学与环境科学等交叉融合的综合性学科。通过本课程的学习，使学生正确理解土壤在环境中的作用与地位，掌握土壤基本组成、性质与分类，熟悉不同类型污染物对土壤生态系统造成的危害，掌握土壤环境质量调控和改善的基本途径和方法。

二、课程教学内容、学时分配和课程教学基本要求

1. 绪论（讲课：2 学时）

教学内容：

（1）地球表层的圈层结构　地球表层及内部的圈层结构，土壤圈与其他圈层的关系，土壤圈在地表圈层结构的地位和功能。

（2）土壤圈与土壤　土壤圈、土壤、土壤肥力、土壤污染、土壤质量的基本概念和含义；土壤污染的特点、土壤污染源、土壤污染的类型、土壤污染的防治概述。

（3）土壤在生态环境中的地位与作用。

基本要求：

掌握地表圈层结构，土壤圈在地表圈层结构的地位，土壤圈的概念与功能；理解土壤肥力、土壤质量、土壤健康的含义，熟悉土壤污染的含义；掌握土壤在农业生产发展和生态环境建设中的地位和作用。

2．土壤的物质组成（讲课：5学时）

教学内容：

（1）土壤矿物质组成　岩石风化和土壤形成；土壤的粒级分组与质地分组（土壤机械组成）；土壤质地、结构与孔性。

（2）土壤有机质　土壤有机质的来源及其组成特点；土壤有机质的矿化和腐殖质化过程；土壤腐殖质的形成；土壤腐殖质的提取、分离及性质；有机质在土壤肥力和土壤环境净化方面的作用。

（3）土壤水和土壤空气　土壤水分、土壤水的类型及其有效性、土壤水的能态；土壤空气；土壤热量；土壤水、气、热的调节。

基本要求：

掌握土壤有机质的概念，土壤腐殖酸在结构、功能团和性质上的异同点及其对土壤肥力和环境自净方面的贡献。掌握土壤水分的能态，水分运动、循环规律和水分的植物有效性。掌握土壤空气和大气的组成差异，通气性与土壤氧化还原状况的关系。

3．土壤的基本特性（讲课：6学时）

教学内容：

（1）土壤胶体和土壤离子交换　土壤胶体的构造和性质；土壤胶体类型、有机胶体、无机胶体、有机—无机复合胶体；土壤阳离子交换作用：土壤阳离子交换作用的特点及影响因素、土壤阳离子交换量、土壤盐基饱和度等。

（2）土壤酸碱性及缓冲性　土壤酸碱反应、土壤酸碱性形成原因及指标、土壤酸碱性对土壤肥力和植物生长的影响、土壤缓冲性、土壤缓冲性及其重要性和产生原因；我国土壤酸碱概况与土壤酸碱性调节：我国土壤酸碱概况、酸性土壤改良、碱性土壤改良。

（3）土壤氧化还原反应　基本概念（土壤氧化还原体系，氧化还原指标等）；土壤物质的氧化还原过程；土壤氧化还原状况的生态影响及其调节；土壤氧化还原状况及其影响因素。

（4）土壤形成和分类　土壤的形成：土壤形成因素、土壤形成过程、土壤剖面分化与特征；形成因素：气候、生物、母质、地形、时间因素、内动力地质作用人为因素对土壤形成作用；成土过程：原始成土过程、有机质积累过程、黏化过程、积钙、脱钙与复钙过程、盐化与脱盐化过程、碱化与脱碱化过程、灰化与漂灰化过程、白浆化过程、富铝化过程、潜育化过程、潴育化过程、熟化过程；土壤剖面形态与土壤景观：单个土体、聚合土体、土壤剖面构型；土壤分类与分布：土壤发生分类、土壤系统分类；土壤分布的地带性：

纬度地带性、经度地带性。

基本要求：

本章重点和难点。重点是生物气候条件对土壤的影响，难点是本章基本概念较多。掌握土壤形成的母质因素、土壤形成的生物因素、土壤形成的气候因素、土壤形成的地形因素、土壤形成的时间因素、土壤形成过程的实质、主要的成土过程、成土过程与成土因素的关系、土壤发生层和土体构型、基本土壤发生层。掌握土壤发生分类和土壤系统分类，土壤地带性分布规律。

4. 土壤中碳、氮、硫、磷与环境质量（讲课：5 学时）

教学内容：

（1）土壤中的碳（土壤有机质）与环境质量　土壤有机碳库、土壤碳的形态与活性、土壤碳的分解与转化、土壤碳库与甲烷、全球气候变化对土壤碳循环的影响。

（2）土壤氮素与环境质量　土壤中氮的含量和形态；氮在土壤中的迁移转化：土壤中氮的来源与循环、植物对土壤中氮的吸收、土壤中氮素转化的重要过程、土壤中氮的损失与去向；土壤氮素管理与环境质量：土壤中氮损失对环境的影响。

（3）土壤中硫素与环境质量　土壤中硫的含量与形态；硫在土壤中的行为：土壤中硫的吸附与解吸、土壤中硫的氧化还原、土壤中硫的矿化、土壤中硫的循环与迁移；硫素循环对环境的影响：硫对大气环境的影响、硫对土壤酸化的影响。

（4）土壤中磷素与环境质量　土壤中磷的含量与形态；磷在土壤中的迁移转化与固定：有机磷的矿化和无机磷的生物固定、土壤中磷的固定和释放；土壤磷素与水体富营养化。

基本要求：

掌握全球气候变化对土壤碳循环的影响；掌握土壤氮素管理与环境质量；熟悉硫素循环对环境的影响；了解土壤磷素与水体富营养化。

5. 土壤重金属元素的迁移转化（讲课：4 学时）

教学内容：

（1）土壤中的重金属　土壤重金属污染及其来源：土壤重金属污染的定义、土壤中重金属污染的来源；土壤中重金属的形态：土壤中重金属化合物的类型、土壤中重金属化合物的化学形态；控制土壤中重金属溶解度的主要反应。

（2）土壤中重金属的迁移，影响重金属在土壤—植物体系中迁移的因素　重金属在土壤—植物体系中迁移：重金属在土壤中的积累和迁移转化、植物对重金属污染物产生耐性的几种机制；重金属对土壤肥力的影响、重金属的植物效应及其影响因素、重金属对土壤微生物和酶的影响、重金属对人类健康的影响。

（3）土壤中污染物的交互作用　土壤、植物系统中的 Pb-Cd 交互作用对植物吸收 Cd 的影响；交互作用对模式参数的重要性、吸附行为的交互作用、化学过程的交互作用、重金属—有机污染物在土壤生物学过程中的交互作用。

基本要求：

污染物在土壤—植物体系中的迁移和它的作用机制及主要重金属在土壤中的迁移、转化和归趋。重金属离子在土壤中的迁移原理与主要影响因素，以及主要重金属离子在土壤中的转化规律与效应。土壤中污染物的交互作用。

6. 土壤中有机污染物与环境质量（讲课：4 学时）

教学内容：

（1）土壤中有机污染物概述　有机氯农药、有机磷农药、多环芳烃类污染、多氯联苯、二噁英、石油类污染物、其他重要的有机污染物。

（2）土壤中有机污染物的环境行为　有机污染物在土壤中的吸附、有机污染物在土壤中的挥发、有机污染物在土壤中的移动性、有机污染物在土壤中的水解、有机污染物在土壤中的光解、有机污染物在土壤中的生物降解、土壤结合态农药残留的概念、某些常用农药的结合残留量、农药结合残留的特征。

（3）土壤中有机污染物的生态效应与环境质量　有机污染物对微生物的影响、有机污染物对土壤动物的影响、有机污染物对植物生长的影响、作物对土壤中农药的吸收、转运与积累、农产品的农药污染、减少农药对农产品污染的措施。

基本要求：

熟悉土壤中有机污染物的主要种类，有机污染物迁移、转化的机理性研究、背景和分离、检测方法的研究、复合污染的研究、土壤中优势流对有机污染物迁移影响的研究。了解土壤中有机污染物的环境行为。掌握土壤中有机污染物的生态效应与环境质量。

7. 土壤侵蚀与水土保持（讲课：8 学时）

教学内容：

（1）土壤侵蚀　土壤水蚀过程、土壤水蚀的影响因子、土壤水蚀流失量计算方法及相关参数、土壤水蚀的原位影响、土壤水蚀的异位影响；通用土壤流失方程（USLE）在我国的应用和局限性；坡面土壤侵蚀预报模型发展现状及存在问题、流域土壤侵蚀预报模型发展现状及存在问题。

（2）水土保持工程措施　水土保持工程的概念和分类；坡面治理工程包括斜坡固定工程、山坡截流沟、沟头防护工程和梯田工程，主要介绍斜坡固定工程和梯田工程、沟床固定工程中谷坊和拦沙坝；简单介绍淤地坝和引洪漫地、小型水利工程及护岸与治滩工程。

（3）水土保持林业措施　水土保持林的效应、生物措施的水文效应、防止土壤侵蚀效应、改良土壤效应；水土保持林体系、水土保持林的功能、地位；山区、丘陵区坡面、侵蚀沟道水土保持林体系的配置特点；山区、丘陵区水土保持林体系各林种的配置特点；生态经济林各林种的配置特点、坡面水土保持林、山区水文网、侵蚀沟道的防护林；干旱山地造林关键技术。

（4）水土保持农业技术措施　水土保持耕作技术措施的作用和种类，如横坡耕作技术、深耕技术、免耕法等；水土保持栽培技术如草田轮作技术，间作、套种和混种技术，带状间作技术等。

（5）面源污染及控制　农业面源污染的主要来源：化肥、农药、畜禽粪便及养殖废弃物、没有得到综合利用的农作物秸秆、农膜地膜等；农业面源污染的特点；农业面源污染的控制：贯彻流域清水产流的理念，面源污染的源头控制、过程减排及末端治理的综合的控制理念，实施总量控制。

基本要求：

要求掌握土壤侵蚀的过程、影响和预报等；熟悉水土保持的工程措施、林业措施、农业技术措施的技术原理和关键设施；了解农业面源污染的种类、特点以及控制理念和技术措施。

8. 污染土壤的修复（讲课：6 学时）

教学内容：

（1）污染土壤的物理修复　污染土壤物理修复的方法与措施：翻土和客土、高温热解、真空/蒸气抽提、固化/填埋。

（2）污染土壤的化学修复　无机钝化剂、有机改良剂、氧化剂/还原剂、催化/光降解、土壤淋洗的概念与分类、污染土壤淋洗的影响因素、淋洗剂的选择和应用、泵出处理、萃取、电动修复的定义与原理、电动修复的实际应用。

（3）污染土壤的微生物修复　有机物污染土壤的微生物修复、重金属污染土壤的微生物修复、微生物修复技术的优缺点、原位微生物修复、异位微生物修复。

（4）污染土壤的植物修复　植物修复的概念、植物修复的分类、植物修复的优点、植物修复的缺点、植物萃取、植物挥发、植物钝化/稳定化、有机污染物的直接吸收和代谢、酶的作用、根际的生物降解、真菌作为生物修复剂、植物提取修复技术体系。

（5）典型土壤污染物修复技术的应用（选择重点讲授）　重金属污染修复技术、卤代有机物污染修复技术、农药污染修复技术、石油烃污染修复技术、矿山开采矿场修复技术、矿山尾矿场地污染修复技术。

基本要求：

要求掌握土壤污染的概念，熟悉污染土壤的蒸气浸提、固化稳定化、热解吸、电化学、化学氧化还原、淋洗、溶剂浸提等物理化学修复技术，掌握污染土壤的异位和原位微生物修复技术与工艺、植物修复技术以及污染土壤的生态围隔工程。

三、本课程与其他课程的联系和分工

先修课程和教学环节：先修课程为《环境学》，本课程从地理方面进一步深入分析环境的形成与演变关系。

后续课程和教学环节：后续课程为《环境生态学》《环境规划与管理》。

四、本课程的考核方式（略）

五、建议教材与教学参考书（略）

专业核心课（七）　水污染生态修复技术教学大纲

学时数：总学时 24（讲课21，研讨3）　　学分数：1.5

课程类别：专业选修课　　　　　　　　　开课学期：6

一、课程性质和目的

课程性质：《水污染生态修复技术》是高等理工学校环境科学本科专业的一门重要的专业选修课。

目的：通过本课程的学习，使学生掌握污染生态修复的概念、基本原理和研究方法，熟悉水污染生态修复技术及其应用。了解生物与污染和污染环境之间的相互作用规律及机理，了解污染生态修复技术在水环境保护、水环境修复等方面如何应用，掌握污染水体和污染海洋的生态修复技术。了解国内外水体污染生态修复技术的发展动态、前沿，使学生能运用生态学的理论和方法来观察、认识生态破坏和环境污染等各种环境问题，并阐明污染环境治理的生态学途径，掌握如何利用生态学的手段治理污染水环境，为学生今后从事专业工作、科学研究和环境管理等打下良好的基础。

二、课程教学内容、学时分配和课程教学基本要求

1. 绪论（讲课：1学时）

教学内容：

（1）环境问题；

（2）环境修复；

（3）生态修复；

（4）生态修复工程设计。

基本要求：

通过本章的学习，要求学生熟悉环境问题的概念、分类、产生与发展，掌握环境修复的概念、产生与发展、对象和任务，掌握生态修复的概念、类型和特点，了解生态修复工程设计。

2. 污染环境的生物修复（讲课：4学时）

教学内容：

（1）生物修复概述；

（2）环境微生物修复机理；

（3）环境修复微生物生态学原理；

（4）影响生物修复的污染物特性。

基本要求：

通过本章的学习，要求学生掌握生物修复的概念、特点、类型，熟悉用于生物修复的微生物种类，了解影响微生物修复的因素以及环境微生物的代谢，掌握微生物对有机污染物和重金属的修复作用，掌握环境修复微生物的生态因子和微生物群落结构，了解环境微生物的生长与种群的增长、微生物种群间的相互关系，掌握优先污染物与目标污染物的概念，了解污染物化学结构、降解方式等对生物修复的影响。

3. 污染环境的植物修复（讲课：4学时；研讨：1学时）

教学内容：

（1）植物修复概述；

（2）植物对污染物的修复作用；

（3）影响植物修复的环境因子；

（4）有机污染物的植物修复；

（5）重金属的植物修复；

（6）放射性核素及富营养化物的植物修复。

基本要求：

要求掌握植物修复的概念、类型、优势及存在的问题，掌握植物对污染物的吸收、排泄与累积作用，了解植物根的生理作用以及植物根际圈生态环境对污染修复的作用，熟悉影响植物修复的环境因子，掌握有机污染物和重金属的植物修复机理和作用，了解放射性核素及富营养化物的植物修复作用。

4. 污染环境修复的生态工程技术（讲课：2学时）

教学内容：

（1）生态工程概述；

（2）生态工程修复技术；

（3）生物处理与生态工程修复联合技术。

基本要求：

通过本章的学习，要求学生掌握生态工程的概念、产生与发展、特点及主要应用类型，掌握生态工程修复的概念、原理和内容，熟悉各种生态工程以及生物生态联合修复技术。

5. 污染水环境生态修复技术（讲课：10 学时；研讨：2 学时）

教学内容：

（1）概述；

（2）湖泊生态修复技术与案例；

（3）水库生态修复技术与案例；

（4）湿地生态修复技术与案例；

（5）河流（流域）生态修复技术与案例；

（6）地下水生态修复技术与案例；

（7）海洋生态修复技术与案例。

基本要求：

要求掌握水环境污染与水环境修复的概念，熟悉水环境修复的目标、原则和基本内容，掌握湖泊、水库、湿地水环境污染的特点和修复技术，如：深水曝气修复、水生植被修复、底泥环境疏浚修复等，了解湖泊、水库、湿地污染生态修复案例；掌握河流（流域）污染的特点和河流水环境修复技术，如：自然净化修复、陆生生态修复、水生生态修复、湿生生态修复、微污染饮用水水源的生物修复技术等，了解河流（流域）污染生态修复案例；熟悉地下水污染的特点和地下水水环境修复技术，如：气体抽提修复、空气吹脱修复、原位工程修复、自然生物修复等，了解地下水污染生态修复案例；掌握海洋石油污染分布、赋存形态和生物修复技术，了解海洋赤潮污染和海洋农药污染的生物修复技术，了解海洋污染生态修复案例。

本课程的教学环节包括课堂讲授和师生研讨等。通过上述基本教学步骤，要求学生系统学习生态修复技术的概念、原理和方法，学习污染湖泊、水库、河流（流域）、地下水、海洋等水体污染的生态修复技术。

三、本课程与其他课程的联系和分工

本课程的前期课程是：有机化学、无机化学、物理化学、分析化学、环境化学、植物学、环境生物学、环境学、环境生态学等；本课程可为学生日后从事相关工作奠定基础。

四、本课程的考核方式（略）

五、建议教材与教学参考书（略）

2.1.3.4　主要专业实践课程的内容与综合实习课程大纲

1. 主要专业实践课程的内容

环境科学专业实践课程内容见表 2.7。

表 2.7　专业实践课程内容

课程类别	课程名称	课程内容
实验课程	环境生物学	实验一　光学显微镜的操作及微生物形态观察 实验二　细菌革兰氏染色技术 实验三　微生物培养基配制及灭菌技术 实验四　植物微核检测实验 实验五　水污染的细菌总数的检测及水质量评价
	环境监测	实验一　污（废）水监测实验 实验二　地表水监测实验 实验三　城市空气质量监测实验 实验四　土壤监测实验 实验五　城市噪声监测实验
	环境化学	实验一　空气中烯烃与臭氧的反应 实验二　空气中氮氧化物、臭氧的日变化曲线及光化学反应 实验三　大气颗粒物中硝酸盐和硫酸盐的测定 实验四　水中重金属 Cu 的形态分析 实验五　有机物的正辛醇—水分配系数 实验六　底泥对苯酚的吸附作用 实验七　苯酚的光降解与光催化降解速率的测定
	环境工程原理	实验一　传热实验 实验二　颗粒沉降实验 实验三　过滤实验 实验四　固-液等温吸附和穿透曲线实验 实验五　间歇反应动力学实验
	水污染控制工程	实验一　混凝实验 实验二　化学氧化法处理有机废水实验 实验三　吹脱法除氨氮实验 实验四　消毒实验 实验五　曝气充氧实验 实验六　活性污泥评价指标实验 实验七　污泥比阻的测定 实验八　膜生物反应器实验 实验九　污水处理模型演示实验
	大气污染控制工程	实验一　旋风水膜除尘器性能测定 实验二　袋式除尘器性能测定 实验三　碱液吸收法净化气体中的二氧化硫 实验四　活性炭吸附气体中的甲苯 实验五　催化转化法去除汽车尾气中的氮氧化物
	环境流体力学	实验一　雷诺准数验证测定 实验二　沿程阻力系数测定 实验三　伯努利方程验证
	环境地学	实验一　土壤基本理化性质测定 实验二　土壤全氮、有效氮（碱解氮）的测定 实验三　土壤有机质和磷的测定 实验四　土壤阳离子交换容量 实验五　重金属在土壤—植物中的迁移转化
	膜分离技术	实验一　超滤膜分离性能测试 实验二　污染密度指数（SDI）测定实验 实验三　反渗透除盐实验 实验四　电渗析除盐实验

课程类别	课程名称	课程内容
课程设计	环境规划与管理	以北京林业大学校园环境为例，进行水环境、环境空气、环境噪声、固体废物等污染状况调查与分析、公众参与调查问卷设计、校园功能区划等工作，完成校园环境的环境规划与管理课程设计
	环境影响评价	进行水环境、大气环境、噪声环境、固体废弃物等污染减缓措施分析、公众参与调查问卷设计、项目选址合理性分析等工作，完成项目环境影响评价报告
	水污染控制工程	污水处理程度计算；污水处理工艺选择；污水、污泥处理各单元设计计算；污水处理厂平面与高程布置；污水总提升泵站设计计算；污水处理厂平面图与污水、污泥高程图绘制
	大气污染控制工程	燃煤锅炉排烟量、烟尘和二氧化硫浓度的计算，净化系统设计方案的分析确定，除尘器的比较和选择，管网布置及计算，风机及电机的选择设计，编写设计说明书，除尘系统平面布置图和剖面图各 1 张
	固体废物处理处置技术	固体废物处理处置工程项目建议书；城市生活垃圾卫生填埋场设计计算说明书；填埋场设计库容与处理规模；填埋场地表水控制系统；填埋场气体控制系统；城市固体废物处理技术系统生命周期评价
实习	植物学	在学校校园、鹫峰国家森林公园或北京植物园辨识植物
	测量学	图根控制测量、地形图测绘
	环境科学专业综合	（1）污水处理工艺实习：内容：活性污泥法、氧化沟法和 A^2/O 法处理城市污水工艺、污泥消化工艺中微生物的变化情况；地点：北京市高碑店污水处理厂、北京亦庄金源经开污水处理厂 （2）除尘和废气处理工艺实习：内容：除尘技术、脱硫技术、汽车尾气净化技术等装置；地点：北京高安屯垃圾焚烧厂，中国环境科学研究院（机动车排污监控中心）以及北京市某厂矿企业 （3）城市垃圾处理处置工艺：内容：城市垃圾填埋、堆肥、焚烧工艺；地点：北京市海淀区的五路居城市生活垃圾转运站、北京高安屯垃圾焚烧厂、北京市庞各庄污泥堆肥厂 （4）污染水体生态修复工程实习：地点：翠湖湿地、奥林匹克森林公园 （5）北京市交通隔声屏障考察：地点：北京市环路
毕业论文	毕业论文	根据指导教师的科研课题安排相关内容

2. 综合实习课程的大纲

环境科学专业综合实习教学大纲

学时数：总学时 1 周　　　　　学分数：1.0
课程类别：专业核心课　　　　开课学期：6

一、课程性质和目的

课程性质：《环境科学专业综合实习》是高等学校环境科学专业的必修课。

目的：环境科学专业综合实习主要配合《环境监测》《水污染控制工程》《环境生物学》《大气污染控制工程》《固体废物处理处置技术》《水污染生态修复技术》《物理性污染控制工程》这几门课程的课堂教学内容而展开的专业综合实践内容。通过本课程的学习，锻炼和提高学生综合运用课堂理论知识和实验技能的能力，进一步强化他们的实验操作技能，培养学生综合分析、判断、解决实际环境问题的科学思路、个人能力和团队精神，为本科毕业后的社会工作和继续深造奠定坚实的专业基础。

二、课程教学内容、学时分配和课程教学基本要求

实习内容：

（1）污水处理工艺实习　内容：活性污泥法、氧化沟法和 A^2/O 法处理城市污水工艺、污泥消化工艺中微生物的变化情况；地点：北京市高碑店污水处理厂、北京亦庄金源经开污水处理厂。

（2）除尘和废气处理工艺实习　内容：除尘技术、脱硫技术、汽车尾气净化技术等装置；地点：北京高安屯垃圾焚烧厂，中国环境科学研究院（机动车排污监控中心）以及北京市某厂矿企业。

（3）城市垃圾处理处置工艺　内容：城市垃圾填埋、堆肥、焚烧工艺；地点：北京市海淀区的五路居城市生活垃圾转运站、北京高安屯垃圾焚烧厂、北京市庞各庄污泥堆肥厂。

（4）污染水体生态修复工程实习　地点：翠湖湿地、奥林匹克森林公园。

（5）北京市交通隔声屏障考察　地点：北京市环路。

以下为实习的具体安排：

对整个综合实习阶段的内容进行讲解，介绍污水处理厂主要处理工艺、厂矿企业主要除尘装置，给学生留出一定量的思考题，让学生带着问题进行实习。选择北京市具有代表性的污水处理厂（如北京高碑店污水处理厂、北京市金源经开污水处理厂）进行实习，经过现场参观初步了解污水处理厂基本概况（污水处理厂规模、人员状况、工艺过程水平及主要工艺流程、处理厂环境管理体制建设和基本制度等）。对污水处理厂的废水来源、水质状况和处理后达到的水质指标进行监测，听老师介绍各种废水处理所用的工艺方法及流程（物理处理法、化学处理法、生化处理法）、处理工艺各部分的功能及其主要设备和构筑物结构、操作方法（开车、停车及正常操作及维护）、常见故障及排除方法。在污水和污泥处理工艺的不同阶段，提取水样，对水样中的微生物种群及代谢过程进行检测分析。

选择北京高安屯垃圾焚烧厂，中国环境科学研究院（机动车排污监控中心）以及北京市某厂矿企业进行实习，经过现场参观初步了解实习单位大气污染防治情况和常见的大气污染治理技术、方法和设备，听老师介绍大气污染防治中废气的除尘、脱硫、脱氮等技术以及汽车尾气净化技术、常见的污染物控制与净化装置的结构特性、工艺流程、典型装置的操作运行和常见故障及处理方法。

参观北京市海淀区的五路居城市生活垃圾转运站，了解城市垃圾转运站的典型处理工艺流程。到北京市海淀区六里屯城市生活垃圾卫生填埋场现场学习，听技术人员讲解城市生活垃圾卫生填埋场工艺流程、日常操作等工程问题，并与技术人员交流。采集填埋场土壤样品和渗沥液水样，返回后晾晒土壤样品，并测定渗沥液水样的部分指标。参观北京市庞各庄污泥堆肥厂，熟悉垃圾堆肥厂好氧发酵技术及工艺特点，了解堆肥产品的质量控制过程和应用途径，并采集已经熟化的堆肥，返回后检测部分堆肥指标。参观北京高安屯垃圾焚烧厂，了解垃圾焚烧的工艺，焚烧炉的形式、结构，垃圾焚烧发电的现状。

考察北京市翠湖国家湿地公园、奥林匹克森林公园，现场参观人工湿地污水处理工艺，了解植物修复技术的应用和效果。

选择具有交通隔声屏障路段（北京市地铁公司四惠站及东折返线声屏障工程、北京地铁复八线洞口段隔声屏障、北京市四环路、健翔桥新建匝道桥中的 2 个地点），了解隔声和消声降噪技术在实际交通路段中的应用，在现场进行噪声监测。参观具有消声降噪措施的企事业单位（中国爱乐乐团新排练厅建声噪声综合治理工程、工人日报社燃气锅炉房噪声综合治理工程的 1 个地点），了解噪声综合治理工程的现状，并对现场进行噪声监测。

基本要求：

掌握城市污水处理工艺的流程和操作参数、处理构筑物和设备的组成与构造，污泥处理工艺与最终处置方法，废气产生的单元和处理方法，了解废水处理成本和能耗。

掌握城市污水处理和污泥处理工艺中的微生物的种群及代谢过程，了解污泥膨胀中微生物的种群变化和控制措施。

掌握各种除尘装置的结构、性能特点及设计基础知识，理解各种除尘技术的除尘机理，了解各种除尘装置在实际工程中的运用，进一步提高对袋式除尘器及水膜除尘器结构形式和除尘机理的认识，掌握除尘器的主要性能、基本装置与工艺。

通过本实习，让学生熟悉固体废物的处理处置方法，城市生活垃圾的收集转运情况，城市垃圾转运站的典型处理工艺流程，包括：称重系统、垃圾收集推进系统、除尘除臭系统、垃圾压缩系统、密闭式垃圾转运车、污水处理系统、自动控制及监测系统、美化绿化系统。

熟悉城市生活垃圾卫生填埋场的结构、日常操作、垃圾渗滤液收集处理系统、填埋气体导排、处理及利用系统，掌握填埋场的工艺流程。采集填埋场土壤样品和渗沥液水样，测定渗沥液水样的 COD、氨氮、色度等指标，通过实验，熟悉填埋场环境监测的方法，掌握渗沥液水样的水质特征及处理方法。

熟悉静态隧道内强制通风好氧发酵技术，了解发酵工艺废水和废气的收集、处理系统，了解堆肥产品的外观、腐熟度的检测方法、堆肥产品的质量控制及应用途径，通过对堆肥样品的分析，掌握堆肥质量的检测方法。

熟悉垃圾焚烧炉的工作原理、特点，了解垃圾焚烧的四个阶段，了解高温烟气的二次燃烧过程及作用，了解焚烧尾气控制技术及尾气冷却与废热回收系统，了解避免产生二次污染的措施。

掌握污染水体生态处理工程的原理及方法，了解人工湿地的结构、形式、基质构造、植物群落等，了解人工湿地中微生物、植物、动物去除污染物的协同作用，了解人工湿地运行过程中存在的主要问题及防治措施。检测水样 COD、氮、磷等指标，通过实验，了解人工湿地的污水处理效果。

通过监测不同路段的噪声，如具有交通隔声屏障的地铁路段（北京市地铁公司四惠站及东折返线、北京地铁复八线洞口段）、公路路段（北京市四环路、北京市健翔桥新建匝道桥）等，了解交通隔声屏障的组成与设置方式及其作用，了解消声降噪措施、装置和作用，进一步掌握有关隔声和消声降噪技术的原理及其在实际交通路段中的运用。对有无交通隔声屏障路段的噪声进行对比监测，考察隔声和消声降噪技术的效果。

监测具有消声降噪措施的企事业单位（如中国爱乐乐团新排练厅、工人日报社燃气锅炉房）的噪声，了解课程学习过程中有关隔声和消声降噪技术的原理及其在实际工程中的运用，熟悉室内隔声屏障的组成与设置方式及其作用，进一步掌握消声降噪的措施和装置应用。

学生在实习结束后应独立完成实习报告 1 份，实习报告要求：①报告装订次序：封面、目录、正文、附件（图及其他）、实习体会、谢词及参考书目；②报告正文大纲：综合说明、工艺说明、工艺流程图、重要设施或装备结构图、工艺成本及能耗、经济评价、其他方面；③报告字数不少于 1 万字。

三、本课程与其他课程的联系和分工

本课程的前期课程：《环境工程制图》《水污染控制工程》《环境生物学》《大气污染控制工程》《固体废物处理处置工程》《水污染生态修复技术》《物理性污染控制工程》，后续课程为毕业论文或毕业设计。先修课程是本实习课程的理论基础，而本实习课程又是毕业论文或毕业设计的实践基础。

四、本课程的考核方式（略）

五、建议教材与教学参考书（略）

2.1.4　专业实践教学条件的建设

在环境科学专业人才培养方案的实施过程中，我们充分认识到实践教学条件的重要性，其中校内本科教学实验室的面积和硬件水平、校外实践教学基地的数目和质量对于培养本科专业人才的实践动手能力和创新思维起着关键的作用。近几年，经过我们的努力建设，目前已经建成校级本科实验教学中心 1 个、实践教学基地 6 处，基本可以满足环境科学专业本科生进行专业实验与实习实践的需要。

北京林业大学环境科学与工程学院建立的校级"环境科学与工程实验教学中心"，主要包括"环境科学与工程公共实验平台"和"环境科学与工程专业实验平台"，其中"公共实验平台"主要由大型仪器分析实验室、环境模拟与污染控制实验室组成，"专业实验平台"由环境微生物学实验室、环境化学实验室、环境监测实验室、水处理实验室、环境地学实验室等组成。现有实验室面积 1 600 m^2，设备资产总值 1 373 万元人民币。该中心的功能是完成校内各门专业课程的实验任务，主要服务的实验课程包括《环境生物学实验》《环境监测实验》《环境化学实验》《环境工程原理实验》《水污染控制工程实验》《环境流体力学实验》《环境地学实验》《膜分离技术实验》《大气污染控制工程实验》等。环境科学专业本科生通过在该实验教学中心的锻炼，培养了他们的实践动手能力和创新思维水平。

此外，环境科学专业陆续建设了 6 个实践教学实习基地。其中，校外实践教学实习基地 4 处，包括北京亦庄金源经开污水处理厂、北京高碑店污水处理厂、北京高安屯垃圾焚烧厂和北京鹫峰国家森林公园，环境科学专业与上述单位签订了实践教学实习协议书，顺利地进行了 4 年的实践教学工作。上述 4 个校外实践教学实习基地的功能是完成《环境科学专业综合实习》和部分本科生的毕业论文工作，涉及《环境工程制图》《水污染控制工程》《环境生物学》《大气污染控制工程》《固体废物处理处置技术》《水污染生态修复技术》《物理性污染控制工程》等专业课程的内容。通过校外实践教学实习基地的锻炼，进一步加深环境科学专业本科生对上述专业课程内容的理解，加强他们运用专业知识的能力。

环境科学专业校内实践教学实习基地有 2 处，分别是"水体污染源控制技术"北京市重点实验室和"污染水体源控与生态修复"北京市高等学校工程研究中心，这 2 个基地主要服务于《大学生科技创新》活动和环境科学专业的《毕业论文》工作，充分发挥科研平台的产学研结合的功能，提高环境科学专业本科生解决实际环境问题的能力。

2.2　师资队伍的建设

我们深知高素质的教师队伍是专业快速发展和提高专业人才培养质量的重要支撑。根据环境科学特色专业建设的目标，我们通过培养与引进相结合的方式，提升教师的综合素质，包括教师的职业理想和职业道德、教学能力与学术水平、人才培养的能力、服务社会的能力、国际交流能力。建立知识结构合理、人员相对稳定、水平较高的师资队伍，并有学术造诣较高的学科带头人。教师年龄结构合理，老中青教师互相配合，构建相对稳定、职称结构合理、持续进步的教学团队。主要专业课程 70%以上由高级职称教师讲授。

2.2.1　通过引进、进修及培训，提升教师队伍的整体素质

2.2.1.1　加强现有专业师资队伍的培养

专业根据环境科学专业建设的需要，制订出针对新进教师、骨干教师、教学名师的遴选与培养计划，通过研修培训、学术交流、项目资助等具体措施提升现有教师的综合素质。针对新进教师教学方法与经验相对欠缺的实际情况，采取国内外进修和实行导师组制度来提升他们的综合素质。有计划安排新进教师到国内外著名高校进行培训和参加学术会议。对每位新进教师，根据他的特点，聘请综合素质高、由 2～3 位教师组成的导师组，导师组有责任和义务对青年教师进行针对性的指导，帮助新进教师提升教学质量，过好教学关。专业定期对导师组进行检查和听取意见。

中青年骨干教师通过境外进修和承担科研课题等方式提升综合素质。有计划地安排中年骨干教师到境外大学或研究机构进修。资助积极参加国外学术会议。创造条件扶持中年骨干教师积极申报科研项目、参加科学研究和研究生培养。

专业教授发挥其核心和引领作用，组建教学团队和科研团队，实现师资队伍整体教学和学术水平的提升。

2.2.1.2　积极引进境内外高水平学术人才充实到师资队伍

我们充分利用学校优秀学术人才引进基金，创造良好的科研、教学、生活条件，来吸引境内外优秀学术人才来我专业工作。

2.2.2　积极开展教学研究，不断提升教学水平与质量

为了激励专业教师提升教学水平与质量，在教师的年终业绩考核制度中对教学方面给予一定程度的倾斜，例如：教师发表教学改革论文所获得的分数（40 分/篇）要高于科研中文核心期刊论文所获得的分数（30 分/篇）。同时，鼓励教师积极开展教学研究，申报教改课题，这些内容在教师的业绩考核中都给予体现。

专业还鼓励教师积极参加校外各种类型教学研讨、课程论坛等教学会议，并在会上积极发言和交流，及时了解了兄弟院校的专业教育教学改革动态，更新教育教学观念。

为了提高全体教师的教学水平和教学质量，营造良好的教学氛围，专业每学期举行教学观摩活动，并进行案例点评和交流，大家互相交流学习课堂教学方法与经验。同时，针

对环境科学专业的人才培养、课程建设、教学内容、教学环节、教学方法，创新实践等方面出现的新问题和新需求来开展集体研讨，使教师的教学水平和教育教学质量不断提高。专业要求 40 岁以下的青年教师参加每两年一次的青年教师教学基本功比赛，也欢迎 40 岁以上的教师参加，展示教学方法与技巧，其他教师作为评委给予点评，通过这样的互动方式促进教师教学水平和质量的提高。

2.2.3 提升教师科研和服务社会能力，实现科研促进教学

专业鼓励和推动教师积极参与国家、地方的科学研究项目和服务社会的活动。为了提升教师科研和服务社会的能力，专业注重在科研项目申报、科研过程管理和科研课题结题等环节把好关，并为教师的科学研究提供良好的硬件条件。在科学研究的过程中，教师们不断充实自己的知识内涵，提高学术水平，并将科研成果引入教学中。

2.2.4 加强学术交流，提高专业的影响力和知名度

为了提升教师对外交流能力和专业的影响力及知名度，专业鼓励教师积极参加境内外学术会议，进行学术交流。一方面鼓励和推动教师（特别是青年教师）利用好学校在教师参加学术会议方面的一些激励政策；另一方面专业也创造条件帮助教师走出校门和国门参加学术活动。同时，每年邀请国内外知名专家来校讲学和进行学术交流。

2.3 专业管理制度建设

为了保证环境科学专业本科人才的培养质量，在专业建设管理方面建立监督约束机制，实行制度化管理，主要建设工作如下：

（1）专业建设 依据我国快速发展过程中环境问题的特殊性和解决环境问题的紧迫性对环境科学研究及环境科学人才培养的巨大需求，参照教育部高等学校环境科学专业教学指导分委会提出的环境科学本科专业"十二五"人才培养战略和规范，进行环境科学专业制度化建设。

（2）教学管理制度 在进一步完善现有教学管理制度基础上，强化教研室的建设，在教研室范围或专业范围内，共同研讨课程的教学方法和内容，并定期组织观摩教学和示范介绍、试点讲评和专题研讨。

（3）教师考核奖励制度 建立教师考核奖励制度，将教师的教学质量和工作量、科研水平与工作量以及专业建设的投入纳入教师评价体系，并与岗位聘任和津贴发放等挂钩。定期进行考核，促进教师业务能力的提高，扩大本专业在国内外的影响。

（4）教学研讨和教学经验交流常规化 以教研室为单位将教学研讨和教学经验交流制度化，做到每两周开展一次教学活动。

（5）实施青年教师导师（组）制，提升青年教师教学和科研水平 构建培养青年教师的导师（组）的培养体系，制定《北京林业大学环境科学与工程学院新进青年教师导师培养制实施办法》等规章制度。在一般情况下，导师由教学经验丰富、科研水平高的教授和副教授担任。

经过多年探索，逐步构建了一整套适合我校环境科学专业建设管理规章制度（见表

2.8)，实现了教学过程的精细化管理（包括：观摩教学点评、试讲点评、专题研讨、示范介绍、考试管理等）。

表 2.8　环境科学专业建设管理规章制度

类别	名　称	功　能
课程规范化管理制度	《北京林业大学环境科学与工程学院关于严格执行教学管理规章制度保证教学质量的规定》 《北京林业大学环境科学与工程学院关于教师新开课、开新课管理规定》	规范课程教学过程，稳定正常的教学秩序，形成良好教风，切实保证教学质量，加快教学管理的规范化和科学化进程
教研室活动管理制度	《北京林业大学环境科学与工程学院教研室工作条例》	明确教研室性质及其组织，规范教研室工作的主要内容、教研室主任的聘任、职责、权利和待遇以及教研室常规工作制度和考核等内容
教学检查督导管理制度	《北京林业大学环境科学与工程学院教学督导工作管理条例》	加强对学院教育工作的监督检查，充分发挥我院学术造诣高和责任心强的老教师的作用，指导和参与教学建设和教学改革，指导改善教学方法，提高教学效果，热爱教育、热爱学生，做好教书育人工作
青年教师培养管理制度	《北京林业大学环境科学与工程学院新进青年教师导师培养制实施办法》	规范新进青年教师导师组培养工作，帮助青年教师尽快完成角色转换，熟悉教学科研，树立师德师风，提升业务技能，确立职业生涯发展规划，为快速成长奠定良好的基础，建立一支高水平的青年教师队伍
教学过程精细化管理的规定	《北京林业大学环境科学与工程学院教学过程精细化管理规定》 观摩教学：《北京林业大学环境科学与工程学院听课制度》 试讲点评，专题研讨 示范介绍 考试管理：《北京林业大学环境科学与工程学院关于本科课程考试或考查成绩的规定》	加强对学院日常教学的督促、检查和指导，促进教风、学风建设，提高教学水平和教学质量；严格考试制度，规范考试时间以及考试成绩的确定
毕业论文（设计）管理规定	《北京林业大学环境科学与工程学院本科毕业论文（设计）工作的规定》 《北京林业大学环境科学与工程学院本科毕业论文（设计）撰写规范（试用版）》	依据环境类专业的人才培养特点，规范环境科学专业本科毕业论文工作流程，细化论文格式撰写规范，提高本科论文质量，增强本科生的专业竞争力

通过上述工作，目标是实现专业建设科学化、课程管理规范化、教研活动常规化、中青年教师培养制度化，期望形成有利于教书育人和实现学生知识、能力和素质俱佳的教学过程管理制度。培养基础扎实、动手能力强、勇于创新并具有鲜明生态环境特色的新型专业人才。

第 3 章　环境科学特色专业建设成果总结

我校环境科学专业经过近三年的建设取得了长足进步。根据社会对环境科学专业人才的需求，确定了"厚基础、宽口径、重能力、有特色"的人才培养定位；修订完善了环境科学专业人才培养方案，使其特色更鲜明，内涵更丰富；将科学研究与教学活动有机结合，提高学生解决实际问题的能力和创新能力；教师队伍综合素质得到提升，为保障我校环境科学专业人才培养质量和服务社会提供了强有力的支撑；制定了一套规范化的专业管理规章制度，实现了精细化管理，为环境科学专业的发展提供了重要保障。

3.1　师资队伍建设成果

我校环境科学特色专业经过近三年的建设，师资队伍的综合素质有明显提高。目前，我校环境科学专业拥有一支 18 名专业教师的队伍，全部具有博士学位且来自国内外名牌大学，其中教授 6 人、副教授 8 人、讲师 4 人，教师队伍的知识结构与年龄结构相对合理。其中有 5 名教师是教育部新世纪优秀人才支持计划的获得者；有 5 名教师获得北京市科技新星称号。经过"环境科学特色专业"的建设，在师资方面取得较好的成果。

3.1.1　引进和培训机制全面提升了教师综合素质

自 2010 年环境科学特色专业建设以来，我院先后引进了 2 名毕业于国外著名高校的青年优秀人才充实了教师队伍。并先后派出 5 名骨干教师赴美国、英国、澳大利亚、中国香港等国家和地区的著名高校进修培训，时间一般为 1～2 年；此外，还有 1 名青年教师申请了清华大学的高校青年教师交流学习计划。通过上述国内外的进修和培训，他们的教学、科研和学术交流能力和水平有明显的提高。近几年我校环境科学专业引进和在境内外进修培训教师情况见表 3.1。

表 3.1　教师引进与境内外进修培训情况

序号	教师姓名	引进或进修国家与单位	时间
1	王　强	英国牛津大学博士后	2012
2	姜　杰	德国图灵根大学博士	2010
3	王毅力	美国，特拉华大学	2008—2009
4	李　敏	英国，克兰菲尔德大学	2010—2011
5	贠延滨	澳大利亚，新南威尔士大学	2010—2011
6	梁文艳	美国，纽约州立大学	2011—2012
7	齐　飞	中国，香港理工大学	2012—2014
8	洪　喻	中国，清华大学	2011—2012

在我校"环境科学特色专业"建设的三年里，有 2 名教师（王辉、王强）获得教育部新世纪优秀人才支持计划；有 4 名教师获得北京市科技新星称号（李敏、王辉、豆小敏、洪喻）；齐飞副教授入选香江学者首批计划资助；张盼月教授入选湖南省芙蓉学者计划；孙德智教授获得环保部"十一五"国家环境保护科技工作先进个人称号和国务院政府特殊津贴。王毅力教授 2011 年获得"第十一届中国林业青年科技奖"。

3.1.2　导师组制对新进教师培养发挥了重要作用

针对我专业近几年新进的 8 位教师的特点和在教学等方面存在的问题，建立了 8 个导师组对其进行教学指导，充分发挥有经验的老教师的传、帮、带作用，促进青年教师的快速成长。导师们在全程参与新进教师的教学活动中，包括：教学计划的制订、教案的编写、PPT 的制作、教学方法的辅导、听课点评等，帮助新进教师上好每一节课，提升教学水平，过好教学关，确保专业人才培养质量。几年来的实践证明，导师组制对新进教师教学水平的快速提高发挥了重要作用。

3.1.3　教学研究提升了专业整体教学水平与质量

在我校"环境科学特色专业"建设期间，专业教师积极参加教学指导委员会和高等教育出版社等组织的各类教学研讨会或论坛，进行教学与课程交流。我校在历届全国"大学环境类课程报告论坛"上共做了 6 次教学研讨学术报告，介绍我校环境科学专业人才培养和教学改革实践的情况，收到非常好的效果，引起其他学校的高度关注。学术报告的题目如下：

（1）2008 年课程论坛　"环境工程原理"课程体系构建思路；

（2）2009 年课程论坛　"环境工程学"课程构建的思考；

（3）2010 年课程论坛　北京林业大学环境科学专业提高教学质量的实践；

（4）2010 年课程论坛　环境监测实验改革与实践；

（5）2011 年课程论坛　环境科学专业课程设置的探索与实践；

（6）2012 年课程论坛　北京林业大学环境科学专业课程体系与实践教学体系探索与实践。

此外，专业教师积极探索适合社会需求的环境科学专业创新性人才的培养模式，积极申请教学改革项目和发表教学改革论文，近五年先后承担了教育部环境科学类教学指导分委员会专业评估课题 2 项、校级专业教改项目 16 项；先后完成了 4 门精品课程的建设；发表教学论文 30 篇；近期出版教材《环境监测实验》1 部。在上述教学活动中，专业教师的教学水平与质量有明显提高。

为了交流教学经验，提高全体教师的教学水平，我校每两年举行教学观摩和青年教师教学基本功比赛活动，学习优秀教师的课堂教学方法与经验。以此为契机，环境科学专业组织 40 岁以下的青年教师全部参加该项活动，并组织进行教学基本功比赛的初赛，对每位青年教师的讲演进行点评，并从中筛选出代表环境科学专业参加学校比赛的教师。我专业教师在 2010 年和 2012 年两届学校青年教师教学基本功比赛中，取得较好的成绩，获校级"青年教师教学基本功比赛"二等奖和三等奖各 1 项、获"优秀奖"和"优秀教案奖"各 1 项；获"优秀组织奖"2 次。上述活动为专业营造了良好的教学氛围，教学水平与质量有明显提高。几年来，环境科学专业本科生和学校教学督导组对专业教师的教学评价结果均为优良以上，且评价成绩逐年上升，特别是青年教师在教学评价中进步非常显著。

3.1.4   科学研究提升了教师学术和教学水平

我校环境科学专业根据国家对生态环境保护方面的需求，结合自身的优势与特色，确定了 4 个专业科研方向为：生态环境污染控制理论与技术、生态环境污染机制与修复技术、生态环境规划与评价和废弃物资源化利用技术。广大教师围绕着 4 个研究方向积极参与了国家级、省部级和横向课题的科学研究工作，近 5 年，我校环境科学专业教师承担国家级课题 38 项，包括国际自然科学基金 23 项、国家"863"课题 4 项、国家水专项课题 11 项；还有国家环保公益课题、北京市自然基金等省部级课题 20 余项。在科学研究过程中教师的知识内涵不断充实，提升了学术水平和服务社会的能力。在此基础上，专业目前形成了 3 个科研团队：生态环境污染控制与修复理论和技术、环境功能材料制备与应用、废弃物资源化利用技术。同时，专业教师通过以下方式将科学研究与教学活动有机结合，提高了学生解决实际问题的能力和创新能力，激发学生学习兴趣和潜能。

3.1.4.1   将环境科学领域最新的科研成果引入本科生的教学活动

为了更好地让学生了解到本领域最新的科研成果，拓宽学生的专业视野，要求讲授专业课程的教师要结合自身所从事的科研工作，及时地将相关的科研成果充实到教学活动中，取得了良好的授课效果。例如：在《水污染控制工程》课程中，将 2012 年刚刚发生的广西龙江河镉污染事件融入"污染物成分与特征"一节的讲授中，详细介绍了该事件的起因、重金属镉的污染特性、所采取的控制措施及效果等内容，加深了学生对该节内容的印象和理解。再如：讲授"污水生物脱氮除磷"一节内容时，将"厌氧氨氧化""短程硝化—反硝化"等领域研究的前沿成果及时地补充到课程内容中，让学生对该领域的前沿工作有所了解和认识。

3.1.4.2   将科学研究过程中所开发的模型设备用于本科教学工作

为了充分发挥科研对教学的促进作用，鼓励教师将所承担的科研项目中开发的各类模型装置用于环境科学专业的本科生教学工作。例如：将国家自然科学基金项目中研发的"厌氧折流板反应器"、国家"863"课题中研发的"电吸附除氟装置""污泥外循环—复合膜生物反应器同步脱氮回收磷试验装置"用于《水污染控制工程实验》课程。再如：将科研项目研究过程中所购置的仪器设备和建立的研究平台向本科生开放，让学生们进行大学生科技创新活动。通过上述措施的实施，不仅极大地丰富了本科生的教学内容，而且还极大地提高了本科生的实践动手能力，培养了学生的创新性思维。

3.1.4.3   将科研项目中形成的中试生产线和示范工程作为本科生的实训基地

在我校已有的本科生实习实践基地基础上，将专业教师在所从事的科研项目中建立的中试生产线和示范工程用于本科生的综合实习教学，丰富了本科生的实习实践内容。例如：国家"863"课题中建立的"污泥外循环—复合膜生物反应器同步脱氮回收磷工艺"中试生产线作为本科生综合实习的参观内容，并可对该中试生产线进行实际操作和控制。再如：北京市教委产业化项目中建立的"厌氧-多级好氧-膜分离组合工艺"示范工程也作为本科生综合实习的参观内容。学生通过对这些新增的实训项目的学习，对环境科学领域相关污染控制技术的实际应用有了更加深刻的认识和理解。

3.1.5　学术交流提高了专业的影响力和知名度

专业创造条件加强与政府相关主管部门、行业企业的技术交流与合作，采取"走出去、请进来"等多种形式大力拓展与境外高等院校、科研机构之间的交流与合作。鼓励教师积极参加国内外学术会议。近三年来，专业教师到境外参加学术会议和学术交流 30 余人次，教师通过在国际会议上宣读论文和学术交流，既提高了教师个人的学术水平，也提升了专业影响力和知名度。此外，近三年专业邀请国内外专家来校讲学和学术交流 40 人次，与美国北卡州立大学、加拿大 FP Innovations-Paprican Division、法国国家能源燃烧研究中心、德国卡尔斯鲁厄大学、瑞士联邦水科院等建立了科技协作关系，不仅加强了教师之间的学术交流，而且对于专业人才的培养具有非常重要的作用。

3.2　教学研究与改革成果

环境科学特色专业经过几年的建设，本科生教学质量有明显提高，教学研究成果丰富。本章主要从精品课程建设、教学研究与改革项目立项情况及教学研究论文发表情况等几个方面加以总结。

3.2.1　精品课程建设成果

精品课程对于建设环境科学特色专业具有非常重要的作用，近年来，围绕着环境科学专业核心课程，我们陆续建设了"环境化学""环境监测""水污染控制工程"和"大气污染控制工程" 4 门校级精品课程。"环境工程原理""流体力学与水文学""环境影响评价""环境毒理学"等课程已先后列入了北京林业大学校级精品课程建设计划。对于已建成的 4 门精品课程，具体介绍如下：

精品课程（一）　环境化学

随着高校质量工程项目的推进与实施，"精品课程"已经成为该质量工程建设效果重要保障之一。环境化学是高校环境科学专业重要的专业基础课，它综合了化学、环境科学、物理、数学、生物学（包括分子生物学）、毒理学等领域内容，具有很强的交叉性。该课程的学习对于高校环境科学与工程专业知识体系具有奠基作用。

该课程从 21 世纪初在北京林业大学开设，历时 10 余年，在学院、教研室和授课老师的相继努力下，积极吸取了国内外科研和教学成果，不断改进和完善了环境化学的课程体系。在 2002 年进行了学科的人才培养方案的修订，同时对环境化学的教学计划也进行了修订，确定了主讲教师和课程建设团队，2004 年该课程被列为北京林业大学校级精品课程进行建设，2006 年精品课程第一期建设结题；随着专业的发展和学校战略规划的建设，环境化学的精品课程建设也在日常教学工作中持续进行。先后伴随着 2007 年、2011 年本科人才培养方案修订，在调研了国内著名高校环境化学课程的开设学期、内容和课程体系建设等方面的工作以及参考一些国外著名环境化学教材的内容后，对环境化学的新版教学计划和课程建设提出了新的要求，经过多次讨论和分析，先后确定了 2007 版、2011 版环境化学的教学大纲，并在课堂讲授内容、实验内容以及课件进行了补充和更新。

通过《环境化学》校级精品课程的改革与建设，提高教师的教学水平和师资资源的优化配置，带动相关课程的建设和发展，初步形成教学方法先进、思想科学、结构合理和内容完善的理论、实践教学体系。

一、建设目标

《环境化学》是高等理工院校本科环境科学专业基础课和必修课，该门精品课程的建设是满足环境科学专业的发展需求，服务于创新人才的培养目标。通过课程教学团队、教学内容、课堂教学方法、教材建设、网络辅助教学、实习实践教学体系以及学以致用的社会实践能力拓展等方面建设与改革，并构建精品课程多媒体课件和网站，按照全国一流精品课程的目标逐步形成一流教师队伍、一流教学内容、一流教学方法、一流教材、一流教学管理的体系，理论教学注重把握领域前沿等特色，实践教学注重学生动手能力和分析问题、解决问题能力的培养。

二、建设内容

《环境化学》精品课程的建设内容主要从以下几方面进行：

（1）教学团队的建设　配合新版本科教学培养方案的改革，依据教学特长组建了王毅力教授、伦小秀副教授和洪喻副教授的环境化学课堂理论与实验核心教学团队，并在环境模型、污染物检测技术和实验课程辅导、综合实习方面配备了相应的教学力量；教学队伍知识结构、学缘结构和年龄结构合理。

（2）教学内容的改革　在《环境化学》校级精品课程的建设中，教学团队广泛征求意见，对教学内容进行了大幅度的改革，先后进行了最新科研成果的补充、基础理论的细化、课程内容的调整、课件更新等工作。使得该课程内容的理论和课件水平得到了进一步的提高。

（3）课堂教学方法的改革　采用启发式教学方法，加强教师与学生的互动，在课堂上激发学生思考、分析问题的积极性，为学生营造勤于思考的氛围；同时，普及案例教学，使学生能够更加直观地理解重点、难点知识；灵活运用多媒体技术，提高学生的学习兴趣和教学效率。

（4）教材建设　教学团队充分分析了高等院校《环境化学》课程的教学现状，发现在该课程的教学过程中，《环境化学实验》教材急需完善。鉴于此，教学团队成员通过研讨与分析，紧密结合《环境化学》校级精品课程的建设的契机，凝练教学成果，积极进行《环境化学实验》教材的编写工作。并在此基础上，逐渐创造条件，争取在"十二五"期间出版一本《环境化学》高等学校使用教材。

（5）网络辅助教学　开通网上精品课程通道，为学生自学相关知识提供了平台，可以弥补课堂学时有限的不足，为学生提供更多知识的补充和拓展。

（6）实习实践教学体系改革　建立与《环境化学》理论教学相配合的实习实践教学体系，配合专业建设与理论教学，完善实验教学大纲，积极推荐实验讲义与教材的编写工作，加强创新教育在教学计划中的比重，突破传统的以基础训练和验证型为主实验教学方法，针对实际的具体环境问题，以综合性、实用性、系统性的训练和提高认识环境问题的能力、解决环境问题的方法技能为目标，提高综合性、研究创新性实验的比例，培养本科生解决实际环境问题的技能及创新思维和创新能力。

（7）学以致用的社会实践能力拓展　利用学生的空余时间和假期，指导学生积极参加学校或北京市环境社团组织的环境主题社会实践活动，鼓励学生积极运用课程知识去观察、分析和解决实际问题，提高学生学以致用、解决实际问题的能力。

三、建设成果简介

1.《环境化学》教学团队

北京林业大学环境化学校级精品课程的教学团队目前由 3 名中青年主讲教师组成，全部具有博士学位，其中教授 1 人，副教授 2 人。

此外，根据教学改革的精神，同时也为了锻炼本学科研究生的教学、科研能力，本课程建设过程中聘请数名研究生作为兼职助教。他们与主讲教师有直接的师承关系，对该课程的内容、讲授思路等有比较深入的了解，与学生的接触机会更多，因而能够很好地配合主讲教师的各项工作：准备课堂教学文件、课后答疑、组织学生到校外实习、协助批改作业、参与教学课件建设等。通过兼职助教工作的实施，不仅可以有利于精品课程的建设，而且对这些研究生的知识结构、工作能力的提高很有裨益。

2. 理论教学体系

《环境化学》是高等理工院校本科环境科学专业的基础课和必修课。理论课程的教学目的：该课程在环境科学本科人才培养过程中起着奠基作用。它是一门环境科学与化学交叉形成的新学科，具有较强的理论性和逻辑性。从不同层次和角度系统地阐明有关污染物危害人类或其他生物的环境问题。通过本门课程的学习，使学生掌握环境中污染物的来源、迁移、转化、积累以及有机污染物的定量结构—活性关系等归趋过程的基本理论知识和过程，了解多介质环境模型。在该课程的学习过程中，可以培养和提高本科生对环境污染物化学领域的研究和应用发展现状的认识程度、分析污染物环境化学行为过程和初步解决环境污染问题的能力，为从事与本专业有关的环境监测、环境分析、环境评价、污染控制工程技术和生态修复技术与工程等工作打下一定的理论基础。

《环境化学》是在化学科学的传统理论和方法基础上发展起来的，以化学物质在环境中出现而引起的环境问题为研究对象，以解决环境问题为目标的一门新兴学科。精品课程的建设是基于 21 世纪环境科学与工程学科围绕的"人与自然和谐"的主题和高等学校专门人才基本能力的培养两个方面努力拓宽和细化教学内容。以环境介质为主线，介绍有害化学物质在环境介质[大气、水、岩石（土壤）各圈层内]中的存在、化学特性、行为和效应及其控制的化学原理和方法，既注重环境化学基本概念和理论的理解，又加强这些知识在实际环境问题中的应用分析过程。它既是环境科学的核心组成部分，也是化学科学的一个新的重要分支。环境化学是要从微观的原子、分子水平上研究宏观环境现象与变化的化学机制与防治途径，其核心是研究化学污染物在环境中的化学转化和效应。《环境化学》研究的是开放性、多变量和条件复杂的体系，其中的污染物分布广泛、成分复杂、含量很低，并存在较明显的时空条件下的动态变化特征。

根据修订后《环境化学》大纲，其理论课程体系发生了以下变化：

（1）突出绪论中污染物环境介质的行为的总体介绍，强调污染物环境化学行为在介质间的界面过程已经成为了研究的热点。

（2）为了避免内容重复，突出重点，将"土壤环境化学"的内容并入《环境地学》课程，将"生物体内污染物的运动过程及毒性"的内容并入《环境毒理学》课程。《环境化学》主题内容包括"水环境化学"和"大气环境化学"两部分内容，简要介绍"有机污染物的定量结构—活性关系（QSAR）"的内容。在这些内容的讲授中，要注意基本环境化学原理与过程的介绍，注重污染物在环境介质中以及介质间的界面化学行为的整体思路。

（3）融入最新科研进展。自进入 21 世纪以来，各种新的环境污染物：POPs、PTS、PPCPS 等成为新的关注热点，环境介质界面间的多相作用、多尺度过程、毒理作用的分子生物学机制等方面作为新的重点内容，环境污染将呈现结构型、复合型、压缩型等特点，环境化学的研究内容愈来愈深入，交叉性越来越强，新的数学、化学、生物学、物理学等领域的研究成果也不断地应用到环境化学领域中，这些新的研究成果会反映在我们的教学课堂上，并适当结合主讲教师的科学研究经历，在保持本课程基础性的同时也融进了与时俱进的新内容。

3. 教学方法

环境化学是一门交叉性、综合性很强、理论与实践并重的专业基础课。因此，需要课堂理论教学与实验实习相结合进行教学。充分利用现代信息技术，实现了课堂教学多媒体化；课堂讲授与讨论并用，把科研成果融入课堂教学。所采用的具体教学方法如下：

（1）重视绪论课讲授　绪论是教学之始的重点，是学生认识课程、建立学习兴趣的关键。绪论教学如同面试，印象非常重要，学生只有对将要学习的课程产生了好的第一印象，感觉到这门课程趣味所在，且有学习的价值，才有可能在后续的学习过程中投入时间和精力去学习它，并会努力获取好的学习成绩。因此《环境化学》的第一次授课时，我们尝试在绪论三步曲（对象、任务、方法）的模式上进行改革，在上述内容的讲授中，充实大量生动案例的分析和本领域科技发展的喜人成绩，穿插幽默与趣味性的语言，引导与激发学生的学习兴趣。让学生清楚地形成"为什么学？学什么？怎么学？"的课程学习思路，使学生对本课程有一个概貌了解，从而消除畏难情绪和学习的盲目性。

（2）激发课堂活力、提升课堂教学效果　课堂教学是教书育人的主要渠道，要想吸引学生，所讲授的内容一定要有内涵和趣味性，并注重教授的技巧。

①精讲教学内容：为了吸引学生，本课程教师在深入研究教学内容后，合理选择教学重点内容，用自己的语言和体会讲授给学生，时刻注意语言表达方式的趣味性和感染力；除书本内容外，积极结合科研成果、现实案例等，适当增加教学深度，加深学生对教学内容的理解。例如，讲水环境中的颗粒物的内容时，增加了国内外在颗粒物的性质、吸附模型和新的应用等方面的进展，讲授这些内容，多用概念化的模型和图片，将深奥的科学研究深入浅出地讲授出来，让学生感受到科技的魅力，学生对此都很感兴趣，有利于引导学生对该领域进行科学探索。

②启发引导与教学互动：活跃的课堂气氛，需要教师运用启发、引导和感染的技巧，来增加教与学的互动性。教师要善于提出问题，揭示矛盾，激发学生求知欲；在讲授中要有激情，感染学生，让学生从被动地接受转换为主动的参与。例如，在讲解大气颗粒污染物的沉降速度时，针对表格中数据提出一些问题让学生分析，发现异常性，然后让学生进行模拟计算，进行验证，从而活跃了气氛。另外针对教材中关于光化学烟雾部分有些说明不合理的地方，让学生针对相关实验曲线进行对比，主动参与，发现问题，提出改进的说法。

③增加实例帮助理解：一个生动的案例，可以代替一番枯燥的长篇大论，这在各种课程的讲授中都已得到了印证。例如，讲到微生物降解有机物的过程时，我们不是给同学枯

燥地讲定义，而是举一些典型污染控制的反应器运行过程的案例，让同学们分析原因，然后教师引导，提高学习效果。

④运用现代教育技术手段：运用信息技术、计算机技术等手段，可以增加学生学习的兴趣，"寓教于乐"。例如，当介绍国外环境污染的现状和实例时，由于所处地域的限制，有些典型案例难得一见，借助计算机，不但可以形象了解到这些环境污染状况，对相关污染的发生过程和典型的模型特征一目了然，非常直观生动，信息量大。但是，运用现代技术，并不应该摒弃黑板和粉笔，事实证明，学生对于传统教学方法仍具有很强的好感。所以应该注重传统与现代教学方法和手段的有机结合。

⑤创新教学的探索：教育是培养创新精神和创新人才的事业，责任重大。在教学过程中主讲教师深深体会到，只有在教学过程中真正实现由封闭型教学到开放式教学、由灌输型教学到指导型教学、由单向传授到双方探讨式教学、由说教型教学到情感型教学的转变，才能不断激发、巩固、发展学生学习热情和持久的兴趣与创造力。因此，本课程不断探索如何倡导和弘扬教育主体的创造性，使课堂教学焕发出永久生命力。

（3）确立学生在教学中的主体地位　重视学生在教学活动中的主体地位，充分调动学生学习的主动性、积极性和创造性，是 21 世纪人才培养的目标。只有充分发挥学生在教学中的主体地位，激发学生的求知欲望，才能有效地变"要我学"为"我要学"，达到理想的教学效果。

①增加学生思考和讨论的时间：传统教学常常是老师的"一言堂"，这样不仅容易扼杀学生的兴趣，而且容易使学生养成不思考的惰性，更阻碍了创造性的发挥。因此，我们在教学改革中，适当增加了思考题、课外调查、文献阅读的量，以充分调动学生主动学习的能力。并根据他们调研的情况，组织课题讨论，变"一言堂"为"多言堂"，让每一个学生每时每刻都能成为教学活动的积极参与者而不是旁观者。

②利用实践性课程，激发学生的学习热情：青年学生一般都偏爱户外活动，充满好奇心。本课程充分利用实践教学的机会，鼓励学生走出校门，针对实际的环境化学问题进行调查和研究。在此过程中，需要设计调查内容和研究计划，培养学生自主思考的能力；需要组成小组进行调查、采样和分析测试，培养了学生互相帮助的团队精神；调查研究中不断会出现的新问题，激发了学生强烈的求知欲，在解决这些问题的过程中锻炼了学生的综合能力。获得了自己亲自完成的实验结果对学生来说是自豪和满足的事情。

③改革教学过程，培养学生创造性思维和能力：过去在教学中，都是老师讲学生记，结果总是有些同学偷懒不记，或有些同学只顾记录来不及理解。为此，我们改变了教学模式，变为"学生讲，老师补充"，这样每个同学都会在课前花一定的时间准备，知识也更加牢固。同时，在准备的过程中，还会发现问题，有利于激发求知欲，培养创造性。

（4）不断提高教师自身知识水平，加强自身专业修养　《环境化学》是一门内容交叉性很强的课程，需要有各种化学知识、物理学、数学、生态学、生物学、环境学等作为基础，这就需要教师本身具有扎实的专业基础；同时，环境化学是一个新的学科，是一门朝气蓬勃、不断发展的应用基础性课程，只凭教材已很难适应科学的飞速进展和应用的千变万化，因此要求教师应时刻关注前沿的理论，不断翻阅专业期刊，以期能够把最先进、最准确的知识传授给学生。

4. 实习实践体系

课程性质：本课程是《环境化学》课程的实验教学环节，在环境科学专业课程体系中属于专业基础课，是专业核心课。

教学目的：通过实验教学，使学生能够加深对《环境化学》课程教学的基本理论知识和过程的理解，促进学生对环境化学领域研究动态及前沿的理解；培养和提高学生观察、思考、分析和解决问题的能力，加强学生的动手操作能力，并掌握研究环境化学问题的基本方法和手段，提高实验数据科学分析能力和实验技能，达到初步能够独立进行环境化学的实验设计并完成实验操作教学目标，完成理论学习与实践技能培养相结合的目的，使学生具备初步的独立科研能力。

（1）实验一、空气中烯烃与臭氧的反应　主要内容：大气中存在一定量的活性挥发性有机物，能够与空气中的氧化性组分发生一系列反应，其产物和中间产物复杂，大大促进大气的光化学反应，加重大气污染。植物源 VOCs 是这些活性挥发性有机物的重要来源，其中异戊二烯占植物源 VOCs 的 50%以上，且活性很高，因此异戊二烯与大气中氧化性组分的反应对大气化学过程具有重要影响。异戊二烯主要与臭氧及自由基反应，其中前者更为重要。本实验依据臭氧与异戊二烯的加成-分解反应生成二元自由基的基本原理，以气相反应瓶为模拟反应装置，在实验室中模拟环境空气中烯烃与臭氧的反应过程，并分析异戊二烯与臭氧的反应动力学特征。

基本要求：掌握大气化学反应模拟及其反应动力学研究的基本方法，了解气相色谱-质谱联用仪（GC-MS）的使用和定性分析方法，掌握其基本操作。

（2）实验二、空气中氮氧化物（NO_x）、臭氧的日变化曲线及光化学反应　主要内容：大气中的 NO_x 能与空气中的有机物发生光化学反应，产生光化学烟雾，主要产物即为臭氧。NO_x 和 O_3 等对呼吸道和呼吸器官有刺激作用，是导致支气管哮喘等呼吸道疾病不断增加的原因之一。因此空气中 NO_x、臭氧等是光化学烟雾的重要指标。大气中氮氧化物主要包括一氧化氮和二氧化氮，因此本实验通过在交通道路定时采集大气样品，测量其中的氮氧化物和臭氧浓度的变化，分析这些物质浓度的变化趋势和大气光化学反应规律。

基本要求：掌握 NO_x 和臭氧测定的基本原理和方法，绘制环境大气中 NO_x 和臭氧的日变化曲线，认识大气光化学反应规律。

（3）实验三、大气颗粒物中硝酸盐和硫酸盐的测定　主要内容：大气中的硫酸盐和硝酸盐多为二次颗粒物，且在 $PM_{2.5}$ 中分布较多。不同粒径颗粒物中的水溶性硫酸盐和硝酸盐离子浓度分布和水溶性无机离子对气溶胶光学特性影响不同，因此测定大气颗粒物（$PM_{2.5}$ 和 PM_{10}）中的硫酸铵、硝酸铵以及其余金属盐具有重要意义。本试验通过滤膜采集不同粒径颗粒物，以蒸馏水提取其中的水溶性硫酸盐和硝酸盐离子，采用离子色谱测定它们的浓度分布。如果这些组分在细粒子中分布较多，可说明当地大气中的硫酸盐和硝酸盐主要来源于大气化学反应过程。另外，通过计算硫酸根离子、硝酸根离子、氯离子以及铵根离子的摩尔当量数，可以确定这些离子是否形成 $(NH_4)_2SO_4$、NH_4HSO_4 或者 NH_4NO_3 形式的气溶胶，据此可以推测该类大气颗粒物的形成过程。

基本要求：了解离子色谱的使用及分析方法，掌握其基本操作。分析 $PM_{2.5}$ 和 PM_{10} 中水溶性硫酸盐和硝酸盐离子组分污染特征，推测这些离子来源及其盐类气溶胶的形成过程。

（4）实验四、水中重金属 Cu 的形态分析　主要内容：水环境中重金属 Cu 主要以可交换态、碳酸盐结合态、铁锰氧化物结合态、有机结合态和残渣态等 5 种形态存在。本实验采用 5 种萃取剂分别从水中提取 5 种形态的 Cu，然后用火焰原子吸收分光光度计测定其含量。火焰原子吸收分光光度法是根据某元素的基态原子对该元素的特征谱线产生选择性吸收来进行测定的分析方法。

基本要求：明确环境污染物化学形态分析的重要意义，了解重金属 Cu 的形态提取与分析方法，掌握原子吸收分光光度分析技术。

（5）实验五、有机物的正辛醇—水分配系数　主要内容：正辛醇—水分配系数是衡量有机化合物在有机相（正辛醇）和水相平衡条件下的浓度分布，反映有机化合物在水相和有机相（疏水相）之间的分配和迁移能力，是描述有机化合物在环境中行为的重要物理化学参数，它与化合物的水溶性、土壤吸附常数、生物浓缩因子等性质密切相关。本实验以对二甲苯作为特征有机化合物，采用振荡法实现对二甲苯在正辛醇相和水相中的分配平衡，然后通过离心实现两相分离，采用紫外分光光度法测定水相中对二甲苯的浓度，由此可求得对二甲苯的正辛醇—水分配系数。

基本要求：掌握有机物正辛醇—水分配系数的测定方法，学习使用紫外分光光度计。

（6）实验六、底泥对苯酚的吸附作用　主要内容：底泥是水中污染物的源和汇，是一种重要环境介质。底泥的吸附作用对水中有机污染物的迁移、转化、归趋以及生物效应有着重要的影响。本实验采用振荡法进行底泥对苯酚的吸附，绘制吸附等温线，计算平衡吸附容量，分析底泥对苯酚的吸附性能。在本实验中，采用分光光度法测定苯酚浓度。

基本要求：采用两种底泥完成对苯酚的吸附实验，绘制吸附等温线，计算平衡吸附容量，比较两种底泥对苯酚的吸附能力，了解水体中底泥对污染物迁移转化和归趋的作用。

（7）实验七、苯酚的光降解与光催化降解速率的测定　主要内容：采用光降解的模拟装置进行含苯酚的模拟水样的光降解实验，依据溶液中剩余苯酚浓度随时间的变化曲线进行反应动力学模拟，计算相应的反应速率常数，比较未添加和添加光催化剂 TiO_2 时模拟含苯酚水样的光降解速率常数的大小，确定光催化剂的效果。

基本要求：学会苯酚光降解和光催化降解速率常数测定的实验方法，了解光催化剂对溶液中有机污染物光降解的影响。

上述环境化学实验在北京林业大学"环境科学与工程实验教学中心"下属"环境科学与工程专业实验平台"中环境化学实验室开设，实验硬件条件具备，可以同时进行两个班 3~4 人/组的实验教学。

5. 课件

《环境化学》精品课程课件 PPT 共计 1 100 多张。主要包括绪论、大气环境化学、水环境化学、土壤环境化学、生物体内污染物质的运动过程及毒性、典型污染物在环境各圈层中的转归与效应、有害废物及放射性固体废物等部分。

6. 习题库

建立了依据课程内容和教学大纲要求的思考题库，这些思考题贯穿课程的主要环节，注重各个部分的整体性和相互联系。题型涵盖了填空、名词解释、简答、公式推导、计算、综合论述 6 大类。

7. 选用教材

（1）教材选用戴树桂主编的《环境化学》，北京：高等教育出版社，2006年10月第2版（普通高等教育"十一五"国家级规划教材）。

（2）实验教材综合了自编教材和董德明、朱利中主编的《环境化学实验》，北京：高等教育出版社，2002年9月第2版（"面向21世纪课程教材"《环境化学》的配套教材）一起使用。

国际最新的辅助教材：

① Colin Baird，Environmental Chemistry，W. H. Freeman and Company，New York;（University of Western Ontario）

② Stanley E. Manahan，2000.Environmental Chemistry，Lewis Publishers，Boca Raton，London，New York，Washington，D.C.

③ Manahan T E 主编的《Environmental Chemistry》（Eighth Edition），CRC Press，2005

④ van Loon G W and Duffy S J 主编的《Environmental Chemistry—a global perspective》（Second Edition），Oxford University Press，2005

（3）收集和建立了国内、国外教材图库，库中收录了国内外常见的主流教材。

8. 参考文献

参考了国外大量的教材和文献资料，其中根据教材各个章、节的内容收集和编纂外文400多篇、中文200篇文献资料；同时还针对教学大纲中的重点环节建立了最新参考文献库，收集近年文献300多篇，供有兴趣深入学习资源与环境管理的学生学习应用。

收录了关注国内外的热点和敏感问题的专题讲座多媒体课件。

9. 网站

网址链接：http: /jwc.bjfu.edu.cn（精品课程栏目）

上网资源列表：课程简介，主讲教师介绍，课程队伍，教学大纲，电子教材，多媒体课件，实验教学，主讲教师课堂教学录像，参考文献目录，实证材料，课程习题，课程试卷，教材与参考书。

并提供了国内、国际权威环境机构、知名的大学院系、研究院、权威期刊等网站链接，有利于同学的拓展学习。

10. 科技创新活动

我院的"绿手指"环境保护社团利用自己所学的环境化学等专业知识，将地沟油经过预处理后，与其他组分物质进行皂化反应，成功制作出了肥皂。这是一项废物资源化的创新性工作，获得巨大的社会反响。项目组先后组织"6·5"环境日的宣传活动，并受到中央电视台（CCTV10频道）的20分钟专访。此外，该项目参与了于2010年4月举行的"联想青年公益创业大赛"，获得了评委的一致好评，从16 000多个参赛队伍中脱颖而出，入选全国10强，获得了10万元的创业基金用于"you&油"项目今后的发展。

11. 教学管理的改革

为了达到校级精品课程的建设目标，不仅从课程硬件上进行建设，而且要进行教学管理方面进行相关工作。首先，我们改革了课程考核体系，对教学活动的全程控制，调动学生学习的主动性和积极性，重视平时成绩，通过为学生提供获取相关信息途径和方法，培养学生主动学习能力。其次，在教学内容、课件建设方面建立了及时更新制度，要适应环境化学的最新发展，随时关注相关领域的科学技术前沿，及时补充相关内容。此外，在多媒体平台的维护等方面与信息学院老师密切配合，及时发现问题，及时维护，保证网络平台的畅通。

精品课程（二）　环境监测

一、建设目标

《环境监测》是环境科学本科专业的专业基础课和必修课程。环境监测课程的目的是通过学习环境监测的基本理论知识和实验活动，了解和掌握几个重要环境要素，如水和废水、空气和废气、土壤、噪声、生物、放射性等的监测原理和实验操作。使学生学习完该课程后，能够相对独立地完成监测工作，能够操作常规的监测仪器与设备。

《环境监测》作为专业精品课程的建设，主要实现以下目标：

（1）建设一流的教学团队，提高教师团队的教学水平和教学素质，活跃教师教学思想，形成具有自己风格的教学方式，形成高水平的教学梯队。

（2）教学内容根据环境监测的发展状况，以及环境监测技术的不断更新，及时将环境监测的发展前沿知识补充到课程中，使该课程能全面、深入、及时地反映环境监测的发展。

（3）建设环境监测课程的实践环节，在环境学院实验室条件不断提高的基础上，丰富环境监测实验内容，提高实验中大型仪器设备的使用，开发设计型实验，提高学生开展环境监测全过程工作的能力，使学生能够相对独立地完成环境监测任务。

（4）通过项目实施，建设和完善教学课件、实验指导材料和其他学习辅助材料，实现课程的网络教学，并依据网络发展，实现课程网络教学的互动，提高教学质量。

（5）改革和建设课程的教学方法和手段，灵活运用多种先进的教学方法和教育技术手段，有效调动学生学习积极性，激发学生学习潜能，注重对学生知识运用能力的考察，提高教学效果。

（6）环境监测实验按照环境监测要素进行模块式实验，掌握环境监测全过程，包括监测方案制订、布点、采样、样品保存、样品预处理、实验室分析、质量保证以及数据处理等各方面基础知识的具体运用。

（7）根据现代教育思想，并运用现代教学技术、方法与手段，建设环境监测课程，使课程具有科学性、先进性和示范性，并具有鲜明特色，具有推广作用。

二、建设内容

《环境监测》精品课程建设主要包括教材的选择、教学实验指导书的编制、教学习题集的编写、教学课件的更新、网络教学课件的编写、教学参考方面的编写等各项工作。同时通过精品课程的建设，加强了教师队伍的建设，在该课程的建设中，采取分工合作、相互协调、优势互补的原则进行合作。梁文艳教授负责主讲《环境监测》理论课程，豆小敏副教授和赵桂玲高级实验师负责环境监测实验课程，其他老师作为梯队参与课程建设。

在该课程的建设过程中，已进行过 4 次的教学实践，课堂教学使用新编辑的教学课件，虽然在教学课时数量减少的情况下，仍完成了教学大纲的要求，全面讲解了水、大气、固体、土壤、生物、放射性、自动监测以及质量保证等内容，教学效果良好，学生对教学内容反映良好。通过最后的考核可以看出，学生基本掌握了该课程的理论知识。通过环境监测实验的改革，掌握了监测方案的制订，较好地掌握了实施环境监测全过程的操作技能与技巧，并能够对所开展的监测活动进行一定的质量性管理。通过环境监测实验和实习，全面提升了监测项目的覆盖度，学生接触到了以前从来没有做过的实验项目，包括对大型仪器的操作与使用，加深了课程知识的理论与运用，同时解决了在一、二年级实验课程学习过程中所遗留的许多问题，使学生对实验室有了较全面的认识，对环境监测实验的具体操作水平有了很大的提高。在该课程的实践教学中，通过分组，使学生之间加强了对本课程知识的讨论，并在此基础上制订监测方案：能够外出采样、实验室分析测试、数据处理、报告编写，将各门课程的知识进行了融会贯通，最后报告的形式，完成监测的全过程实践，提高了学生的实践能力。

三、建设成果简介

1. 教学团队建设

在该精品课程的老师队伍建设过程中，包括教授、副教授和高级实验师，是一支比较年轻的教学队伍，所有的主讲老师都具有博士学位。课程负责人与主讲教师具有良好的师德、较高的学术造诣，较强的教学能力、丰富的教学经验以及鲜明的教学特色。而且教学团队中的教师具有较强的责任感和团结协作精神，具有合理的知识结构和年龄结构。整个教学团队教学思想活跃，并能积极参加教研活动，成效显著，其中主讲教师梁文艳主要负责环境监测课程的讲解，豆小敏和赵桂玲负责环境监测实验课程的讲解，豆小敏负责环境监测实习的实施。通过近 4 年的课程建设，教学团队具备了较强的环境监测理论知识讲解能力，以及开展大规模环境监测实验的组织能力，从已经开展的环境 2007～2010 级教学看，教学效果良好，均获得学生的好评。

根据精品课程建设的要求，教学条件的建设主要包括教材的建设与选用，教学课件建设以及实践教学条件建设。教材仍然选用了奚旦立编写的《环境监测》，该教材是多年高等院校选用的教材，新版教材在原有教材基础上增加了新的内容。环境监测实验是由自行编制的《环境监测实验指导》教材。

2. 《环境监测》教材的选用

作为环境类专业的一门重要专业课程，《环境监测》一直是各大院校环境类专业的必开课程，经过多年的专业建设，环境监测的教材也相比 10 年前丰富了许多。国内出版了许多针对不同学生要求、学习目的的环境监测教材。经过调研，我们发现最近出版的相关教学主要有：

（1）奚旦立，孙裕生，刘秀英. 环境监测（第三版）. 高等教育出版社，2007.

（2）刘绮，潘伟斌. 环境监测教程. 华南理工大学出版社，2008.

（3）孙春宝. 环境监测原理与技术. 机械工业出版社，2007.

（4）张俊秀. 环境监测. 中国轻工业出版社，2003.

（5）吴忠标. 环境监测. 化学工业出版社教材出版中心，2003.

（6）王英健，杨永红. 环境监测. 化学工业出版社，2004.

（7）陈玲，赵建夫. 环境监测. 化学工业出版社，2004.

（8）刘德生. 环境监测. 化学工业出版社，2001.

（9）张建辉，佟彦超，夏欣. 环境监测学. 中国环境科学出版社，2001.

（10）何增耀. 环境监测. 农业出版社，1994.

（11）吴鹏鸣. 环境监测原理与应用. 化学工业出版社，1991.

（12）（日）日色和夫. 环境监测技术. 中国环境科学出版社，1985.

（13）张世森. 环境监测技术. 高等教育出版社，1992.

通过对以上教材的对比分析，最后仍然选择奚旦立编写，由高等教育出版社出版的《环境监测》作为教材，该教材是环境监测最早出版的教材。虽然该教材是 2004 年出版，但由于大多数院校均采用该教材，使该教材不断地再版，目前该版教材已经进行了 3 次修编，2007 年出版的是第三版。奚旦立老师是从事环境监测多年的专家，在环境监测领域从事了多年的教学和科研工作，对环境监测具有非常丰富的经验，除了该教材外，奚旦立还主持编写了《环境监测手册》，其所编写的相关监测教材都是环境监测领域比较权威的书籍。因此，该精品课程主要围绕该教材进行课件的建设以及课程的建设。

3. 课堂教学课件的建设

第三版的《环境监测》（奚旦立主编）与第二版教材相比，在内容方面进行了调整，删除了一些不太重要的知识点，增加了一些新的内容，并对部分章节的内容重新进行了编排。在此基础上，课程讲课所用的教学课件也对部分内容进行了调整，删除了部分内容，并同时增加了相应的内容，除此之外，根据国内外环境监测的发展，还对内容进行了调整，增加了教材中没有体现的内容。与精品课程建设前相比，在内容方面主要进行了以下内容的更改：

（1）增加了室内空气污染监测。在《环境监测》中，第三章主要是讲解空气和废气监测，空气主要是指环境空气质量，废气主要是指各污染源。但是随着人民生活水平的提高，室内环境问题也日益引起人们的注意，由于室内环境空气质量监测并不归属于环境保护部门管理，所以许多《环境监测》教材均没有涵盖该部分内容。为了加强学生对这部分内容的理解，增加了 1 学时的室内空气污染监测，主要介绍了室内空气污染问题，室内常见空气污染物，这些空气污染物的采样方法以及监测分析方法。

（2）对环境标准内容进行了更新，并加强了环境标准的介绍。环境标准经常会进行更新，教材中的环境标准一般都不能体现最新标准的内容，因此，对于这部分内容进行了更新。在讲解过程中，随时调整标准的更新状况，将最近和最新的标准介绍给学生。同时，由于整体教学计划的修改，环境监测课程提前至三年级上学期，这时才刚刚开始接触较系统的专业课知识，必须比较详细和系统地介绍环境类标准。因此在新教学计划中加强了标准的讲解和练习。

（3）增加了生态监测内容。生态监测是环境监测中的一个重要内容，所以在新版《环境监测》教材中新编入了该部分内容，但是由于生态监测的涉及面较广，监测方法和手段还不是很完善，体系架构不是很完整，所以教材中给予生态监测的篇幅并不是很多。但是由于该部分内容的重要性，课程增加了 1 学时用于生态监测的讲解。主要讲解生态监测的概念、内容、监测指标、常规监测方法和手段。

（4）增加了放射性污染监测。虽然放射性污染在日常生活中并不常见，但作为环境保护日常监测的一部分，也是将来从事环境监测工作必然会面对的一项监测。由于受实验条件所限，绝大多数院校都无法开展环境放射性监测，因此就更有必要进行理论课的讲授。该部分内容主要包括有关放射性的基础知识、放射性的有关标准、放射性的计量方法和监测方法、主要监测仪器设备及其原理、监测手段与方法，以及放射性的计算。

（5）增加了自动监测与简易监测技术。随着我国经济实力的增强，地方监测部门的监测能力的提高，自动监测系统的建设明显加快，我们许多地方已经建立了较完善的各级的自动监测系统。因此有必要增加这部分内容，增加了两学时。主要讲解的内容包括空气污染连续自动监测系统、水污染连续自动监测系统、遥感监测技术以及一些常规的简易监测方法。

（6）压缩了水和废水监测部分内容。由于需要增加以上教学内容，在教学课时数整体减少的情况下，必须对一些章节的内容进行压缩，在水和废水监测中，对于一些非常规的监测项目，如酸度、碱度、pH 等，由于在环境化学中进行了讲解，所以在此予以非常简单的介绍，而对于大多数的重金属的测定，由于主要采用原子吸收进行监测分析，因此也主要针对原子吸收进行介绍，并不如教材所编写的对每个重金属都给予讲解。对于常规的物理指标的测定，主要在环境监测实验过程中进行讲解和学习。

（7）压缩了空气和废气监测内容。对空气污染的基本知识，由于在环境学概论中进行了相关介绍，因此该课程中不再讲解。对于常见污染物，如颗粒物的监测，由于监测原理比较简单，该部分采用讲授加自学的方式进行，而对于空气和废气中不太常见的污染物质，如氟化物、汞等将不再讲解，由学生自学。

（8）压缩环境监测质量保证内容。环境监测质量保证是环境监测的一个重要内容，以前由于环境监测与数理统计在一个学期开设，所以学生对统计学知识掌握不太好，讲解过程中需要对这部分内容加以解释。现在由于教学计划的调整，该知识点已经学习完毕，因此在该部分中有关统计学的内容不再讲解或复习，直接讲解这些数学知识在质量保证中的运用。

根据以上教学内容的调整，教学课件共分为十章，共有 PPT 985 张。在教学课件的制作中，增加了大量的图片，对监测仪器设备进行补充说明，对于所涉及的环境监测知识与标准，增加了许多网站地址，以便学生进行查阅与自学。教学课件充分体现出简约、明了、清晰的特点，同时也体现了一定的生动性和活泼性。能够指导学生对该课程进行较深入的学习。

由于使用新的课堂教学课件，虽然学时数减少，但是内容并没有减少，而且增加了更多的图片，来对讲课进行辅助。除此之外，还改变了课堂教学方式，为增加学生的主动性和积极性，有针对性地布置一些课后作业，例如针对课程讲授过程中的内容进行网上相关内容的搜索，然后在课堂上进行讲解和讨论，充分调动学生的积极性，以及课后学习的主动性。除此之外，还增加了课后作业的讲解，虽然课后作业大部分学生都完成较好，但是仍然存在较多的问题，反映出学生对相关基础知识掌握不牢，因此通过作业的讲解，温习以前所学过的基础知识，同时突出其在环境监测中的运用。通过教学评价，课堂教学的效果在 90 分以上，学生反映良好。

4. 环境监测实验教学的建设

环境监测实验教学内容修订优化整合后分为四个模块，即以污（废）水、地表水、环境空气，土壤四个环境要素为监测对象，监测指标选择突出了基础性、普遍性和实用性，力求经过培养，使学生走上工作岗位后，面临的监测任务业已熟悉，能迅速胜任实际工作需要。新的教学内容设计也体现出综合性的特点，例如，实验一中通过对 pH、SS、COD、BOD_5、氨氮的测定，便涵盖了《污水综合排放标准》所规定的主要的常规监测项目，通过这些指标的监测，可以总体反映监测对象——污水的基本特征。经过整合后，合理安排分组和实验时间，加大实验强度，珍惜实验学时，在有限的 8 学时内使得学生掌握了全面的污水监测。同样的实验内容改革思路体现在实验二、实验三和实验四中。

实验（一） 污（废）水监测（8 学时）

1. 实验目的

在环境监测有关污水（废水）监测理论课学习的基础上，通过本实验，希望达到如下目的：学会制定污水（废水）监测实验方案；完成污水（废水）的现场监测，包括现场调查、监测方案设计、优化布点、样品采集、运送保存等；学会污水（废水）典型指标的实验室分析和监测报告的编制。通过本实验，使专业本科生能够相对独立地完成污水（废水）水质监测任务，提高学生综合运用知识、解决问题以及动手能力。

2. 污（废）水监测方案的制订

监测方案的制订包括：①基础资料收集；②监测项目确定；③监测点位布设；④采样频次、时间确定；⑤样品的保存和预处理方案。

3. 现场实验

现场实验包括：①实验材料与仪器；②现场采样、测试（温度和 pH）和处理；③现场记录。

4. 实验室分析

实验室分析完成监测方案中所确定监测项目 SS、BOD_5、COD 和氨氮等监测项目的水样的分析测试。

5. 污（废）水监测实验报告的编制

6. 污（废）水监测质量保证措施

实验（二） 地表水水质监测（8 学时）

1. 实验目的

在环境监测有关地表水监测的理论课学习的基础上，通过本实验，希望达到如下目的：学会制订地表水监测方案，并能够完成地表水现场监测和实验室内相关指标的测试。经过本实验训练，使本科生能够相对独立地完成地表水环境监测任务，提高综合运用知识、解决问题以及动手能力。

2. 地表水监测方案的制订

根据监测目的，制订监测方案，确定资料调研的内容、监测断面和点位、监测项目、监测频次以及监测过程的质量控制和质量保证措施等。

监测方案的制订具体包括：①基础资料收集；②监测项目确定；③监测断面和点位；④监测频次；⑤样品的保存和预处理方案。

3. 现场实验

现场实验包括：①实验材料与仪器；②现场采样、测试（水温、pH）和样品预处理；③现场记录。

4. 实验室分析

实验室分析完成监测方案中所确定监测项目溶解氧，高锰酸盐指数，总氮和总磷等监测项目的水样的分析测试。

5. 地表水监测实验报告的编制

6. 地表水监测质量保证措施

实验（三）　环境空气质量监测（8学时）

1. 实验目的

在环境监测有关环境空气质量监测理论课学习的基础上，通过本实验，希望达到如下目的：完成环境空气质量监测现场监测，实验的准备、现场采样、样品的保存；学会环境空气样品典型指标的实验室分析和监测报告的编制。经过训练，使本科生能够相对独立地完成环境空气质量的监测任务。

2. 环境空气质量监测方案的制订

环境空气质量监测方案的制订具体包括：①基础资料收集；②监测项目确定；③监测频次和时间确定；④监测布点和采样；⑤样品的记录、运输和保存。

3. 现场实验

现场实验包括：①实验材料与仪器；②环境空气质量现场监测和采样（PM_{10}，NO_x，SO_2，甲烷烃和非甲烷总烃等）；③样品现场记录、保存和运输。

4. 实验室分析

包括：PM_{10}、NO_x、SO_2、甲烷烃和非甲烷总烃的测试。

5. 环境空气质量监测实验报告的编制

6. 环境空气质量监测质量保证措施

实验（四）　土壤监测（8学时）

1. 实验目的

在环境监测有关土壤监测的理论课学习的基础上，通过本实验，希望达到如下目的：完成土壤监测现场监测，实验的准备、现场采样、样品的保存；学会土壤样品典型指标的实验室分析和监测报告的编制。经过训练，使本科生能够相对独立地完成污染土壤的监测任务。

2. 土壤监测方案的制订

土壤监测方案的制订具体包括：①基础资料收集；②监测项目确定；③监测频次和时间确定；④监测布点和采样；⑤样品的记录、运输和保存。

3. 现场实验

现场实验包括：①实验材料与仪器；②现场土壤采样；③现场记录、运输和实验室保存。

4. 实验室分析

包括：①土壤样品的干燥、粉碎和缩分；②样品消解和提取；③无机项目（镉）、有机项目（滴滴涕）的分析。

5. 土壤监测实验报告的编制

6. 土壤监测质量保证措施

实验的学时数量已经超过课堂讲课的学时数，充分体现了环境监测课实践性的特点。根据教学条件的改善，在教学活动中，环境监测实验进行了全面的调整，按照环境要素模块进行，每个模块中包括环境要素质量监测的常用项目，使学生对环境要素有一个整体的概念。虽然环境监测实验的学时数是 32 学时，但是学生实际进行的实验达到了 40 多学时，这样学生获得了较充裕的时间进行实验。通过增加大型仪器设备的使用，学生对大型仪器设备有了更好的认识，以前仅在书本上看到的设备，可以在老师指导下进行操作，这使学生的动手能力得到了很大的提高。在环境监测实习中，学生按一定人数进行了分组，通过分组讨论，确定环境监测方案，并在外进行了布点、采样的具体操作，回到实验室进行了从药剂准备到分析测试的全过程实验，使学生基本能相对独立地从事一些环境监测工作，最后通过分组报告与答辩，锻炼了学生总结提高的能力。通过环境监测的实验与实习，学生的动手能力得到很大的提高，学生普遍认为环境监测实验与实习收获很大，使他们的知识得到了融会贯通。

5. 《环境监测》实习与实践教学的建设

除了实验室实验以外，也有现场监测实习实践，重点参观了解自动监测台站的设置、自动监测仪器设备工作的原理以及运用，自动监测数据的传输与通信等内容。通过现场参观，了解我国环境监测工作的开展状况，以及我国环境监测站的监测仪器设备的运行，以弥补学校课程知识讲授过程中的不足。参观单位主要包括北京市环境监测站、中国科学院生态环境研究中心、中国环境科学研究院。

6. 环境监测习题与参考文献的编制

在新的教学计划中，环境监测课程讲解时间缩短了。另外，为了让学生更全面地学习环境监测知识，更好地了解环境监测的内容，在有限的学时中又增加了部分新的内容。这样，必然造成课堂上对一些问题讲解不够深入或透彻。为了让学生更好地掌握环境监测中的各个知识点。该精品课程在建设中，进行了环境监测习题的编写，以及课后参考方面的编写，以此来加强学生课后的学习，提高学习效果。

环境监测习题的编写主要是参考了国内出版的相关书籍，尤其是全国环境影响评价工程师考试和注册环保工程师考试中的题目，并结合北京林业大学教学过程的要求，进行了环境监测习题的编制。所编制的环境监测习题按环境要素划分，分为以下几个部分：

（1）水和废水监测，共有 5 部分习题；

（2）空气和废气监测，共有 4 部分习题；

（3）土壤、固体、底质监测，共有 1 部分习题；

（4）水生生物监测，共有 1 部分习题；

（5）噪声和振动监测，共有 1 部分习题；

（6）放射性监测，共有 1 部分习题。

环境监测习题的题目类型主要有：填空、选择、判断、简答、计算题。所有习题的题目约有 800 题，共计 2 万字。

为了加强学生对环境监测知识的掌握与理解，在精品课程的建设中，针对每个章节，查阅了一些最新的相关文献，并对这些涉及各个环境要素监测的相关文献进行了筛选，选择了其中一些有代表性的、发表在核心期刊上的、具有一定综述性的文献作为课后阅读文献，并将这些文献下载编辑，可供学生课后阅读。并列出了主要的环境网站作为课外知识的学习和补充，同时也让学生及时了解国内外环境方面的发展动态。主要网站包括：

中国环境监测总站：

http://www.cnemc.cn/

环境保护部：

http：//www.zhb.gov.cn/

中国环境监测技术与规范：

http：//www.cnemc.cn/default.aspx？id=1741ac14-bd6e-4ac0-8775-9a318e5515bc

中国环境监测仪器网：

http：//www.codbod.com/

优先污染物网站

http：//www.ep.net.cn/msds/68.htm

环境标准网：

http：//www.es.org.cn

上海环境监测中心：

http：//www.semc.com.cn/

北京环境监测中心：

http：//www.bjmemc.com.cn/

美国国家环保局 US EPA：

http：//www.epa.gov/

世界环境组织 World Environment Organization

http：//www.world.org/

欧盟环境组织：

http：//ec.europa.eu/environment/index_en.htm

为了加强学生对课本理论知识的理解，同时也为了让学生充分了解环境监测技术的发展动态。该课程查阅了一些参考文献，以供学生在课余时间进行阅读，同时也为进行课堂讨论提供素材。所查阅的参考文献体现了针对性、专业性、实用性和适用性，能够被学生现有的知识理论体系所接纳，能够使学生产生兴趣，进一步的学习。文献包括的主要内容是环境监测实际运用问题、环境监测技术的发展、环境监测数据的运用、环境监测体系的建立、环境仪器设备的开发与使用、环境监测材料的运用等方面。查阅的文献按章节的内容进行，共计国内外文献200余篇，分别涉及各环境监测要素的监测，以及质量保证内容和最新的自动监测与简易监测技术的运用，文献在各章节的分配情况如下：

（1）水和废水监测，参考文献20篇；

（2）空气和废气监测，参考文献30篇；

（3）土壤、固体、底质监测，参考文献30篇；

（4）水生生物监测，参考文献30篇；

（5）噪声和振动监测，参考文献15篇；

（6）放射性监测，参考文献10篇；

（7）环境监测质量保证，参考文献20篇；

（8）自动监测与简易监测技术，参考文献40篇。

7. 网络课件与教学内容的建设

按照精品课程建设的要求，精品课程最终要放在我校教务处精品课程的网站上，以供学生进行学习和交流，同时也供环境类其他院校的学习与交流。网页的建设采用

Dreamweaver 和 ispring 软件编写。其主页面如图 3.1 所示：

图 3.1　精品课程主页

网页的左边栏目为该课程的主要介绍内容，每个相应的内容都包括相关介绍。其中多媒体课件为教学课堂讲授的课件内容，实践教学主要是包括实验指导书和实习指导。课程习题为该课程的课后习题。

通过网络平台的建设，可以让学生及时了解该课程的教学内容的变化，也将该课程的教授、实验实习内容放在互联网上进行交流。

8. 教学方法与教学手段

环境监测是一门既需要较强理论知识，又需要掌握很好实践技能的课程。所涉及的理论课程知识有无机化学、有机化学、分析化学、仪器分析、数理统计等。因此，如何在短短的 40 学时授课时间以及 32 学时的实验中，让学生的基础知识得到加强，实验技能得到提高，需要在教学方法和教学手段方面进行改革与探索。因此，在这些年的教学过程中，我们一直在对教学方法与教学手段进行创新，试图找到具有特色的教学方式。

（1）充分调动课堂学生学习的积极性。学生学习的积极性是获取较好教学效果的保证，如果学生对课程学习缺乏主动性和积极性，知识的传授与学习过程将变得非常被动。为了提高学生的积极性，充分调动课堂学习过程中学生对教学活动的参与，我们在课堂教学中采取了几种不同的方式，首先在讲课过程中通过监测案例的分析，让学生了解环境监测的重要性和问题所在，以及对环境监测的兴趣，使课堂讲课具有一定趣味，另外通过老师的提问与学生的回答，提高师生之间的课堂交流，使学生的注意力能够集中于课堂的知识学习中，能够参与到课堂的教学活动中。

（2）加强与学生在网络中的沟通与交流。现在通信方式为更灵活的教学提供了基础，学校所设定的教学平台，为师生的网络交流提供了条件。老师可以将所有教学素材，包括教学大纲、教学课件、教学习题、教学安排等都放在网络上，与此同时，还可以在网络与学生进行学习方面的交流,通过回答学生对学习的疑问,解决学生学习过程中遇到的问题,通过网络中学生对课程讲授所提的建议,还可以发现教学过程存在的问题,及时予以修正,很好地提高了课后对该课程的学习效果。

(3)课堂讨论方式的灵活运用。按照教学大纲的要求,共有 4 个学时的课堂讨论。为了让学生体会知识学有所用,拓宽知识面,也为了更好地运用课后文献阅读的效果。在该课程的讲授过程中,4 个学时的讨论安排为学生对参考文献学习的讨论。将学生按 5~6 人进行分组,在老师提供的文献中,或针对自己所查阅的文献进行仔细阅读,根据文献内容,制作 PPT 报告,在全班进行讲解。教学过程发现,通过学生自己阅读文献,他们很好地对环境监测知识有了更深入的理解和掌握,而且在阅读文献的过程中,也学会了分工合作来完成一项科研性的任务。学生的知识面得到拓宽,对知识的总结、分析和运用能力得到加强。

精品课程(三) 水污染控制工程

一、建设目标

《水污染控制工程》是环境工程与环境科学专业的核心课程,是环境工程专业本科学生的学位必修课。本课程的内容包括:污水的水质及污染特征,污水各处理工艺单元的工作原理及设计方法,污水深度处理与回用技术,污泥处理处置技术等。通过本课程的学习,让学生不但能够掌握污水处理的各种技术方法,还要让学生具有进行实际工程设计的能力。

《水污染控制工程》精品课程的建设目标:经过 2 年左右时间的建设,不断更新与丰富教学内容,完善教学方法,选择确定国内外适宜的教材和参考书,形成一支结构合理、教学水平较高的教师队伍,并从课堂教学、实验课程、课程设计、生产实践等环节构建一整套科学合理的教学管理体系。通过精品课程的建设,不断提高本课程的教学水平,充分激发和调动学生学习的积极性,确保课堂授课效果。

二、建设内容

本精品课程主要完成以下建设内容:

(1)建设完成《水污染控制工程》网络教学平台;

(2)完成《水污染控制工程》课程教学多媒体课件 1 套;

(3)完成《水污染控制工程》课程试题库 1 套;

(4)编制《水污染控制工程实验》讲义 1 本;

(5)总结《水污染控制工程》教学改革经验,发表教改论文 1~2 篇;

(6)编制并完善《污水处理厂课程设计》课程设计任务书。

三、建设成果简介

1. 教师队伍

本门课程的任课教师共有 5 名,包括教授 2 名、副教授 2 名、讲师 1 名。其中张立秋教授和张盼月教授负责水处理工程部分的课堂讲授和相应的课程设计,封莉副教授和朱洪涛讲师负责排水管道系统部分的课堂讲授和相应的课程设计,齐飞副教授负责《水污染控制工程实验》课程的教学与实验指导。

2. 理论课程体系

本精品课程的建设主要根据学科发展,在教学过程中不断更新和完善教学内容,让学生能够通过课程学习了解和掌握本学科发展动态，每年授课内容更新率在 5%左右。在教学内容的组织上坚持突出重点和难点，将"少、精、宽、新"的理念有机结合。授课方面，注重理论与实践相结合，结合案例分析介绍讲授内容。注重课堂教学效果，充分调动和激发学生学习的积极性和主动性。加强实践教学环节训练，严格要求实践教学质量，培养学生动手能力，包括课程实验和课程设计。

《水污染控制工程》课程教学大纲具体如下：

（1）概述（1 学时）　介绍本课程的发展动态，学科前沿以及学习重要性。

（2）污水的性质与特征（3 学时）　①概述：介绍水的重要性、我国水环境污染形势、本课程的目的与任务等（1 学时）；②污水的定义与分类、污水的危害、污水中污染物的成分及其特征、污水相关水质标准、水处理基本方法介绍（2 学时）。

重点与难点：重点掌握污水中污染物的主要类型及特征，无难点。

（3）水体污染与自净（1 学时）　主要介绍水体的自净作用、河流的氧垂曲线方程、水体水质评价方法、水环境容量的概念等（1 学时）。

重点与难点：重点与难点是河流的氧垂曲线方程。

（4）污水的物理处理方法（10 学时）　①格栅及其设计（1 学时），主要介绍格栅的作用、格栅的分类、格栅的计算、格栅的设计及选型；②调节池及其设计（1 学时），主要介绍调节池的作用、设置调节池的优缺点、调节池的形式及设置位置、调节池容积的计算等；③沉淀池及其设计（2 学时），主要介绍沉淀池类型、理想沉淀池的沉淀原理、沉砂池的类型及其设计、沉淀池的类型及其设计等；④气浮池及其设计（1 学时），主要介绍气浮的理论基础、气浮工艺的类型、溶气气浮的设计举例；⑤隔油池及其设计（1 学时），主要介绍含油污水的来源及特征、除油装置形式及设计；⑥滤池及其设计（2 学时），主要介绍过滤除污染的原理、过滤材料、滤池的设计等；⑦膜分离工艺（2 学时），主要介绍膜分离的原理、膜的主要类型、膜生物反应器工艺等。

重点与难点：重点掌握沉淀池和滤池的设计过程，难点是对理想沉淀池的理解。

（5）污水的化学处理方法（4 学时）　①混凝工艺（1 学时），主要介绍混凝的原理、影响混凝过程的因素、混凝剂的种类、混凝工艺的实际应用；②吸附（1 学时），主要介绍吸附的类型、吸附剂的种类、吸附等温线、吸附速度、影响吸附的因素等；③化学氧化工艺（1 学时），主要介绍化学氧化原理、常用的氧化剂、臭氧氧化工艺及其特点、高级氧化工艺等；④化学沉淀法（1 学时），主要介绍化学沉淀法原理、主要去除污染物、化学沉淀法在水处理中的应用等。

重点与难点：重点是掌握混凝和吸附工艺原理和设计过程，难点是对吸附等温式的理解。

（6）活性污泥生物处理工艺（12 学时）（教学重点）　①活性污泥法概述（2 学时），主要介绍活性污泥处理法的基本原理、活性污泥的形态、性能及其评价指标、活性污泥净化反应过程、影响活性污泥反应的因素；②有机底物降解与活性污泥反应动力学基础（1 学时），主要介绍有机底物降解动力学、有机底物降解与微生物增殖、有机底物降解与需氧量、劳伦斯-麦卡蒂方程；③活性污泥法的运行方式与曝气池的工艺参数（1 学时），主要介绍传统的活性污泥法、吸附-再生活性污泥法、阶段曝气活性污泥法等；④曝气的理论基础与曝气设备（1 学时），主要介绍氧转移原理、氧转移的影响因素、氧转移效率与曝气量的计算、鼓风曝气系统与空气扩散装置、机械曝气装置等；⑤活性污泥反应器-曝气池（1学时），主要介绍推流式曝气池、完全混合曝气池、循环混合式曝气池等；⑥活性污泥处理系统的工艺设计（2学时），主要介绍曝气池容积的计算、曝气系统设计、污泥回流系统的设计、剩余污泥的处置、二次沉淀池的设计、设计举例等；⑦活性污泥处理系统的新发展（2学时），主要介绍氧化沟工艺、间歇式活性污泥法、AB法废水处理工艺等；⑧活性污泥处理系统的维护管理（2学时），主要介绍活性污泥的投产与活性污泥的培养驯化、活性污泥系统运行效果的检测、活性污泥处理系统中常见的异常情况等。

重点与难点：重点是掌握曝气池的设计过程，难点是活性污泥反应动力学。

（7）生物膜法处理工艺（5学时） ①概述（0.5学时），主要介绍生物膜的构造及其对有机物的降解过程、生物膜处理法的主要特征；②生物滤池（2.5学时），主要介绍生物滤池的工作原理、生物滤池的主要类型、普通生物滤池、高负荷生物滤池、塔式生物滤池、曝气生物滤池；③生物转盘（0.5学时），主要介绍生物转盘的工作原理、组成与构造特点、生物转盘处理系统的工艺流程与组合、生物转盘的计算与设计、生物转盘技术的进展；④生物接触氧化（1学时），主要介绍生物接触氧化处理技术的工艺流程、构造、形式、计算及应用；⑤生物流化床（0.5学时），主要介绍生物流化床的类型、构造与设计计算。

重点与难点：重点是掌握生物接触氧化和曝气生物滤池的设计过程，无难点。

（8）污水的自然生物处理（4学时） ①稳定塘系统（2学时），主要介绍稳定塘的净化机理、稳定塘的类型、稳定塘系统的设计计算、设计举例；②人工湿地系统（2学时），主要介绍人工湿地系统的净化机理、主要类型、人工湿地的设计计算、设计举例。

重点与难点：重点是掌握稳定塘系统和人工湿地系统的原理和工艺过程，无难点。

（9）污水的深度处理与回用（4学时） ①概述（0.5学时），主要介绍水资源紧缺现状、污水深度处理目的、主要去除污染物、主要工艺方法等；②溶解性有机物的去除技术（0.5学时），主要介绍溶解性有机物的特点、去除方法、活性炭吸附、臭氧氧化工艺等；③污水脱氮除磷技术（2.5学时），主要介绍污水脱氮除磷方法、生物脱氮除磷原理、深度脱氮除磷工艺等；④污水消毒工艺（0.5学时），主要介绍消毒原理、消毒方法等。

重点与难点：重点是掌握污水中溶解性有机物和氮磷等营养物的去除技术，难点是对新型脱氮除磷工艺的理解。

（10）污水的厌氧生物处理（4学时） ①基本原理（1学时），介绍废水厌氧生物处理技术的优缺点、厌氧生物降解过程的反应阶段、厌氧生物降解过程的影响因素等；②厌氧生物处理工艺类型（2学时），介绍化粪池、厌氧生物滤池、UASB反应器、IC反应器、EGSB反应器、厌氧生物膜法等厌氧处理工艺；③厌氧与好氧生物处理技术的联合应用（1学时）。

重点与难点：重点掌握厌氧生物处理基本原理与工艺类型，学会其设计方法，无难点。

（11）污泥处理（4学时） ①污泥的分类与性质（0.5学时），主要介绍污泥的分类、性质指标、污泥量计算等；②污泥浓缩（0.5学时），主要介绍污泥浓缩原理、浓缩池设计计算；③污泥的厌氧消化（1学时），主要介绍厌氧消化的机理、厌氧消化的影响因素、厌氧消化池的池形和构造、消化池的运行与管理等；④污泥的好氧消化与脱水（1学时），主要介绍好氧消化的机理、好氧消化池的构造及工艺、污泥的脱水方式等；⑤污泥的最终处置与利用（1 学时），主要介绍污泥堆肥、污泥利用方式等。

重点与难点：重点是掌握污泥浓缩池和污泥消化池的原理和设计过程，难点是污泥消化池的设计。

（12）城市污水处理厂的设计（4 学时）　①概述；②设计步骤；③城市污水处理厂厂址的选择；④污水处理工艺流程的选定；⑤污水处理厂平面与高程布置；⑥污水处理厂的配水与计量；⑦污水处理厂的验收、运行管理、水质监测与自动控制；⑧城市污水处理厂设计举例（3 学时）。

3. 实习实践体系

《水污染控制工程实验》课程教学大纲如下：

（1）混凝实验（4 学时）　主要内容：通过学生动手实验，使学生从感性上了解混凝絮体（矾花），掌握最佳混凝剂投量和最佳混凝 pH 的确定方法。

基本要求：掌握混凝试验的基本操作。

（2）化学氧化法处理有机废水实验（4 学时）　主要内容：通过学生动手实验，使学生了解 Fenton 试剂氧化法和臭氧氧化法处理有机工业废水的基本原理，掌握化学氧化法在有机废水处理中的实验步骤。

基本要求：掌握化学氧化法在有机废水处理中的实验步骤。

（3）吹脱法除氨氮实验（2 学时）　主要内容：通过学生动手实验，使学生掌握吹脱法去除水中氨氮的工作原理、过程和影响因素。

基本要求：掌握吹脱法除氨氮实验原理和水中氨氮分析方法。

（4）消毒实验（4 学时）　主要内容：通过学生动手实验，使学生了解氯消毒的基本原理，掌握加氯量和需氯量的计算和分析方法。

基本要求：掌握污水消毒过程中加氯量和需氯量的计算和分析方法。

（5）曝气充氧实验（2 学时）　主要内容：通过学生动手实验，使学生掌握表面曝气的充氧性能及相关修正系数的测定方法，理解曝气充氧机理及影响因素。

基本要求：掌握溶解氧测定的基本方法和曝气充氧性能的评价方法。

（6）活性污泥评价指标实验（4 学时）　主要内容：通过学生动手实验，使学生掌握评价活性污泥性能的四项指标及相互关系，掌握 SV、SVI、MLSS 和 MLVSS 的测定和计算方法。

基本要求：掌握活性污泥性能的四项指标的测定方法。

（7）污泥比阻的测定（4 学时）　主要内容：通过学生动手实验，使学生掌握布氏漏斗测定污泥比阻的实验方法，了解和掌握加药调节时混凝剂的选择和投加量确定的实验方法。

基本要求：掌握污泥比阻的测定方法。

（8）膜生物反应器实验（4 学时）　主要内容：通过膜生物反应器模型的演示与运行，让学生了解膜生物反应器的构造与运行特点，并通过对污染物的测定，确定其去除效率。

基本要求：熟悉膜生物反应器的原理，运行特点。

（9）污水处理模型演示实验（4 学时）　主要内容：利用动态演示模型，让学生了解污水处理过程中常用的处理工艺的工作原理和工作过程，如 SBR 反应器、生物转盘、生物接触氧化、UASB 反应器等。

4.《水污染控制工程》课程设计任务

（1）课程设计的目的　通过课程设计，加强学生对课堂讲授内容的理解，提高学生将所学污水处理有关理论内容用于实际工程的实践能力，初步培养学生的工程概念，锻炼学生亲自动手的设计能力。

（2）课程设计题目及原始资料　①课程设计题目，某城市污水处理厂初步设计。②课程设计原始资料。某城市设计人口 N=30 万人，平均生活污水量 q=30 000 m^3/d，生活污水总变化系数 K_{Z1}=1.3；城市中主要有化工厂和啤酒厂两个企业，其中化工厂平均废水量 q_1=3 500 m^3/d，总变化系数 K_{Z2}=1.1；啤酒厂平均废水量 q_2=4 500 m^3/d，总变化系数 K_{Z2}=1.2。生活污水中，悬浮物（SS）的平均质量浓度为 300 mg/L，有机物（BOD$_5$）的平均质量浓度为 250 mg/L；化工废水中，SS 平均质量浓度为 3 200 mg/L，BOD$_5$ 的平均质量浓度为 340 mg/L；啤酒废水中 SS 平均质量浓度为 240 mg/L，BOD$_5$ 的平均质量浓度为 1 400 mg/L。经过污水处理厂处理后，出水要求满足《污水综合排放标准》的一级排放标准，即 SS≤20 mg/L，BOD$_5$≤20 mg/L。污水处理厂所在地土质为黏土，平均地下水位为-8.0 m，冰冻深度为 0.7 m，城市污水管道进入污水处理厂时管内底标高为-3.0 m，污水处理厂所在地面标高为 100 m，河流的最高水位为 95 m，该城市的常年主导风向为西南风。

（3）课程设计的步骤　①根据给定的原始资料，进行污水处理程度的计算；②根据污水处理程度，进行污水、污泥处理工艺流程的选择和确定；③对选定的工艺流程中各单体构筑物进行详细的设计计算（包括格栅间、沉砂池、初沉池、曝气池、二沉池、消毒接触池、污泥浓缩池、贮泥池、消化池等）；④进行污水处理厂附属建筑物的设计计算（包括办公楼、机修间、鼓风机房、配电间、仓库、化验室、食堂、宿舍等）；⑤进行污水处理厂平面布置以及污水、污泥的高程布置；⑥根据设计计算的结果，进行绘图。

（4）课程设计要求　①设计时间：1 周；②设计成果：要求提交 2 张 1 号图纸和 1 份设计说明书，其中 1 张图纸为污水处理厂平面布置图（比例尺为 1：500 或 1：1 000）；1 张图纸为污水、污泥处理高程布置图；③设计图纸要求图面整洁，设计说明书要求书写工整。

5. 课件

本课程编制了完整的 PPT 课件，超过 1 000 张。（略）

6. 习题库

经过几年的积累，在师生的共同参与下，编制了《水污染控制工程》的试题库。试题库中主要题型包括：填空题、概念题、简答题、问答与计算题等，总计超过 200 道题。

7. 选用教材

本课程选用的参考教材及其简要介绍如下：

（1）高廷耀等主编，《水污染控制工程》（第三版），高等教育出版社，2007 年　本书是普通高等教育"十一五"国家级规划教材，其第二版是面向 21 世纪课程教材。本书在第二版的基础上修订而成。全书框架基本保持了原书的结构，但根据近年来水污染控制工程在理论、技术等领域的进展和教学需求，对原书进行了必要的补充和完善。为方便教学和学习，每章后还配有思考题和习题。本书可供高等院校环境工程专业、给水排水专业本科生作为教材，也可供广大科技人员参考。

（2）张自杰主编，《排水工程（下）》（第四版），中国建筑工业出版社，2000 年　第四版是在第三版的基础上，根据全国高等学校给水排水工程学科专业指导委员会关于教材编写要求和《排水工程》课程教学基本要求，以及排水工程技术的新发展和积累的教学经验，经过不断修改和完善编写而成，基本上反映了现代排水工程学科发展的趋势。本书供高等工业学校四年制本科给水、排水工程专业教学用书，也可供从事给水、排水及环境工程方面的设计、施工、运行管理以及科研工作的技术人员参考使用。

（3）《废水工程处理及回用》（第四版，翻译版），梅特卡夫和埃迪公司，2004 年本书系美国 McGraw-Hill 图书公司出版的土木和环境工程系列图书，作为高等教育教材使用。全书对废水和生物固体的处理和回用，包括经常使用的各种单元操作和单元过程，从理论到实践都作了较详尽的阐述。全书内容分为 15 章，并附有一些例题，每章末尚有思考题（包括计算题）以帮助读者理解原理和掌握计算方法。全书基本采用国际单位制，有利于读者使用。本书可供从事环境工程、排水专业的研究、设计、管理的技术人员及有关专业的师生参考。

8. 网站建设

本精品课程已经完成了网站的建设，主页截屏如图 3.2 所示。在该网站中主要包括以下模块：教学队伍、教学大纲、课程建设、教材建设、课件资源、教学录像、习题作业、教学评价、在线答疑等内容，同时设置了与国内高校有关《水污染控制工程》精品课程网站的链接等。

图 3.2 　精品课程主页

精品课程（四） 　大气污染控制工程

一、建设目标

围绕教学团队、教学内容、教学方法、教材、教学管理等方面进行建设，逐步形成一支稳定的教学团队，通过借鉴国内外优秀教材和大气污染控制技术的发展动态，更新教学内容；通过现代化的教学手段提高、完善教学方法；通过实践教学改革，培养学生的基本实验操作技能。全面提高课程的教学质量，经过 5 年的建设，力争将《大气污染控制工程》

课程建设成北京市级精品课程。

二、建设内容

1. 教学内容建设

（1）理论讲授保持更新，在保证完成教学大纲要求的教学内容的基础上，对教学内容进行适当删减和增补。压缩或删除落后工艺、淘汰工艺技术内容，深入、扩展讲解近年来大气污染控制新技术、新方法、新工艺，并保证教学内容经常更新，以适应现代大气污染控制工艺技术的发展。

（2）针对课程内容涉及面广、概念多、公式复杂等特点，对于基本概念讲清、讲透，基本模型从原理上推导，引导学生建立课程体系中各教学内容的内在联系，将基本理论与工程实践相结合，加深学生对基本理论的理解和掌握。

（3）探索双语教学，除中文教材以外，选用国际一流大学的流行教材作为教学参考书。并将部分英语教材制作成网络课件，供学生浏览学习，同时在课堂教学中给出主要专业术语的英文单词，适当加入英文讲解，与国际接轨。

（4）充分利用多媒体教学方式的特点，把各种处理单元内部原理、构造、运行过程等传统教学方式难以解决的教学难点，通过现场实习、视频和动画等现代化教学手段数字化方式予以突破与解决。

（5）开展专题研讨会，介绍国内外大气污染控制的最新发展，通过一些案例剖析训练学生分析问题、解决问题的能力。

（6）通过实验演示和创新性实验教学，加深学生对课程基本理论的理解和认识，增强学生分析问题、解决问题的能力和实验动手能力。

（7）改进考核方式，根据教学内容和教学要求，增加习题集和试题库中习题和试题的数量；对用过的考题对学生公开，以便学生更好地了解课程的要求和重点；提高作业、平时成绩在总成绩中的比重，以体现教学全过程的考核。

2. 教材建设

（1）选用"十一五"国家级规划教材《大气污染控制工程》（第3版）（郝吉明、马广大主编，高等教育出版社）、国外优秀教材《大气污染控制工程》（影印版）（第2版）（Noel de Nevers主编，清华大学出版社）。

（2）以教学大纲规定的实验为基础，编写《大气污染控制工程实验》指导书。

（3）以教学大纲规定的课程设计为基础，编写《大气污染控制工程课程设计》指导书。

3. 教学方法与手段的研究与改革

（1）案例教学法：对吸收、吸附、催化转化、生物法净化气态污染物，采用实际工程案例，结合所学的基础理论，分析工艺流程和设备，培养学生运用所学知识解决实际问题的能力。

（2）研讨教学法：针对"颗粒污染物控制"和"气态污染物控制"专题开展主题研讨，学生分组进行文献查阅，资料综述，写出专题综述报告，应用理论对典型案例进行分析、消化、创造。同时开展多种形式的专题报告会，由一组同学先进行引导报告，向全班同学简介和回答提问，学生相互讨论专题报告，充分发挥学生的主观能动性，锻炼了学生的综合能力，提高学生的综合素质和团队精神。

（3）直观模型教学法：根据各类除尘器和气态污染物净化技术，以及不同污染物的差异，建立丰富的知识拓展图片教学素材库，购置典型工艺教学模型，弥补学生缺乏感性认识的弊端，使教学内容更为丰富、教学形式更为生动。

（4）知识拓展法：在课堂讲授过程中，经常提问，让学生发言讨论，在课堂上建立师生互动，使学生加深对所学知识的理解，培养学生的自主分析和解决问题的能力。

（5）网络教学法：为学生提供广阔的教学资源和良好环境，实现学生的自主学习和优质教学资源共享，确立学生在学习中的主体地位。

4. 实践教学

实践教学是《大气污染控制工程》课程的重要教学环节之一。本课程实践教学活动主要包括：课程设计、课程实验和现场参观等课程实践环节：

（1）实验教学建设　该课程配有 5 个实验（10 学时）在课堂讲授完相应的学习内容后，安排相应的教学实验。根据课程的特点将该课程的实验分为必修实验、选修研究性实验、演示实验三部分。在实现满足教学要求的基础上，鼓励学生选修研究性实验，结合教师具体的科研项目，安排同学一起开展项目研究，培养学生的创新能力。在继续搞好在实验课教学模式上的改革，不断提高学生的兴趣，增强学生的创新能力。两年内进一步改进现有实验室设备及条件，在实践教学中坚持基本技能训练、系统性实验及科学研究性实验的有机结合。

（2）课程设计建设　该课程配有 1 个课程设计（1 周），时间分别安排在第六学期期末。科学合理地选择课程设计题目，确定设计要求，使之具有生产背景，又要兼顾设计时间及学生的水平和能力的要求，设计内容反映整个大气污染控制系统。例如，燃煤锅炉排烟量、烟尘和二氧化硫浓度的计算，净化系统设计方案的分析确定，除尘器的比较和选择，管网布置及计算，风机及电机的选择设计，编写设计说明书，除尘系统平面布置图和剖面图各 1 张。邀请具有丰富实践经验的校外工程技术人员到学校，进行大气污染控制设计的专题讲座，组织学生进行分析讨论，促使学生能更好地掌握大气污染控制工程的基本理论，并应用所学理论对大气污染控制技术和设备进行分析、优化，加强学生的分析和解决实际问题的能力。

（3）实习教学基地建设　在两年内完成大气污染控制工程实习教学基地的建设，继续巩固和加强校外产业基地的生产实习。学生通过参观一些典型的大气污染控制工艺，如电厂烟气脱硫、化工厂二氧化硫、氮氧化物废气治理，使学生能够建立大气污染控制的全面立体化印象。

5. 网络教学资源建设

利用学校现有的 LearningFieldV3 网络平台建设《大气污染控制工程》学习网站，实现网上教学。在已经初步建设好的网络教学资源基础上，进一步建设素材库、习题库、试题库及试卷库，并根据每学年具体教学情况进行更新、完善和调整。

三、建设成果简介

精品课程建设是新教育理念的体现，是新时代教学手段的具体运用，是各种教学资源的开发与整合，是学生自主学习、探究学习的窗口，是实施素质教育的新途径。精品课程的建设对于高校人才培养模式和培养质量都有重要的意义。这也为精品课程建设提出了高标准、高质量，体现新颖性和时代特色等更高的要求。北京林业大学在 2010 年将《大气污染控制工程》批准为校级精品课程，通过两年的建设，完成了该门课程建设的主体内容，经过教学实践，取得了很好的教学效果。

1. 课程在专业培养目标中的指导思想及定位

《大气污染控制工程》是高等理工院校本科环境专业基础课和必修课。其教学目的是通过本课程的学习，使学生获得大气污染控制的基本理论、各种控制方法的基本原理、典型控制设备的结构特征，以及典型工艺和设备的设计计算。培养学生分析和解决大气污染控制工程问题的能力。结合大气污染控制工程综合实习及毕业设计（论文）等其他教学环节，为学生进行大气污染控制工程设计及系统分析、科学研究及技术管理打下必要的基础。我校大气污染控制工程课程定位是"工程性"和"应用性"，围绕我校已经形成的林化结合、环化结合的特色，瞄准专业培养目标，采取理论与实践并重，大力加强工程素质教育和实践能力培养。

2. 课程教学团队建设

师资队伍建设是课程建设的根本，建设一支高素质的教师队伍是保持大气污染控制工程课程高水平教学质量的根基所在。我校大气污染控制工程课程师资队伍建设很早就有明确目标和长远规划，对于引进教师在学历、资历、知识结构上都有一定要求。目前国内高校大气污染控制工程师资队伍中普遍存在多数老师虽然理论知识丰富，但工程实践经验较少的现象。为此，我们采取一系列措施，注重安排青年教师到设计院、企业实践，积累实际工作经历，提高实践教学能力；聘请行业企业的专业人才到学校担任兼职教师，讲授实践技能课程，从而逐步形成一支团结上进、爱岗敬业、业务能力强、结构合理的师资队伍。团队中的大部分老师在教学与科研方面已经积累了丰富的经验，对于团队中的青年老师，通过导师制的推行和年长教师的传帮带作用，使得青年教师成为了团队的中坚力量，团队整体向一流水平方向迈进了一大步。同时，强调梯队建设。精品课程首先应是一个梯队教学队伍的"精品"，不能过于强调某一个名师，否则一旦某名师离岗，则课程水平大为下降。因此在建设过程中强调团队建设，组建了王辉副教授、李敏副教授、王强教授的大气污染控制工程课堂理论与实验核心教学团队，平常相互交流，一旦有人事调动或出国研修，其他人员即可补上，保持教学水平的一贯性。

3. 课程教材选用与建设

全国有多所院校开设了环境科学专业，大气污染控制工程的教材也十分丰富。我们认真总结了每本教材的优缺点，同时结合我校学生所学基础课及专业基础课，并考虑到这门课的学时，最后选择了"十一五"国家级规划教材《大气污染控制工程》（第3版）（郝吉明、马广大主编，高等教育出版社）。针对主讲教材已经完成了课程讲稿和多媒体课件。可供参考的国际一流的教材为：《大气污染控制工程》（影印版）（第2版）（Noel de Nevers主编，清华大学出版社）。此外，以教学大纲规定的实验和课程设计为基础，分别编写了《大气污染控制工程实验》和《大气污染控制工程课程设计》指导书。

4. 理论教学内容建设

我们所选用的教材《大气污染控制工程》（高等教育出版社出版的由郝吉明、马广大主编）内容十分丰富，造成与环境科学专业的其他课程的部分内容重复。反观环境专业各门课程发现，由于过分强调了各门课程自身的完整性，因而割裂了彼此之间的联系和知识体系之间的互相渗透，使得与大气污染控制相关的教学内容在不同课程中重复出现，造成不必要的学时浪费。为了避免这些问题，我们在教学大纲制定过程中，根据课程的性质和目的，来明确每门课程教学的内容、基本要求和侧重点，解决相关课程间教学内容的重复问题。如在《环境评价》课程中讲授"大气污染气象条件与大气扩散过程""大气环境污染扩散模型"内容，在《环境化学》课程中讲授"大气中主要污染物及其迁移、重要的大气污染化学问题及其形成机制"内容，"气态污染物吸收、吸附的基本原理"则放在《环境工程原理》课程中讲授，而《大气污染控制工程》课程主要讲授"大气污染控制技术及工艺"内容。

我们在教学内容优化的过程中，依据"反映现代、融入前沿"的原则，充分吸收和应用最新的科研成果，推进课程内容的提炼与更新，取得了显著的效果。一方面我们及时关注科研动态，不断把科技前沿问题充实和融入课程教学中，使教学内容不断更新。如针对目前城市交通道路空气污染严重问题，可以采用机动车机内净化和尾气后处理等技术进行改善，在讲授机动车污染与控制内容时，我们把最新最先进的机动车尾气催化净化技术介入此章内容中，使教学内容与科研同步发展。另一方面，教师不仅跟踪科技前沿，还努力结合自己的科研活动，将科研的最新成果引入课程教学过程之中。如在大气污染物控制技术中，结合室内空气污染物的特点，把植物对空气污染物的净化应用技术融入课堂中。这不仅使学生了解学科发展的前沿，缩短了理论与实践的距离，而且进一步帮助学生端正了专业思想，激发他们学习的兴趣。

其理论课程内容如下：

（1）绪论（讲课 1 学时）　教学内容：①大气污染及其控制；②大气污染综合防治。

基本要求：了解大气污染物及其控制技术，掌握大气污染综合防治措施。

（2）燃烧与大气污染（讲课 3 学时）　教学内容：①燃烧计算；②燃烧过程污染物的形成机理及控制：硫氧化物、颗粒物及其他污染物。

基本要求：了解常用燃料（煤、石油、天然气）和非常规燃料的性质、燃料燃烧与大气污染的关系，理解燃烧过程污染物（SO_2、NO_x）的形成机理与控制方法，掌握燃烧计算（理论耗氧量、生成烟气体积、污染物浓度估算等）。

（3）颗粒污染物控制技术基础（讲课 4 学时，研讨 1 学时）　教学内容：①粉尘的粒径及粒径分布；②粉尘的物理性质；③净化装置的性能；④颗粒捕集理论基础。

基本要求：了解粉尘的物理性质、除尘器分类和性能，理解颗粒物的捕集机理，掌握粉尘的不同粒径及粒径分布、除尘效率的计算。

（4）除尘器（讲课 8 学时，研讨 2 学时）　教学内容：①机械式除尘器；②电除尘器；③湿式除尘器；④袋式除尘器；⑤除尘器的选择与发展。

基本要求：了解各种除尘装置的结构、性能特点及设计基础知识，理解各种除尘技术的除尘机理，掌握重力沉降、电除尘、文丘里湿式除尘、袋式除尘等技术的原理、操作、除尘效率计算。

（5）气态污染物控制技术（讲课 10 学时，研讨 1 学时）　教学内容：①气体吸收：吸收的工艺流程、设备及其操作条件；②气体吸附：吸附工艺与设备；③气体催化转化：催化反应器、反应参数；④其他控制技术：燃烧法、冷凝法、微生物法、电子束照射净化法、膜分离法等工艺。

基本要求：了解气态污染物控制的气体吸收、吸附、催化转化工艺设备的主要类型及结构特点；掌握气体吸收工艺及其操作条件；气体吸附工艺及设备，了解吸附法净化气态污染物的应用；了解常用的催化反应器，熟悉主要催化净化方法的原理及适用范围，掌握气固催化反应器设计基础知识及设计的一般方法，掌握催化净化法的应用；了解气态污染物的其他控制技术。

（6）硫氧化物污染控制技术（讲课 2 学时）　教学内容：①硫循环、硫排放及燃烧脱硫；②高浓度 SO_2 尾气的回收与利用；③低浓度 SO_2 烟气脱硫技术及设备。

基本要求：了解高浓度 SO_2 尾气的回收、利用技术，理解燃烧过程脱硫技术，掌握低浓度 SO_2 烟气脱硫的各种技术（湿法、干法、半干法）及设备，可以进行脱硫工艺选择与评价。

（7）固定源氮氧化物污染控制（讲课 2 学时）　教学内容：①氮氧化物性质及来源；②燃烧过程中氮氧化物的形成机理；③低氮氧化物燃烧技术及设备；④烟气脱氮技术及设备。

基本要求：了解氮氧化物性质及来源，掌握烟气中 NO_x 脱除技术（还原法、吸收法、吸附法等），掌握烟气同时脱硫脱硝技术及设备。

（8）挥发性有机物污染控制（讲课 2 学时）　教学内容：①VOCs 污染预防；②VOCs 污染控制方法和工艺：燃烧法、吸收法、冷凝法、吸附法、生物法等工艺。

基本要求：了解蒸汽压如何影响 VOCs 的排放，如何预防 VOCs 污染，掌握各类控制技术的基本原理、主要设备，能够进行控制方案的选择和比较。

（9）机动车污染与控制（讲课 2 学时）　教学内容：①机动车污染，机动车污染控制历程；②汽油车污染，工作原理、污染物形成、尾气处理技术（三效催化器）等；③柴油车污染，工作原理、污染物形成、尾气处理技术等；④新型机动车，电动汽车、燃料电池车、混合动力车。

基本要求：在了解城市交通趋势及影响的基础上，掌握汽油机、柴油机排气污染的形成及控制，包括现行的和发展中的技术，改善交通方式对污染控制的有效性，使学生对机动车污染控制建立全面、系统的控制观，从车、油、路及其管理交通需求等全方位控制机动车污染。

5. 教学方法与手段

（1）教学中注重启发式引导：

①突出教学重点内容。由于本课程安排的学时较少，在讲课过程中突出重点、难点就显得尤为重要。在开始新的章节时，首先提出通过该章的学习需要解决的问题，让学生带着问题学，最后再进行小结，由学生回答，加强他们对所学内容的短时记忆。例如在除尘器这一章，首先从颗粒物的排放源选择相应的除尘装置，设问：各种工业炉窑和火力发电站大型锅炉所采用的除尘设备是什么？对于炉窑含烟气或粉料运输含尘空气的净化，最好选用的除尘器是什么？对于必须掌握的内容，课上要阐述清楚，并通过提问的形式，随时检查学生的掌握情况，还应通过课后的作业题，要求复习。下一节课开始，再通过提问等方式对重点进行回顾。每章结束，应将相关的知识点综合起来，进行比较。通过这些联系，进一步加深学生对所学内容的理解，使短时记忆转变为长时记忆。对于重要的公式，要求学生通过课后习题学会应用。对于描述性的或概念性的内容，比较枯燥，学生完全可以自学，可采用指导—自学式教学法，提出要求，通过练习、课堂小测验及课堂提问等方式检查督促。避免老师讲之无趣，学生听之无味的现象发生。

②加强教学效果。大气污染控制工程理论教学涉及的机理、概念、公式比较繁多，学生听课时间长了就会注意力不集中，感到厌烦。针对这种情况在课堂讲授的时候可以多采用一些提问、设问、反问等教学手段来加强学生的学习效果。如有关袋式除尘器工作原理，根据以往的经验学生当然认为袋式除尘器工作原理就是通过滤布的过滤作用达到除尘效果的，在讲到这部分的时候设计了一个反问"袋式除尘器的工作原理就是通过滤布的过滤作用达到除尘效果的，大家说我刚才说的对不对？"许多同学一听到有提问，注意力马上集中到我的问题中，思考了一会儿认为工作原理可能就是这样，认为老师还可能讲错吗？几乎所有的同学全部点头说"对"。其实袋式除尘器之所以有很高的除尘效率在于滤袋表面形成的粉尘初层，粉尘初层是袋式除尘器的主要过滤层，滤布只不过起着形成颗粒初层和支撑它的骨架作用。听到这里学生才恍然大悟，因此，袋式除尘器的粉尘初层除尘机理在他们脑袋里留下了深刻的印象。曾经一个上过这门课的学生两年后，碰到我说他至今还清楚地记着袋式除尘器的工作原理。一个不经意的提问可以达到很好的教学效果。

③与就业需求挂钩。大气污染控制工程是各高校环境科学专业的必修课程，也是很多高校的考研课程。对毕业以后从事环境领域工作的学生来说，该课程所讲授的许多原理、理论与设计计算要点也是工作中的重要基础，而且有关环境领域的职业资格的考试内容均涉及大气污染控制工程的课程内容。目前和环境专业相关的职业资格考试主要有环保注册工程师资格和环境评价注册工程师资格两个考试，为加强对环境科学设计相关专业技术人员的管理，提高环境科学设计技术人员综合素质和业务水平，保证环境工程质量，维护社会公共利益和人民生命财产安全，并且为了与世界接轨，以后从事环境领域工作的人员上岗均需要持环保注册工程师资格证书或环境评价注册工程师资格证书，因此环境教学指导委员会指出授课内容一定要紧紧围绕环保注册工程师考试大纲进行。为了让学生有这方面的意识，提前熟悉考试范围及题型，在每章内容结束的时候从考试题里抽出一部分内容在课堂上以提问的方式让学生回答，让他们知道实际上考试的内容并不难，关键在于平时知识的积累。

（2）生动形象的多媒体教学。在大气污染控制工程课堂讲授方面，均以多媒体课件作为主要教学手段。其优点是：增加了教学知识的容量；能有效地解决教学难点，提高了课堂教学效果。在多媒体课件的制作中尽量运用图、表反映复杂的处理大气污染物流程，一般教材上的装置结构图均是平面图片形式，比较呆板，不利于学生理解，如干法喷钙脱硫（LIFAC）工艺流程图、循环流化床烟气脱硫（CFB-FGD）工艺流程图等，我们在授课的时候采用专业绘图软件 3D max 对其进行重新绘制变成立体感很强的三维图片，学生不仅可以有直观的认识，还多学到了一种绘图软件。对一些机理、结构复杂的工艺制作出 Flash 动画，使学生抽象思维与形象思维相结合，帮助学生理解其净化机理和工作过程。例如，在讲述旋风除尘器这一节时，涉及外旋涡、内旋涡、上旋涡等概念，污染物在除尘器中如何运动并且被捕集等过程。如果只是文字叙述，学生很难理解想象，配上旋风除尘器的 Flash 后，一些抽象的概念机理就一目了然了。在利用多媒体幻灯片的同时，还充分利用音像资料，让课堂上的教学内容与课外实践结合在一起。实践证明，通俗易懂、与现实社会生产紧密结合的音像资料，更能激发学生学习的激情。如观看中国国际总公司出版发行的全球气候变化纪录片时，虽已到了下课时间，但学生仍然被兴趣和激情深深吸引着，不愿离开教室。有同学说看这些资料，心灵受到了震撼，更坚定了今后从事环境保护工作的决心。

（3）直观教学模型演示。教材和课件是学生在理论课教学过程中获取知识的主要来源，但是由于缺乏工程实践经验，学生很难准确掌握实际大气污染控制工程单元装置的结构、原理和运行特点。为解决这一问题，根据目前工程应用的实际情况，增设了板式静电除尘器、袋式除尘器、文丘里洗涤除尘器、旋风除尘器、卧式旋风水膜除尘器、填料式气体吸收塔、筛板式气体吸收塔、喷淋式气体吸收塔等多种典型大气污染控制工程单元装置的模型演示教学。在每章讲授完理论知识后，在课堂上抽取少量时间让学生观摩讨论教学模型。采用让学生主动介绍的方式，描述一下所看到的教学模型的工作原理、特点、各部分构件及工艺流程等，通过教学模型，可以使学生的认识向实际工艺更靠近一步。通过使用教学模型不仅刺激了学生的感官，还极大地调动了学生学习的好奇心与积极性。通过与书本知识相对照，学生对理论课程中大气污染控制工程单元装置的结构有了更为直观的认识与了解，并且能够主动从模型的运行演示过程中掌握教材中的重点内容，掌握大气污染控制工程单元装置运行原理。此项教学改革，大大加深了学生对工程概念的理解，使学生更为深入地了解自身所学专业，为其后续课程的学习奠定了良好的基础。

6. 实验实践体系

近几年，在大气污染控制工程的教学过程中，从我校环境专业学生的特点和我校环境实验室的具体情况出发，进行了一系列的教学改革实践。在教学实验、课程设计和教学实践等方面开展了一些工作，取得了良好的教学效果。

（1）实验教学建设　之前由于实验室条件的限制，大气污染控制工程实验教学一般只开设演示型实验。这部分实验以教师为主导，实验教学模式不利于开发学生的创新能力。2007 年以后在学校修购专项经费的大力支持下，对大气污染控制工程实验室进行建设，现有的实验室条件基本满足大气污染控制工程实验教学要求，具备开设基础型、设计型、验证型及综合型实验的能力。我们根据课程的特点将该课程的实验分为必修实验、演示实验、选修研究性实验三部分。如"袋式除尘器性能实验""旋风水膜除尘器性能实验""填料塔吸收气体中的 SO_2""筛板塔吸收气体中的 SO_2"等实验属于必修实验，通过这些基本实验可以使学生掌握大气污染控制工程中主要处理单元的工艺原理及工艺运行流程，加深对大气污染控制工艺的感性和理性认识。例如填料塔与筛板塔在外形和工艺运行流程上基本一致，在实验开始之前学生认为两个实验一样，没有必要重复做，但当实验结束后，学生的观点完全转变了。学生由实验数据就可以直观地判断出来两个装置不一样的地方，当 SO_2 处理浓度较低的时候，两个装置的处理效率是一样的，均为 100%，但是随着 SO_2 处理浓度的升高，两个装置处理效率差距就拉开了，填料塔的处理效率没有明显降低，而筛板塔的处理效率就显著降低。为什么会这样呢？学生通过两种装置内部结构的不同找出了原因，原来是填料塔中装有使吸收效率升高的填料小球。又如"活性炭吸附气体中的甲苯实验"，由于实验周期较长，所使用的模拟废气甲苯具有很大的毒性，此实验具有一定的危险性，因此通过演示的方式让学生掌握吸附塔的结构，吸附及脱附的工艺流程。我们在实现满足教学要求的基础上，鼓励学生选修研究性实验，结合教师具体的科研项目，安排同学一起开展项目研究，如小型除尘装置设计与运行、机动车尾气处理用的三元催化器的设计与运行等，使学生能够将课堂讲授内容融会贯通，解决实际遇到的问题，实现理论与实际相结合。这样，能够最大限度地锻炼学生动手能力、创新能力。

其实验课程内容如下：

实验一、旋风水膜除尘器性能测定

通过实验掌握旋风水膜除尘器性能测定的主要内容和方法，并且对影响旋风水膜除尘器性能的主要因素有较全面的了解，同时掌握旋风水膜除尘器入口风速与阻力、全效率、分级效率之间的关系以及入口浓度对除尘器除尘效率的影响。通过对分组效率的测定与计算，进一步了解粉尘粒径大小等因素对旋风水膜除尘器效率的影响和熟悉除尘器的应用条件。

实验二、袋式除尘器性能测定

通过实验，进一步提高对袋式除尘器结构形式和除尘机理的认识；掌握袋式除尘器主要性能的实验方法；了解过滤速度对袋式除尘器压力损失及除尘效率，需通过实验测出各因素影响性能的规律。

实验三、碱液吸收法净化气体中的二氧化硫

碱液吸收气体中的二氧化硫实验采用填料塔和筛板塔，用 NaOH 或 Na_2CO_3 溶液吸收 SO_2。通过实验可初步了解用填料塔和筛板塔吸收净化有害气体研究方法，同时还有助于加深理解在填料塔和筛板塔内气液接触状况及吸收过程的基本原理。通过实验还可以了解废气中 SO_2 的分析方法。

实验四、活性炭吸附气体中的甲苯

实验采用气体吸附实验装置（变温），用活性炭作为吸附剂，吸附净化一定浓度的甲苯模拟废气，得出吸附净化效率和失效时间数据。

实验五、催化转化法去除汽车尾气中的氮氧化物

实验采用汽车尾气催化净化实验装置，结合当前国际上的这一前沿科研课题进行设计。内容包括汽车尾气催化剂的制备、性能表征测试和尾气净化。通过实验，评价催化剂在不同空速、不同 NO 入口浓度及 SO_2 存在条件下的活性。

（2）课程设计建设 大气污染控制工程课程设计是环境类专业的重要教学环节之一，对培养学生独立工作能力和满足后续教学环节的教学要求，均具有重要的意义。大气污染控制工程课程设计的教学目的主要体现在对学生工程设计能力的培养。在进行教学实践的过程中，我们摒弃传统教学方法中的不合理做法，进一步丰富课程设计的题目类型，使之更接近生产实际，加大计算机在该环节的应用力度，加强对学生创造性设计能力的培养，进一步提高课程设计的教学质量。

指导教师合理安排题目，题目类型设置多样化，使之更接近工程实际，如"燃煤采暖锅炉房烟气除尘系统设计""酸洗废气净化系统设计"等，从而充分调动学生的积极性、主动性，使设计结果更具实用性和开创性。在整个设计过程中，切实做好指导工作。首先，我们准备好设计任务书，制订设计进度计划，提供参考资料的清单，备好辅导教案。课程设计题目改变过去布置较晚的情况，在大气污染控制工程理论课程讲授到一定程度的时候就给予布置，让学生有充分的时间来收集资料，认真准备。着重从设计思路、进度计划上对学生进行引导。其次，加强组织管理，做好辅导答疑。改变过去课程设计的"散、乱"的无序状态，按正常教学来要求，做好阶段性的检查和评估。提倡学生独立完成，并从"工程实战"的要求出发，一丝不苟，严肃认真。引导学生对自己的设计不断地质疑，执行"边计算，边画图，边修改"的方法，发现问题，及时修改，从而提高其分析问题和解决问题

的能力。再次，适当加强现代设计方法的应用，CAD 已广泛应用于课程设计。在课程设计中，逐步要求学生运用 CAD 来完成部分或全部任务。最后，做好课程设计的答辩工作。答辩环节是对设计过程和内容的总结，可综合考查学生对有关知识掌握的广度和深度，从而客观地对设计质量进行评价，同时，它又可以对课程设计反馈信息，暴露出教学中的问题与不足，以便进一步改进。

（3）实习教学基地建设　学生普遍缺乏工程实际知识，对各类大气污染控制系统的工艺流程结构、设备尺寸认识不足，在确定整体及零件的结构尺寸、工艺过程和精度要求等方面，只能比照书本与资料进行模仿设计，很少或不能结合工程实际综合考虑来进行设计。因此大多数学生的设计方案可以说纯属"理论型"，而无工程实际意义。由此可见，必要的工程知识的缺乏，是制约大气污染控制工程课程设计质量的重要因素。在环境科学专业 2007 年本科培养方案中增加了 1 周《大气污染控制工程》课程的教学实践内容，在课程设计中暴露出的学生工程感性认识贫乏的问题，我们通过切实加强环境科学专业实践教学环节来解决。如可以通过参观焦化厂的除尘系统、水泥厂的除尘系统、发电厂燃煤发电锅炉脱硫除尘系统、热电厂流化床锅炉脱硫除尘系统，让学生了解各种除尘装置的结构、性能特点及设计基础知识，了解各种除尘装置在实际工程中的运用，掌握除尘器的主要性能、基本装置与工艺。特别注意的是，学生去工厂参观不能仅仅表现在形式上，更重要的是取得实际效果。比如学生去工厂参观，不应只引导学生学习设备的操作，而应合理安排，让学生有较多的机会去观察、认识或了解各类设备的构造及各种工艺流程等，以取得有效的参观效果。另外，我们从事设计课程和实践教学的教师，为了丰富自己的工程实际知识以便较好地完成课程设计、实践教学指导工作和提高课程设计、实践教学质量，经常深入工厂第一线，熟悉设备状况，了解控制过程、增加新工艺、新技术应用等方面的实际知识，参加工程设计、研究工程课题，力争尽快成为"双师型"教师。

7. 课件

根据教学内容，借鉴各种先进的多媒体资源，制作出了高水平的多媒体教学课件。通过多媒体技术将理论较深、难度较大的内容建设成可视化程度高、丰富活泼的幻灯片或网络课件，定期更新和丰富课件内容，形成课程建设的长效机制。多媒体课件共分为 9 章，共有 PPT 1 089 张。主要包括大气环境的基础知识，微粒污染物的特性及各种除尘技术和设备，气体污染物治理的基本方法，挥发性有机物、SO_2 和 NO_x 等主要气态大气污染物的治理技术等部分。

8. 习题库

建立了依据课程内容和教学大纲要求的思考题库，这些思考题贯穿课程的主要环节，注重各个部分的整体性和相互联系。题型涵盖了填空、名词解释、简答、公式推导、计算、综合论述 6 大类。

9. 参考文献

参考了国外大量的教材和文献资料，其中根据教材各个章、节的内容收集和编纂外文200 多篇、中文 100 篇文献资料；同时还针对教学大纲中的重点环节建立了最新参考文献库，收集近年文献 100 多篇，供有兴趣深入学习资源与环境管理的学生学习应用。收录了关注国内外的热点和敏感问题的专题讲座多媒体课件。

10.　网络教学资源建设

利用学校现有的 LearningFieldV3 网络平台建设《大气污染控制工程》学习网站，实现网上教学。在进一步完善现已上网的教学大纲、课程内容、教学课件、习题等网络资源的基础上，增加课程参考文献、实践教学资料和典型工程实例等内容，建立师生互动 BBS，随时了解和反馈教与学双方的要求，提高课程的教学效果。

北京林业大学大气污染控制工程精品课程经过几年的建设，已经取得了一定成果，达到校级精品课程的要求。目前，我们正按照国家精品课程"五个一流"的要求，继续努力进行大气污染控制工程课程的建设和探索，以期积累更多的经验和取得更大的成绩。

3.2.2　教学改革成果

在环境科学专业中积极组织教师开展各类教学研究和改革工作，针对环境科学专业建设、人才培养、教学内容、教学环节、教学方法、创新实践等方面出现的新问题和新需求，近年来申报了十余项各级教学改革研究课题，具体项目见表 3.2。

表 3.2　自 2008 年以来的教改项目一览

序号	项目名称	负责人	年度	经费/万元	类别	级别
1	环境科学类本科专业评估体系的构建	孙德智	2008	1.8	专业建设	教育部
2	环境科学类专业评估案例分析与评估体系完善	孙德智	2010	2.5	专业建设	教育部
3	《环境监测》精品课程建设	梁文艳	2008	1.5	精品课程	校级
4	《固体废弃物处理处置技术》课程实践教学体系的构建	李　敏	2008	0.2	教改研究	校级
5	《大气污染控制工程》课程建设及教学方法研究	王　辉	2009	0.5	教改研究	校级
6	《环境污染控制生物学》精品课程建设	梁英梅	2009	2.0	精品课程	校级
7	《水污染控制工程》精品课程建设	张立秋	2010	2.0	精品课程	校级
8	《环境工程原理》精品课程建设	孙德智	2010	2.0	精品课程	校级
9	《大气污染控制工程》精品课程建设	王　辉	2010	2.0	精品课程	校级
10	《环境学》教学内容改革研究	伦小秀	2011	0.6	教改立项	校级
11	《环境工程制图》精品课程建设	李　敏	2011	2.0	精品课程	校级
12	《流体力学与水文学》精品课程建设	豆小敏	2011	2.0	精品课程	校级
13	《环境影响评价》精品课程建设	李　敏	2012	2.0	精品课程	校级
14	《环境毒理学》精品课程建设	洪　喻	2012	2.0	精品课程	校级
15	《环境监测实验》课程内涵建设	豆小敏	2012	2.0	精品课程	校级
16	环境科学与环境工程专业课程实验体系建设	王毅力	2012	4.0	专业建设	校级
17	大气污染控制工程课程考试改革的研究与实践	王　辉	2012	0.6	教改研究	校级

基于课题研究结果，组织教师不断修改、完善专业教学体系和课程体系，改革教学内容和教学方法，成果显著。在课程改革和课堂实践基础上，专业教师近年来发表了大量的教学研究改革论文，自 2008 年以来发表的教改论文情况如下：

（1）孙德智. 环境污染控制原理课程体系的构建思路. 2008 年大学环境类课程报告论坛论文集，高等教育出版社，2008：218-222.

（2）王辉，李敏，孙德智. 大气污染控制工程课程的改革实践与探索. 2008 年大学环境类课程报告论坛论文集，高等教育出版社，2008：109-111.

（3）王辉，孙德智. 大气污染控制工程实践环节教学改革探讨. 读与写，2008，5（8）：77.

（4）王震，张立秋，孙德智. 针对培养创新能力的本科生教学模式设计与案例研究. 2009 年大学环境类课程报告论坛论文集，高等教育出版社，2009：364-370.

（5）齐飞，张立秋，张盼月，孙德智. 开放自主的水污染控制工程实验教学. 2009 年大学环境类课程报告论坛论文集，高等教育出版社，2009：89-91.

（6）梁文艳. 环境专业开展双语教学的实践与体会. 2009 年大学环境类课程报告论坛论文集，高等教育出版社，2009：291-293.

（7）王春梅，孙德智. "环境地学"的教学改革和实践研究. 2009 年大学环境类课程报告论坛论文集，高等教育出版社，2009：231-233.

（8）梁英梅，赵桂玲，孙德智. 环境污染控制生物学实验教学改革与实践. 安徽农业科学，2009：37（36）：18011-18013.

（9）王震，张立秋，孙德智. 本科生创新能力培养的教学模式设计. 中国林业教育，2010，28（4）：1-5.

（10）贠延滨，孙德智，王毅力. 膜分离实验教学实践与探讨. 北京林业大学教学改革与创新系列成果汇编论文集. 2010.

（11）伦小秀，王举位. 大学生创新性实验项目实施的探讨. 北京林业大学教学改革与创新系列成果汇编论文集. 2010.

（12）李敏，王昊，孙德智. 固体废弃物处理处置课程实践教学探讨. 北京林业大学教学改革与创新系列成果汇编论文集. 2010.

（13）豆小敏. 环境监测实验教学改革与实践. 北京林业大学教学改革与创新系列成果汇编论文集. 2010.

（14）王洪杰. 水污染控制工程教学中绿色化学思想渗透与实践. 北京林业大学教学改革与创新系列成果汇编论文集. 2010.

（15）王毅力，伦小秀，洪喻. 环境化学精品科学的建设研究. 北京林业大学教学改革与创新系列成果汇编论文集. 2010：44-49.

（16）王辉. 灵活多样化的大气污染控制工程课堂教学方法. 北京林业大学教学改革与创新系列成果汇编论文集. 2010：260-263.

（17）王辉，孙德智. 利用网络平台辅助"大气污染控制工程"教学的探索与实践. 2010 年"大学环境类课程报告论坛"论文集，高等教育出版社，2011.

（18）王毅力，伦小秀，洪喻. 环境化学精品课程的教学方法改革经验总结. 2010 年"大学环境类课程报告论坛"论文集，高等教育出版社，2011.

（19）豆小敏，孙德智. 关于环境监测实验教学改革创新的思考. 2010 年"大学环境类课程报告论坛"论文集，高等教育出版社，2011.

（20）黄凯. "环境规划与管理"课程的教学内容与方法探讨. 2011 年"大学环境类课程报告论坛"论文集，高等教育出版社，2012.

（21）曲丹，吴琼，孙德智. 环境类本科生科技创新的实践与思考. 2011 年"大学环境类课程报告论坛"论文集，高等教育出版社，2012.

（22）王毅力. 卓越工程师目标下环境专业人才培养模式的思考. 中国林业教育，2012，30（增刊 2）：10-12.

（23）吴琼，孙德智，王毅力. 北京林业大学环境类本科生毕业论文（设计）质量控制的实证研究. 中国林业教育，2012，30（增刊 2）：95-97，202.

（24）李敏，朱洪涛，曲丹. "环境工程制图"课程教学内容改革与探索——以北京林业大学为例. 中国林业教育，2012，30（增刊 2）：139-141.

（25）豆小敏，王毅力，朱洪涛. 环境流体力学教学改革与实践——激发兴趣与互动. 中国林业教育，2012，30（增刊 2）：199-202.

（26）张立秋，封莉. "水污染控制工程"精品课程建设过程中的几点体会. 北京林业大学教学改革研究论文集. 2012：12-14.

（27）姜杰，孙德智. "环境生物学"课程建设研究. 北京林业大学教学改革研究论文集. 2012：15-19.

（28）洪喻. "环境毒理学"课程的多元化教学新尝试. 北京林业大学教学改革研究论文集. 2012：20-24.

（29）王辉，孙德智. "大气污染控制工程"精品课程的建设与实践. 北京林业大学教学改革研究论文集. 2012：25-29.

（30）伦小秀. 大学生创新性科研训练实施中的思考. 北京林业大学教学改革研究论文集. 2012：98-101.

3.3　实践教学条件建设成果

3.3.1　本科实验教学中心

环境科学专业的实验教学工作主要在北京林业大学"环境科学与工程实验教学中心"完成。该中心在学校"教育振兴计划""财政修购专项""学校教学平台建设专项""211 工程"三期、"985 工程科技创新平台"等重大项目的有力资助下，使得环境科学与工程实验教学中心的仪器设备、实验条件有了非常大的改进，目前具有 GC-MS、LC、GC、IC、FTIR、AAS、BET 比表面仪、Zeta 电位仪、PCR-DGGE、TOC、元素分析仪、电化学工作站、高速冷冻离心机等仪器 550 台套，现有实验室面积 1 600 m^2，设备资产总值 1 373 万元。该实验中心主要任务是为环境科学、环境工程、给水排水以及学校其他相关专业开设基础实验和专业实验。

中心作为环境科学专业的实验支撑，下设"环境科学与工程公共实验平台"和"环境科学与工程专业实验平台"。环境科学与工程公共实验平台主要承担各专业实验课所涉及的大型仪器分析任务和污染控制工程方面的实验与模拟教学工作，主要包括：仪器分析实验、环境科学与工程专业课程设计、污染控制实验模拟。通过该公共平台的教学，目的是使学生掌握相关污染物的大型仪器分析技术、污染控制工程的设计、计算、绘图、模拟等方面的能力。环境科学专业实验平台主要承担包括：环境生物学、环境监测、环境化学、环境地学、水分析化学、水污染控制工程、专业综合实习等方面的教学实验和实践工作。

该专业平台的教学目的主要是使学生掌握环境污染物的浓度监测、行为分析以及污染控制技术与工程应用方面的实验技能，培养他们综合使用专业知识进行环境问题创新性研究的能力。此外，上述两个平台同时承担本科生的大学生科技创新、毕业论文以及相关的研究生科研方面的部分工作。

中心实验体系结构合理，重点突出，紧紧围绕 "环境科学与工程" 学科发展，针对我国生态环境保护、环境污染控制、环境管理与规划和废弃物资源化等领域对环境科学理论与工程技术的迫切需求来定位中心的发展目标。现已建设成为功能较为完善、设备较为齐全、技术先进的，以生态环境污染机制和防治与修复技术、生态环境规划与管理、废物资源化利用技术为实验教学特色，集实践教学、科学研究与技术研发于一体的人才培养基地。有力地保证了本学科和相关学科等各层次专业人才的培养，为国家经济社会发展提供人才、科技成果和智力支持。

中心目前承担着学校环境科学、环境工程、给水排水 3 个本科专业的实验实践教学任务，具体包括《环境化学》教学实验、《环境监测》教学实验、《环境地学》教学实验、《环境工程微生物学》教学实验、《环境污染控制生物学》教学实验、《水污染控制工程》教学实验、《大气污染控制工程》教学实验、《环境规划与管理》课程设计、《环境影响评价》课程设计、《环境工程制图》课程设计、《环境数据分析》课程实践、《水污染控制工程》教学实习、《大气污染控制工程》课程设计、《固体废弃物处理处置技术》课程设计；环境专业综合实习、环境专业科技创新实践；毕业论文（设计）等。同时实验中心还为本专业和相关专业的硕士、博士研究生进行实践教学服务。

3.3.2　本科实习实践教学基地

学院建立的 6 个实习实践教学基地的基本情况与功能如下：

（1）北京亦庄金源经开污水处理厂　位于北京市大兴区亦庄经济技术开发区内，承担着亦庄经济技术开发区核心区及河西区近 20 km² 范围内的工业废水和生活污水处理业务，日处理设计能力为 5 万 m³，分两期建设，一期 2 万 m³，二期 3 万 m³。污水中的主要污染元素为 COD、磷和固体悬浮物（SS），通过监控计算机实现自动处理控制。污水处理厂采用国际先进的循环式活性污泥法工艺（Cyclic Activated Sludge Technology，C-TECH 工艺）为主体的处理工艺。开发区内的工业和生活废水经过处理后直接排入到凉水河，排水口下游数公里内的河水明显比上游河水得到了改善。从而保护了开发区的水环境，巩固了其自然环境，同时也大大改善了开发区的投资环境。环境科学专业的本科生在该厂实习的目的是了解工业废水与城市生活污水混合原水的处理工艺和设施。

（2）北京高碑店污水处理厂　北京排水集团高碑店污水处理厂是目前全国规模较大的城市污水处理厂之一，承担着市中心区及东部工业区总计 9 661 hm² 流域范围内的污水收集与治理任务，服务人口 240 万，厂区总占地 68 hm²，总处理规模为每日 100 万 m³，约占北京市目前污水总量的 40%。厂区位于北京市朝阳区高碑店乡界内。高碑店污水处理厂采用传统活性污泥法二级处理工艺：一级处理包括格栅、泵房曝气沉砂池和矩形平流式沉淀池；二级处理采用空气曝气活性污泥法。污泥处理采用中温两级消化工艺，消化后经脱水的泥饼外运作为农业和绿化的肥源。消化过程中产生的沼气，用于发电可解决厂内约 20%用电量。厂内还有 10 000 m³/d 的中水处理设施，处理后的水用于厂内生产及绿化灌溉。

此外，高碑店污水处理厂 47 万 m^3/d 二沉池出水作为北京市工业冷却用水和旅游景观用水及城区绿地浇灌用水，不仅改善了环境，还为缓解北京市的水资源紧张状况起到了积极作用。另外，经处理后的水排至通惠河，对还清通惠河也具有积极的作用。环境科学专业本科生在高碑店污水处理厂进行专业综合实习，参观了解污水处理工艺和装置，熟悉脱氮除磷工程设施。

（3）北京高安屯垃圾焚烧厂　北京高安屯垃圾焚烧有限公司是北京市第一座现代化大型垃圾焚烧厂。它位于北京市朝阳区循环经济产业园内，占地面积 46 667 m^2，日处理生活垃圾 1 600 t，年焚烧处理垃圾 53.3 万 t，为朝阳区 400 多万城市人口提供环境卫生服务。北京高安屯垃圾焚烧厂的处理工艺由垃圾接收及给料系统、垃圾焚烧系统、余热锅炉系统、汽轮发电及热力系统、烟气净化系统、灰渣处理与处置系统、自动控制系统、电气及输变电系统、公用工程系统等组成。其中，垃圾焚烧系统采用日本田熊（TAKUMA）公司 SN 型炉排焚烧技术，烟气净化系统采用 ALSTOM 技术，NID 烟气净化工艺，焚烧炉内还采用 SCNR 烟气脱硝技术，严格控制大气污染物的排放浓度。垃圾焚烧后的残渣和部分固体垃圾采用填埋法处置。垃圾渗沥液经厌氧处理后采用膜法（超滤+纳滤+反渗透）进行深度处理。

（4）鹫峰国家森林公园　鹫峰国家森林公园（Jiufeng National Forest Park）位于北京市西北约 30 km 的群山环抱之中，是北京市最近的国家森林公园之一。远望鹫峰，山峦上的两座山峰相对而立，宛如一只振翅欲飞的鹫鸟，栩栩如生，鹫峰因此而得名。是国家 AA 级旅游景区，全国青少年科普活动基地。林地面积 832.04 hm^2，年均气温 12.2℃。鹫峰主峰海拔 465 m，公园最高峰 1 153 m，是海淀区第二高峰。公园共划分为鹫峰中心区、寨儿峪谷壑区和萝芭地山顶区三大旅游景区，是北京林业大学实习林场和水土保持、森林培育等专业实验实习基地。环境科学专业本科生的植物学实习也在此开展，主要是辨识植物；同时环境科学专业本科生也在此进行污泥的林地堆肥利用以及水土流失与控制方面的科研创新训练工作。

（5）"水体污染源控制技术"北京市重点实验室　2010 年被北京市科委批准为北京市重点实验室，该实验室是以科学研究为主，同时兼顾专业人才的培养。实验室的人才培养功能是针对各种点源污染控制新技术的研发，目前已有几套成熟的设备用于本科生的教学实验，如：国家自然科学基金项目中研发的"厌氧折流板反应器"、国家"863"项目中研发的"电吸附除氟装置""污泥外循环—复合膜生物反应器同步脱氮回收磷试验装置"等。同时，每年都有数名本科生在本实验室从事毕业论文和开展科技创新训练，成为大学生科技创新的基地。

（6）"污染水体源控与生态修复"北京市高等学校工程研究中心　2009 年被北京市教委批准为工程研究中心，该中心以科学研究为主，同时兼顾专业人才的培养，中心的功能是针对各种点源和污染水体进行生态修复。每年都有数名本科生在中心从事毕业论文和科技创新训练。专业教师依托科研项目在该中心建立的中试生产线和示范工程也用于本科生的综合实习教学，丰富了本科生的实习实践内容。例如：国家"863"项目中建立的"污泥外循环—复合膜生物反应器同步脱氮回收磷工艺"中试生产线作为本科生综合实习的参观内容，并可对该中试生产线进行实际操作和控制。再如：北京市教委产业化项目中建立的"厌氧—多级好氧—膜分离组合工艺"示范工程也作为本科生综合实习的参观内容。学生通过对这些新增实训项目的学习，对环境领域相关污染控制技术的实际应用有了更加深刻的认识和理解。

3.4 本科生科技创新实践成果

环境科学专业非常注重对本科生创新能力的培养，创造各种条件，通过学生自由申请、指导教师辅导、专业组织公开答辩等方式积极引导学生申报国家级、北京市级、校级大学生科技创新项目，并鼓励学生参与教师主持的实际科研项目，注重培养学生的科学研究能力、实际动手能力和社会实践能力。通过一系列措施的大力推行，本科生的创新能力得到了显著提高。

环境科学专业的"绿手指"环境保护社团利用自己所学的专业知识，将地沟油经过预处理后，与其他组分物质进行皂化反应，成功制作出了肥皂。这是一项废物资源化的创新性工作，获得巨大的社会反响。项目组先后组织"6·5 环境日"的宣传活动，并受到 CCTV 10 频道的 20 分钟专访。此外，该项目还参与了 2010 年 4 月举行的"联想青年公益创业大赛"，获得了评委的一致好评，从 16 000 多个参赛队伍中脱颖而出，入选全国 10 强，获得了 10 万元的创业基金用于"you&油"项目今后的研究与发展。

"绿手指"环境保护社团受北京市朝阳区文化馆委托，承担了"北京市朝阳区坝河文化生态调研"的专项课题。课题组通过文献调研、实地考察、问卷调查以及人物访谈，对坝河沿岸的三元桥、驼房营闸、东坝以及楼梓庄地区的历史文化风貌与生态环境进行了调研分析，历时 4 个月完成了调研报告，获得政府部门的认可。

此外，很多学生还获得了各种奖励和荣誉，如："Klaus Toepfer 环境奖学金""国家奖学金""北美枫情杯"全国林科优秀毕业生、"全国大学生英语竞赛 C 类特等奖""北京市三好学生"等。

近年来，环境科学专业本科生的科技创新及实践能力得到了很大提高，自 2008 年以来，本科生参与发表学术论文 48 篇，具体如下。此外，本科生参与申请专利 6 项，具体见表 3.3。

表 3.3 本科生申请专利情况（标黑的名字为本科生）

序号	发明人	专利名称	申请号/专利号	类别	学生年级
1	孙德智、韩超、叶杰旭、**邱斌**、张立秋	一种用于煤气废水深度处理的工艺	201010123100.5	发明专利	2005
2	梁英梅，田呈明，孙琪，**陆英**，梅雪立	降解生物塑料的真菌菌株及其用途	200910243011.1	发明专利	2005
3	负延滨，**向文艺**，刘旭，朱明行，王丽华，曲丹，孙德智	利用膜分离提纯银杏黄酮的方法	201010265905.3	发明专利	2005
4	齐飞，**史鹏博**，徐冰冰，张立秋，孙德智	一种富含植物多酚水体净水用吸附剂的制备方法	201010273667.0	发明专利	2002
5	王辉，卞兆勇，**张友于**	一种处理水中含氯有机物的钯催化剂及其制备方法	ZL200910237763.7	发明专利	2003
6	豆小敏，梁文艳，**陈苗**，王毅力，杨硕	一种复合金属氧化物除氟吸附剂及其制备方法	ZL200910235470.5	发明专利	2003

本科生发表论文情况（标黑的名字为环境科学专业本科生）

（1）申卫国，王辉，孙德智，**李志**. 北京市交通道路空气中 NO_x 的污染现状及时空变化规律研究. 第一届中法大气环境国际研讨会会议论文集，2008：133.

（2）张文方，伦小秀，**刘彬**，孙德智，封莉，张立秋. 北京市典型道路空气环境中 O_3 变化规律研究. 第一届中法大气环境国际研讨会会议论文集，2008：130.

（3）梁文艳，王珂，**阮清鸳**，王金丽. TTC－脱氢酶还原法测定铜绿微囊藻活性的研究. 环境科学学报，2008，28（9）：1745-1750.

（4）王金丽，梁文艳，**马炎炎**，王珂. Ti/RuO_2 电氧化法降解藻毒素 MCLR 影响因素的研究. 中国环境科学，2008，28（8）：709-713.

（5）王毅力，**黄承贵**. 好氧污泥絮体与厌氧颗粒污泥的剪切稳定性分析. 中国环境科学，2009，29（4）：113-117.

（6）刘侃侃，负延滨，孙德智，**吴婷**. 北京市典型交通道路 CO 的污染现状. 城市环境与城市生态，2009，22（3）：36-38.

（7）张信信，王丽华，员延滨. 一种具有识别运输 Na^+ 的新型离子通道膜的制备. 高分子学报，2010，9：1059-1064.

（8）**孙世昌**，王宇，柏丽梅，伦小秀，齐飞，孙德智. 北京市道路空气中非甲烷烃的分布特征. 环境化学，2009，28（4）：571-573.

（9）**韩美亚**. 基于贝叶斯方法的湖泊富营养化诊断及控制策略. 中国环境科学学会环境规划专业委员会 2009 年学术年会会议论文集. 2009.

（10）张文方，**郑艳红**，孙德智，张立秋. 北京夏季交通道路环境中 O_3 变化规律的研究. 第 16 届中国大气环境科学与技术学术会议论文集. 2009：197-199.

（11）刘双，李敏，**宗宁**，曹琪. 北京野鸭湖湿地土壤生物可利用磷的分布研究. 第十三届世界湖泊大会会议论文集. 2009.

（12）张文方，**郑艳红**，孙德智，张立秋. 北京夏季道路环境中 NO_x，NMHCs 及气象因子对 $\rho(O_3)$ 的影响. 环境科学研究，2010，23（5）：601-605.

（13）王震，孙德智，**高明**. 废聚苯乙烯塑料共焦化过程的生命周期评价研究. 环境工程，2010，28（5）：102-106.

（14）梁文艳，孙德智，**黄珊**. 编制城市交通道路环境空气质量监测技术规范的探讨. 环境研究进展，2010（5）.

（15）豆小敏，于新，赵蓓，张艳素，**纪小玲**. 5 种氧化物去除 As（V）性能的比较研究. 环境工程学报，2010，4（9）：1989-1994.

（16）Yanbin Yun，Lanzhe Yu，**Weijun Zhang**，Lihua Wang. Preparation，recognition characteristics and properties for quercetin molecularly imprinted polymers. AMS6/IMSTEC10，Sydney，2010，11.

（17）Yanbin Yun，Wenyi Xiang，Minghang Zhu，**Xu Liu**，Lanzhe Yu. Purification of Ginkgo Biloba Flavonoids by UF membrane technology. AMS6/IMSTEC10，Sydney，2010，11.

（18）Yanbin Yun，**Ying Hua，Junzhu Wang，Sisi Wang**，Wenyi Xiang，Lihua Wang. Water droplets as templates for ordered honeycomb-structured films prepared from PS-b-Peb-b-PS-MA. AMS6/IMSTEC10，Sydney，2010，11.

（19）Yanbin Yun，Wenyi Xiang，Lihua Wang，**Ying Hua**. Formation of Honeycomb Structure Films from Polysulfone in a highly Humid Atmosphere. AMS6/IMSTEC10，Sydney，2010，11.

（20）Yanbin Yun，Chengcheng Tang，Yunpeng Bai，**Jiancheng Mao**. Study of UF membrane and UF system operating parameters for recycling of industrial wastewater. AMS6/IMSTEC10，Sydney，2010，11.

（21）Yanbin Yun，Xinxin Zhang，**Yunpeng Bai，Jiancheng Mao**. Study on treating of NH_3-N wastewater by membrane technology in a pilot plant. AMS6/IMSTEC10，Sydney，2010，11.

（22）于兰哲，贠延滨，**张维君**. 槲皮素分子印记聚合物制备及其分子识别特性研究. 第四届中国膜科学与技术报告会，北京. 2010，10.

（23）**王举位**，伦小秀. 油松排放单萜烯生成 O_3 的变化特征及潜势研究. 环境科学与技术，2010，33：125-128.

（24）申卫国，王辉，**李志**，孙德智. 北京市交通道路空气中 NO_x 的污染现状及时空变化规律研究. 环境工程学报，2010，4（5）：1139-1142.

（25）张旭，**李媛**，孙德智，陈胜. 废水处理用聚乙烯生物填料表面改性与表征研究. 环境工程学报，2010，4（5）：961-966.

（26）王震，孙德智，**桂凌**. 废塑料能源回收过程的生命周期评价. 环境科学与技术，2010，33（6E）：408-412，435.

（27）Lingpeng Xiao，Panyue Zhang，Yuxuan Zhang，**Boqiang Ma**，Jianhong Jiang. Sewage sludge conditioning and dewatering by bioleaching. The 5th International Conference on Waste Management and Technology，p 417-421，15-17 Dec. 2010，Beijing（ISTP）

（28）Lanzhe Yu，Yanbin Yun，**Weijun Zhang**，Lihua Wang. Preparation，recognition characteristics and properties for quercetin molecularly imprinted polymers. Desalination and Water Treatment，2011，34：309-314.（SCI）

（29）Yanbin Yun，**Ying Hua，Junzhu Wang，Sisi Wang**，Wenyi Xiang，Lihua Wang. Water droplets as templates for ordered honeycomb-structured films prepared from PS-b-Peb-b-PS-MA. Desalination and Water Treatment，2011，34：321-325.（SCI）

（30）Yanbin Yun，Wenyi Xiang，Lihua Wang，**Ying Hua**. Formation of Honeycomb Structure Films from Polysulfone in a highly Humid Atmosphere. Desalination and Water Treatment，2011，34：136-140.（SCI）

（31）Yanbin Yun，Pierre Le-Clech，Chengcheng Tang，**Jiancheng Mao**. Effects of operating conditions on hollow fiber membrane systems used as pretreatment for spandex wastewater reverse osmosis. Desalination and Water Treatment，2011，34：423-428.（SCI）

（32）Tang C C，Wang L H，Yun Y B，**Zhang C L**，Liu B Q. Synthesis of Amphiphilic Crown Ether Compound and Application in Ion Channel Membrane. Acta Chimica Sinica，2011，69：343-350.（SCI）

（33）于新，豆小敏，张艳素，伦小秀，梁文艳，**吕佳**. 反应条件对零价铁去除 As（Ⅲ）动力学的影响. 环境化学，2011，30（5）：1011-1018.

（34）**王举位**，伦小秀. 油松排放单萜烯浓度日变化规律及其对臭氧生成的影响. 安全与环境学报，2011，11（3）：119-123.

（35）**石雪，张晨皓**，解文阳，钱旭. 餐厨废油制备生物柴油的研究进展. 科技创新导报，2012，8：23-24.

（36）**张晨皓，石雪，解文阳**，钱旭. 酯交换法制备生物柴油催化剂效用研究. 科技创新导报，2012，7：7-8.

（37）王震，白伟荣，**代楠**. 燃煤电厂工业共生模式潜力及政策现状分析. 环境科学与技术，2012，35（7）：163-167.

（38）张多，张盼月，**吴露君**. 钠型改性沸石吸附中高浓度氨氮的行为. 中国化学会第十一届水处理化学大会. 天津，2012 年 8 月 11—12 日.

（39）徐欣，**吴珍，吴昊**，张盼月. 腐殖酸包覆 Fe_3O_4 磁性纳米材料吸附铅离子性能研究. 哈尔滨工业大学学报，2012，44（S2），187-191.（EI 20121814985526）

（40）肖凌鹏，张盼月，张玉璇，**马博强**. 生物淋滤改善城市污泥脱水性能研究. 环境工程学报，2012，6（8）：2793-2797.

（41）Yuxuan Zhang，Panyue Zhang，Guangming Zhang，Weifang Ma，**Hao Wu，Boqiang Ma**. Sewage sludge disintegration by combined treatment of alkaline + high pressure homogenization. Bioresource Technology，2012，123：514-519.（SCI，IF=4.98，EI）

（42）Yuxuan Zhang，Panyue Zhang，Weifang Ma，**Hao Wu，Boqiang Ma**，Sheng Zhang，Xin Xu. Sewage sludge solubilization by high-pressure homogenization. The IWA World Water Congress & Exhibition，Fushan，Korea，2012，Sept.17-20.

（43）Yuxuan Zhang，Panyue Zhang，**Boqiang Ma，Hao Wu**，Sheng Zhang，Xin Xu. Sewage sludge disintegration by high-pressure homogenization：A sludge disintegration model. Journal of Environmental Science，2012，24（5）：841-820.（SCI，IF = 1.66，EI 20122015030158）

（44）Chao Liu，Yanbin Yun，**Nanjie Wu，Ying Hua**，Chunli Li. Effects of amphiphilic additive Pluronic F127 on performance of poly（ether sulfone）ultrafiltration membrane. "Desalination & Water Treatment" 学术报告会，青岛，2012，6.

（45）黄凯，**张晓玲**. 贝叶斯方法在水环境系统不确定性分析中的应用述评. 水电能源科学，2012，30（9）：47-49，216.

（46）姜杰，**李黎**，孙国新. 基于三维荧光光谱特征研究土壤腐殖质氧化还原特征. 环境化学，2012，31（12）：2002-2007.

（47）马伟芳，郭浩，姜杰，**聂超**. 城市污水处理厂化学除磷精确控制技术研究与工程示范. 中国给水排水，2013，6.

（48）Kai Huang，**Xulu Chen**，Huaicheng Guo. Lake eutrophication evaluation and diagnosis based on Bayesian method and SD model. LSMS/ICSEE 2010，Lecture Notes in Bioinformatics，579-587.

3.5 本科生毕业论文选编

专业本科生毕业论文是本科生培养的最后一个环节，是对大学期间整体培养过程的总结和检验，因此，学院专门成立了本科生毕业论文领导小组和工作小组。领导小组主要负责毕业生论文题目的审核，协调解决毕业论文过程中出现的疑难问题，宏观把握本科毕业论文工作的整体进度与方向。工作小组主要负责本科生毕业论文开题、中期检查、答辩、修改题目等具体事宜，协调解决毕业论文过程中出现的具体问题。

专业严格要求本科生毕业论文执行过程中的每个节点，从毕业论文选题、开题、中期检查到最终答辩都做了具体细致的规定。比如，毕业论文的选题，要求必须是教师的具体科研项目，而不是虚拟研究。教师首先提交指导专业本科生毕业论文的计划，包括：选题题目、研究目的、预期研究成果和对学生的要求。专业组织全体教师对提交的本科生毕业论文计划进行逐一讨论，并提出修改意见。本科生毕业论文计划经审核通过后，向学生进行专题介绍，由学生根据每个毕业论文的计划填报申请毕业论文志愿，专业根据学生志愿确定每位学生的指导教师和论文题目。此外，专业还规定论文题目一经审定不得随意更改，若确实需要变更，必须由指导教师和学生共同提交书面变更材料，经学院"本科生毕业论文领导小组"同意后方可变更并进行重新开题。除了规范本科生毕业论文管理制度外，学院还相应制定了"北京林业大学环境科学与工程学院本科生毕业论文撰写规范"，要求学生严格按照此规范撰写毕业论文。通过几年的努力建设，本科生毕业论文质量逐年提高，毕业生就业形势良好，以 2011 年为例，我校环境科学专业共有 30 名本科毕业生，其主要去向为出国和读研深造、公司企（事）业。用人单位对毕业生满意度高。经调查，用人单位对我校环境科学专业本科毕业生的表现非常满意，认为我校的毕业生基础扎实、踏实肯干、动手能力较强，适应工作岗位快等优势。

在此，选编 8 篇优秀论文集中展示本科生毕业论文方面的建设成果。

论文（一）　　混凝-UASB 工艺预处理垃圾焚烧厂渗沥液的研究

环境科学 2006-2　穆永杰

指导教师　孙德智

摘要：垃圾焚烧发电是实现垃圾减量化、资源化和无害化的有效途径之一。但城市生活垃圾（MSW）在垃圾焚烧厂的处理过程中存在渗沥液的二次污染问题。垃圾渗沥液具有有机污染物浓度高、可生化性好和悬浮物浓度高等特点，是典型的高浓度有机废水。针对这一污染问题，本文以北京某垃圾焚烧发电厂的垃圾储坑渗沥液为研究对象，采用混凝-UASB 工艺对其进行预处理，进行了污染物去除效果分析，工艺参数优化等方面的研究。

实验比较了五种混凝剂对渗沥液的处理效果，确定聚合氯化铝铁（PAFC）作为处理垃圾渗沥液的混凝剂，并考察了 PAFC 投加量、初始 pH、阳离子聚丙烯酰胺（CPAM）投加量、沉降时间等主要工艺参数对废水处理效果的影响，得出混凝最优工艺参数如下：PAFC 投加量为 1 000 mg/L，废水初始 pH 为 11，CPAM 投加量 2 mg/L，沉淀时间 3h。在最优混凝工艺条件下，废水经过混凝处理后 COD 和 SS 去除率分别达到 12.7% 和 94.3%，有机负荷得到降低，有利于后续进行厌氧处理。

本文进一步研究了 UASB 工艺对高浓度垃圾渗沥液的处理效果。结果表明，在有机负荷 COD 约为 12.5 kg/（$m^3 \cdot d$）的条件下，随着进水 COD 质量浓度的增加，COD 的去除率呈下降趋势。当运行至 130 d，混凝出水不经稀释直接进入 UASB 反应器，此时 HRT 为

5.2 d，进水 COD 质量浓度约为 65 000 mg/L，平均 COD 去除率达到 85%。因此，UASB 处理系统在较高进水 COD 质量浓度和有机负荷 COD[12.5 kg/（$m^3 \cdot d$）]条件下能稳定运行。通过对 UASB 运行后期的颗粒污泥进行 SEM 观察，发现颗粒污泥表面有较多无机物覆盖；此外，颗粒污泥中的灰分不断增加，运行至第 135d，颗粒污泥的 VSS/SS 降至 0.29，无机成分约占 70%。对运行前后颗粒污泥的金属元素含量进行分析发现颗粒污泥中钙离子的含量显著增加。XRD 图谱分析表明，颗粒污泥表面的沉积物为碳酸钙沉淀。

关键词：垃圾焚烧厂渗沥液　预处理　混凝　升流式厌氧污泥床（UASB）

1　绪论

1.1　课题来源及研究背景（略）

1.2　垃圾焚烧厂渗沥液的来源和水质特征（略）

1.3　垃圾焚烧厂渗沥液处理技术研究现状（略）

1.4　本论文研究目的和内容

1.4.1　研究目的

垃圾焚烧厂渗沥液是生活垃圾在垃圾储坑堆存时滤出的二次污染物，是典型的高浓度有机废水，具有污染物种类繁多，有机污染物浓度高、SS 含量高等特点。本文拟通过物化法和生物法的组合，提出并研究一种经济有效的工艺对渗沥液进行预处理，进而为焚烧厂垃圾渗沥液及类似废水的处理提供思路。

1.4.2　研究内容

针对垃圾焚烧发电厂垃圾渗沥液的水质特点，采用"混凝-UASB"组合工艺对垃圾渗沥液进行预处理，降低废水中 SS、COD 等污染物的浓度，以满足后续好氧生物处理单元的进水要求，为好氧反应器的正常运行提供保障。

（1）研究混凝沉淀法对垃圾渗沥液中 SS、COD 的去除效果。研究比较聚合硫酸铁（PFS）、聚合氯化铝铁（PAFC）和聚合氯化铝（PAC）三种无机高分子混凝剂及硫酸铝（AS）、氯化铁（FC）两种无机混凝剂对垃圾渗沥液的处理效果，完成混凝剂的筛选。研究混凝剂投量、pH、搅拌速度、沉淀时间对处理效果的影响，优化混凝工艺参数。

（2）研究 UASB 对 COD 的处理效果。考察 HRT、进水浓度、有机负荷等对处理效果及运行稳定性的影响。通过逐渐降低渗沥液稀释比及缩短 HRT 的方式提高有机负荷（OLR），驯化和培养厌氧颗粒污泥，完成 UASB 的启动。通过对颗粒污泥进行沉降速率、粒径分布、VSS/SS、产甲烷活性等的测定及用扫描电镜（SEM）进行观察，研究在高有机负荷运行条件下的颗粒污泥的特性。

2　实验材料与方法

2.1　化学试剂（略）

2.2　分析仪器（略）

2.3　实验装置及方法

2.3.1　混凝实验方法（略）

2.3.2　UASB 反应器及运行条件

UASB 反应器材质为有机玻璃，有效容积 3 L，其中反应区内径为 55mm，高 700mm，反应器上部设有三相分离器。如图 2.1 所示，采用蠕动泵进水。UASB 反应器主体包裹有伴热带，用温控仪检测反应器内温度并控制反应器内的温度（33～35℃）。反应器出水口采用 U 形水封，气体经 5 mol/L 的 NaOH 吸收 CO_2 后通过湿式气体流量计，从而计量甲烷产量；当吸收瓶中以蒸馏水代替 NaOH 吸收液时，则不吸收 CO_2，直接计量总产气量，即沼气的量。

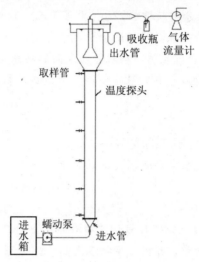

图 2.1　UASB 反应器

Fig. 2.1　Scheme of UASB reactor

为加快 UASB 启动过程，采用厌氧颗粒污泥接种，粒径范围为 1~3 mm，其 VSS/SS 为 0.72，接种污泥量约为 15 g/L。由于渗沥液有机物质量浓度很高（COD 50 000~70 000 mg/L），且存在一定的厌氧毒性，因此采用低负荷方式启动（启动初期进水 COD 为 4 000 mg/L，用自来水对渗沥液原液进行稀释），当 COD 去除率达到 90% 以上时，完成颗粒污泥的驯化。此后，通过逐渐降低渗沥液稀释比及缩短 HRT 的方式提高有机负荷（OLR），运行后期进水为混凝出水。实验期间，研究进水 COD 质量浓度、OLR、HRT 等对 UASB 运行的影响，且进水 pH 用稀盐酸或氢氧化钠溶液调节为 7~7.2，进水中碱度充足（2 000~5 000 mg/L），因此能保证反应区的 pH 处于 6.5~8.0 范围。

2.4　分析测试方法（略）

2.5　实验用水水质（略）

3　垃圾焚烧厂渗沥液的混凝预处理研究

3.1　废水 Zeta 电位的分析

为确定废水中胶体的带电性质及其在不同 pH 条件下的稳定性，对废水在不同 pH 条件下的 Zeta 电位进行了测定，实验结果如图 3.1 所示。

从图 3.1 中可以看出，在 pH 为 4~12 时，废水 Zeta 电位均为负值，说明废水中的胶体带负电荷，因此应向废水中投加阳离子的混凝剂，以起到电中和的作用。因此，投加阳离子型混凝剂后，在酸性和碱性条件下废水中的胶体颗粒更易达到等电点而发生胶体脱稳。

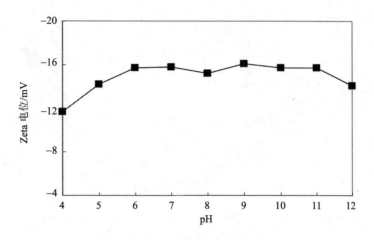

图 3.1 废水 Zeta 电位分析结果

Fig. 3.1 Results of Zeta potential analysis

3.2 混凝剂的筛选

根据废水中胶粒带负电荷的特性，实验选用了聚合硫酸铁（PFS）、聚合氯化铝铁（PAFC）、聚合氯化铝（PAC）、硫酸铝（$Al_2(SO_4)_3$）和氯化铁（$FeCl_3$）五种阳离子型混凝剂。在不同的 pH 条件下，投加 800mg/L 的混凝剂于 0.5L 水样中，考察其对 COD 和 SS 去除效果的影响，结果如图 3.2 和图 3.3 所示。

由图 3.2 可以看出，5 种混凝剂均在酸性和碱性条件下对废水中 COD 的去除为 10%~13.5%，且各种混凝剂处理效果相差不大，说明实验用混凝剂对该类垃圾渗沥液 COD 的处理效果有限，这和渗沥液的本身水质有关，即废水中绝大部分为溶解性 COD。由图 3.3 可以看出，PAFC 的 SS 去除率总体上优于 PAC 和 PFS。当 pH 为 11 时，PAFC 的 SS 去除率达到 91.3%。因此选用 PAFC 作为混凝剂，并对其运行参数进行优化。

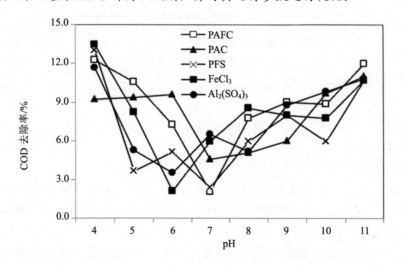

图 3.2 不同 pH 条件下混凝剂种类对 COD 去除效果的影响

Fig. 3.2 Effects of coagulants on COD removal under different pH

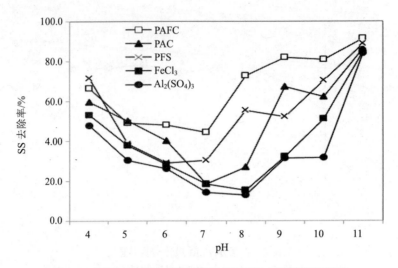

图 3.3 不同 pH 条件下混凝剂种类对 SS 去除效果的影响

Fig. 3.3 Effects of coagulants on SS removal under different pH

3.3 混凝条件对混凝效果的影响（略）

3.4 本章小结（略）

4 垃圾焚烧厂渗沥液的 UASB 工艺处理研究

4.1 UASB 的启动和运行

在中温条件下一次接种所需的全部污泥量，以保证污泥活性、降低污泥负荷，Lettinga 认为污泥（VSS）接种量以 $10 \sim 20 \text{kg/m}^3$ 为宜，因此实验接种污泥（VSS）量为 15 g/L。设定 UASB 的启动参数如表 4.1 所示。

表 4.1 UASB 启动参数

Table 4.1 The parameters for start–up of UASB

启动温度/℃	接种后污泥（VSS）浓度/ （g/L）	启动时进水 COD 质量浓度/ （mg/L）	启动容积负荷（COD）/ （kg/m³·d）
35	15	−4 000	1.3

实验过程中发现，反应器接种厌氧颗粒污泥约 10h 后，开始有气体产生。间歇进水两天后开始连续进水。

4.1.1 UASB 对 COD 的处理效果

采用逐步增加有机负荷的方法考察反应器的处理效果。实验过程中主要通过采用固定 HRT 逐步提高进水浓度及在进水浓度一定的条件下逐步缩小 HRT 的方式来提高有机负荷。运行效果如图 4.1 和图 4.2 所示。

由图 4.1 和图 4.2 可以看出，在启动条件下（进水 COD 质量浓度为 4 000 mg/L，HRT 为 3d），UASB 运行 13d 后，COD 去除率达到 90%以上，完成颗粒污泥的驯化。

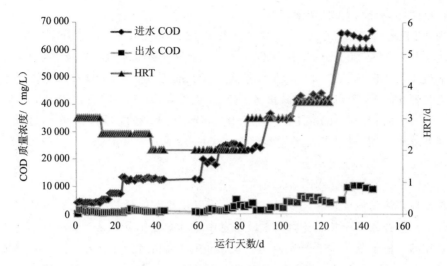

图 4.1 UASB 对 COD 的去除效果

Fig. 4.1 Removal of COD by UASB

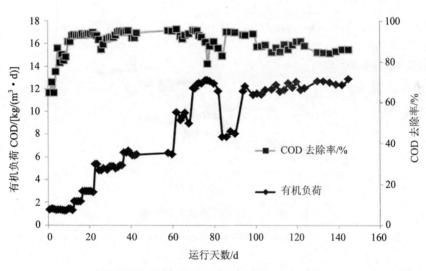

图 4.2 有机负荷与 COD 去除率的关系

Fig. 4.2 Effects of OLR on COD removal

此后通过逐渐降低渗沥液稀释比及缩短 HRT 的方式提高有机负荷（OLR），考察进水 COD 浓度及有机负荷增加对反应器处理效果的影响。由图 4.1 和图 4.2 可以看出，反应器运行 70d 后，COD 容积负荷已提高至 12 kg/（m³·d）以上，此时的 COD 平均去除率>90%，污泥产甲烷活性（SMA）提高至 0.72 g COD_{CH_4}/（gVSS·d）（其中，种泥的 SMA 为 0.55 g COD_{CH_4}/（gVSS·d）），说明 UASB 反应器在较高的有机负荷条件下对 COD 仍有较好的处理效果。其中第 75d COD 去除率突然下降，分析原因如下：①该阶段观察到出水中有较多悬浮污泥，可能是因为负荷的提高使产气量增加，进而使液体上升流速增大，导致部分污泥流失；②该阶段从反应器内取出部分污泥进行了污泥性质的分析。因此，于运行的第 84～90 d 通过将 HRT 由 2d 延长为 3d 降低有机负荷，待反应器的 COD 去除率恢复至 90%

以上后，继续提高进水 COD 质量浓度。

由图 4.2 还可以看出，COD 在有机负荷约为 12.5 kg/（m³·d）的条件下，当进水 COD 质量浓度增加至约 35 000 mg/L 时，COD 平均去除率为 90%左右；当进水 COD 提高至约 45 000 mg/L 时（HRT 3.5d），出水 COD 约为 5 000 mg/L，平均 COD 去除率达到 88%；当反应器运行到 130 d，进水（即混凝出水）COD 提高至约 65 000 mg/L，HRT 为 5.2d 的条件下，出水 COD 约为 9 746 mg/L，平均 COD 去除率达到 85%。因此，在相同有机负荷条件下，随着进水 COD 质量浓度的增加，COD 的去除率呈下降趋势，但 COD 去除率仍保持在 80%以上，且能够稳定运行。

4.1.2　UASB 反应器的氨化作用

垃圾焚烧厂渗沥液中含有大量的有机氮，一旦经过水解释放后产生大量的铵离子，在一定条件下，部分铵离子转化为自由氨，而自由氨对微生物具有毒性和抑制作用。

实验期间，进水氨氮质量浓度为 40～850mg/L。由图 4.3 可以看出，出水的氨氮含量比进水高，当在一定运行条件下运行稳定后，出水中氨氮含量约为进水的两倍。这是由于有机氮在厌氧菌的作用下分解生成无机氮。

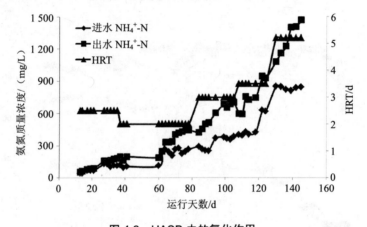

图 4.3　UASB 中的氨化作用

Fig. 4.3　Ammonification in UASB

有机氮的去除和有机物的去除直接相关，只有有机物得到降解才能彻底地释放出氨氮。从图 4.4 可以看出，氨化速率与有机去除负荷呈正相关，氨化速率随着有机去除负荷的增加而增加。表明只有在有机物完全被分解后，氨氮才能从有机分子中释放出来。直线的斜率表明 UASB 对氨氮的释放速率为 9g/kgCOD。

渗沥液经 UASB 工艺预处理后，氨氮浓度反而升高。因此，厌氧出水需经过脱氮工艺才能使出水氨氮达标排放。

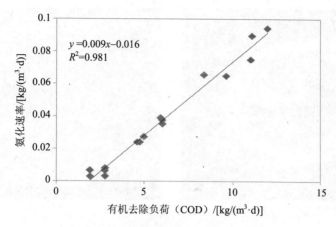

图 4.4　氨化速率与有机去除负荷的关系

Fig. 4.4　Relationship between ammonification rate and OLR removed

4.1.3　甲烷容积产气率与 COD 容积去除负荷率的关系

厌氧产生的生物气中甲烷体积含量一般为 65%～70%，CO_2 约占 30%～35%。尽管 H_2 是产生甲烷的重要前体物，但是由于氢利用菌的快速摄取而浓度很低。体系中甲烷的产率和 COD 的去除是密切相关的。对反应器甲烷容积产气率和 COD 容积去除负荷率的测定可知，两者存在线性关系，甲烷容积产气率随着 COD 容积去除负荷率的增加而提高，结果见图 4.5。

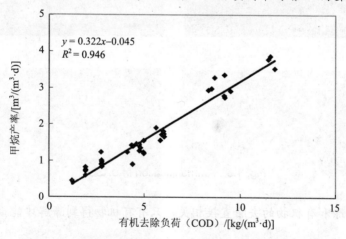

图 4.5　甲烷容积产气率与 COD 容积去除负荷率的关系

Fig. 4.5　Relationship of methane production rate with OLR removal

由图 4.5 可以看出，去除的甲烷表观产量约 0.32 L CH_4/gCOD，根据理论计算，甲烷的理论产率为 0.35 L CH_4/gCOD，因此，在实验研究的条件下，平均来说，去除的总 COD 中有 91.4%转化生成了甲烷，剩余的 8.6%转化为生物量。

4.2　颗粒污泥特性分析

4.2.1　生物相分析

运行第 75d 从反应器下部泥层中取出部分颗粒污泥，采用扫描电镜进行微生物相的观察，如图 4.6（a）～（f）所示。

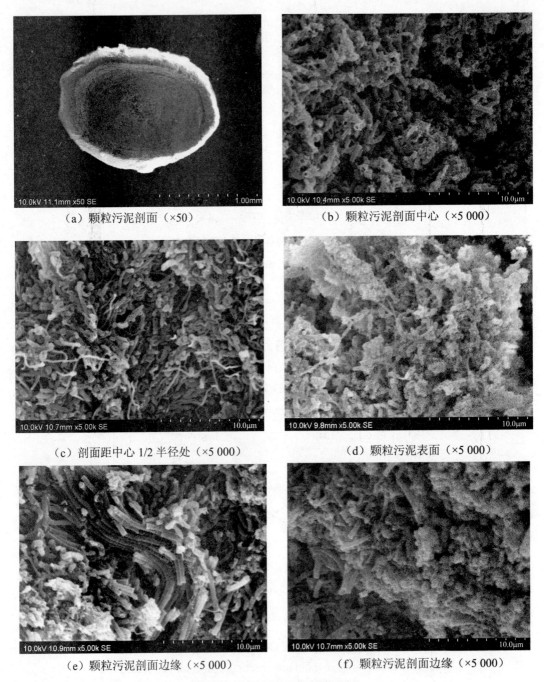

（a）颗粒污泥剖面（×50）　　　　　　　（b）颗粒污泥剖面中心（×5 000）

（c）剖面距中心 1/2 半径处（×5 000）　　　（d）颗粒污泥表面（×5 000）

（e）颗粒污泥剖面边缘（×5 000）　　　　（f）颗粒污泥剖面边缘（×5 000）

图 4.6　颗粒污泥扫描电镜观察

Fig. 4.6　Scanning electron microscope（SEM）images of the anaerobic granular sludge

由图 4.6（a）可以看出，颗粒污泥内部为层状结构。颗粒中心存在孔洞，可能是因为内部的微生物因长期得不到营养而死亡。由图 4.6（b）~（f）可以分析得出颗粒污泥存在细菌分层生长现象，颗粒污泥中心主要为短杆菌；剖面距中心 1/2 处主要为丝状菌和杆菌；颗粒污泥边缘存在大量杆菌及球菌；颗粒污泥表面分布生长少量丝状菌及杆菌等。此外，图 4.6（d）显示颗粒污泥表面有较多无机物覆盖，推测为钙沉积物。另外，颗粒污泥存在细菌分层生长现象可能是因为种泥为颗粒污泥，接种后生长环境改变，而且运行条件也不断在变化，颗粒污泥表面的优势菌群也相应随之发生变化。

4.2.2　UASB 运行不同阶段颗粒污泥的金属元素分析

于反应器运行第一天（种泥）和运行第 75 天从污泥床下部取出少量的颗粒污泥，将其在 105℃烘干至恒重，消解并测定污泥中各金属元素的含量，结果如图 4.7 所示。

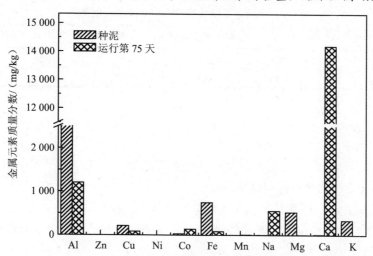

图 4.7　运行不同阶段颗粒污泥中的金属质量分数及分布

Fig. 4.7　Analysis of metal elements in the anaerobic granular sludge

从图 4.7 可以看出经过 75d 的运行后，颗粒污泥中钙离子的质量分数由 8.783 mg/kgSS 增加至 14 189.7mg/kgSS，推测是因为运行期间进水中钙离子质量浓度较高（800～3 500 mg/L），部分钙离子与厌氧过程产生的 CO_2 反应，在颗粒污泥表面形成碳酸钙沉积物。此外，观察还发现颗粒污泥部分表面被白色无机物质覆盖。进一步采用 XRD 证实了此推测，如图 4.8 所示。分析图谱可以看出，颗粒污泥中只存在碳酸钙的沉淀，并且为方解石晶体。

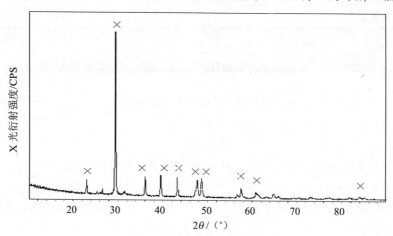

图 4.8　UASB 颗粒污泥 XRD 分析

Fig. 4.8　X-ray diffraction（XRD）patterns for the anaerobic granular sludge

此外，颗粒污泥的 VSS/SS 比值也进一步证实了无机物在颗粒物中的积累。由表 4.2 可以看出，随着运行时间的延长，颗粒污泥中的灰分不断增加，运行至第 135 天，颗粒污泥的 VSS/SS 降至 0.29，如表 4.2 所示。无机成分约占 70%。微生物在颗粒污泥中比例的降低使反应器中的生物量受到影响，这不利于反应器的长期稳定运行。

表 4.2　运行不同阶段颗粒污泥 VSS/SS 的变化

Table 4.2　Variation of the anaerobic granular sludge in VSS/SS during different operating periods

运行天数	种泥	50d	75d	100d	135d
VSS/SS	0.72	0.46	0.32	0.31	0.29

4.3 本章小结（略）

5 结论

采用"混凝-UASB"工艺对垃圾焚烧厂渗沥液进行预处理，对污染物去除效果进行分析，对工艺参数进行优化，得到以下结论：

（1）筛选出 PAFC 为混凝剂，其最优工艺条件为：PAFC 投量 1 000mg/L，溶液初始 pH 11，CPAM 投加量 2mg/L，沉淀时间 3h。在该条件下渗沥液经混凝处理后 COD 和 SS 去除率分别达 12.7%和 94.3%。

（2）UASB 能有效处理垃圾渗沥液。相同有机负荷条件下，COD 去除率随进水 COD 质量浓度的增加而降低。以混凝出水（COD 约 65 000 mg/L）为进水，当有机负荷 COD 为 12.5 kg/（m^3·d）、HRT 为 5.2d 时，COD 平均去除率仍能达到 85%。

（3）UASB 反应器中氨化作用明显。UASB 对氨氮的释放速率为 9g/kgCOD。UASB 反应器甲烷容积产气率随着 COD 容积去除负荷率的增加而提高，稳定运行时去除的甲烷表观产量为 0.32 L CH_4/gCOD。

（4）随着运行时间的延长，颗粒污泥中的灰分不断增加。主要原因为进水中钙离子浓度较高，部分钙离子与厌氧过程中产生的 CO_2 反应，在颗粒污泥表面形成碳酸钙沉淀。

参考文献（略）

论文（二）　市政污泥聚集单体结构对其脱水性能的影响

环境科学 2006-2　杨梦龙

指导教师　王毅力

摘要：随着生活污水和工业废水处理率的提高，污泥的产量越来越大。由于污泥极高的含水率（可达 99.5%以上），而且脱水性能差，因而使得污泥后续处理和处置的费用急剧增加。因此，如何提高污泥的脱水性能，减少污泥处理费用成为当今各国目前重要的研究课题。

本研究用 0.5%阳离子聚丙烯酰胺（CPAM）对厌氧消化污泥进行调理，以毛细虹吸时间（CST）作为污泥脱水性能的指标，得出 CPAM 的最佳投药量为 9.37 g/kg，此时 CST 为 5.75 s，最佳投加范围为 6.24 ～ 12.48 g/kg；通过调质前后污泥黏度、表面电荷密度、Zeta

电位、剪切敏感性（K_{SS}）、强度、粒径和分形维数等指标的变化以及它们与脱水性能的相关性进行探讨，结果发现污泥 Zeta 电位和絮体强度对污泥脱水性能有较好的指示作用，而黏度、表面电荷密度含水率和剪切敏感性（K_{SS}）、粒径和分形维数则不能起到指示作用，发现污泥的脱水性能与污泥的粒径和分形维数没有相关性；此外，100 W 的超声波处理厌氧消化污泥的不同阶段下的污泥形貌与粒径分析表明，厌氧消化污泥具有微生物（5 μm）—菌胶团（15 μm）—絮体（35 μm）层次结构。

关键词：聚集体　结构　分形维数　脱水性能　层次解析

1 引言

1.1 问题的提出

国内外对于污水处理厂污泥脱水的作用效果和机理的研究大多是针对高分子絮凝剂试验和最佳投药量的研究，探讨高分子絮凝剂于污泥的作用机理与调质效果基本上是沿用传统的絮凝作用机理，从宏观指标如污泥比阻、上清液余浊、浑液面沉速等方面进行。对于污泥的调质机理的讨论均停留在宏观指标的定性分析与控制上，至于污泥的结构与污泥的脱水性能的关系以及污泥调质的絮凝形态学的研究目前还没有涉及，也很少定量研究污泥最佳絮凝状态下絮凝形态与脱水性能的关系。

絮凝形态学及其分形数学理论有助于从定量的角度来描述与解释影响絮凝体脱水效率的形态学特征，然而，絮凝形态学与分形数学理论用于污水处理厂污泥的调质机理与形态学特性的研究在国内外开展得很少。尤其是系统地研究调质污泥的毛细虹吸时间（CST）随絮凝形态学参数—"分形维数"的变化规律在国内外还未见报道。

本论文应用现代结构表征技术，以"分形维数"和污泥粒径作为定量控制参数，研究污水处理厂污泥架桥絮凝体结构的分形特征，以期用一种全新的方式探讨各种调质方法的作用机理，为指导污泥调质提供理论依据。

1.2 研究目的和意义

1.2.1 研究目的

基于污水处理厂污泥脱水方面存在的问题，提出探讨消化污泥的结构特征对其脱水性能影响的研究内容，期望通过研究，达到以下目标：

解析典型污水处理单元中活性污泥、消化污泥聚集单体的层次结构，建立污泥聚集单体的基元颗粒、聚集类型和形成模式，确定污泥的多尺度分形特征；明确污泥单个聚集单体类凝胶结构特征。

判别有无高分子电解质调理下各典型污泥的脱水效果差异，确定污泥的聚集单体的结构特征对其脱水性能的影响，建立相应的影响关系。

1.2.2 研究意义

污泥结构、分形理论是环境工程领域的新热点，是非线性科学、化学分析的交叉与融合的综合性探索与研究。污泥这些结构与特征对其脱水性能将具有重要的影响，建立它们之间的关系对于污泥脱水的基础理论、技术开发具有重要作用。然而，尽管上述新的理论技术的应用在实际的研究中得出了许多结果，但有些依然存在许多疑问和不足之处，尚未建立污泥结构、分形特征对其脱水性能的影响关系；尤其是在国内，这方面的研究内容很少。因此本研究正是针对这个问题，拟探讨在大型的污水处理厂工艺典型单元中存在的污泥结构对其脱水性能影响；判断它们之间的关系，这些研究成果可以为污泥脱水理论的丰富和技术开发提供很好的基础和实用知识支撑，从而具有重要的科学意义和广阔的应用前景。

1.3　技术路线（见图 1.1）

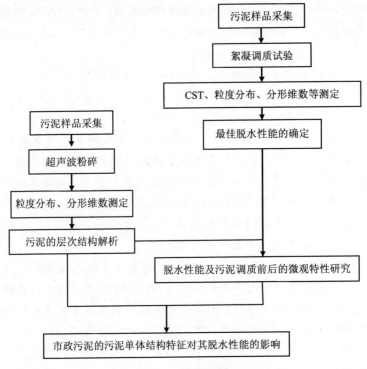

图 1.1　技术路线

Fig. 1.1　Total Technical Route

2　文献综述（略）

3　实验材料及方法

3.1　实验试剂、仪器与装置

3.1.1　污泥样品

实验所用污泥为厌氧消化污泥，取自北京市小红门污水处理厂，小红门污水处理厂是北京市第二大污水处理厂，规模 60 万 m^3/d，采用 A^2/O 工艺，2005 年 11 月 19 日开始通水运行，工艺流程见图 3.1。

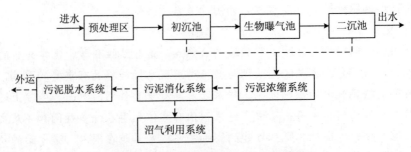

图 3.1　小红门污水处理厂的工艺流程

Fig. 3.1　Technological process of Xiaohongmen sewage treatment plant

本实验共取 3 次样品，取样日期和基本指标见表 3.1。

表 3.1 不同采样时间污泥的基本指标
Table 3.1 Basic index of sludge sampled at different time

采样日期	TSS/（g/L）	CST/s
2010.4.9	29.6	231.6
2010.4.20	16.02	193.6
2010.5.25	13.38	169.8

其中，4 月 9 日所采样品用来做尝试性实验，确定投药量范围；4 月 20 日所采样品主要测定污泥调理实验后污泥的 CST、表面电荷密度、上清液黏度与 Zeta 电位、絮体的分形维数与粒度以及污泥层次解析；5 月 25 日样品主要测污泥调理后絮体的热天平分析、剪切敏感性（K_{SS}）和强度。采样后实验在 3~4 d 内完成。

3.1.2 实验试剂（略）

3.1.3 实验仪器（略）

3.2 实验方法

3.2.1 污泥絮凝调质实验方法

设定六联搅拌器的程序，快速搅拌时间为 65 s，强度为 800 r/min，G 值为 626.7s^{-1}；慢速搅拌时间 5 min，强度为 62 r/min，G 值为 29.3s^{-1}。取 500 mL 消化污泥于六联搅拌器的烧杯中，开始搅拌后快速加入不同量的 CAPM。混凝结束后，测定污泥的各项指标。

3.2.2 污泥基本指标测定方法（略）

3.2.3 污泥聚集体性质分析方法

3.2.3.1 絮体剪切敏感性测定方法

实验过程：将原始污泥或调理后的污泥离心浓缩或稀释到 MLSS 值大约为 4 g/L，然后用量筒量取 1.5L 于自制的挡板容器（体积 2L，直径 15 cm；4 块挡板，厚 1.5 cm，单叶片 5 cm×1.2 cm）中，以 980 r/min 搅拌污泥以使其 G 值为 800s^{-1}。在搅拌的第一个小时内，每隔 10 min 即 0 min、10 min、20 min、30 min、40 min、50 min、60 min 时依次从反应器中用注射器取 10 mL（或 10 mL 的整数倍）污泥，分别放入离心管内，然后在离心机中离心，离心速度为 2 200 r/min，离心时间 2 min。分别从离心管中出取上清液，在用分光光度计在 650 nm 下分别测定其吸光值。在搅拌的第二个小时内每隔 20 min 即 20 min、40 min、60 min 时依次从反应器中用注射器取 10 mL（或 10 mL 的整数倍）污泥，其余步骤同第一小时。污泥剪切敏感性装置，如图 3.2 所示。

计算：上清液的浊度是上清液通过 2 200 r/min 离心之后，在 650 nm 下的吸光度值。吸光度值通过标准校准刻度曲率转变为 FTU。通过浊度估计分散菌量的浓度，由此，W 提出了浓度转变因子为 1.2 mg SS/（l/FUT），剪切实验中平衡期的分散菌体浓度可以通过 M 和 K（1999）提出的公式来计算：

$$m_{d,t} = m_{d,\infty} + （m_{d,0} - m_{d,\infty}）\cdot \frac{6}{\pi^2} \sum_{N=1}^{9} \frac{1}{N^2} \mathrm{e} - N^2 D_t \tag{3.1}$$

式中：K_{SS} 为剪切敏感性；$m_{d,\infty}$ 为平衡时分散生物质浓度；m_T 为总悬浮固体浓度；$m_{d,0}$ 为初始分散生物质浓度；$m_{d,t}$ 为 t 时刻分散生物质浓度；D_t 为 t 时刻分散因子。

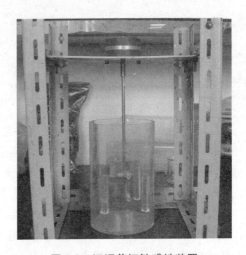

图 3.2　污泥剪切敏感性装置

Fig. 3.2　The device of testing Kss of sludge

由此计算出 $m_{d,\infty}$，而 m_{T} 可以在实验开始时进行测定，最后代入式 3.1 计算 K_{SS}：

$$K_{\mathrm{SS}} = \frac{m_{d,\infty}}{m_{\mathrm{T}}} \tag{3.2}$$

3.2.3.2　絮体强度测定方法

用激光粒度仪测定剪切敏感性所用的污泥样（测定前、后）的粒径代入公式 3.2

$$Fs = 1 - \frac{D_i - D_a}{D_i} \tag{3.3}$$

式中：D_i 为测定剪切敏感性前的平均粒度直径；D_a 为测定剪切敏感性后的平均粒度直径。

3.2.3.3　絮体分形维数和粒度计算方法

（1）导入数码观测王或 CCD 相机拍摄到原始污泥或絮体照片到软件 Image-Pro Plus 5.02 中，如图 3.3 所示。

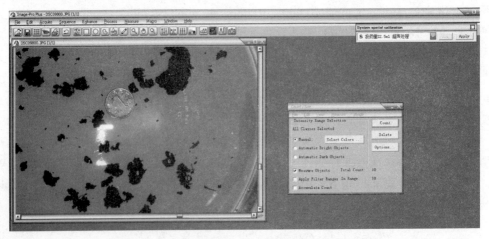

图 3.3　Image-Pro Plus 5.02 的操作窗口

Fig. 3.3　The working form of Image-Pro Plus 5.02

（2）点击菜单栏中的 Measure 键打开 Measure 菜单栏，点击 Calibration 键打开其子菜单栏，选择 spatial 键，根据标准物（硬币或别针的直径）的实际直径设定标尺。

（3）将照片放大，点击工具栏的 Irregular AIO 键，选择 trace 键，点击左键选择絮体。

（4）选好絮体后，点击菜单栏中的 Measure 键打开 Measure 菜单栏，点击 Count/Size 键打开 Count/Size 窗口，点击其窗口的 Edit 键，打开子菜单，点击 Convert AIO(s)to Object(s) 键把所选中的颗粒物转化为软件可以计算的目标。

（5）当把图片内所有的絮体选中并标记后，再点击 Count/Size 窗口的 Measure 键打开子窗口点击 Select Measurements 键，再点击 Select All 键，接着点击 Measure 键计算。

（6）点击 Count/Size 窗口的 File 键，打开其子菜单，点击 DDE to Excel 键把计算结果保存到 Microsoft Excel 里。

（7）点击工具栏的 Snap 键把所选中絮体的照片保存起来以便以后分析处理。

根据所获得 Microsoft Excel 中絮体的周长 P、长轴 D_L 和面积 A，利用多数关系计算絮体的一维分形维数 D_1（$\lg P - \lg D_L$）、二维分形维数 D_2（$\lg A - \lg D_L$）和 D_2（$\lg A - \lg P$）。

根据长轴 D_L 和面积 A 计算絮体的当量圆直径，然后根据数理统计知识计算絮体的中位粒径和平均粒径。

3.2.4 污泥层次结构解析方法

取 20 mL 原始消化污泥原样于 50 mL 离心管中，冰浴 15 min。将超声波处理器的探头插入污泥液面下 15 mm，在 100 W 强度下分别处理 30 s、60 s、90 s 和 240 s，整个过程都要在冰浴状态下进行。用激光粒度仪测定原始污泥和不同超声时间污泥的粒径。

4 结果与讨论

4.1 消化污泥调质对其脱水性能的影响

本节实验所用污泥为 4 月 20 日所采污泥，以投药 CPAM 量分别为 0、3.12 g/kg、6.24 g/kg、9.36 g/kg、12.48 g/kg、15.61 g/kg、18.73 g/kg、24.97 g/kg 和 31.21 g/kg 干污泥进行污泥调理实验，实验结束后测混合液 CST 值、污泥表面电荷密度、离心后上清液黏度与 Zeta 电位。

4.1.1 污泥基本性质

污泥的基本指标见表 4.1：

表 4.1　4 月 20 日所采污泥样品的基本指标

Table 4.1　Basic index of sludge sampled on April 20

MLSS/（g/L）	CST/s	黏度/CP	Zeta 电位/mV	平均粒径/μm	表面电荷密度/（meq/L）[*]
16.02	193.6	1.47	−10	132.68	−0.007 5

[*]meq 为毫克当量，对于 1 价电荷，1 meq/L=1 mol/m^3。

4.1.2 调质前后 CST 值的变化

从图 4.1 可以看出，随着 CPAM 投加量的增加，CST 先减小后增加。当投加量小于 3.12 g/kg 时，CST 迅速下降，随后变化缓和，先减小，后逐渐增加。当投加量为 9.37 g/kg 时，CST 最小为 5.75 s，最佳投药量为 9.37 g/kg，最佳投加范围为 6.24～12.48 g/kg。这是因为加入药剂过少，电性中和少，吸附架桥作用较弱，泥水分离不够好，不利于脱水。加入药剂过量，会增大污泥黏度，污泥颗粒因吸附了过多聚合物而带上正电荷，胶体颗粒因电荷排斥而重新稳定，不利于污泥脱水。

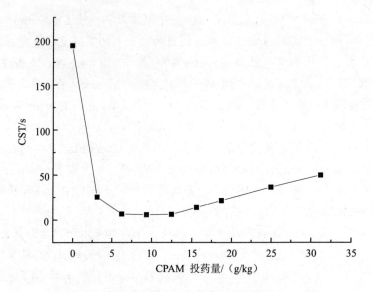

图 4.1　CPAM 投加量对毛细虹吸时间（CST）的影响
Fig. 4.1　Effect of CPAM dosage on CST

4.1.3　调质前后污泥离心后上清液黏度的变化

从图 4.2 可以看出，随着投药量的增加，黏度先降低后增加，在投加量为 12.48 g/kg 时，黏度值最小。从投药量 3.12 g/kg 增加到 18.73 g/kg 的过程中，黏度变化缓和，从 18.73 g/kg 以后，黏度增加迅速。当投加量较小时，CPAM 完全与絮体中和，使上清液黏度减小。当 CPAM 过量时，CPAM 本身黏度很大，使上清液黏度增加，污泥脱水性能变差。污泥黏度的变化主要是由悬浮颗粒浓度和剩余 PAM 浓度引起的，随着 PAM 投量的不断增加则分散的污泥颗粒相互聚集，悬浮颗粒浓度降低，黏度也随之降低。当达到最佳投量时，PAM 对污泥的絮凝效果最佳，离心液或滤液中悬浮物含量最低，因而黏度也最低；当超过最佳投量后，滤液或离心液中悬浮物含量浓度不断增加，进而导致黏度升高。

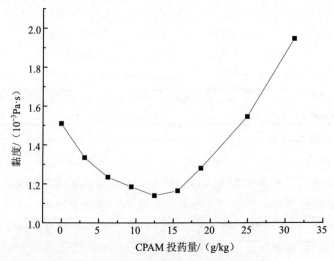

图 4.2　不同投药量对絮凝后上清液黏度的影响
Fig. 4.2　Effect of CPAM dosage on viscosity

　　结合 4.1.2，如果将黏度作为污泥脱水性能的指标，与毛细虹吸时间（CST）相比，最佳投药量相对滞后。

4.1.4　调质前后污泥表面电荷密度的变化

　　从图 4.3 可以看出，总体上污泥的表面电荷密度随着投药量的增加呈现增大趋势，从负值变为正值。但在投药量从 3.12 g/kg 增加到 9.36 g/kg 的过程中，出现了表面电荷密度减小的过程。而根据 4.1.2 我们知道，最佳投药量为 9.37 g/kg，由此可以推断，最佳投药量时絮体的表面电荷为 0。这是因为污泥本身带有负电荷，当投加 CAPM 时，CPAM 中的阳离子链与污泥胶体表面的负电荷接触后中和，从而使污泥的表面电荷面朝正方向增加。至于在投药量从 3.12 g/kg 增加到 9.36 g/kg 的过程中出现的表面电荷密度减小的过程，可能因为在投药量增加的过程中破坏了污泥的结构，使内部的负电荷释放出来，从而使表面电荷密度减小。

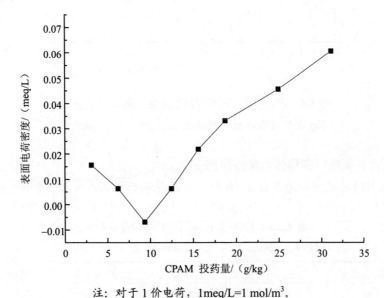

注：对于 1 价电荷，1meq/L=1 mol/m^3。

图 4.3　不同投药量对絮体表面电荷密度的影响

Fig. 4.3　Effect of CPAM dosage on surface charge density

4.1.5　调质前后污泥离心后上清液 Zeta 电位的变化

　　由图 4.4 可知，原始污泥的 Zeta 电位为 –10 mV，随着 CPAM 絮凝剂投加量的增加，污泥的 Zeta 电位也逐渐增加。当投药量为 9.36 g/kg 时，Zeta 电位为 –2.75 mV；当投药量为 12.48 g/kg，Zeta 电位为 0.25 mV。在投药量 9.36～12.48 g/kg，Zeta 电位从负值转变为正值，而最佳投药量范围在 6.24～12.48 g/kg。由此可以推断，最佳投药量时，Zeta 电位等于或接近 0 mV，此时 CPAM 支链正电荷与污泥所带负电荷完全中和，如果投药量在增加，污泥则因黏度变大而导致脱水性变差。随着 CPAM 投加量的增加，污泥的 Zeta 电位由负值变成正值，这是由于 CPAM 含有带正电的基团中和了污泥的负电性的结果。由于降低了污泥絮体之间的静电排斥力，从而压缩了絮体的双电层，有利于形成更大的絮团，更好地发挥絮凝沉降的效果。

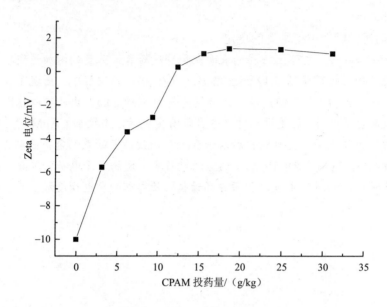

图 4.4　不同投药量对絮凝后上清液 Zeta 电位的影响

Fig. 4.4　Effect of CPAM dosage on Zeta potential

4.2　消化污泥及其调质后聚集体理化性质的变化

本节实验所用污泥样品为 5 月 25 日所采，其基本指标见表 4.2。

表 4.2　5 月 25 日所采污泥样品的基本指标

Table 4.2　Basic index of sludge sampled on May25

MLSS/（g/L）	CST/s	K_{SS}	强度	平均粒径/μm
13.38	169.8	0.13	0.17	50.45

4.2.1　调质前后污泥脱水性能的变化

因为厌氧污泥性质不稳定，每次实验都要在采样后三四天内完成，为了更好地研究污泥性质，本次污泥也做了投药量对污泥脱水性能的影响。

从图 4.5 可以看出，同 4.1.2 结果一样，污泥 CST 值随着投药量的增加先增大后减小，原始污泥的 CST 值为 169.8 s，脱水性能差，当投药 CPAM 量为 18.68 g/kg 干污泥，CST 值为 3.8 s，此时 CST 值最小，脱水性能极佳。4 月 20 日污泥的最佳投药 CPAM 量为 9.37 g/kg 干污泥，相差约两倍，这跟所采污泥样品不同有关，这也反映了消化污泥性质不稳定的特点。

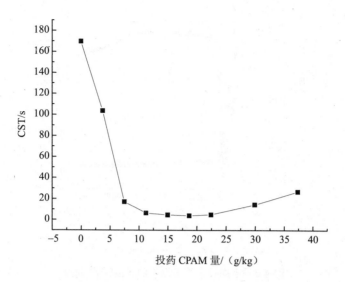

图 4.5　CPAM 投加量对毛细虹吸时间（CST）的影响

Fig. 4.5　Effect of CPAM dosage on CST

4.2.2　调质前后污泥成分分析（见图 4.6）

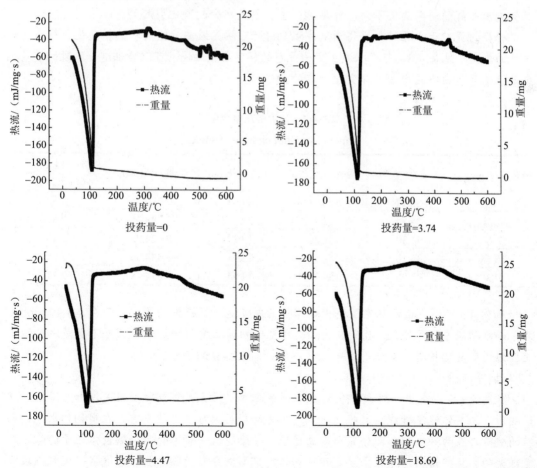

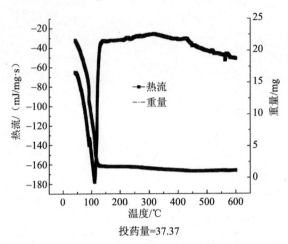

投药量=37.37

注：投药 CPAM 量单位为 g/kg 干污泥

图4.6　不同投药量下污泥的 TG-DSC 曲线

Fig. 4.6　TG-DSC Curve of sludge with different dosage

由经过不同投药量调理的污泥的 TG-DSC 曲线可以看出，在样品以 5℃/min 升温到 600℃的过程中，在 130℃左右每个样品都有一个明显的吸热峰，该峰是水相变吸热峰，而且热失重曲线的斜率变化不大，可见热失重主要是水分的汽化引起的。

根据污泥热天平原始数据得出从室温到 130℃污泥的重量损失和热量变化，得出这一过程的焓变，见表 4.3，与水从液态变为气态的相变焓相比较，可以验证这一阶段的质量损失是不是只是由污泥中的水分变化引起的。

表4.3　污泥的热量变化

Table 4.3　Heat change of sludge

投药量/（g/kg）	初始温度/℃	峰值温度/℃	质量变化/mg	吸收热量/mJ	焓/（kJ/mol）（以水计算）
0	38.47	126.08	20.03	−2 799.85	2.52
3.74	35.89	132.75	21.26	−2 798.35	2.37
7.47	31.30	131.20	19.29	−2 624.28	2.45
18.68	35.16	141.50	23.35	−3 434.39	2.65
37.37	42.00	159.39	19.84	−2 614.48	2.37

从表 4.3 可以看出，从室温到出现峰值的温度这一过程焓的变化，都在 2.5 kJ/mol 左右，而水从液态到气态的 40.67 kJ/mol，可见从初始温度到峰这一过程并不只是水分的变化应该还有其他物质的变化，这一过程不能计算出水分的含量。

4.2.3　调质前后污泥 K_{SS} 变化

从图 4.7 可以看出，随着 CPAM 投加量的增加，污泥的剪切敏感性先增加后降低，这说明污泥的絮体稳定性能随着投药量的增加先降低后增加。一般而言，在剪切作用下，颗粒的破碎存在两种机制，即分裂和剥离过程，分裂过程一般不会对分散胶体粒子的浓度产生很大的影响，而剥离过程主要是在剪切作用下形成分散的胶体粒子。通常，厌氧颗粒污泥层次结构较为明显，在剪切作用下以剥离过程为主。当 CPAM 投加量较小时，调理后形成的絮体比较松散，在剪切作用下容易被剥离，当投加量较大时，调理形成的絮体比较密实，在剪切作用下就难以被剥离。

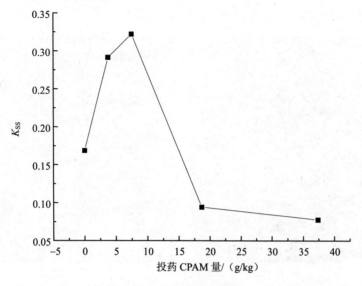

图 4.7 不同投药量对污泥剪切敏感性（K_{ss}）影响

Fig. 4.7 Effect of CPAM Dosage on K_{ss}

4.2.4 调质前后污泥强度变化

从图 4.8 可以看出，随着 CPAM 投加量的不断增加，污泥絮体强度不断减小。这主要是由于随着聚电解质投加量的不断增加，污泥絮体粒径不断增大，而污泥絮体粒径的增大会导致絮体更容易破碎。

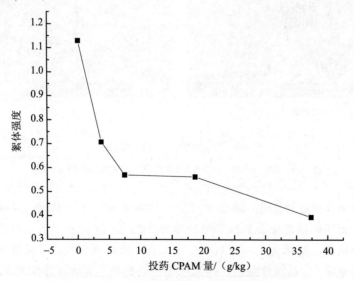

图 4.8 不同投药量对絮体强度的影响

Fig. 4.8 Effect of CPAM Dosage on strength of floc

4.3　消化污泥及其调质后聚集体单体结构的比较

本节所用污泥样品为 4 月 20 日所采，基本性质见 4.1。

4.3.1　原始污泥 SEM 图像

图 4.9 为原始污泥的不同放大倍数的扫描电镜图片。

×1 000　　　　　　　　　　　　　×2 000

×5 000　　　　　　　　　　　　　×10 000

图 4.9　原始污泥的扫描电镜图片

Fig. 4.9　Scanning Electron Microscope images of sludge

当放大倍数为 1 000 时，可以看出厌氧消化污泥表面有很多空隙，在放大倍数较高的情况下，可以看出消化污泥中含有很多杆状的产甲烷菌。总体上，消化污泥为黑色，大部分絮体结构已被破坏，解体为较细的颗粒，呈浆状。消化过程改变了活性污泥的生物相，污泥中的微生物量减少，丝状纤维的解体和原生动物的缺乏是其主要变化，消化污泥解体，结构破坏，颗粒变小。

4.3.2　不同投药量絮体变化

图 4.10 为不同投药量下，污泥调理后形成的絮体的照片。图 4.10 中，投药 CPAM 量

为 0 g/kg、3.12 g/kg、6.24 g/kg 干污泥时形成的絮体是用数码观测王拍的，其他的使用 CCD 相机拍摄。×符号后面为拍照时放大倍数。

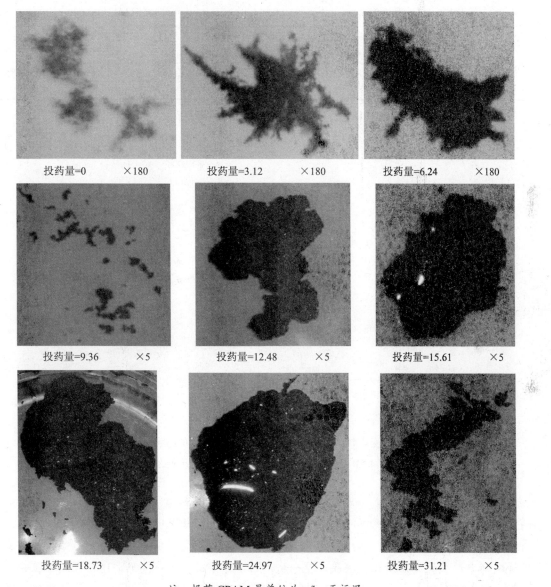

注: 投药 CPAM 量单位为 g/kg 干污泥。

图 4.10　不同投药量下絮体照片

Fig. 4.10　Images of flocs formed with different CPAM dosages

从图 4.10 可以看出，随着投药量的增加，絮体逐渐变大，CAPM 投加量为 24.97g/kg 后絮体又变小。结合 4.1.2，可以知道随着投药量的增加，污泥脱水性能先变好又变差。

4.3.3 调质前后絮体粒度的变化（见表 4.4）

表 4.4　不同投药 CPAM 量絮体的粒径统计

Table 4.4　Particle size statistics of floc formed with different CPAM dosages

投加量/（g/kg）	0	3.12	6.24	9.36	12.48	15.61	18.73	24.97	31.21
样本数/个	473	541	389	772	352	61	62	64	287
平均粒径/μm	138.86	178.90	305.60	1 232.86	2 964.90	4 630.60	1 198.97	2 462.67	4 040.86
最大粒径/μm	871.93	808	1 987	6 567	44 942	96 395	132 863	87 867	21 977

图 4.11 为不同投药量下絮体的中位粒径和平均粒径变化。

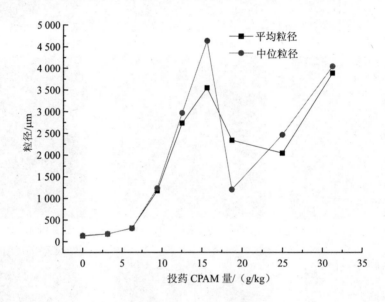

图 4.11　不同投药 CPAM 量絮体粒径的影响

Fig.4.11　Effect of CPAM dosage on particle size

　　从图 4.11 可以看出，随着投药量的增加，絮体的中位粒径 D_{50} 和平均粒径都呈现增加的趋势，从投加量 3.12～15.61 g/kg，絮体的粒径都在增加，且比较迅速。而从投加量 15.61～31.21 g/kg，絮体的平均粒径和中位粒径都先变小又增加，这主要是投加量大于 15.61 g/kg，混凝烧杯中形成的絮体是几大块或者就一块和一些很小的，如果按照平均粒径或中位粒径的话，较小的絮体占多数，这样总统计结果就显示絮体的各种粒径很小，但是优势的还是粒径比较大的，因此结合表 4.2，总体上随着投药量的增加，絮体的粒径是变大的。一般认为，聚电解质调理后污泥絮体粒径增大的主要原因是聚电解质发挥吸附架桥作用，将分散在溶液中的污泥初级颗粒聚集成大块污泥絮体。由于聚电解质投加量较低，将聚电解质单独投加到污泥溶液中，可以看做是聚合物的稀溶液体系，其主要以分子内缔合为主。而当污泥溶液中事先添加了 CPAM 时，一方面，调理剂的添加使污泥表面 EPS 脱落，絮体破碎成更小的污泥初级颗粒；另一方面两药剂的长烷链之间发生疏水缔合作用，它们之间产生的弱静电斥力使得聚电解质分子链伸展开来，更易发挥吸附架桥作用，将尽可能多的污泥基础颗粒团聚在一起，使得污泥颗粒粒径增加。

4.3.4　调质前后絮体分形维数的变化（见图 4.12）

从图 4.12 可以看出，D_1 的变化范围为 1.03 ~ 1.19，二维分形维数 D_2（lg$A$ – lgD_L）和 D_2（lg$A$ – lg$P$）的变化范围分别为 1.70 ~ 1.94 和 1.42 ~ 1.87。D_1 随着投药量的增加先减小然后增加后又减小；D_2（lg$A$ – lgD_L）和 D_2（lg$A$ – lg$P$）的变化趋势相同，但是前者大于后者，二者都是随着投药量的增加先增加后减小。D_1 在投药量为 9.36 g/kg 时达到最大值，D_2（lg$A$ – lgD_L）和 D_2（lg$A$ – lg$P$）则在 9.36 g/kg 达到最小值，而 9.36 g/kg 为最佳投药量，说明最佳投药量时污泥比较蓬松。

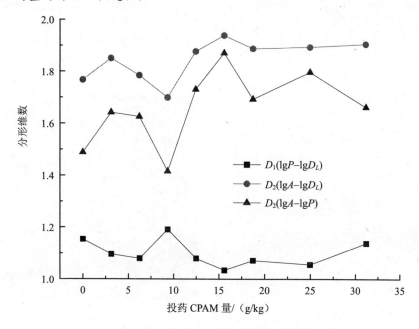

图 4.12　不同投药 CPAM 量下絮体的分形维数变化

Fig. 4.12　Fractal dimensions of flocs with different CPAM dosages

总体上随着投药量的增加，二维分形维数呈现增大的趋势，说明絮体越来越密实。

4.3.5　原始污泥层次解析

F.Jorand 等（1995）、D.Snidaro 等（1997）分析了污水处理厂中经过初沉池后的活性污泥样品，采用激光粒度仪、TEM 和共聚焦激光显微镜（CLSM）技术分析了它们不同层次颗粒的粒度分布、微观结构和分形特征，提出活性污泥的颗粒（particles，2.5 μm）—聚集体（aggregates，13 μm）—微絮体（micro-flocs，125 μm）层次结构，并采用三维技术重建了活性污泥的图像。同样对厌氧消化污泥，先将污泥质量浓度稀释到 4 g/L 后，以不同时间功率为 100 W 的超声波对污泥进行处理，以对消化污泥进行层次解析。

图 4.13 为原始污泥不同超声时间的图像。图中所有照片的放大倍数为 540。

从图 4.13 可以看出，污泥逐渐变小，结合表 4.5，超声 30 s 后絮体中位粒径由 34.32 μm 变为 18.00 μm，这是因为聚集成团的污泥颗粒在超声条件下被分散，逐渐变成分散的颗粒。而超声从 60 s 增加到 90 s 的过程中，污泥的中位粒径变化不大。超声强度为 100W，这并不能破坏组成污泥的菌胶团颗粒的结构。

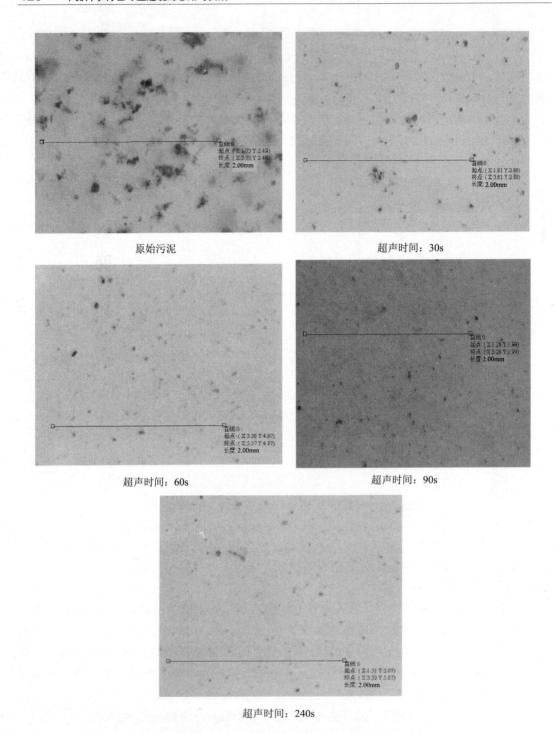

原始污泥   超声时间：30s

超声时间：60s   超声时间：90s

超声时间：240s

图 4.13   不同超声时间下污泥图像

Fig. 4.13   Images of sludge at different ultrasonic time

从表 4.5 可以看出，随着超声时间的增大，原始污泥的中位粒径逐渐变小，这是因为聚集成团的污泥颗粒在超声条件下被分散，逐渐变成分散的颗粒。而厌氧消化污泥一般有专性厌氧菌产甲烷菌组成，产甲烷菌的大小在 5 μm 左右，根据表 4.5，可以得出厌氧消化污泥的微生物（5 μm）—菌胶团（15 μm）—絮体（35 μm）层次结构。图 4.14 为污泥的结构模型。

表 4.5　不同超声时间下污泥的中位粒径变化

Table 4.5　Paricles size variation with ultrasonic time

超声时间/s	0	30	60	90	240
中位粒径/μm	34.32	18.00	16.82	15.39	17.51

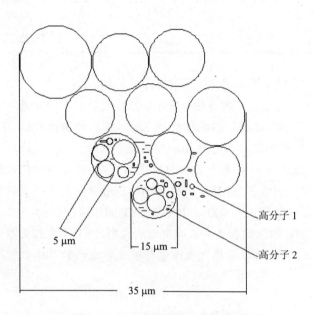

图 4.14　厌氧污泥颗粒的结构模型

Fig. 4.14　Model of sludge floc

4.4　消化污泥及其调质聚集体性质与脱水性能的关系

4.4.1　消化污泥及其调质聚集体结构与脱水性能的关系

4.4.1.1　絮体粒度与脱水性能的关系

从表 4.6 可以看出，表示污泥脱水性能的指标 CST 与不同 CPAM 投加量形成的絮体的中位粒径 D_{50} 和平均粒径的相关性系数 r 分别为-0.333 和-0.303，显著性远远大于 0.05 或 0.01，说明粒径与脱水性能没有相关性。

表 4.6　中位粒径、平均粒径与 CST 的相关性分析结果

Table 4.6　Result of relativity between median diameter、average diameter and CST

粒径	毛细虹吸时间（CST）	
	相关性系数 r	显著性
D_{50}/μm	-0.333	0.381
平均粒径/μm	-0.303	0.428

4.4.1.2　絮体分形维数与脱水性能的关系

从表 4.7 可以看出，表示污泥脱水性能的指标 CST 与不同 CPAM 投加量形成的絮体的

分形维数 D_1（$\lg P$–$\lg D_L$）、D_2（$\lg A$–$\lg D_L$）和 D_2（$\lg A$–$\lg P$）的相关性系数 r 分别为 0.384、–0.241 和 –0.380。显著性远远大于 0.05 或 0.01，说明粒径与脱水性能没有相关性。

表 4.7　不同投药量下絮体的分形维数与 CST 相关性分析结果

Table 4.7　Result of relativity between fractal dimension and CST

分形维数	毛细虹吸时间（CST）	
	相关性系数 r	显著性
D_1（$\lg P$–$\lg D_L$）	0.384	0.308
D_2（$\lg A$–$\lg D_L$）	–0.241	0.531
D_2（$\lg A$–$\lg P$）	–0.380	0.313

4.4.2　消化污泥及其调质聚集体理化性质与脱水性能的关系

理化性质主要指污泥黏度、表面电荷密度、Zeta 电位、剪切敏感性（K_{SS}）、絮体强度等指标，将不同投药量下污泥的这些指标与污泥脱水性能的指标 CST 用 SPSS 软件作相关性分析，以对这些指标作为脱水性能的指示作用进行探讨。

因为污泥黏度、表面电荷密度和 Zeta 电位是 4 月 20 日采样污泥时测得的，剪切敏感性（K_{SS}）和絮体强度是用 5 月 25 日所采样品测的，所以分两个小节做相关性分析。

4.4.2.1　污泥黏度、表面电荷密度、Zeta 电位与 CST 的相关性分析

从表 4.8 可以看出，污泥的黏度和表面电荷密度与 CST 没有相关性，Zeta 电位与 CST 显著相关（$p < 0.05$）。可见污泥黏度、表面电荷密度对污泥的脱水性能没有很好的指示作用，而 Zeta 电位则有。

表 4.8　不同投药量下絮体的污泥黏度、表面电荷密度、Zeta 电位与 CST 相关性分析结果

Table 4.8　Result of relativity between viscosity、surface charge density、Zeta potential and CST

污泥指标	毛细虹吸时间（CST）	
	相关性系数 r	显著性
黏度	0.380	0.313
表面电荷密度	–0.207	0.592
Zeta 电位	–0.684	0.042

4.4.2.2　污泥的含水率、剪切敏感性（K_{SS}）、絮体强度与 CST 的相关性分析

从表 4.9 可以看出，剪切敏感性（K_{SS}）与 CST 没有相关性，絮体强度与 CST 显著相关（$p < 0.05$）。可见污泥的剪切敏感性（K_{SS}）对污泥的脱水性能没有很好的指示作用，絮体强度则可以作为污泥脱水性能的一个指标。

表 4.9　不同投药量下絮体的剪切敏感性（K_{SS}）、絮体强度与 CST 相关性分析结果

Table 4.9　Result of relativity between shear sensitivity（K_{SS}）、floc strength and CST

污泥指标	毛细虹吸时间（CST）	
	相关性系数 r	显著性
剪切敏感性（K_{SS}）	0.176	0.778
絮体强度	0.909	0.032

5 结论

（1）阳离子型聚丙烯酰胺（CPAM）能够改善厌氧消化污泥的脱水性能，用 0.5%CPAM 调节小红门污水处理厂的厌氧消化污泥的最佳投药 CAPM 范围为 6.24 ~ 12.48 g/kg 干污泥。

（2）CPAM 调节机理：CPAM 是一种化学性质比较活泼的线性的水溶性聚合物，在其分子的主链上带有大量的侧基—酸氨基，酰氨基的化学活性很大，易与多种化合物反应生成各种聚丙烯酰胺的衍生物，它还能与多种化合物结合形成氢键。PAM 对污泥的调节机理主要是利用其长分子链结构，在污泥颗粒间架桥形成一种多孔、稳定且粒径更大的污泥颗粒结构。这种结构能够让水分通过，并且将污泥颗粒稳定在既定的位置，整个污泥颗粒的粒径也增大，从而提高了污泥的脱水性能。

（3）厌氧消化污泥具有微生物（5 μm）—菌胶团（15 μm）—絮体（35 μm）层次结构。

（4）Zeta 电位和絮体强度对污泥脱水性能有较好的指示作用，而污泥黏度、表面电荷密度、剪切敏感性（K_{SS}）、粒径和分形维数则不能起到指示作用。

（5）不同投药量下污泥的中位粒径、平均粒径与污泥毛细虹吸时间（CST）的相关性系数分别为–0.333 和–0.303；不同投药量下絮体的三种分形维数 D_1（lg$P$–lgD_L）、D_2（lg$A$ – lgD_L）和 D_2（lg$A$ – lg$P$）与污泥毛细虹吸时间（CST）的相关性系数分别为 0.384、–0.241 和–0.380。这说明厌氧消化污泥的结构与其脱水性能没有相关性。

参考文献（略）

论文（三） 城市生活垃圾卫生填埋场抗逆性优势植被筛选研究

环境科学 2006-1 贾真

指导教师 张立秋

摘要：城市生活垃圾卫生填埋场的生态修复正受到越来越多的关注，其中包括抗逆性植被的研究筛选。本论文通过对城市生活垃圾填埋场植被抗逆性生理生化特性研究，筛选出适于垃圾填埋场生长的优势植被，为垃圾填埋场功能性植被组合模式库的构建提供支持。植被的抗逆性研究内容包括：现场测叶绿素荧光，采集植物叶片，并带回实验室制成匀浆，测定叶绿素含量、保护酶活性（植物蛋白、细胞超氧化物歧化酶和过氧化氢酶）、小分子保护物质含量（抗坏血酸和脯氨酸）、活性氧自由基水平（过氧化氢）、膜脂质损伤产物含量（丙二醛）。

综合对各种与抗逆性有关的物质活性或含量的分析，利用隶属函数综合分析抗逆性指标，得出结论：沈阳老虎冲垃圾填埋场的野艾蒿、酸模叶蓼、全叶马兰、萹蓄、小飞蓬和萝摩 6 种植物和沈阳赵家沟垃圾填埋场的狗尾草、艾蒿、三裂叶豚草和全叶马兰，抗逆性、适应性较好，并提出垃圾填埋场可以优先种植这些植物。

关键词：垃圾填埋场 植被 抗逆性 隶属函数

1 综述

1.1 研究背景（略）

1.2 国内外研究现状（略）

1.3 国内外发展趋势（略）

1.4 研究内容

本课题中提出利用土著植被类型来进行垃圾填埋场的生态恢复，适应性强，成活率高，成本较低，是一个较好的技术途径。在课题中，优势植被的选择是一个核心问题，必须要通过对现场植被生理生化等特性的研究从而筛选出来。本论文主要对5月底沈阳老虎冲和赵家沟两个填埋场的抗逆性优势植被筛选进行研究。

1.4.1 测定叶绿素荧光和与抗逆性有关的指标

选择典型垃圾填埋场进行现场调研和监测，对植物生长状况进行详细监测，在填埋场现场调研，确定优势植被类型，用叶绿素荧光仪 PAM-210 进行荧光测定，并采集新鲜植物叶片样本，带回实验室。将现场采集的植物叶片，制成组织匀浆，测定叶绿素含量、保护酶活性（植物蛋白、细胞超氧化物歧化酶 SOD 和过氧化氢酶 CAT）、小分子保护物质含量（抗坏血酸和脯氨酸）、活性氧自由基水平（过氧化氢 H_2O_2）、膜脂质损伤产物含量（丙二醛 MDA），测定吸光度值，最终得出这些物质的含量。具体的实验方法是使这些物质与特定化学试剂反应，并进行显色反应，测定吸光度值，得出这些物质的含量，通过比较筛选植物。

1.4.2 确定填埋场优势植被

通过模糊数学模型隶属函数对优势植被的抗逆性指标进行综合分析，确定抗逆性较强的植被类型。通过对优势植被的研究监测，进一步筛选出适应性强、成本低廉、维护方便的植被类型，为垃圾填埋场功能性植被组合模式库的构建提供支持，为城市生活垃圾填埋场植被修复和生态恢复提供建议。

2 研究方法

2.1 总技术路线（见图 2.1）

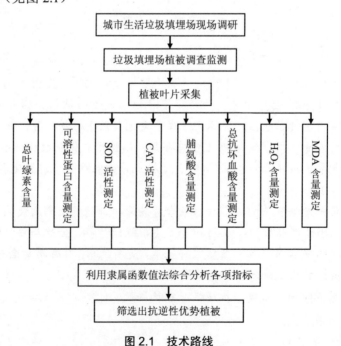

图 2.1　技术路线

Fig. 2.1　Total Technical Route

2.2　植物叶片采样和植物荧光参数测定及组织匀浆制备方法

2.2.1　植物叶片采样和保存方法

在垃圾填埋场上及其周围现场调研，确认长势最好，分布较广的植物类型。现场检测这些植物类型植株的叶片叶绿素荧光，并采集新鲜植物叶片组织，用自封袋编号封装，放入有隔层的塑料保鲜袋，保鲜袋中装有冰袋，使植物能够在 $0 \sim 4{}^\circ\!C$ 保存，并尽快带回实验室分析。

2.2.2　叶片荧光参数测定方法

9：00 至 15：00，选取生长较一致的植物叶片，取叶中部，用 PAM-210 叶绿素荧光仪进行荧光参数的测定。每一处理随机选择至少 3 株叶片测定叶绿素荧光参数值，取平均值作比较。

2.2.3　磷酸缓冲液配制方法

磷酸缓冲液（PBS）配方为 0.1 mol/L、pH7.8、Na_2HPO_4-NaH_2PO_4 溶液，先配制母液 A（0.2 mol/L Na_2HPO_4）和 B（0.2 mol/L NaH_2PO_4），然后按比例取 91.5 mL A 液和 8.5 mL B 液，用蒸馏水稀释至 200 mL，即得 PBS 缓冲液。

2.2.4　植物匀浆制备方法

取新鲜植物叶片，擦净组织表面污物，去除中脉剪碎。称取剪碎的新鲜样品 0.4 g 左右，放入研磨器中，加入少量石英砂或碳酸钙粉及 $2 \sim 2.5$ mL PBS，研磨制成匀浆，倒入离心管中，用 $1.5 \sim 2$ mL PBS 将残留在研磨器中的匀浆溶液润洗至离心管中，离心取上清液，贮存于–80℃的超低温冰箱，用于后续试验。

2.3　叶绿素含量测定的方法

叶绿素含量的测定《叶绿素的测定（分光光度法）》（SL88—1994）。

2.4　保护酶活性测定方法

蛋白含量采用南京建成考马斯亮蓝蛋白试剂盒方法测定；超氧化物歧化酶（SOD）活性采用南京建成 SOD 试剂盒方法测定；过氧化氢酶（CAT）活性采用南京建成 CAT 试剂盒方法测定。

2.5　小分子保护物质含量测定方法

抗坏血酸分为还原型抗坏血酸（AsA）和脱氢抗坏血酸（DAsA）两类，两者含量之和即为总抗坏血酸含量。总 AsA 含量测定方法采用《蔬菜、水果及其制品中总抗坏血酸的测定（荧光法和 2,4-二硝基苯肼法）》（GB/T 5009.86—2003），DAsA 测定方法采用《食品中还原型抗坏血酸的测定》（GB/T 5009.159—2003）。

脯氨酸的测定方法采用酸性茚三酮显色法。采用磺基水杨酸提取植物体内的游离氨基酸，在酸性条件下，脯氨酸与茚三酮反应生成稳定的红色缩合物，用甲苯萃取后，此缩合物在波长 520 nm 处有一最大吸收峰，脯氨酸浓度的高低在一定范围内与其吸收度成正比。

2.6　活性氧自由基水平测定方法

活性氧自由基水平测定主要是测定过氧化氢含量。H_2O_2 与硫酸钛（或氯化钛）生成过氧化物—钛复合物黄色沉淀，可被 H_2SO_4 溶解后，在 415 nm 波长下比色测定。在一定范围内，其颜色深浅与 H_2O_2 浓度呈线性关系。

2.7　膜脂质损伤产物测定的方法

膜脂质过氧化产物丙二醛（MDA）含量采用南京建成试剂盒方法。

2.8 模糊数学隶属函数综合分析法

植物的生理过程错综复杂，抗逆性受多种因素影响，仅用某一个或一类指标很难反映植物抗逆的实质。为了尽可能全面准确地利用指标对植物抗逆性进行综合评价，采用模糊数学隶属度公式对数据进行定量转换，去掉量纲，以综合评价植物抗逆性。

隶属函数值计算公式：

$$R(X_i) = (X_i - X_{min}) / (X_{max} - X_{min})$$

式中：X_i 为指标测定值，X_{min}，X_{max} 为所有参试材料某一指标的最小值和最大值。如果为负相关，则用反隶属函数进行转换，计算公式为：

$$R(X_i) = 1 - (X_i - X_{min}) / (X_{max} - X_{min})$$

区分各指标与植物抗逆性的正负相关性，在此基础上计算各指标隶属函数值的平均值，平均值越大，抗性越强。从而就可以筛选出抗性较强的优势植被。

3 老虎冲和赵家沟垃圾填埋场植物抗逆性测定结果

3.1 沈阳老虎冲和赵家沟垃圾填埋场 5 月底植物采样及荧光监测

3.1.1 老虎冲和赵家沟的现场采样

2010 年 5 月 28 日我们到老虎冲垃圾填埋场进行现场采样监测。老虎冲的填埋区还未封场，在填埋区上面的地势，土壤情况较差，而且受人工作业和气候的影响，植被生长较慢，长势较差，而且成长情况参差不齐。但是因为没有形成固定群落，植被不存在种间竞争，所以植被种类较多。我们最终在老虎冲采集到了 19 种植物：野艾蒿、鸡眼草、全叶马兰、狗尾草、稗、红蓼、野大豆、地肤、萹蓄、三裂叶豚草、小飞蓬、灰菜、马唐、艾蒿、萝摩、大籽蒿、黄花蒿、轴藜和酸模叶蓼。

2010 年 5 月 29 日我们到赵家沟垃圾填埋场进行现场采样监测。赵家沟已经封场很久，植被长势很好，已经形成了固定的植被群落和生态群落，所以存在着中间竞争，植被种类较少，但是长势都很好。我们最终在赵家沟采集到了 9 种植物：鼠掌老鹳草、三裂叶豚草、艾蒿、大籽蒿、狗尾草、全叶马兰、野大豆、稗和鸡眼草。

3.1.2 老虎冲叶绿素荧光测定结果分析

Fv/Fm 是光系统 II 的最大光化学效率，反映了光系统 II 反应中心内原初光能转化效率，大量研究表明，Fv/Fm 的稳定性与抗逆性有关，抗逆性越弱的植物变化程度越大，其叶绿素荧光受到胁迫影响的程度也越大。由于赵家沟采样当天下雨阴天，对测荧光有影响，所以赵家沟没有测叶绿素荧光。如表 3.1 所示，老虎冲垃圾填埋场中，实际光量子效率最高的依次是红蓼、全叶马兰、三裂叶豚草、鸡眼草；小飞蓬、萹蓄、艾蒿的实际光量子效率最低。实际光量子效率高说明实际进行光合作用的能力较强。最大光量子效率最高的依次是大籽蒿、红蓼、全叶马兰、轴藜和三裂叶豚草；稗草、小飞蓬、地肤和马唐的最大光量子效率最低。最大光量子效率反映各种植物在填埋场上进行光合作用的最大能力，可一定程度反映环境胁迫。

表 3.1 老虎冲 5 月底植物最大光化学效率和实际光量子效率比较

Table 3.1 The comparison of maximum photosynthetic efficiency and
actual photosynthetic efficiency of Laohuchong

植物名	最大光化学效率	实际光量子效率
野艾蒿	0.713±0.015	0.393±0.006
鸡眼草	0.713±0.059	0.540±0.030
全叶马兰	0.753±0.006	0.553±0.015
狗尾草	0.703±0.015	0.447±0.012
稗	0.653±0.050	0.447±0.035
红蓼	0.760±0.026	0.560±0.026
野大豆	0.716±0.049	0.500±0.035
地肤	0.670±0.056	0.413±0.031
萹蓄	0.727±0.076	0.333±0.042
三裂叶豚草	0.750±0.030	0.550±0.026
小飞蓬	0.660±0.046	0.277±0.032
灰绿藜	0.703±0.051	0.440±0.046
马唐	0.680±0.036	0.423±0.035
艾蒿	0.720±0.044	0.373±0.021
萝藦	0.720±0.053	0.430±0.061
大籽蒿	0.780±0.010	0.483±0.055
黄花蒿	0.687±0.051	0.443±0.071
轴藜	0.753±0.057	0.427±0.049
酸模叶蓼	0.737±0.059	0.420±0.079

3.2 叶绿素含量测定结果及分析

叶绿素是植物细胞重要的天线色素与中心色素，对植物细胞进行光合作用至关重要。叶片中的叶绿体色素含量与光合强度以及植物营养之间有密切关系。叶绿素 a/叶绿素 b 比值通常可以用来区别阴生植物与阳生植物。叶绿素 b 含量的相对提高就有可能更有效地利用漫射光中较多的蓝紫光，所以叶绿素 b 有阴生叶绿素之称。通过对老虎冲 19 种植物种间比较，野艾蒿、全叶马兰和酸模叶蓼的叶绿素 a 和总叶绿素含量都高于其他种植物，狗尾草和马唐较低，如图 3.1 所示；萹蓄、小飞蓬、红蓼和全叶马兰叶绿素 a/叶绿素 b 的比值较高，如图 3.2 所示。

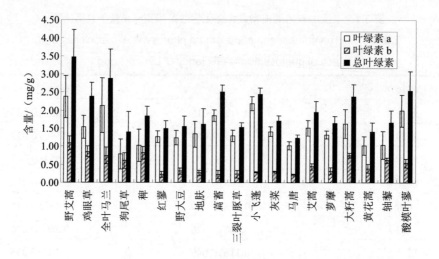

图 3.1　老虎冲 5 月底植物叶绿素

Fig. 3.1　The Chlorophyll content of plants in Laohuchong at the end of May

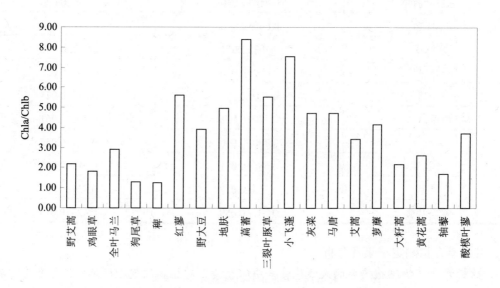

图 3.2　老虎冲 5 月底植物叶绿素 a 与叶绿素 b 比值

Fig. 3.2　The comparison of Chlorophyll a/Chlorophyll b of plants in Laohuchong at the end of May

如图 3.3 所示，赵家沟的狗尾草叶绿素含量最高，与老虎冲的狗尾草正好相反，分析原因应该是由于在老虎冲采样到的狗尾草都处于幼苗时期，所以老虎冲的狗尾草叶绿素含量较低。其次也能发现赵家沟植被的叶绿素含量相差不是很大，原因是因为赵家沟受逆境胁迫较小，植被长势都很好，所以对叶绿素含量影响不大。如图 3.4 所示，除了野大豆的叶绿素 a/叶绿素 b 比值较高外，其他的基本持平，说明野大豆更加偏阳生。

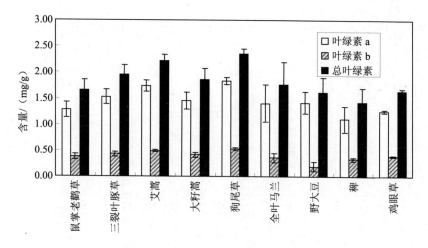

图 3.3　赵家沟 5 月底植物叶绿素含量

Fig. 3.3　The Chlorophyll content of plants in Zhaojiagou at the end of May

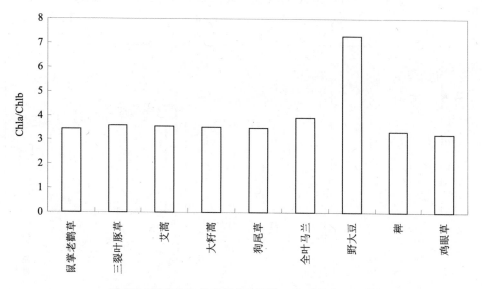

图 3.4　赵家沟 5 月底植物叶绿素 a 与叶绿素 b 比值

Fig. 3.4　The comparison of Chlorophyll a/Chlorophyll b of plants in Zhaojiagou at the end of May

3.3　植物保护酶活性

3.3.1　老虎冲和赵家沟 5 月底植物可溶性蛋白含量

植物体内可溶性蛋白含量与环境胁迫程度有一定关系，特别是在抵抗干旱胁迫的情况下，有调节细胞渗透压的作用。如图 3.5 所示，老虎冲植物的蛋白质含量大籽蒿最高，其次红蓼、轴藜、小飞蓬，灰菜都稍高一些，鸡眼草、马唐和酸模叶蓼最低。如图 3.6 所示，赵家沟植物的蛋白质含量艾蒿最高，其次狗尾草和全叶马兰稍高一些，鼠掌老鹳草和鸡眼草较低。

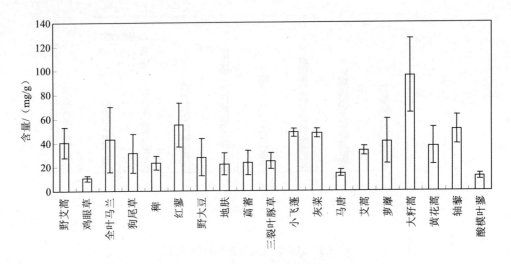

图 3.5　老虎冲 5 月底植物蛋白含量

Fig. 3.5　Protein content of plants in Laohuchong at the end of May

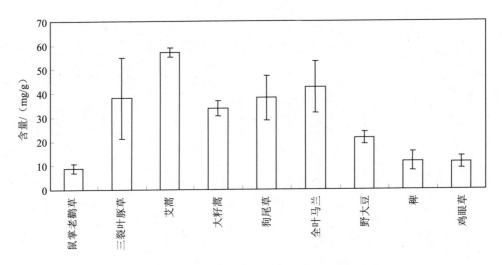

图 3.6　赵家沟 5 月底植物蛋白含量比较

Fig. 3.6　Protein content of plants in Zhaojiagou at the end of May

3.3.2　老虎冲和赵家沟 5 月底植物 SOD 活性

超氧化物歧化酶普遍存在于植物的各种组织中，可以通过催化植物体内的活性氧，防止发生过氧化反应，所以，抗氧化酶活性与植物的代谢强度及逆境适应能力有密切的关系，被用来衡量植物的抗性强弱和衰老程度。植物体内超氧化物歧化酶含量与细胞抵抗自由基，特别是超氧阴离子自由基的能力有密切关系。如图 3.7 所示，老虎冲的鸡眼草、酸模叶蓼和马唐的 SOD 活力较高，而大籽蒿、红蓼和轴藜活力都相对较低。如图 3.8 所示，赵家沟的鸡眼草、稗草和鼠掌老鹳草的 SOD 活力较高，艾蒿最低。

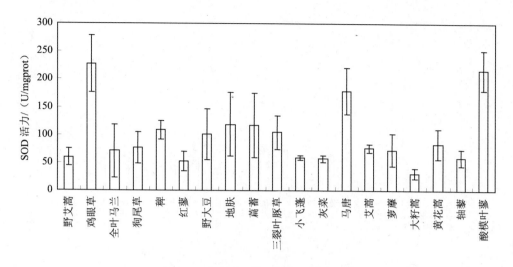

图 3.7 老虎冲 5 月底植物 SOD 活性

Fig. 3.7 SOD activity of plants in Laohuchong at the end of May

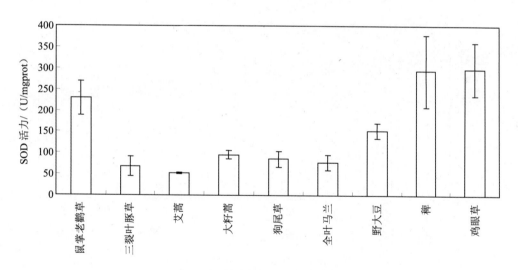

图 3.8 赵家沟 5 月底植物 SOD 活性

Fig. 3.8 SOD activity of plants in Zhaojiagou at the end of May

3.3.3 老虎冲和赵家沟 5 月底植物保护酶 CAT 活性

过氧化氢酶普遍存在于植物的各种组织中，可以通过催化植物体内的活性氧，防止发生过氧化反应，所以，抗氧化酶活性与植物的代谢强度及逆境适应能力有密切的关系，被用来衡量植物的抗性强弱和衰老程度。植物体内过氧化氢酶含量与细胞抵抗自由基，特别是过氧化氢自由基的能力有密切关系。可以看出，首先老虎冲场地酸模叶蓼CAT 活性最高，其次是萝藦、全叶马兰和萹蓄；稗、野大豆和黄花蒿的 CAT 活性最低，如图 3.9 所示。赵家沟场地稗草、狗尾草和鸡眼草 CAT 活性都很高，大籽蒿最低，如图3.10 所示。

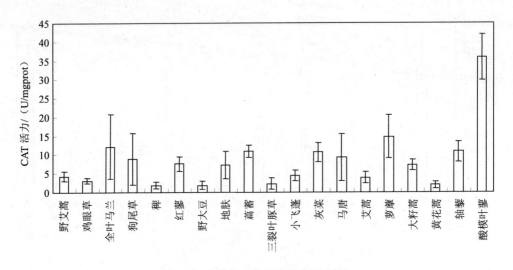

图 3.9　老虎冲 5 月底植物 CAT 活性

Fig. 3.9　CAT activity of plants in Laohuchong at the end of May

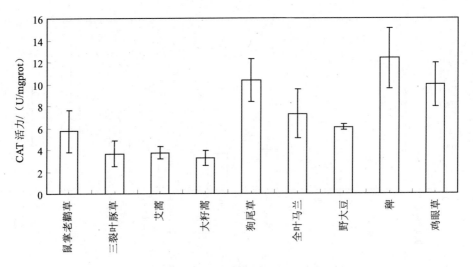

图 3.10　赵家沟 5 月底植物 CAT 活性

Fig. 3.10　CAT activity of plants in Zhaojiagou at the end of May

3.4 小分子保护物质含量测定结果及分析

3.4.1 老虎冲和赵家沟 5 月底植物抗坏血酸含量

抗坏血酸是细胞内极为重要的还原性小分子物质，用于清除自由基并且还具有其他重要的生理活性。因此，评价抗坏血酸含量及细胞内抗坏血酸的再生能力的变化可以成为评价植物抗逆性的一个重要指标。如图 3.11 所示，老虎冲场地全叶马兰、小飞蓬、黄花蒿和野艾蒿的植物抗坏血酸含量都很高，所以它们清除自由基的能力最强。鸡眼草、稗、马唐这些植物的抗坏血酸含量最低。如图 3.12 所示，赵家沟场地的植物鼠掌老鹳草的抗坏血酸含量最高，其次艾蒿和全叶马兰也较高。稗和鸡眼草的抗坏血酸含量最低。

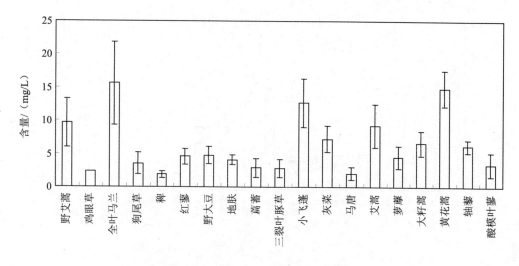

图 3.11 老虎冲 5 月底抗坏血酸含量

Fig. 3.11 Ascorbic acid content of plants in Laohuchong at the end of May

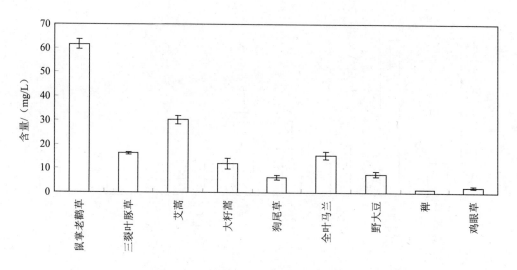

图 3.12 赵家沟 5 月底植物抗坏血酸含量

Fig. 3.12 Ascorbic acid content of plants in Zhaojiagou at the end of May

3.4.2 老虎冲和赵家沟 5 月底植物脯氨酸含量

脯氨酸是植物体内主要的小分子保护物质，当植物受到胁迫时其浓度增加，是植物抵抗胁迫的一种保护性、适应性反应。随着胁迫程度的增加，植物的脯氨酸含量将出现明显增大。如图 3.13 所示，老虎冲采集的植物中，野艾蒿、狗尾草的脯氨酸含量最高，全叶马兰和萹蓄其次。脯氨酸含量较低的是马唐、大籽蒿、三裂叶豚草。如图 3.14 所示，赵家沟的植物中三裂叶豚草的脯氨酸含量最高，跟老虎冲正好相反。在做脯氨酸含量测定实验的时候发现老虎冲采集的三裂叶豚草已经烂掉了，这可能是造成老虎冲的三裂叶豚草脯氨酸含量过低的原因。狗尾草和艾蒿的脯氨酸含量也较高。稗、野大豆含量较低。

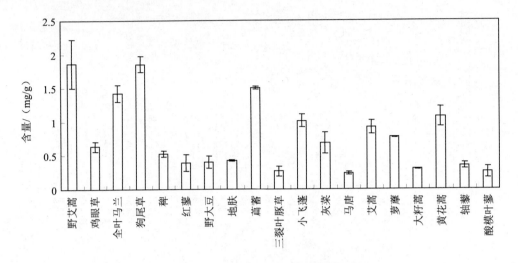

图 3.13　老虎冲 5 月底植物脯氨酸含量

Fig. 3.13　Proline content of plants in Laohuchong at the end of May

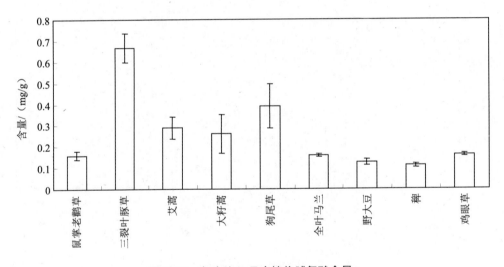

图 3.14　赵家沟 5 月底植物脯氨酸含量

Fig. 3.14　Proline content of plants in Zhaojiagou at the end of May

3.5　活性氧自由基水平测定结果及分析

　　过氧化氢是细胞内重要的活性氧自由基，是细胞内多个酶促反应，线粒体与呼吸链电子漏中产生的超氧阴离子自由基的直接歧化转化产物。过氧化氢在细胞内的扩散能力极强，可以自由游走于细胞内，对细胞器及其细胞活性物质具有损伤作用。如图 3.15 所示，老虎冲萝摩、黄花蒿和轴藜 3 种植物过氧化氢含量较低，其他的植物含量都较高，这说明老虎冲环境恶劣，大部分植被过氧化氢含量都高。如图 3.16 所示，赵家沟的植被中除了鼠掌老鹳草过氧化氢含量都较低，说明赵家沟生长环境好，受到的胁迫较少。

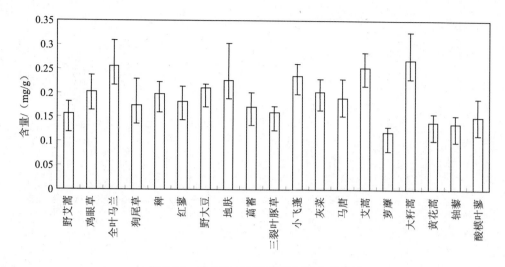

图 3.15　老虎冲 5 月底植物过氧化氢含量

Fig. 3.15　H₂O₂ content of plants in Laohuchong at the end of May

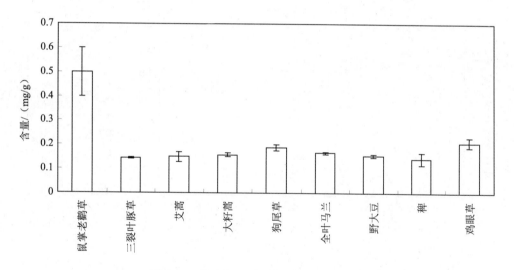

图 3.16　赵家沟 5 月底植物过氧化氢含量

Fig. 3.16　H₂O₂ content of plants in Zhaojiagou at the end of May

3.6　膜脂质损伤产物测定结果及分析

机体通过酶系统与非酶系统产生氧自由基，自由基能攻击生物膜中的不饱和脂肪酸，引发脂质过氧化作用，并因此形成脂质过氧化物，如醛基（丙二醛）、酮基、羟基等。测试细胞内丙二醛（MDA）的含量往往可用于反映机体内脂质过氧化的程度，间接反映出细胞损伤的程度。当 MDA 含量越高，膜脂质过氧化程度越严重，膜透性越大。利用丙二醛含量可以较好地反映细胞抵抗胁迫或出现损伤的状态。如图 3.17 所示，老虎冲的植被中，丙二醛含量黄花蒿最高，其次野大豆、地肤、马唐都较高，含量较低的是三裂叶豚草、灰菜和大籽蒿。如图 3.18 所示，赵家沟的植被中，鼠掌老鹳草和野大豆的丙二醛含量最高，三裂叶豚草和艾蒿的含量最低。

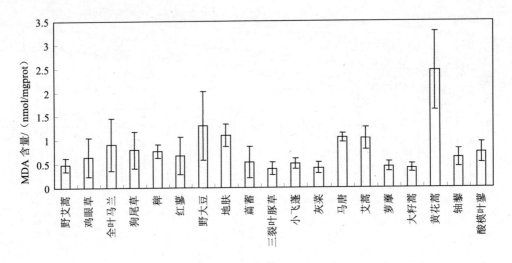

图 3.17　老虎冲 5 月底植物丙二醛含量

Fig. 3.17　MDA content of plants in Laohuchong at the end of May

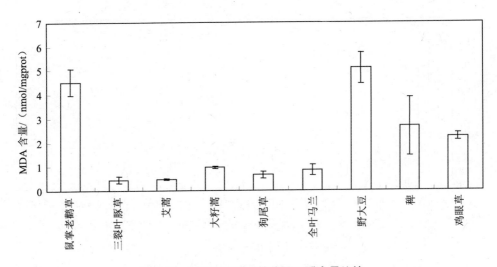

图 3.18　赵家沟 5 月底植物丙二醛含量比较

Fig. 3.18　MDA content of plants in Zhaojiagou at the end of May

3.7　隶属函数法综合分析所有指标进行优势植被筛选

为了尽可能全面准确地利用指标对植物抗逆性进行综合评价，采用模糊数学隶属度公式对数据进行定量转换，去掉量纲，以综合评价植物抗逆性。应注意的是要分清哪些指标是正相关，哪些指标是负相关。叶绿素含量、蛋白质含量、SOD 活性、CAT 活性、抗坏血酸含量、脯氨酸含量都是正相关，就是数值越大抗性越强。而过氧化氢含量和MDA 含量是负相关，数值越大抗性越小。

最终综合评定结果如表 3.2、表 3.3 所示，5 月底沈阳老虎冲垃圾填埋场上生长植物中抗逆性最强的植物依次是：野艾蒿、酸模叶蓼、全叶马兰、萹蓄、小飞蓬和萝摩。5 月底赵家沟垃圾填埋场上植被中抗逆性最强的植物依次是：狗尾草、艾蒿、三裂叶豚草和全叶马兰。

表 3.2　老虎冲 5 月底植物抗逆性指标隶属度
Table 3.2　The membership degree of resistance indices of Laohuchong landfill at the end of May

| | 隶属度 | | | | | | | | | |
	总叶绿素	蛋白质	SOD	CAT	AsA	脯氨酸	H_2O_2	MDA	Δ	排序
野艾蒿	1.00	0.35	0.15	0.07	0.57	1.00	0.75	0.96	0.61	1
酸模叶蓼	0.58	0.02	0.94	1.00	0.11	0.01	0.79	0.84	0.54	2
全叶马兰	0.73	0.38	0.20	0.30	1.00	0.73	0.10	0.75	0.53	3
萹蓄	0.57	0.15	0.44	0.26	0.08	0.78	0.66	0.94	0.48	4
小飞蓬	0.54	0.44	0.14	0.08	0.79	0.48	0.23	0.95	0.46	5
萝藦	0.18	0.36	0.22	0.38	0.19	0.33	1.01	0.98	0.46	5
狗尾草	0.07	0.24	0.23	0.20	0.12	1.00	0.64	0.81	0.41	7
轴藜	0.19	0.48	0.14	0.26	0.31	0.07	0.89	0.89	0.40	8
鸡眼草	0.52	0.00	1.00	0.04	0.04	0.24	0.45	0.88	0.40	8
灰菜	0.21	0.44	0.13	0.26	0.39	0.28	0.45	0.99	0.39	10
大籽蒿	0.51	1.00	0.00	0.16	0.35	0.04	0.02	0.99	0.38	11
黄花蒿	0.08	0.32	0.27	0.00	0.94	0.52	0.87	0.00	0.37	12
红蓼	0.11	0.52	0.11	0.17	0.20	0.09	0.58	0.87	0.33	13
艾蒿	0.32	0.27	0.23	0.06	0.54	0.42	0.12	0.69	0.33	13
三裂叶豚草	0.14	0.17	0.37	0.01	0.07	0.01	0.73	1.00	0.31	15
稗	0.27	0.15	0.40	0.00	0.00	0.18	0.48	0.82	0.29	16
马唐	0.00	0.05	0.75	0.22	0.01	0.00	0.53	0.69	0.28	17
地肤	0.17	0.14	0.45	0.16	0.16	0.11	0.29	0.66	0.27	18
野大豆	0.14	0.21	0.35	0.00	0.21	0.10	0.40	0.56	0.25	19

表 3.3　赵家沟 5 月底植物抗逆性指标隶属度
Table 3.3　The membership degree of resistance indices of Zhaojiagou landfill at the end of May

| | 隶属度 | | | | | | | | | |
	总叶绿素	蛋白质	SOD	CAT	AsA	脯氨酸	H_2O_2	MDA	Δ	排序
狗尾草	1.00	0.61	0.13	0.78	0.09	0.50	0.86	0.96	0.62	1
艾蒿	0.85	1.00	0.00	0.06	0.48	0.32	0.97	0.99	0.58	2
三裂叶豚草	0.56	0.61	0.06	0.05	0.25	1.00	0.99	1.00	0.56	3
全叶马兰	0.35	0.70	0.10	0.44	0.24	0.08	0.93	0.92	0.47	4
稗	0.00	0.06	0.98	1.00	0.00	0.00	1.00	0.52	0.45	5
鸡眼草	0.23	0.05	1.00	0.73	0.02	0.09	0.81	0.62	0.44	6
大籽蒿	0.47	0.52	0.17	0.00	0.18	0.27	0.95	0.69	0.41	7
鼠掌老鹳草	0.24	0.00	0.72	0.27	1.00	0.09	0.00	0.13	0.31	8
野大豆	0.19	0.26	0.41	0.31	0.11	0.02	0.96	0.00	0.28	9

4 结论

4.1 沈阳老虎冲 5 月底植被抗逆性研究结论

通过实验测得叶绿素含量、可溶性蛋白含量、SOD 活性、CAT 活性、抗坏血酸含量、脯氨酸含量、H_2O_2 含量、MDA 含量，然后利用模糊数学模型隶属函数法算出隶属度进行综合比较得出沈阳老虎冲垃圾填埋场 5 月底植被抗逆性较强的植被有：野艾蒿、酸模叶蓼、全叶马兰、萹蓄、小飞蓬和萝摩。

4.2 沈阳赵家沟 5 月底植被抗逆性研究结论

通过实验测得叶绿素含量、可溶性蛋白含量、SOD 活性、CAT 活性、抗坏血酸含量、脯氨酸含量、H_2O_2 含量、MDA 含量，然后利用模糊数学模型隶属函数法算出隶属度进行综合比较得出沈阳赵家沟垃圾填埋场 5 月底植被抗逆性较强的植被有：狗尾草、艾蒿、三裂叶豚草和全叶马兰。

参考文献（略）

论文（四）　PBS 降解性能的影响因子及降解酶研究

环境科学 2006-1　史晶晶

指导教师　梁英梅

摘要：聚丁二酸丁二醇酯（PBS）是一种以脂肪族二酸和二醇为原料，经缩聚反应合成的生物降解塑料，于 20 世纪 90 年代进入材料研究领域，并迅速成为生物降解塑料的研究热点。

本次研究旨在为深入阐明 PBS 的生物降解机制和 PBS 的推广应用奠定基础。在前期研究的基础上，采用特定的双层培养基培养已筛选出的高效降解菌株 HJ03、BFM-L94 和 X1，进一步研究了其生物学特性，探讨了 PBS 降解性能的影响因子；同时采用考马斯亮蓝法测定了 PBS 降解酶的蛋白含量，用硫酸铵分级沉淀法获得了 PBS 降解酶的粗提物，并用 SDS-PAGE 凝胶电泳法测定了其分子量。

结果如下：同一降解菌株在不同培养基上的生长速率存在差异，降解菌株 BFM-L94 和 X1 在 CYA 培养基上的 7 d 生长速率最快，其次为 MEA 和 YES 培养基；降解菌株 HJ03 在 YES 培养基上的 7 d 生长速率最快，其次为 CYA 和 MEA 培养基。pH 对降解菌株 BFM-L94 的生长无显著影响，而对降解菌株 HJ03 和 X1 的生长有较为明显的影响。降解菌株 HJ03、X1 和 BFM-L94 在酸性环境中对 PBS 薄膜的降解率较高，其降解最适 pH 分别为 4.0，4.0 和 6.0；降解菌株 X1、HJ03 和 BFM-L94 在低碳源浓度下对 PBS 薄膜的降解率较高；菌株对 PBS 薄膜的降解率与菌株生物量之间无明显关联。降解菌株 BFM-L94 和 X1 分泌的 PBS 降解酶蛋白含量达到峰值的时间分别为培养第 18 d 和第 8 d，其 PBS 降解酶蛋白分泌的最适 pH 分别为 10.0 和 4.0；降解菌株 BFM-L94 和 X1 分泌的 PBS 降解酶的酶活力达到峰值的时间分别为培养第 14 d 和第 7 d，PBS 降解酶的最适 pH 分别为 10.0 和 4.0。降解菌株 X1 分泌的 PBS 降解酶的粗提物含有分子量为 55.6 kDa、39.2 kDa 和 25.4 kDa 的三种酶。

关键词：聚丁二酸丁二醇酯（PBS）　降解菌株　生物降解　PBS 降解酶

1 前言

1.1 生物降解塑料简介（略）

1.2 国内外 PBS 的研究现状（略）

1.3 研究目的及意义

对 PBS（聚丁二酸丁二醇酯）而言，国内对其生物降解的研究仅处于起步阶段，主要工作仍集中在 PBS 材料的合成方面，而降解微生物的筛选和评价标准、微生物酶学及其降解机理、降解酶的功能基因等方面的研究仍极为缺乏；国外的研究虽然较为广泛，但筛选出的菌株多为细菌，或是真菌中的少数酵母菌、曲霉和青霉，对真菌这一庞大的菌群的挖掘工作不够深入。因此，在未来的研究中，菌株和酶的分离仍然是必需的。此外，以酶的多样性为基础的机制研究将是研究的重点，其中，酶与 PBS 的识别结合机制可能是降解的关键。同时，以现有的 PBS 降解酶为基础筛选新的生物降解塑料是将来合成新型材料的有效途径之一，PBS 降解机制的阐明将为化学设计新的能够降解的塑料提供必要的参考。本研究将以生物降解塑料 PBS 薄膜为研究对象，从 PBS 降解酶的角度出发，试图阐明微生物对 PBS 薄膜的降解机制，这将对 PBS 性能的进一步完善和 PBS 的推广应用起到关键性的作用，并为进一步分离与纯化降解酶、分析降解酶的作用机理等前瞻性研究工作打下基础。

1.4 研究内容

本研究在前期工作的基础上，将开展以下研究：

（1）测定已筛选出的高效降解菌株 HJ03、BFM-L94 和 X1 的生物学特性：在基础 PDA 培养基上观察菌株的表面形态，并在电镜下观察其孢子形态；测定菌株在 CYA、YES 和 MEA 培养基上的生长速率，并观察其表面形态；调节固体培养基的 pH，测定菌株在不同 pH 条件下的生长速率，并观察其表面形态。

（2）测定外界因素对 PBS 降解率的影响：调节固体培养基的 pH，测定菌株在不同 pH 条件下对 PBS 薄膜的降解率和菌株的生物量，揭示 pH 在 PBS 降解中所起的作用；调节固体培养基中的碳源浓度，测定菌株在不同碳源浓度下对 PBS 薄膜的降解率和菌株的生物量，揭示碳源浓度在 PBS 降解中所起的作用。

（3）测定 PBS 降解酶的分泌量及其酶活力：调节液体培养基的 pH，测定在不同 pH 条件下，菌株分泌的 PBS 降解酶的数量及其酶活力随时间变化的规律，确定 PBS 降解酶的分泌量达到峰值的时间及其最适反应 pH，为 PBS 降解酶的提取和精制提供参考。

（4）PBS 降解酶的分离纯化：采用硫酸铵分级沉淀法获得 PBS 降解酶的粗提物，并用 SDS-PAGE 凝胶电泳法测定其分子量。

2 材料与方法

2.1 试验材料（略）

2.2 培养基（W/V）及试剂（略）

2.3 菌株生长速率的测定（略）

2.4 菌株降解速率的测定（略）

2.5 PBS 降解菌的生物学特性（略）

2.6 PBS 降解性能的影响因子（略）

2.7 PBS 降解酶蛋白含量的测定

参照 Brodford 测蛋白法，以牛血清蛋白作为标准蛋白测定发酵液中的 PBS 降解酶蛋白含量。具体实验步骤如下：

取 9 支 2 mL 离心管，向其中分别加入 2 mL 不同 pH 条件下的发酵液，在离心机（设置条件为 12 000 r/min，4℃）下离心 10 min 后取出。取 10 支试管，分别移取上清液 1.0 mL 于其中的 9 支试管中，并加入 5.0 mL 考马斯亮蓝溶液，于旋涡混合器上混合；剩余一支试管中，加 1.0 mL 蒸馏水，并加入 5.0 mL 考马斯亮蓝溶液混合，作为空白对照。反应 5 min 后，用比色皿（塑料或玻璃比色皿，使用后立即用少量 95% 的乙醇荡洗，以洗去染色）在分光光度计中测定各样品在 595 nm 处的光吸收值 A_{595}。

2.7.1 考马斯亮蓝标准曲线

取 11 支试管，其中 1 支作空白对照，其余试管分别加入样品、水和考马斯亮蓝试剂，即用 10 μg/mL 的牛血清标准蛋白溶液向各试管中分别加入：0 mL、0.1 mL、0.2 mL、0.3 mL、0.4 mL、0.5 mL、0.6 mL、0.7 mL、0.8 mL、0.9 mL、1.0 mL，然后用蒸馏水补充至 1 mL，最后向各试管中分别加入 5.0 mL 考马斯亮蓝 G-250 试剂，每加完一试管，立即在旋涡混合器上混合。反应 5 min 后，用比色皿在分光光度计中测定各样品在 595 nm 处的光吸收值 A_{595}。空白对照即 1 mL 蒸馏水加 5.0 mL 考马斯亮蓝 G-250 试剂。

以牛血清标准蛋白含量（μg/mL）为横坐标，以吸光度值 A_{595} 为纵坐标作图，即可得到一条标准曲线。由此标准曲线，根据测出的未知样品的 A_{595} 值，即可查出未知样品的蛋白含量。

2.7.2 不同培养时期 PBS 降解酶蛋白含量的变化（略）

2.7.3 pH 对 PBS 降解酶蛋白含量的影响（略）

2.8 酶活力的测定

以 0.1%（W/V）的 PBS 乳剂溶液作为底物，加入足够量的粗酶液，制成 4 mL 的混合液。将混合液于 37℃ 下培养 1 h 后，在 650 nm 下测定吸光值。1 个酶活单位定义为：每分钟引起光吸收率降低 0.001（A_{650}）单位所需要的酶量。具体计算方法如下：

$$1 \text{ 个酶活单位} = \triangle OD_{650}/0.001/60$$

式中：$\triangle OD_{650}$ 为反应前后混合液在 650 nm 处吸光值的差值。

在无菌操作下，用已灭菌的 0.1 mol/L NaOH 和 HCl 调整液体培养基的 pH，分别调整为 4.0～11.0，梯度为 1。向液体培养基中接入直径 5 mm 的待测菌株菌饼，置于往复式摇床（120 r/min）中，28℃ 下恒温暗培养。培养基瓶装量均为 50 mL/100 mL 三角瓶。每日分别收集不同 pH 下的发酵液 2 mL，离心（12 000 r/min，15 min）后取上清液作为被测粗酶液，测定酶活力。

2.9 酶的提取与纯化

2.9.1 粗酶液的制备

经 240 h 发酵培养后的发酵液，于 4℃、12 000 r/min 离心 30 min，弃去沉淀，上清液即为粗酶液。

2.9.2 盐析及透析

将 2.9.1 得到的粗酶液置于冰浴，加入固体硫酸铵至 80% 饱和，加入过程中缓慢搅拌以防止产生泡沫引起蛋白质变性。4℃ 下静置过夜后，于 4℃、12 000 r/min 离心 30 min，弃上清液。将沉淀溶解在适量预冷的 10 mmol/L Tris-HCl 溶液（pH8.0）中。将溶液装入透析袋中，用透析夹固定两端后，放入一个 1 L 烧杯中对蒸馏水透析一天，每隔 6 h 或 8 h 更换蒸馏水。之后用 PEG 20000 浓缩。然后用无菌注射器收集透析袋中的溶液，于 4℃、12 000 r/min 离心 15 min 以去除少量的不溶物质。上清液于 -70℃ 冷冻干燥保存。

2.9.3 DEAE-Sapharose Fast Flow 柱层析

将 2.9.2 中经盐析、透析得到的溶液，加样到用 10 mmol/L Tris-HCl 溶液（pH8.0）预平衡的 DEAE52-Sapharose Fast Flow 的层析柱上（层析柱尺寸 1.6 cm×40 cm），用相同的缓冲液进行洗脱，每管 4 mL，流速为 0.5 mL/min，当流出液在 280 nm 处的光吸收值低于 0.01 时，改用梯度混合仪进行线性离子梯度洗脱（0～1 mol/L 的 NaCl 溶液），收集有酶活的部分。之后用 10 mmol/L Tris-HCl 缓冲液（pH8.0）进行透析，PEG20000 浓缩。

2.9.4 Sapharose G-75 凝胶层析

将 2.9.3 纯化了的 PBS 降解酶通过 10 mmol/L Tris-HCl 缓冲液（pH8.0）预平衡的 SephadexG-100 凝胶层析柱（1.5 cm×30 cm），并用相同浓度的缓冲液进行洗脱，流速为 0.5 mL/min，收集有酶活的部分。

2.9.5 蛋白分子量测定

采用 Laemmli 提出的变性 SDS-PAGE（十二烷基硫酸钠-聚丙烯酰胺凝胶电泳）中使用的浓度为 15% 的分离胶和浓度为 4% 的浓缩胶。标准蛋白质分子量：14.4～94.0 kDa。

所得电泳图像使用 Alpha Innotech Corporation 公司的 AlphaView 软件（2.0.1.1 版本）进行电泳条带分析。

3 结果与讨论

3.1 PBS 降解菌的生物学特性（略）

3.2 PBS 降解性能的影响因子

3.2.1 pH 对 PBS 降解性能的影响

同一菌株在不同 pH 下对 PBS 薄膜的降解率存在明显的差异（见图 3.1、图 3.2、图 3.3）。降解菌株 HJ03 和 X1 对 PBS 薄膜的降解最适 pH 均为 4.0，而降解菌株 BFM-L94 的降解最适 pH 为 6.0。

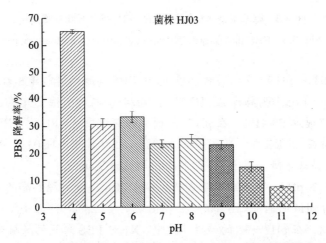

图 3.1 降解菌株 HJ03 在不同 pH 下对 PBS 薄膜的降解率

Fig. 3.1 PBS film degrading ratio by strain HJ03 in different pH

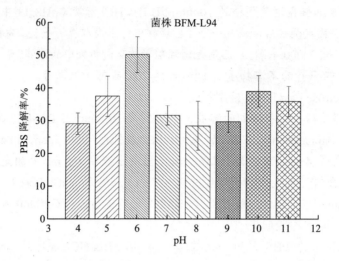

图 3.2   降解菌株 BFM-L94 在不同 pH 下对 PBS 薄膜的降解率

Fig. 3.2   PBS film degrading ratio by strain BFM-L94 in different pH

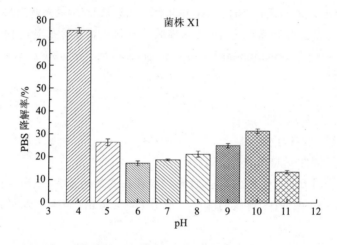

图 3.3   降解菌株 X1 在不同 pH 下对 PBS 薄膜的降解率

Fig. 3.3   PBS film degrading ratio by strain X1 in different pH

降解菌株 HJ03 在 pH 4～7 的酸性环境中，对 PBS 薄膜的降解率出现较为明显的波动，降解率先由 pH4 时的 65.16%骤降至 pH5 时的 30.74%，之后小幅上升至 pH6 时的 33.49%，随后又下降至 pH7 时的 23.41%；在 pH7～9 的碱性环境中，HJ03 对 PBS 薄膜的降解率较为恒定，基本维持在 25%左右；在 pH9～11 的强碱性环境中，HJ03 对 PBS 薄膜的降解率随着 pH 的增加而显著下降，在 pH11 时的降解率仅为 7.46%。

降解菌株 X1 在 pH4～7 的酸性环境中，其对 PBS 薄膜的降解率随着 pH 的增加而显著下降，降解率由 pH4 时的 75.16%骤降至 pH6 时的 17.23%，随后小幅上升至 pH7（中性环境）时的 18.72%；在 pH7～11 的碱性环境中，X1 对 PBS 薄膜的降解率均维持在较低水平（<35%），至 pH11 时，降解率出现极低值 13.35%。

降解菌株 BFM-L94 在 pH4～7 的酸性环境中，对 PBS 薄膜的降解率先由 pH4 时的

29.09%上升至 pH6 时的极大值 50.14%，随后下降至 pH7 时的 31.64%；在 pH7～11 的碱性环境中，BFM-L94 对 PBS 薄膜的降解率基本维持在 30%～40% 的范围内，降解率偏低。

同期进行的不接菌的对照实验结果显示，不同 pH 条件下的 PBS 薄膜没有发生面积损失，这说明单纯的酸碱环境在短期内并不会对 PBS 薄膜本身造成影响。

3.2.2 碳源浓度对 PBS 降解性能的影响

以 PBS 乳剂和葡萄糖作为外加碳源时，降解菌株 HJ03、X1 和 BFM-L94 对 PBS 薄膜的降解率随碳源浓度的不同表现出明显的差异（见图 3.4、图 3.5、图 3.6）。

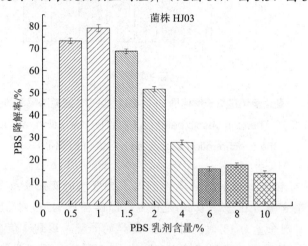

图 3.4　PBS 乳剂含量与降解菌株 HJ03 对 PBS 降解率的关系

Fig. 3.4　The relationship between PBS degrading ratio and the concentration of PBS emulsion by strain HJ03

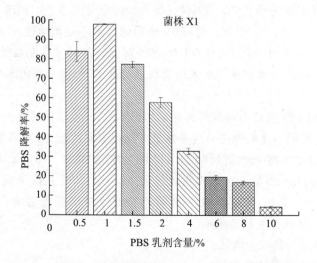

图 3.5　PBS 乳剂含量与降解菌株 X1 对 PBS 降解率的关系

Fig. 3.5　The relationship between PBS degrading ratio and the concentration of PBS emulsion by strain X1

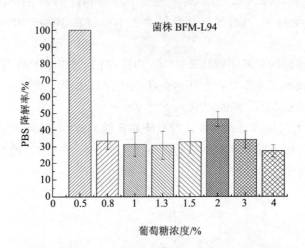

图 3.6　葡萄糖浓度与降解菌株 BFM-L94 对 PBS 薄膜降解率的关系

Fig. 3.6　The relationship between PBS film degrading ratio and
the concentration of glucose by strain BFM-L94

降解菌株 HJ03 对 PBS 薄膜的降解率随 PBS 乳剂含量的变化曲线呈明显倒 "U" 形（见图 3.4），在 PBS 乳剂含量为 0.5%～1% 的范围内，降解菌株 HJ03 对 PBS 薄膜的降解率呈上升趋势，当 PBS 乳剂含量为 1% 时，对 PBS 薄膜的降解率达到峰值 79.07%；在 PBS 乳剂含量为 1%～10% 的范围内，降解菌株 HJ03 对 PBS 薄膜的降解率整体呈下降趋势（在 PBS 乳剂含量为 8% 时，对 PBS 薄膜的降解率略有回升），当 PBS 乳剂含量增至 10% 时，对 PBS 薄膜的降解率仅有 14.10%。

降解菌株 X1 对 PBS 薄膜的降解率随 PBS 乳剂含量的变化曲线亦呈明显倒 "U" 形（见图 3.5），在 PBS 乳剂含量为 0.5%～1% 的范围内，降解菌株 X1 对 PBS 薄膜的降解率呈上升趋势，当 PBS 乳剂含量为 1% 时，对 PBS 薄膜的降解率达到峰值 97.81%；在 PBS 乳剂含量为 1%～10% 的范围内，降解菌株 X1 对 PBS 薄膜的降解率呈明显的下降趋势，当 PBS 乳剂含量增至 10% 时，降解菌株 X1 表现出极弱的降解性能，对 PBS 薄膜的降解率仅为 4.23%。

降解菌株 BFM-L94 表现出与降解菌株 HJ03 和 X1 较为不同的碳源适应性，其对 PBS 薄膜的降解率随葡萄糖浓度的变化曲线整体呈下降趋势（见图 3.6）。在葡萄糖浓度为 0.5% 时，降解菌株 BFM-L94 对 PBS 薄膜的 16 d 降解率可达 100%；而在葡萄糖浓度为 0.8%～4% 的范围内，降解菌株 BFM-L94 表现出较差的降解性能，对 PBS 薄膜的降解率极低，基本维持在 40% 以下。PBS 降解率在不同葡萄糖浓度下的显著差异，反映出降解菌株 BFM-L94 对碳源浓度的改变较为敏感。

3.2.3　PBS 降解性能与菌株生物量的关系（略）

3.3　PBS 降解酶蛋白质量浓度的测定

3.3.1　考马斯亮蓝标准曲线

配制质量浓度为 1～10 μg/mL 的牛血清蛋白标准溶液，将其质量浓度（μg/mL）作为横坐标，各 PBS 降解酶蛋白质量浓度下的吸光度值 A_{595} 作为纵坐标作图，得考马斯亮蓝标准曲线（见图 3.7）。由此标准曲线得到的回归方程为：

$$y = 0.070\ 4\ x + 0.017\ 7 \qquad R^2 = 0.9998 \tag{3.1}$$

将实验测得的未知样品的 A_{595} 值代入方程（3.1），即可求得未知样品的蛋白质量浓度。

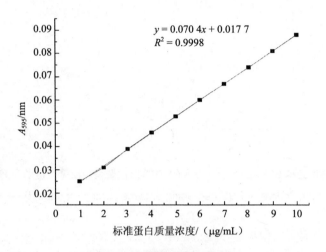

图 3.7　考马斯亮蓝标准曲线

Fig. 3.7　Standard curve of coomassie brilliant blue

3.3.2　不同培养时期 PBS 降解酶蛋白质量浓度的变化

如图 3.8 所示，降解菌株 BFM-L94 和 X1 在未经调节 pH 的自然发酵液中，两者分泌的 PBS 降解酶蛋白质量浓度随培养时间的变化趋势差异明显。

降解菌株 X1 发酵液中的 PBS 降解酶蛋白质量浓度随培养时间的变化曲线呈较为明显的倒 "U" 形（培养后期无明显波动）。培养初期，降解菌株 X1 发酵液中的 PBS 降解酶蛋白质量浓度几乎为 0。培养第 2 ~ 8 d，PBS 降解酶蛋白质量浓度显著增加，至培养第 8 d，PBS 降解酶蛋白质量浓度达峰值 50.90 μg/mL；培养第 8 d 后，PBS 降解酶蛋白质量浓度开始减少，至培养第 10 d，PBS 降解酶蛋白质量浓度降至 31.15 μg/mL；培养 10 ~ 18 d，PBS 降解酶蛋白质量浓度维持在 30 ~ 35 μg/mL 的范围内。

降解菌株 BFM-L94 发酵液中的 PBS 降解酶蛋白质量浓度随培养时间的变化曲线整体呈上升趋势。培养前 6 d，降解菌株 BFM-L94 发酵液中的 PBS 降解酶蛋白质量浓度几乎为 0；培养第 6 d 开始，PBS 降解酶蛋白质量浓度显著增加，至培养第 7 d，PBS 降解酶蛋白质量浓度达 10.70 μg/mL；培养第 8 ~ 13 d，PBS 降解酶蛋白质量浓度维持在 3.5 μg/mL 以下，均处于较低水平；培养第 13 ~ 18 d，PBS 降解酶蛋白质量浓度持续增加，至培养第 18 d，发酵液中的 PBS 降解酶蛋白质量浓度高达 25.61 μg/mL。

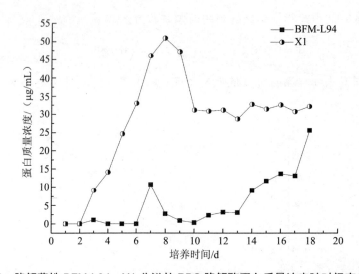

图 3.8 降解菌株 BFM-L94、X1 分泌的 PBS 降解酶蛋白质量浓度随时间变化曲线

Fig. 3.8 Change curve of PBS degrading enzyme content of strain BFM-L94 and X1

3.3.3 pH 对 PBS 降解酶蛋白质量浓度的影响

在不同 pH 条件下（pH4～11），降解菌株 BFM-L94 发酵液中的 PBS 降解酶蛋白质量浓度随培养时间的变化曲线如图 3.9 所示。在 pH 5、pH7、pH10、pH11 下，降解菌株 BFM-L94 发酵液的 PBS 降解酶蛋白质量浓度变化趋势较为一致；在 pH4、pH6、pH9 下，降解菌株 BFM-L94 发酵液的 PBS 降解酶蛋白质量浓度呈现出较大的波动；除 pH4 和 pH7 外，其余各 pH 下，降解菌株 BFM-L94 发酵液的 PBS 降解酶蛋白质量浓度均在培养第 18 d 时达到峰值，在 pH5、pH6、pH8、pH9、pH10 和 pH11 的条件下，降解菌株 BFM-L94 发酵液的 18 d PBS 降解酶蛋白质量浓度分别为 11.83 μg/mL、4.59 μg/mL、8.00 μg/mL、5.72 μg/mL、21.21 μg/mL 和 21.07 μg/mL。此外，在 pH5 下，降解菌株 BFM-L94 发酵液的 PBS 降解酶蛋白质量浓度在培养第 14 d 时上升至 10.13 μg/mL，随后大幅下降至 4.59 μg/mL，最终再次上升至培养第 18 d 时的 11.83 μg/mL；在 pH8 下，降解菌株 BFM-L94 发酵液中的 PBS 降解酶蛋白质量浓度随培养时间的变化趋势与自然条件下的变化趋势较为一致，这主要是由于自然条件下的发酵液 pH 接近 8。图 3.9 的结果显示，降解菌株 BFM-L94 分泌 PBS 降解酶的最适 pH 顺序依次为：pH10 > pH11 > pH5 > pH8 > pH9 > pH7 > pH6 > pH4。

在不同 pH 条件下（pH4～11），降解菌株 X1 发酵液中的 PBS 降解酶蛋白质量浓度变化曲线如图 3.10 所示。在 pH4、pH5 和 pH8 下，降解菌株 X1 发酵液中的 PBS 降解酶蛋白质量浓度均从培养第 3 d 开始增加；在 pH9 下，PBS 降解酶蛋白质量浓度从培养第 2 d 开始增加；其余各 pH 条件下，PBS 降解酶蛋白质量浓度均从培养第 4 d 开始增加。其中在 pH4 和 pH5 的条件下，PBS 降解酶蛋白质量浓度表现出较大的波动性，且两者的差异较为明显。在 pH4 下，降解菌株 X1 发酵液的 PBS 降解酶蛋白质量浓度在培养第 9 d 时达第一个峰值 98.05 μg/mL；培养第 10 d 时，PBS 降解酶蛋白质量浓度有所下降，随后逐渐上升，至培养第 14 d，PBS 降解酶蛋白质量浓度达极大值 121.49 μg/mL；此后，PBS 降解酶蛋白质量浓度随着培养时间的增加而有所下降。在 pH5 下，降解菌株 X1 发酵液的 PBS 降解酶蛋白质量浓度在培养第 6 d 时上升至极大值 64.82 μg/mL，并且持续了两天，随后逐渐下降，在培养后期基本维持在 16 μg/mL 左右。其余各 pH 条件下，降解菌株 X1 发酵液的 PBS 降解酶蛋白质量浓度在整个培养期间未出现较大波动，均在培养第 3 d 开始增加，至培养第 9 d 左右时达极大值，第 10 d 开始下降并基本维持在一个相对稳定的范围内。图 3.29 的结果显示，降解菌株 X1 分泌 PBS 降解酶的最适 pH 顺序依次为：pH4 > pH11 > pH5 > pH7 > pH8 > pH10 > pH6 > pH9。

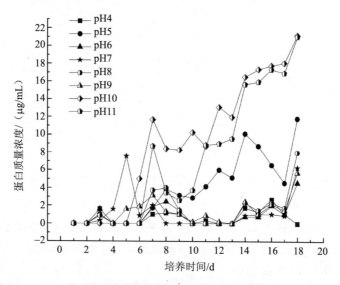

图 3.9　不同 pH 下降解菌株 BFM-L94 分泌的 PBS 降解酶蛋白质量浓度变化曲线

Fig. 3.9　Change curve of PBS degrading enzyme content of strain BFM-L94 in different pH

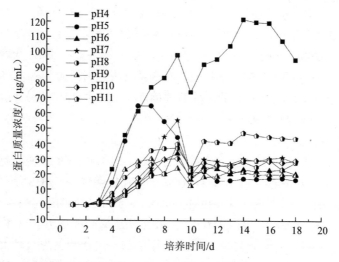

图 3.10　不同 pH 下降解菌株 X1 分泌的 PBS 降解酶蛋白质量浓度变化曲线

Fig. 3.10　Change curve of PBS degrading enzyme content of strain X1 in different pH

3.4　酶活力的测定

3.4.1　不同培养时期酶活力的变化

　　降解菌株 BFM-L94 分泌的 PBS 降解酶的酶活力随培养时间的变化曲线呈明显的倒

"U"形（见图3.11）。培养初期，降解菌株BFM-L94分泌的PBS降解酶的酶活力较小，随着培养时间的延长，酶活力整体呈上升趋势，但较为缓慢；至培养第14 d，其酶活力达峰值50.83 U/mL；培养第9～17 d，降解菌株BFM-L94分泌的PBS降解酶的酶活力较稳定，在此培养期间，PBS降解酶的酶活力基本维持在25 U/mL以上。

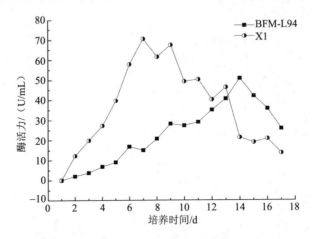

图3.11　降解菌株BFM-L94、X1分泌的PBS降解酶的酶活力随时间变化曲线

Fig. 3.11　Change curve of PBS degrading enzyme activity of strain BFM-L94 and X1

降解菌株X1分泌的PBS降解酶的酶活力随培养时间的变化曲线亦呈明显的倒"U"形（见图3.11）。培养初期，降解菌株X1分泌的PBS降解酶的酶活力亦较小，但随着培养时间的延长，其酶活力上升趋势明显。培养第5 d时，酶活力已经高达39.68 U/mL；至培养第7 d，酶活力达峰值70.49 U/mL，随后在培养第8 d时降至61.55 U/mL，培养第9 d酶活力再次上升至67.52 U/mL。此后，PBS降解酶的酶活力呈波动性下降，至培养第17 d酶活力降至13.67 U/mL，恢复到培养初期的水平。培养第6～11 d，降解菌株X1分泌的PBS降解酶的酶活力较高，在此培养期间，PBS降解酶的酶活力均基本维持在50 U/mL以上。综合图3.8和图3.11，结果显示，降解菌株X1分泌的PBS降解酶含量及其酶活力的峰值均出现在培养的第7 d左右。

3.4.2　pH对酶活力的影响

在不同pH条件下（pH4～11），降解菌株BFM-L94分泌的PBS降解酶的酶活力变化曲线如图3.12所示。在培养后期（第8～16 d），各pH条件下，PBS降解酶的酶活力陆续出现极大值。在pH11下，降解菌株BFM-L94分泌的PBS降解酶的酶活力最早达到峰值，培养第12 d时达56.09 U/mL；在pH10下，PBS降解酶的酶活力在培养第13 d时达峰值54.45 U/mL；在pH4～7的酸性环境中，PBS降解酶的酶活力呈现出较大的波动，且其酶活力相对较低。在pH8和pH9的碱性环境中，PBS降解酶的酶活力分别在培养第14 d和第13 d时达峰值48.59 U/mL和53.85 U/mL。综合以上结果，降解菌株BFM-L94分泌的PBS降解酶在pH10和pH11时的酶活力最高，这与图3.9的结果较为一致。因此pH10和pH11是降解菌株BFM-L94分泌的PBS降解酶的最适反应pH。降解菌株BFM-L94分泌的PBS降解酶的最适反应pH顺序依次为：pH10 > pH11 > pH9 > pH6 > pH8 > pH5 > pH7 > pH4，可见降解菌株BFM-L94在碱性环境中较为稳定，而在酸性环境中易失活。

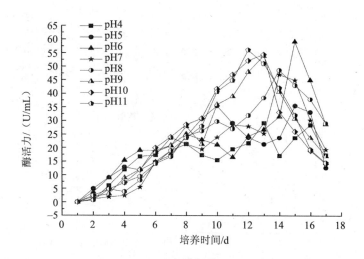

图 3.12　不同 pH 下降解菌株 BFM-L94 分泌的 PBS 降解酶的酶活力变化曲线

Fig. 3.12　Change curve of PBS degrading enzyme activity of strain BFM-L94 in different pH

在不同 pH 条件下（pH4～11），降解菌株 X1 分泌的 PBS 降解酶的酶活力变化曲线如图 3.13 所示。与降解菌株 BFM-L94 相比，降解菌株 X1 分泌的降解酶的酶活力较高。培养第 4～14 d，在 pH4 和 pH5 的酸性环境中，PBS 降解酶的酶活力较高。在 pH4 下，降解菌株 X1 分泌的 PBS 降解酶的酶活力最早达到峰值，至培养第 4 d，其酶活力高达74.05 U/mL，之后出现小幅下降；培养第 7 d 时，酶活力升至 78.92 U/mL；培养第 8～9 d，酶活力基本维持在 64 U/mL；培养第 10～14 d，酶活力基本维持在 70～84 U/mL 的范围内。在 pH5 下，PBS 降解酶的酶活力在培养第 5 d 时达到峰值 69.65 U/mL，培养第 6 d，酶活力出现小幅下降，此后至培养第 14 d 时，PBS 降解酶的酶活力基本维持在 50～80 U/mL的范围内。在 pH6～11 的环境中，PBS 降解酶的酶活力随时间的波动较大；在 pH11 下，PBS 降解酶的酶活力相对最低。综合以上结果，降解菌株 X1 分泌的 PBS 降解酶在 pH4 和pH15 时的酶活力最高，这与图 3.10 的结果较为一致。因此 pH4 和 pH5 是降解菌株 X1 分泌的 PBS 降解酶的最适反应 pH。降解菌株 X1 分泌的 PBS 降解酶的最适反应 pH 顺序依次为：pH4＞pH5＞pH6＞pH8＞pH7＞pH9＞pH10＞pH11，可见降解菌株 X1 在酸性环境中较为稳定，而在碱性环境中易失活。

3.5　PBS 降解酶的分离纯化

将降解菌株 X1 的发酵液于 4℃，12 000 r/min 下离心 30 min 后，得粗酶液；粗酶液经80% 的硫酸铵盐析后，所得沉淀即为 PBS 降解酶；将此沉淀透析除盐后冷冻干燥，即得降解菌株 X1 分泌的 PBS 降解酶的粗提物。2 000 mL 发酵液得粗蛋白 6.933 g，粗提物的提取率为 0.37%。

通过 SDS-PAGE 电泳检测粗提物，并使用阿尔法凝胶成像分析系统分析所得电泳照片（见图 3.14），发现分子量分别为 55.6 kDa、39.2 kDa 和 25.4 kDa 的三条电泳条带。

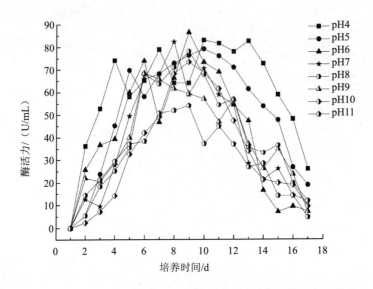

图 3.13　不同 pH 下降解菌株 X1 分泌的 PBS 降解酶的酶活力变化曲线

Fig.3.13　Change curve of PBS degrading enzyme activity of strain X1 in different pH

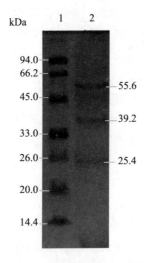

图 3.14　降解菌株 X1 分泌的 PBS 降解酶粗提物 SDS-PAGE 电泳条带

Fig.3.14　SDS-PAGE for the PBS degrading enzyme extracts from strain X1

4　结论

（1）同一降解菌株在不同 pH 下对 PBS 薄膜的降解率存在明显的差异，降解菌株 HJ03、X1 和 BFM-L94 在酸性环境中对 PBS 薄膜的降解率较高，其降解最适 pH 分别为 4.0，4.0 和 6.0。

（2）降解菌株 X1、HJ03 和 BFM-L94 在低碳源浓度下对 PBS 薄膜的降解率较高。

（3）降解菌株 BFM-L94 分泌的蛋白质量浓度随培养时间总体呈上升趋势，其蛋白分泌量达到峰值的时间为培养第 18 d，其分泌的 PBS 降解酶的最适反应 pH 为 10.0；降解菌株 X1 分泌的蛋白质量浓度随培养时间的变化曲线呈倒 "U" 形，其蛋白分泌量达到峰值的时间为培养第 8 d，其分泌的 PBS 降解酶的最适反应 pH 为 4.0。

（4）经硫酸铵分级沉淀获得的 PBS 降解酶的粗提物中，存在分子量为 55.6 kDa、39.2 kDa 和 25.4 kDa 的三种酶。

参考文献（略）

论文（五）　落叶生物质同步产单细胞蛋白和纤维素酶资源化利用研究

环境科学 2007　张延君

指导老师　洪喻

摘要：据不完全统计，我国每年城市落叶量高达几亿吨，北京市每年产生的落叶量可高达几百万吨。面对我国如此巨大的城市绿化树种带来的落叶生物质，如何将其有效处理处置并加以利用成为了亟待解决的问题。

该研究对毛白杨、白蜡、梧桐、银杏 4 种不同树种的落叶在不同的条件下进行酸化预处理，研究结果表明：最有利于后续菌发酵的最佳落叶类型和酸化预处理方法为毛白杨落叶当固液比 1∶20 时在 pH 2～3 中温 60℃条件下处理 12 h。单菌发酵和共发酵研究比较证实混菌发酵是更有效的发酵方法——更多培养基质中的物质被利用和更多的单细胞蛋白和纤维素酶产出。最后，通过正交优化，确定了最佳产出单细胞蛋白、纤维素酶和最佳纤维素分解率的发酵条件。液态落叶培养基最佳的发酵条件为培养基中加入 2 mL 落叶浸提液，37℃条件下以 6%∶2%（木霉∶酵母）的接种比例共发酵培养 96 h；固态落叶培养基最佳的发酵条件为培养基中加入 0.2 g 落叶粉末，28℃条件下以 4%∶4%（木霉∶酵母）的接种比例共发酵培养 96 h。以上结果将为混菌发酵利用落叶生物质产出单细胞蛋白和纤维素酶物质提供理论基础和技术依据。

关键词：微生物　落叶生物质　单细胞蛋白　纤维素酶

1 前言

1.1 研究背景与意义（略）

1.2 目前落叶生物质的处理方法（略）

1.3 单细胞蛋白的研究现状与发展趋势（略）

1.4 纤维素酶的研究现状（略）

1.5 研究目的与内容

1.5.1 研究目的

本论文将针对行道树落叶生物质，经酸化预处理后，采用酵母-木霉同步转化处理，通过研究混合发酵对纤维素酶活性、蛋白含量的影响，优化条件并提出合适的工艺参数，将落叶生物质转变成蛋白质含量高、营养物质更为丰富的单细胞蛋白产品，达到充分利用落叶生物质的目的。

1.5.2 研究内容

本课题拟选择北京市常见行道树绿化树种，进行落叶生物质产出单细胞蛋白的研究。通过酵母-木霉同步转化体系，研究混合发酵对纤维素酶活性、蛋白含量的影响，优化条件并提出产出单细胞蛋白的工艺参数。主要内容包括以下三个方面。

（1）常见行道树落叶发酵预处理研究　选择北京市常见的行道树绿化树种落叶，研究酸化预处理对落叶纤维素的影响。考察不同温度（常温、中温、高温）、不同酸度（pH 2～3、pH 4～5）等条件下，纤维素、半纤维素的溶出率以及粗纤维的分解率，研究确定用于提高落叶生物质的糖化或酶解效率的预处理条件。

（2）常见行道树落叶的酵母-木霉同步处理法研究　考虑到落叶生物质粗纤维素含量较高，需通过产出纤维素酶的微生物将其降解利用。本研究中选择迄今为止形成和分泌纤维素酶系成分最全面、活力最高的木霉属的绿色木霉（Trichoderma viride），研究其对预处理落叶的纤维素、半纤维素的降解能力与利用效率，以及其降解落叶的过程中落叶纤维微观结构的变化。然而，绿色木霉利用粗纤维的过程中，往往易受到单糖、二糖等的反馈抑制，从而活性降低。酵母菌能够以单糖、二糖为原料生长繁殖来消除反馈抑制作用。同时，酵母菌以繁殖速度快，蛋白质含量高、品质好，适合用于生产高蛋白食物著称，是最常用的产出单细胞蛋白菌种。利用酵母菌发酵利用"绿色垃圾"生产蛋白饲料，也是目前的研究与应用热点。本研究中选用产朊假丝酵母（Candida utilis），考察其细胞增殖率，研究并建立其与绿色木霉的共培养处理落叶体系，以期利用菌种混合培养，产生纤维素酶、降解纤维素和半纤维素，同时使酵母菌在同一基质中快速增殖，从而达到提高发酵产品蛋白质含量，富集单细胞蛋白的目的。

（3）常见行道树落叶混合发酵条件的优化　进一步研究发酵条件（如发酵时间、发酵温度、接种量等），对发酵产物（如纤维素酶活性、蛋白含量）的影响。通过优化发酵条件，最终确定落叶生物质混合发酵产出单细胞蛋白的工艺条件及技术参数。

2　研究方法

2.1　常见行道树落叶发酵预处理研究

2.1.1　实验材料（略）

2.1.2　实验方法

（1）取一定量落叶粉末与去离子水按照 1∶5、1∶10、1∶20 的比例混合，加入适量硫酸使混合物 pH 为 2～3 或 4～5。分别置于常温 25℃处理 2 d，中温 60℃处理 12 h，高温 100℃处理 1 h，处理完毕，后用氨水中和至 pH=5.0。

（2）对预处理粉末纤维素溶出率、半纤维素溶出率、纤维素分解率，以及出粉率进行测定计算。纤维素和半纤维素的测定参考采用定量分析程序（王玉万等）。

2.1.3　模糊隶属度分析方法（略）

2.2　常见行道树落叶的酵母-木霉同步处理法研究

2.2.1　实验材料（略）

2.2.2　实验方法

（1）Bradford 蛋白浓度测定法（略）。

（2）TOC、TN 采用 SHIMADZU TOC-V 测定，生物量采用高速冷冻离心机制成冻干粉测定，Hitachi S-3400N 扫描电镜扫描落叶表面。

（3）DNS 法还原糖测定（略）。

（4）DNS 法纤维素酶酶活测定（略）。

2.3　常见行道树落叶混合发酵条件的优化

2.3.1　实验材料（略）

2.3.2 实验方法

2.3.2.1 正交设计（略）

2.3.2.2 具体优化实验设计

对上述发酵体系进行发酵条件优化，具体实验设计如表 2.1、表 2.2 所示。

表 2.1　正交试验设计（液态落叶培养基）

Table 2.1　Orthogonal design for liquid-leaf culture

因素	浓度梯度/mL	温度/℃	接种比例/%	共发酵时间/h
实验 1	2	28	2∶6	72
实验 2	2	37	4∶4	48
实验 3	2	45	6∶2	96
实验 4	5	28	4∶4	96
实验 5	5	37	6∶2	72
实验 6	5	45	2∶6	48
实验 7	8	28	6∶2	48
实验 8	8	37	2∶6	96
实验 9	8	45	4∶4	72

表 2.2　正交试验设计（固态落叶培养基）

Table 2.2　Orthogonal design for solid-leaf culture

因素	浓度梯度/g	温度/℃	接种比例/%	共发酵时间/h
实验 1	0.2	28	2∶6	72
实验 2	0.2	37	4∶4	48
实验 3	0.2	45	6∶2	96
实验 4	0.5	28	4∶4	96
实验 5	0.5	37	6∶2	72
实验 6	0.5	45	2∶6	48
实验 7	0.8	28	6∶2	48
实验 8	0.8	37	2∶6	96
实验 9	0.8	45	4∶4	72

3　研究结果与讨论

3.1　常见行道树落叶发酵预处理研究

3.1.1　纤维素分解率、出粉率、纤维素溶出率、半纤维素溶出率分析

本研究采用粉碎加酸化预处理的方法，对所选用的银杏、毛白杨、梧桐、白蜡落叶在不同 pH、固液比、温度、处理时间条件下进行发酵预处理，通过测定纤维素分解率、出粉率、纤维素溶出率、半纤维素溶出率等参数，来确定最佳的最利于后续发酵的酸化预处理条件和树种（见图 3.1、图 3.2、图 3.3、图 3.4）。

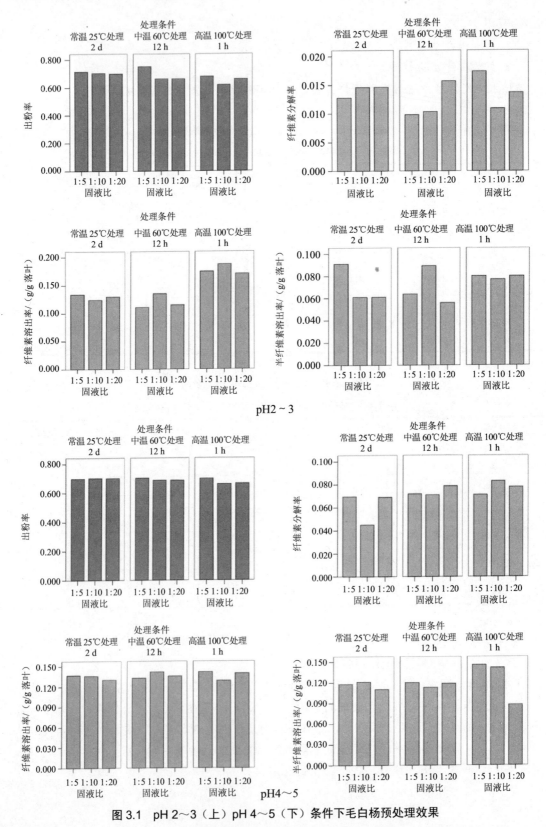

图 3.1　pH 2～3（上）pH 4～5（下）条件下毛白杨预处理效果

Fig. 3.1　Results of pretreatment of *Populus tomentosa* under pH2-3（up）pH4-5（down）

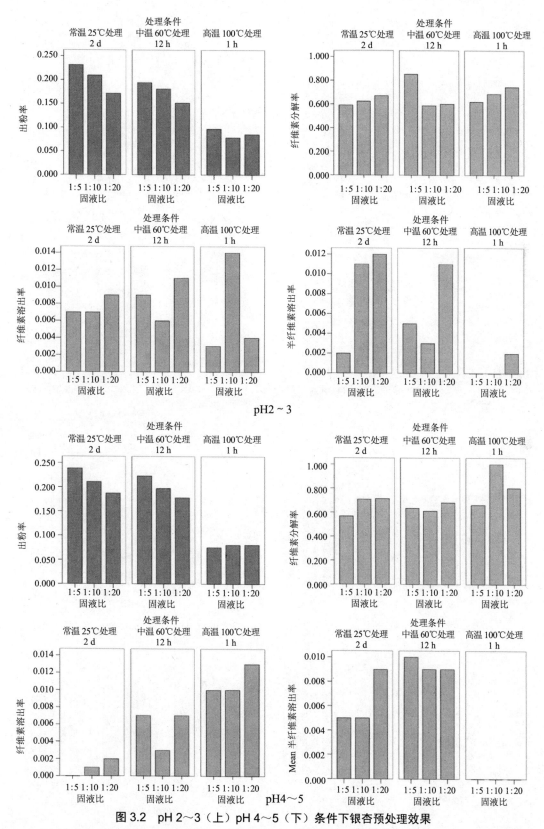

图 3.2　pH 2～3（上）pH 4～5（下）条件下银杏预处理效果

Fig. 3.2　Results of pretreatment of *Ginkgo biloba* under pH2-3（up）pH4-5（down）

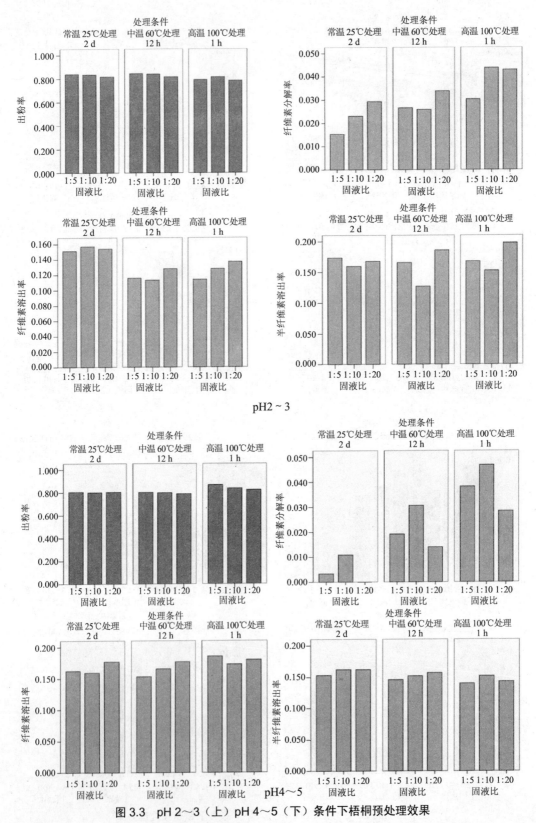

图 3.3　pH 2～3（上）pH 4～5（下）条件下梧桐预处理效果

Fig. 3.3　Results of pretreatment of *Firmiana platanifolia* under pH2-3（up）pH4-5（down）

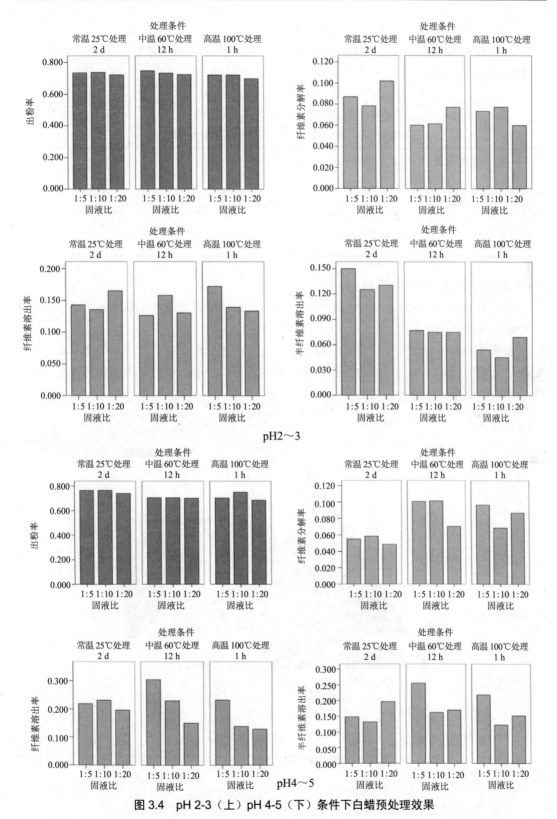

图 3.4　pH 2-3（上）pH 4-5（下）条件下白蜡预处理效果

Fig. 3.4　Results of pretreatment of *Fraxinus velutina* under pH2-3（up）pH4-5（down）

3.1.2　落叶浸提液的紫外可见光谱、DOC 分析

利用 SHIMADZU UV-2401PC 和 SHIMADZU TOC‐V CpH 考察落叶浸提液的 UV_{254} 和 DOC 值（见表 3.1）。

表 3.1　落叶浸提液的 DOC 以及 UV_{254}

Table 3.1　DOC and UV_{254} of fallen leaves extract

落叶类型	DOC/（g/L）	UV_{254}/OD
毛白杨	10.51	0.142
白蜡	5.17	0.154
梧桐	4.62	0.042
银杏	63.77	0.358

3.1.3　落叶浸提液三维荧光分析

利用 Hitachi F-7000 三维荧光光谱仪测量各个落叶处理滤液的三维荧光光谱，分析其中可能的物质成分（见图 3.5、图 3.6、图 3.7、图 3.8）。

三维荧光光谱特征（谱峰强度、面积等）可用于识别和表征不同类型的有机物。相同固液比条件下，毛白杨、白蜡、梧桐均检测到四类荧光物质，都含有腐殖酸类物质，银杏仅检测到两个峰，均为蛋白类物质。

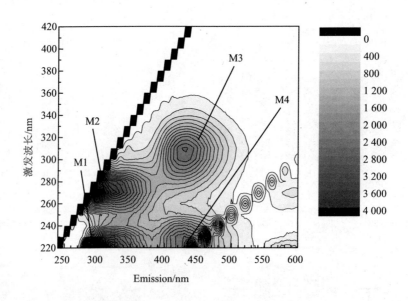

图 3.5　毛白杨浸提液三维荧光光谱

Fig. 3.5　Fluorescence spectrum of *Populus tomentosa* extract

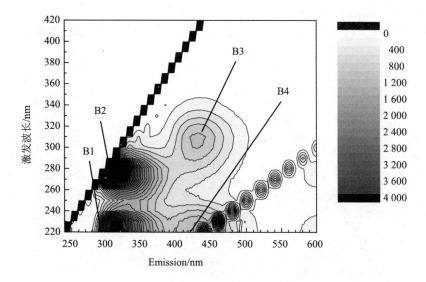

图 3.6　白蜡浸提液三维荧光光谱

Fig. 3.6　Fluorescence spectrum of *Fraxinus velutina* extract

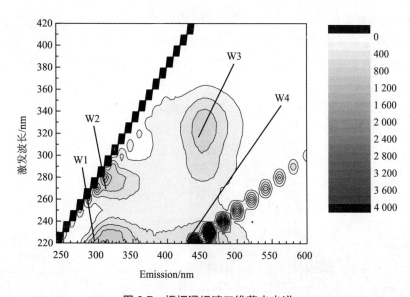

图 3.7　梧桐浸提液三维荧光光谱

Fig. 3.7　Fluorescence spectrum of *Firmiana platanifolia* extract

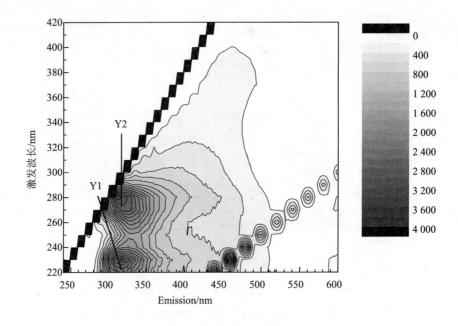

图 3.8 银杏浸提液三维荧光光谱

Fig. 3.8 Fluorescence spectrum of *Ginkgo biloba* extract

3.1.4 隶属度法选择最佳酸化预处理方法和落叶类型

引入模糊数学中的隶属度法，对四个参数进行综合评价（其中出粉率、纤维素溶出率为正相关；半纤维素溶出率、纤维素分解率为负相关）。分析得到各种方法的隶属度结果，如图 3.9 所示。

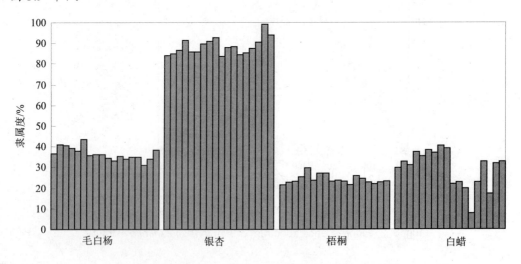

图 3.9 四种落叶及其酸化预处理方法的隶属度分析

Fig. 3.9 Subordination analysis of four fallen leaves and their pretreatment

考虑到银杏落叶黏性过大，出粉率很低，不利于后续分析，所以不考虑银杏落叶。经过比较筛选，毛白杨落叶当固液比 1 : 20 时，在 pH 2 ~ 3、中温（60℃）条件下处理 12 h

为最佳落叶类型和酸化预处理方法。

3.2　常见行道树落叶的酵母-木霉同步处理法研究

3.2.1　混菌发酵对培养液中 TOC、TN 的影响

在微生物生长过程中，需要消耗一定的碳源物质和氮源物质来保证自身代谢增殖，尤其是一些酶类物质和蛋白类物质的产生需要碳源或者氮源作为诱导物或者前体物质。通过测定培养液中 TOC、TN 的变化量和减少速度，可以确定微生物的生长情况及对营养物质的利用情况。

3.2.1.1　液态培养基

由图 3.10 可以看出，在培养的前 5 d 内，TOC 总体趋势是下降的，木霉对于 TOC 的利用率最高，混菌发酵次之。在第 7 d 的时候，三种培养发酵模式的 TOC 含量均上升，可能跟菌体生长周期有关，超过平稳期后，再延长培养时间，菌体大量死亡，细胞破裂，释放体内物质。

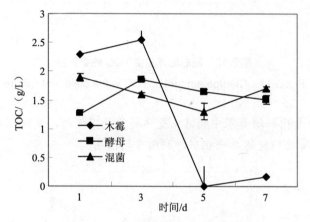

图 3.10　液态培养基中 TOC 的变化量

Fig. 3.10　Change amount of TOC in the liquid-leaf culture

由图 3.11 可以看出，TN 整体趋势是下降的，在第 5 d 的时候，三个发酵体系达到一个相对较低的 TN 水平，显示此时混菌发酵体系 TN 利用率最高。

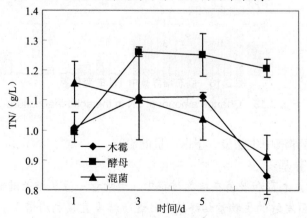

图 3.11　液态培养基中 TN 的变化量

Fig. 3.11　Change amount of TN in the liquid-leaf culture

3.2.1.2　固态培养基

由图 3.12 可以看出，在培养的前 5 d 内，培养基中的 TOC 总体趋势是下降的，混菌对 TOC 的利用率始终比单菌发酵高，木霉利用 TOC 的能力稍强于酵母。

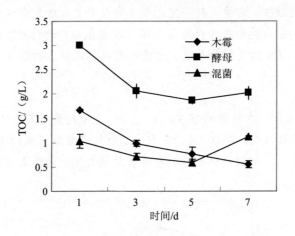

图 3.12　固态培养基中 TOC 的变化量

Fig. 3.12　Change amount of TOC in the solid-leaf culture

由图 3.13 可以看出，培养基中的 TN 整体趋势是下降的，发酵体系在第 5 d 达到 TN 最低点，混菌和木霉单独发酵水平相当，利用率均很高。

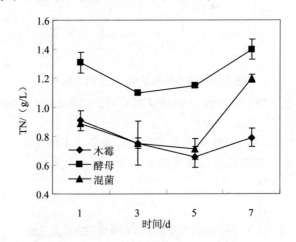

图 3.13　固态培养基中 TN 的变化量

Fig. 3.13　Change amount of TN in the solid-leaf culture

3.2.2　混菌发酵对培养液中生物量、蛋白产量的影响

3.2.2.1　液态落叶培养基

如图 3.14 所示，木霉和混菌在培养过程中，生物量一直呈增长趋势，并在第 5 d 生物量最大。而酵母单菌发酵的生物量始终较小，这与酵母直接利用培养基中的多糖能力较差有关。

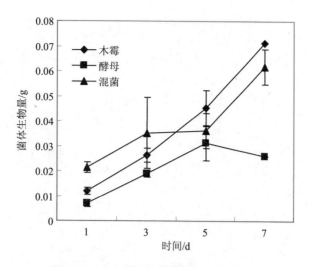

图 3.14　液态落叶培养基菌体生物量变化

Fig. 3.14　Change of strain biomass in liquid-leaf culture

　　如图 3.15 所示，在培养的前 5 d，体系的菌体蛋白质量浓度均呈上升趋势。酵母的菌体蛋白产量也一直在木霉之上，说明酵母在产蛋白物质方面比木霉具有更优越性能，木霉产蛋白有一定滞后性。

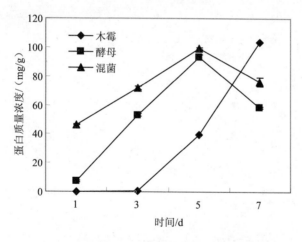

图 3.15　液态落叶培养基发酵的菌体蛋白质量浓度

Fig. 3.15　Amount of strain protein in liquid-leaf culture

3.2.2.2　固态落叶培养基

　　由图 3.16 可见，培养期间，体系的生物量呈下降趋势，这是因为在固态培养基中微生物与落叶生物质混在一起，无法完全分离。

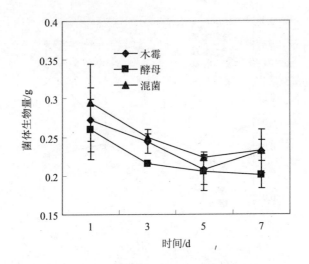

图 3.16　固态培养基生物量变化

Fig. 3.16　Change of strain biomass in solid-leaf culture

　　在图 3.17 中，在培养的前 5 d 内，体系的菌体蛋白质量浓度均呈上升趋势，木霉和混菌发酵体系的蛋白质量浓度较多，而酵母的菌体蛋白量一直处于较低水平，考虑到大部分碳源集中在固态落叶粉末中的纤维素和半纤维素，不利于酵母利用。

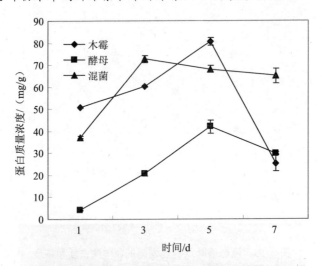

图 3.17　固态落叶培养基菌体蛋白质量浓度

Fig. 3.17　Amount of strain protein in solid-leaf culture

3.2.2.3　综合分析

　　下面利用模糊隶属度的方法，通过 TOC 利用率、TN 利用率、蛋白利用率、蛋白产率、菌体干重增长率等参数，判断绿色木霉—产朊假丝酵母—混菌发酵方式的发酵效果（见表 3.2）。

表 3.2　绿色木霉—产朊假丝酵母—混菌发酵方式的发酵效果隶属度判断（第五天）

Table 3.2　The subordination analysis of different patterns of fermentation – single *Trichoderma viride*，single *Candida utilis* and co-fermentation（day 5 th）

	TOC 利用率/%	TN 利用率/%	蛋白利用率/%	蛋白产率/%	菌体干重增长率/%	隶属度/%
绿色木霉	80.20	18.74	31.72	44.50	68.20	77.02
产朊假丝酵母	49.86	3.45	15.13	76.71	19.88	16.18
混菌	77.05	21.41	31.51	97.69	7.52	77.67

由表 3.2 可以看出，绿色木霉—产朊假丝酵母—混菌发酵方式中，混菌效果最好。综合上述讨论，我们可以得到结论：利用微生物降解落叶生物质即利用落叶培养基发酵产单细胞蛋白是可行的，混菌发酵模式是一种更为有效的方式。

3.2.3　扫描电镜结果及分析

由图 3.18 和图 3.19 可以看出，经过粉碎处理过的落叶粉末增大了接触面积，而酸化预处理过后，进一步扩大了落叶粉末的接触面积，便于菌体附着并利用其中有效部分如纤维素等物质。

图 3.18　粉碎的毛白杨落叶粉末（放大 1 000 倍）

Fig. 3.18　Smashed fallen leaves of *Populus tomentosa*（magnified 1 000 times）

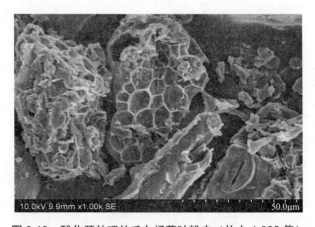

图 3.19　酸化预处理的毛白杨落叶粉末（放大 1 000 倍）

Fig. 3.19　Pretreated fallen leaves of *Populus tomentosa*（magnified 1 000 times）

图 3.20 可以明显地看到落叶残渣中长出来的菌丝，表明绿色木霉确实能够对落叶中的纤维素物质进行分解利用，为本研究提供有力支持。

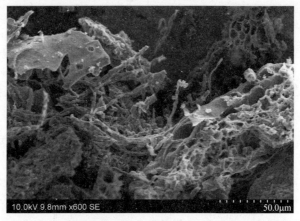

图 3.20 经过菌发酵的毛白杨落叶粉末（放大 600 倍）

Fig. 3.20 Fermented fallen leaves of *Populus tomentosa*（magnified 600 times）

3.3 常见行道树落叶混合发酵条件的优化

3.3.1 蛋白产量

3.3.1.1 液态落叶培养基

图 3.21 综合方差分析，认为培养基中加入 5 mL 落叶浸提液，37℃下以 2%：6%的接种比例共发酵培养 96 h 为最佳产蛋白发酵条件。液态落叶培养基正交试验方差分析见表 3.3。

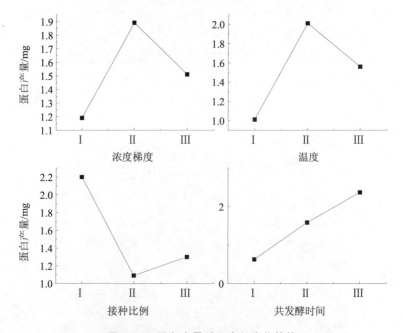

图 3.21 蛋白产量随因素的变化趋势

Fig. 3.21 Change trends of protein production with factors

表 3.3 液态落叶培养基正交试验方差分析

Table 3.3 Orthogonal design variance analysis for liquid-leaf culture

源	III 型平方和	df	均方	F	Sig.
校正模型	36.607	8	4.576	4.264	0.002
截距	73.648	1	73.648	68.625	0.000
温度	12.703	2	6.351	5.918	0.007
接种比例	1.809	2	0.905	0.843	0.441
共发酵时间	20.307	2	10.154	9.461	0.001
浓度	1.788	2	0.894	0.833	0.446
误差	28.976	27	1.073		
总计	139.231	36			
校正的总计	65.583	35			

3.3.1.2 固态落叶培养基

图 3.22 综合方差分析,认为培养基中加入 0.5 g 落叶粉末,28℃下以 2%∶6% 的接种比例共发酵培养 48 h 为最佳产蛋白发酵条件。固态落叶培养基正交试验方差分析见表 3.4。

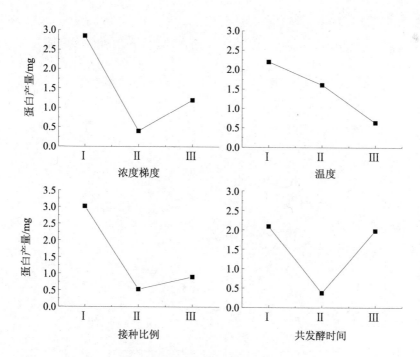

图 3.22 蛋白产量随因素的变化趋势

Fig. 3.22 Change trends of protein production with factors

表 3.4　固态落叶培养基正交试验方差分析

Table 3.4　Orthogonal design variance analysis for solid-leaf culture

源	III 型平方和	df	均方	F	Sig.
校正模型	119.337	8	14.917	13.670	0.000
截距	72.956	1	72.956	66.857	0.000
温度	15.222	2	7.611	6.975	0.004
接种比例	24.934	2	12.467	11.425	0.000
共发酵时间	9.702	2	4.851	4.445	0.022
浓度	68.750	2	34.375	31.501	0.000
误差	28.372	26	1.091		
总计	224.452	35			
校正的总计	147.709	34			

3.3.2　酶活

3.3.2.1　液态落叶培养基

由图 3.23 综合方差分析，认为培养基中加入 2 mL 落叶浸提液，37℃下以 6%∶2%的接种比例共发酵培养 96 h 为最佳产纤维素酶发酵条件。液态落叶培养基正交试验方差分析见表 3.5。

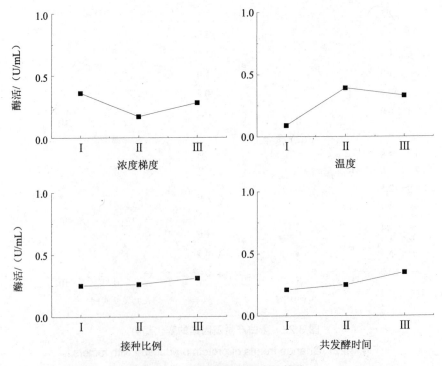

图 3.23　酶活随因素的变化趋势

Fig. 3.23　Change trends of enzyme activition with factors

表3.5　液态落叶培养基正交试验方差分析

Table 3.5　Orthogonal design variance analysis for liquid-leaf culture

源	III 型平方和	df	均方	F	Sig.
校正模型	1.133	8	0.142	10.242	0.000
截距	2.240	1	2.240	162.015	0.000
浓度	0.285	2	0.143	10.320	0.000
温度	0.210	2	0.105	7.595	0.002
接种比例	0.023	2	0.012	0.833	0.446
共发酵时间	0.614	2	0.307	22.222	0.000
误差	0.373	27	0.014		
总计	3.746	36			
校正的总计	1.506	35			

3.3.2.2　固态落叶培养基

由图 3.24 综合方差分析，认为培养基中加入 0.5 g 落叶粉末，45℃下以 4%：4%的接种比例共发酵培养 96 h 最佳产纤维素酶发酵条件。固态落叶培养基正交试验方差分析见表 3.6。

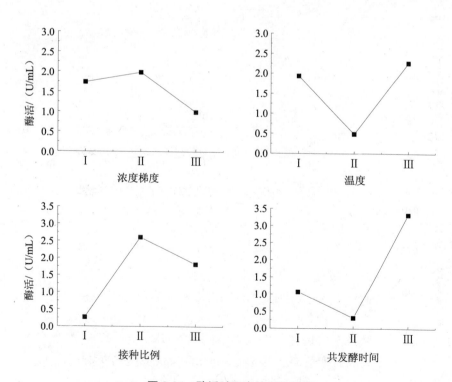

图 3.24　酶活随因素的变化趋势

Fig. 3.24　Change trends of enzyme activition with factors

表 3.6   固态落叶培养基正交试验方差分析

Table 3.6   Orthogonal design variance analysis for solid-leaf culture

源	III 型平方和	df	均方	F	Sig.
校正模型	124.365	8	15.546	5.016	0.001
截距	83.479	1	83.479	26.935	0.000
浓度	58.928	2	29.464	9.507	0.001
温度	5.919	2	2.960	0.955	0.397
接种比例	29.358	2	14.679	4.736	0.017
共发酵时间	30.160	2	15.080	4.866	0.016
误差	83.680	27	3.099		
总计	291.524	36			
校正的总计	208.045	35			

3.3.3 落叶分解率

3.3.3.1 液态落叶培养基

由图 3.25 综合方差分析，认为培养基中加入 2 mL 落叶浸提液，28℃下以 6%：2% 的接种比例共发酵培养 96 h 为最佳纤维素分解率发酵条件。液态落叶培养基正交试验方差分析见表 3.7。

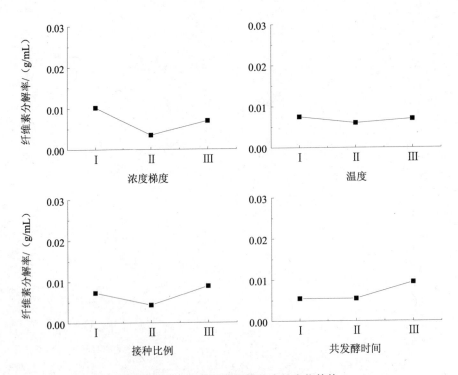

图 3.25   纤维素分解率随因素的变化趋势

Fig. 3.25   Change trends of fallen resolution ratio with factors

表 3.7 液态落叶培养基正交试验方差分析

Table 3.7 Orthogonal design variance analysis for liquid-leaf culture

源	III 型平方和	df	均方	F	Sig.
校正模型	0.001	8	6.680×10^{-5}	4.086	0.003
截距	0.002	1	0.002	103.313	0.000
浓度	7.953×10^{-5}	2	3.976×10^{-5}	2.433	0.107
温度	0.000	2	0.000	8.969	0.001
接种比例	0.000	2	5.336×10^{-5}	3.264	0.054
共发酵时间	5.493×10^{-5}	2	2.746×10^{-5}	1.680	0.205
误差	0.000	27	1.635×10^{-5}		
总计	0.003	36			
校正的总计	0.001	35			

3.3.3.2 固态落叶培养基

由图 3.26 综合方差分析,认为培养基中加入 0.5 g 落叶粉末,45℃下以 4%：4%的接种比例共发酵培养 72 h 为最佳纤维素分解率发酵条件。固态落叶培养基正交试验方差分析见表 3.8。

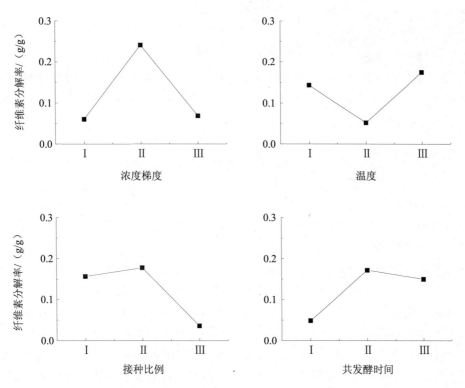

图 3.26 纤维素分解率随因素的变化趋势

Fig. 3.26 Change trends of fallen resolution ratio with factors

表 3.8　固态落叶培养基正交试验方差分析

Table 3.8　Orthogonal design variance analysis for solid-leaf culture

源	III 型平方和	df	均方	F	Sig.
校正模型	0.592	8	0.074	2.410	0.042
截距	0.548	1	0.548	17.841	0.000
浓度	0.078	2	0.039	1.275	0.296
温度	0.382	2	0.191	6.219	0.006
接种比例	0.099	2	0.049	1.611	0.218
共发酵时间	0.033	2	0.016	0.532	0.593
误差	0.829	27	0.031		
总计	1.968	36			
校正的总计	1.421	35			

3.3.4　综合分析

3.3.4.1　液态落叶培养基

根据对蛋白产量、酶活、落叶分解率综合考虑，最适合液态落叶培养基的发酵条件为培养基中加入 2 mL 落叶浸提液，37℃条件下以 6%∶2%（木霉∶酵母）的接种比例共发酵培养 96 h。

3.3.4.2　固态落叶培养基

综合蛋白产量、酶活、落叶分解率来看，最适合固态落叶培养基的发酵条件为培养基中加入 0.2 g 落叶粉末，28℃条件下以 4%∶4%（木霉∶酵母）的接种比例共发酵培养 96 h。

3.3.5　验证实验（略）

4　结论

为了将落叶更好地暴露出来，采用粉碎加酸化预处理的方法，对所选用落叶进行发酵预处理，通过测定纤维素分解率、出粉率、纤维素溶出率、半纤维素溶出率等四大参数，利用隶属度和图形综合分析，确立最有利于后续菌发酵的最佳落叶类型和酸化预处理方法。通过紫外可见光谱和三维立体荧光光谱的测定，可以发现毛白杨、白蜡、梧桐落叶中物质成分较为丰富，而毛白杨和银杏树种的物质含量较高。在对落叶进行绿色木霉—产朊假丝酵母同步发酵处理研究时发现，在利用培养基中营养物质能力上，如碳源、氮源，尤其是碳源，绿色木霉的能力较酵母强，与之能够分泌纤维素酶更好地利用落叶中多糖物质有关。而在产蛋白方面，酵母显示出了较木霉更强的能力和生命力，能产出更多的蛋白物质。通过基础培养基与落叶培养基的对比，可以明显地看出添加落叶生物质能够更好地促进微生物生长和产出蛋白物质。在对优化混菌发酵利用落叶生物质的条件研究中，综合蛋白产量、纤维素酶活、落叶分解率三个参数，通过正交设计实验最终确定确立最佳落叶培养基发酵条件。

所得到的研究结论为：

（1）最有利于后续菌发酵的最佳落叶类型和酸化预处理方法为毛白杨落叶当固液比 1∶20 时在 pH 2～3 中温 60℃条件下处理 12 h。

（2）最适合液态落叶培养基的发酵条件为培养基中加入 2 mL 落叶浸提液，37℃条件下以 6%：2%（木霉：酵母）的接种比例共发酵培养 96 h。取得的产出为：每 2 mL 落叶浸提液产出 4.68 mg 单细胞蛋白，0.6 U/mL 的纤维素酶活，0.03 g/mL 的纤维素分解率。

（3）最适合固态落叶培养基的发酵条件为培养基中加入 0.2 g 落叶粉末，28℃条件下以 4%：4%（木霉：酵母）的接种比例共发酵培养 96 h。取得的产出为：每 0.2 g 落叶粉末产出 7.26 mg 单细胞蛋白，7.2U/mL 的纤维素酶活，0.40 g/mL 的纤维素分解率。

参考文献（略）

论文（六）　类水滑石吸附水中磷酸根的影响因素和过程研究

环境科学 2007　孙中恩

指导教师　程翔

摘要：类水滑石化合物对水中磷酸根具有很高的吸附容量，在磷污染的去除和磷资源的回收方面具有很好的应用前景。本论文对采用尿素水解共沉淀法制备的 ZnAl 类水滑石化合物进行了表征分析，并对其吸附水中磷酸根的主要影响因素和过程进行了研究。

实验结果表明，当吸附温度由 25℃逐步升至 50℃时，ZnAl 类水滑石的磷吸附容量整体上呈现减小的趋势，表明该类水滑石对水中磷的吸附是一个放热的过程。ZnAl 在各温度下的磷吸附等温线均更符合 Langmuir 模型。溶液的 pH 水平对 ZnAl 类水滑石的磷吸附性能有较大影响。在 pH4～10 时，ZnAl 均有较好的稳定性，溶液中的 Zn^{2+}、Al^{3+} 质量浓度均小于 1.2 mg/L。在 pH 为 4～6 时，ZnAl 磷吸附效果最好，当 pH 大于 7 时，ZnAl 的磷吸附性能有较大降低。对于含磷水体中常见的离子，共存阴离子对 ZnAl 的磷吸附性能影响大小为 CO_3^{2-}＞SO_4^{2-}＞NO_3^-＞Cl^-；共存阳离子中，Ca^{2+}、NH^{4+} 对 ZnAl 的磷吸附几乎没有影响，Mg^{2+} 对其磷吸附过程则有一定的促进作用。

吸附动力学实验表明，ZnAl 类水滑石对水中磷酸根的吸附在 24 h 达到基本平衡，同时，准二级动力学方程对 ZnAl 磷吸附过程有较好的拟合效果。溶液 pH、Cl^- 浓度与 ZnAl 的磷吸附过程存在发生较为相关的变化，说明离子交换过程对类水滑石的磷吸附具有较大贡献。载磷 ZnAl 类水滑石的 XRD 和 FTIR 分析结果和磷解吸实验表明，磷酸根主要作为类水滑石的层间阴离子被吸附，而表面物理吸附作用则很弱。

关键词：类水滑石　磷酸根　吸附　影响因素

1　绪论

1.1　研究意义（略）

1.2　类水滑石研究现状（略）

1.3　本文的主要研究内容

本文制备了具有较好磷吸附性能的 ZnAl 类水滑石，考察了类水滑石磷吸附的主要影响因素，最后对类水滑石吸附水中磷酸根的过程和机制进行了分析和讨论。具体研究内容有：

（1）类水滑石吸附水中磷酸根的影响因素；

（2）类水滑石吸附水中磷酸根的等温线和动力学特征；

（3）类水滑石吸附水中磷酸根的微观过程和机制。

2　实验材料及样品分析方法

2.1　实验试剂（略）

2.2　实验仪器设备（略）

2.3　样品的分析与表征方法

2.3.1　水样分析

2.3.1.1　磷酸根的测定

磷酸根的测定采用钼抗锑分光光度法。

1. 实验中所用的试剂

（1）（1+1）硫酸。

（2）10%抗坏血酸：溶解 10 g 抗坏血酸于水中，并稀释至 100 mL。该溶液贮存在棕色玻璃瓶中，在约 4℃可稳定几周。如颜色变黄，则弃去重配。

（3）钼酸铵溶液：溶解 13 g 钼酸铵（$(NH_4)Mo_7O_{24} \cdot 4H_2O$）于 100 mL 水中。溶解 0.35 g 酒石酸锑氧钾（$K(SbO)C_4H_4O_6 \cdot 1/2H_2O$）于 100 mL 水中。

在不断搅拌下，将钼酸铵溶液缓慢加到 300 mL（1+1）硫酸中，加酒石酸锑氧钾溶液并且混合均匀，贮存在棕色玻璃瓶中于 4℃保存。

（4）磷酸盐贮备溶液：将优级纯磷酸二氢钾（KH_2PO_4）于 110℃干燥 2 h，在干燥器中放冷。称取 0.219 7 g 溶于水，移入 1 000 mL 容量瓶中。加入（1+1）硫酸 5 mL，用水稀释至标线。此溶液每毫升含磷 50.0 μg（以 P 计）。

（5）磷酸盐标准溶液：吸取 10.00 mL 磷酸盐贮备液于 250 mL 容量瓶中，用水稀释至标线。此溶液每毫升含磷 2.00 μg。临用时现配。

2. 校准曲线的绘制

（1）取数支 50 mL 具塞闭塞管，分别加入磷酸盐标准使用液 0 mL、0.50 mL、1.00 mL、3.00 mL、5.00 mL、10.0 mL、15.0 mL，加水至 50 mL。

（2）显色：向比色管中加入 1 mL 10%抗坏血酸溶液，混匀。30 s 后加入 2 mL 钼酸铵溶液充分混匀，放置 15 min。

（3）测量：用 30 mm 比色皿，于 700 nm 波长处，以零浓度溶液为参比，测量吸光度。

3. 分别适量经滤膜过滤或消解过的水样

经滤膜过滤或消解过的水样（使含磷量不超过 30 μg）加入 50 mL 比色管中，加水稀释至标线。以下按绘制标准曲线的步骤进行显色和测量。减去空白试验的吸光度，并从校准曲线上查出含磷量。

2.3.1.2　其他无机阴离子的测定

水中其他无机阴离子浓度的测定采用离子色谱法。所用离子色谱系统为 DIONEX ICS-3000 型，由分离柱、抑制型电导检测器、淋洗液贮器、泵、自动进样器和 Chromeleon 工作站组成。淋洗液为氢氧化钠溶液（250 mmol/L）和去离子水，取比例为 12∶88。

（1）混合标准贮备液的配制：称取 1.648 5 g 氯化钠（105℃烘干 2 h）、1.370 8 g 硝酸钠（105℃烘干 2 h）、1.814 2 g 硫酸钾（105℃烘干 2 h）、1.479 1 g 磷酸氢二钠（105℃烘干 2 h）溶于水中，移入 1 000 mL 容量瓶中，用水稀释至标线。贮存于聚乙烯瓶中，置于冰箱中冷藏。

（2）混合标准使用液的配制：从混合标准贮备液中分别吸取 1.00 mL、3.00 mL、5.00 mL、7.00 mL、10.0 mL 于 100 mL 容量瓶中，用水稀释至标线。此时混合溶液中氯离子、硝酸根、硫酸根、磷酸氢根的质量浓度分别为 10.0 mg/L、30.0 mg/L、50.0 mg/L、70.0 mg/L 和 100 mg/L。

首先进行各阴离子的标准曲线的测定，将一系列浓度梯度的各阴离子标准溶液进行测定。标准曲线测定后，测定经 0.22 μm 微孔滤膜过滤后的水样。不同阴离子经色谱柱分离在不同保留时间出峰后，经过数学积分法获得峰面积。将测定水样的峰面积，代入各自对应的标准曲线中，即得水样中各阴离子的浓度。

2.3.2 固体样品分析

2.3.2.1 傅里叶变换红外光谱（FTIR）分析

采用 Spectrum 1 FTIR 红外光谱仪（Perkin Elmer 公司）进行红外光谱分析。样品用 KBr 压片（1：99），扫描范围 4 000 ~ 400 cm^{-1}，分辨率为 4 cm^{-1}。

2.3.2.2 X 射线衍射（XRD）分析

采用 XRD-6000X 射线衍射仪（SHIMADZU 公司）测定吸附剂样品晶体结构。主要操作条件为：铜电极、石墨单色器、Cu 波长 1.541 8 Å、电压 40 kV、电流 30 mA、狭缝 DS 1°、SS 1°、RS 0.3 mm、扫描速度 5°/min、扫描范围 5 ~ 80°（2θ）和步长 0.02°。

2.3.2.3 等离子体原子发射光谱（ICP-OES）分析

采用 Optima 2000 型电感耦合等离子体原子发射光谱仪（Perkin Elmer 公司）测定溶液中金属阳离子的浓度。主要操作条件为：RF 功率 1.3 kW、等离子流量 15 L/min、辅助气体流量 0.2 L/min、雾化气流量 0.8 L/min、蠕动泵流速 15 mL/min、样品冲洗时间 60 s 和积分时间 5 s。

2.3.2.4 比表面积及孔特性分析

采用 ASAP2020M 型比表面测定仪（Micromeritics 公司）测定样品的比表面积及孔容与孔径等性质。测试前，将样品在 80℃、真空（10^{-5} Torr）条件下脱气处理一夜。

3 类水滑石的磷吸附性能及影响因素

3.1 类水滑石吸附剂的制备和表征

3.1.1 类水滑石吸附剂的制备

类水滑石的制备采用尿素分解均匀沉淀法。实验选用的金属阳离子为 Zn^{2+}、Al^{3+}。用去离子水按照 Zn^{2+}/Al^{3+} 摩尔比为 2、$CO(NH_2)_2/(Zn^{2+}+Al^{3+})$ 摩尔比为 4 分别配制金属氯化物混合溶液（Zn^{2+} 浓度为 0.8 mol/L）和尿素溶液各 500 mL，将两种溶液等体积混合后，转移于 2 L 烧瓶中，在油浴锅 100℃ 条件下反应 24 h 后，将混合物用去离子水反复抽滤，直至无 Cl^- 检出（AgCl 法）。将得到的膏体放置于 40℃ 鼓风干燥箱中干燥，研磨后即为类水滑石吸附剂，记为 ZnAl。

3.1.2 类水滑石吸附剂的表征

3.1.2.1 XRD 分析

图 3.1 为 ZnAl 类水滑石的 XRD 图谱。

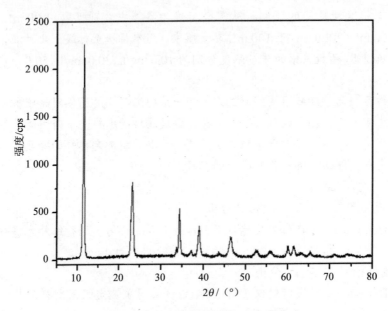

图 3.1 ZnAl 类水滑石的 XRD 图

Fig. 3.1 XRD patterns of the raw ZnAl

由该图谱可以看出，合成的 ZnAl 类水滑石都在低角度出现强衍射峰（$2\theta=11.48°$，23.18°，34.44°分别对应衍射面 003、006 和 009），高角度出现低衍射峰（$2\theta = 60.04°$对应衍射面 110），表现出典型层状类水滑石特征。从衍射图谱上可以看到，三个相对衍射强度较大的特征衍射峰对应于层间距 0.770 nm（d_{003}）和两个高级反射 0.383 nm（d_{006}）、0.260 nm（d_{009}）。d_{003} 值为晶体的层间距，它与中间层的阴离子半径及其基本层上的阳离子之间的相互作用有关。d_{110} 反映出（110）晶面的原子排列密度，它与该晶面中的原子组成比 Zn/Al 有关。该谱线同类水滑石的标准衍射谱线在相对强度方面有一定的区别，这可能是在具体制备 ZnAl 类水滑石晶体的生长环境有所不同，造成类水滑石晶体晶面的发育情况不同所引起的。本实验中合成的 ZnAl 类水滑石的 XRD 基线低且平稳，峰形尖而窄，杂峰也较少，这说明其结晶度较好，晶相单一。

表 3.1 为由 XRD 图谱得到的 ZnAl 吸附剂的晶胞参数。其中 a 为类水滑石片层中金属阳离子的间距，$a = 2d_{110}$。c 为晶胞的厚度，一般对于结晶良好的类水滑石，$c = d_{003} + 2d_{006} + 3d_{009}$。层间距减去一个类水滑石片层的厚度（约为 0.477 nm）为通道高度。

表 3.1 ZnAl 吸附剂的晶胞参数

Table 3.1 The unit cell parameters of ZnAl adsorbent

类水滑石	a/nm	c/nm	层间距/nm	通道高度/nm
ZnAl	0.308	2.317	0.770	0.293

3.1.2.2 FT-IR 分析

对 ZnAl 类水滑石进行红外分析得到的结果如图 3.2 所示。

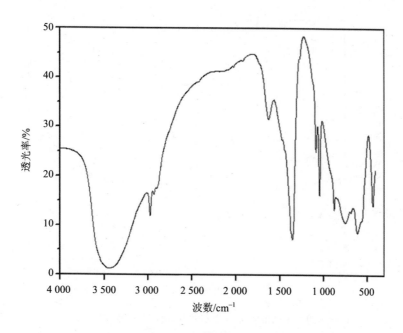

图 3.2 ZnAl 类水滑石的 FTIR 分析

Fig. 3.2 FTIR spectra of the raw ZnAl

在图 3.2 中，3 435 cm^{-1} 振动吸收峰对应于类水滑石片层羟基或物理吸附水分子中的 ν_{OH} 伸缩振动。相对于自由羟基（3 650 cm^{-1}），ν_{OH} 对称吸收有较小的值，表明类水滑石层间 H_2O 与层间 CO_3^{2-} 或层板—OH 之间存在氢键作用。1 350~1 550 cm^{-1} 可对应于 O—C—O 的不对称伸缩振动，在 ZnAl 类水滑石红外谱图中存在 1 364 cm^{-1} 的强吸收峰，可能是层间 CO_3^{2-} 的 $\nu3$ 振动吸收峰。由此表明，ZnAl 类水滑石有 CO_3^{2-} 存在。但是与参比化合物 $CaCO_3$（1 430 cm^{-1}）中 CO_3^{2-} 的吸收峰相比，样品中的吸收峰向低波数的方向发生了较大的位移，表明层间插入的 CO_3^{2-} 离子自由度较小，与层间水分子存在着强氢键作用。在 1 049 cm^{-1} 处的谱峰可对应于 CO_3^{2-} 的 $\nu1$ 振动吸收峰，这可能是由于 C=O 基团的极化导致了 $\nu1$ 振动的活化。在 880 cm^{-1} 处的吸收峰对应于层间 CO_3^{2-} 的 $\nu2$ 吸收峰。在 1 634 cm^{-1} 处的弱吸收谱峰对应于 H_2O 中—OH 的弯曲振动吸收峰，是由于类水滑石表面吸附水和层间空隙插入了一定数量的 H_2O。在 429 cm^{-1} 出现一个强吸收带，与类水滑石层板上阳离子与氧原子之间（M—O）的化学键相关的振动峰，该振动峰是类水滑石骨架结构的特征峰，所对应类水滑石的层状骨架结构。

3.1.2.3 比表面积的测定

图 3.3 和图 3.4 分别为 ZnAl 类水滑石的 N_2 吸附脱附等温线和 ZnAl 类水滑石的孔径分布图。从图 3.3 可以看出，该等温线为Ⅲ型曲线。在相对压力 p/p_0 介于 0.6~1.0 时，有一滞后环，表明样品中介孔的大量存在。这也和孔径分布的结果相吻合（见图 3.4）。

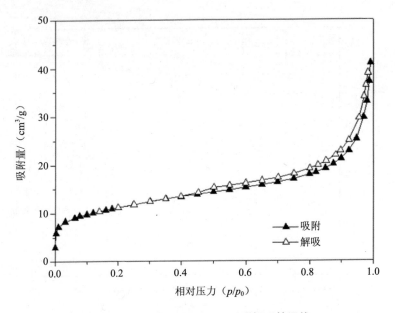

图 3.3　ZnAl 类水滑石的 N$_2$ 吸附解吸等温线

Fig. 3.3　N$_2$ adsorption-desorption isotherms of the raw ZnAl

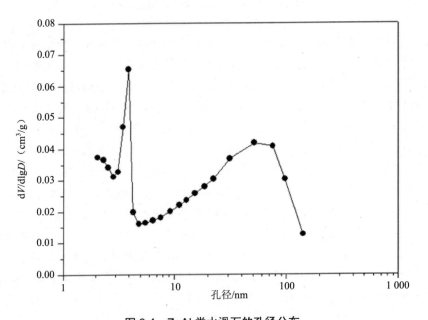

图 3.4　ZnAl 类水滑石的孔径分布

Fig. 3.4　Pore size distribution of the raw ZnAl

根据等温线的脱附部分，采用 Barrett-Joyner-Halenda（BJH）方法分析试样的孔径分布，结果见表 3.2。可以看出，本文所制得的 ZnAl 类水滑石样品的平均孔径为 83.81 nm，比表面积为 39.78 m^2/g。

表 3.2　ZnAl 类水滑石的孔特性和比表面积

Table 3.2　Pore properties and specific surface area of the raw ZnAl

类水滑石	平均孔径/nm	孔容/（cm³/g）	BET 比表面积/（m²/g）
ZnAl	83.81	0.059	39.78

3.2　类水滑石吸附水中磷酸根的等温线

准确称取 0.2 g 吸附剂于 250 mL 锥形瓶中，加入 100 mL 磷酸盐溶液，恒温振荡 72 h 后取上清液过滤，测定平衡浓度 C_e，并计算平衡吸附量 q_e。在实验中为了考察温度对类水滑石磷吸附的影响，分别测定了 25℃、30℃、40℃和 50℃时 ZnAl 的磷吸附等温线，结果如图 3.5 所示。可以看出，ZnAl 类水滑石的磷吸附量总体上随着温度的升高而降低，说明其主要的磷吸附过程是一个放热反应。

对各条等温线数据进行 Langmuir 和 Freundlich 方程拟合。Langmuir 方程的线性形式可表示为：

$$\frac{C_e}{q_e} = \frac{1}{bq_m} + \frac{C_e}{q_m} \tag{3-1}$$

式中：C_e——磷吸附平衡质量浓度，mg/L；

　　　q_e——平衡（磷）吸附量，mg/g；

　　　q_m——单层的最大磷吸附量，mg/g；

　　　b——Langmuir 吸附常数，L/mg。

对数形式的 Freundlich 方程可表示为：

$$\ln q_e = \ln K_f + \frac{1}{n} \ln C_e \tag{3-2}$$

式中：q_e——平衡（磷）吸附量，mg/g；

　　　C_e——磷吸附平衡质量浓度，mg/L；

　　　K_f, n ——常数。

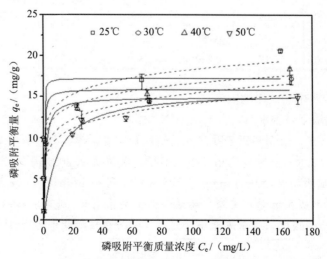

图 3.5　类水滑石吸附式水中磷的等温线

Fig. 3.5　Isotherms of the phosphate adsorption on the LDHs

对磷吸附等温线进行拟合的结果如图 3.6 和表 3.3 所示。可以看出，ZnAl 类水滑石在不同温度下对溶液中磷的吸附等温线均符合 Langmuir 吸附模型，其相关系数均大于 0.98。由 Langmuir 方程可以推出，ZnAl 在 25℃、30℃、40℃和 50℃的饱和吸附 P 量分别为 20.58 mg/g、17.09 mg/g、18.28 mg/g 和 15.17 mg/g。ZnAl 类水滑石对水中磷酸根的吸附等温线与 Freundlich 吸附模型的拟合效果也较好。由 Freundlich 方程算得的 n 值均大于 1，表明该磷酸根的吸附过程为一有利吸附。

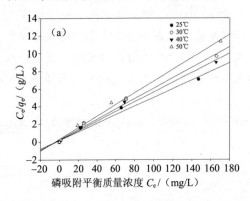 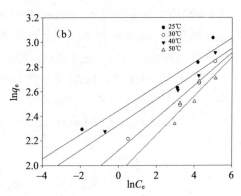

图 3.6　类水滑石吸附水中磷的等温线在 Langmuir（a）、Frendlich（b）吸附模型上的拟合

Fig. 3.6　Date fittings of the phosphate adsorption isotherms on the LDHs to Langmuir（a）and Frendlich（b）models

表 3.3　类水滑石对水中磷吸附等温线的拟合效果

Table 3.3　Langmuir and Freundlich constants for phosphate adsorption by the LDHs

类水滑石	温度/℃	Langmuir 模型			Freundlich 模型		
		q_m	b	R^2	K_f	n	R^2
ZnAl	25	20.58	0.265	0.987 5	11.54	10.235	0.912 6
	30	17.09	0.245	0.991	8.35	7.587	0.966 4
	40	18.28	0.296	0.992	10.28	9.718	0.967 6
	50	15.17	0.220	0.993 7	6.92	6.373	0.811 2

3.3　类水滑石吸附水中磷的影响因素

3.3.1　初始磷质量浓度对类水滑石吸附水中磷的影响

在磷吸附实验中，配制不同质量浓度的磷酸盐溶液，考察初始磷质量浓度对类水滑石吸附性能的影响。由图 3.7 可以看出，当初始磷质量浓度从 20 mg/L 升高至 100 mg/L 时，吸附剂在 24 h 的磷吸附量由 9.01 mg/g 增加至 13.3 mg/g。由此说明，在其他条件相同的情况下，类水滑石的磷吸附容量与溶液中磷质量浓度关系密切。随着初始磷质量浓度的升高，固液相之间相应的磷酸根的质量浓度梯度变大，磷酸根吸附竞争力增强，从而使磷吸附量增加。

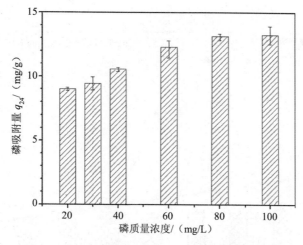

图 3.7　初始磷质量浓度对 ZnAl 磷吸附性能的影响

Fig. 3.7　Effect of concentration of phosphate on adsorption capacity of the ZnAl

3.3.2　pH 对类水滑石吸附水中磷酸根的影响

对于固液界面发生的物理化学反应，溶液的 pH 通常有很大的影响，在 ZnAl 类水滑石的磷吸附实验中，滴加 4 mol/L HCl 或 NaOH 溶液调节溶液的 pH 4~10，考察了溶液初始 pH 对 ZnAl 磷吸附性能的影响，并检测实验终止时水样的 pH 以及 Zn^{2+}、Al^{3+} 的质量浓度。由图 3.8 可以看出，ZnAl 对体系具有一定的缓冲作用。在酸性和碱性条件下，类水滑石具有很好的稳定性，在各 pH 条件下溶液中 Zn^{2+} 和 Al^{3+} 的离子质量浓度均小于 1.2 mg/L（见图 3.9）。同时，Zn^{2+} 和 Al^{3+} 的溶出情况有较大差别，在 pH 为 4~10 时，Al^{3+} 质量浓度无明显变化，而 Zn^{2+} 则只在 pH 为 4~6 时有溶出，并随着 pH 的增加检测出的 Zn^{2+} 质量浓度逐渐降低。在较大 pH 范围内，ZnAl 类水滑石对水溶液中不同磷酸根形态均有明显吸附效果。pH 在 4~6 吸附效果较好；pH 在大于 7 时，ZnAl 类水滑石的磷吸附性能明显下降。

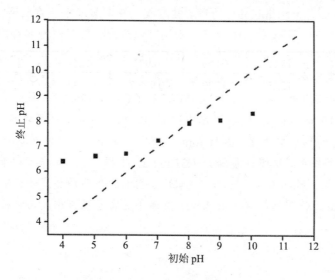

图 3.8　ZnAl 对水样 pH 的缓冲作用

Fig. 3.8　Buffer effect of pH of the aqueous solution by ZnAl

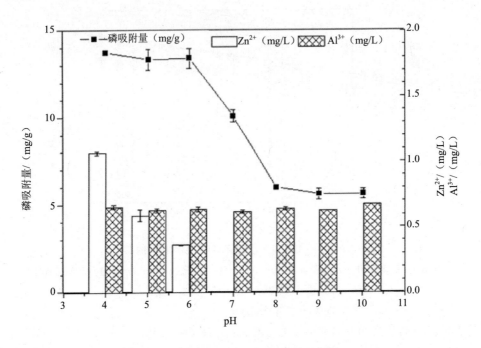

图 3.9　初始 pH 对 ZnAl 磷吸附性能的影响

Fig. 3.9　Effect of initial pH on phosphate adsorption capacity of the ZnAl

3.3.3　共存离子对类水滑石吸附水中磷的影响

实验主要考察了水中常见阴阳离子对类水滑石磷吸附性能的影响。所选用的阴离子和阳离子分别为 Cl^-、NO_3^-、SO_4^{2-} 和 CO_3^{2-} 以及 NH_4^+、Ca^{2+} 和 Mg^{2+}。

3.3.3.1　共存阴离子对类水滑石吸附水中磷的影响

分别配制含上述不同浓度（0.1 mmol/L、1 mmol/L 和 10 mmol/L）共存阴离子（Cl^-、NO_3^-、SO_4^{2-}、CO_3^{2-}）的 1 mmol/L 的磷酸盐溶液，测定溶液中共存阴离子对 ZnAl 类水滑石吸附性能的影响。结果如图 3.10 所示。由图可以看出，当有同种共存阴离子存在时，吸附剂的磷吸附量随着阴离子的浓度的增大有不同程度的减小，且共存阴离子浓度越高，磷吸附量越小；当各共存阴离子浓度相同时，吸附剂的磷吸附量也有所差别。在同浓度条件下，Cl^- 和 NO_3^- 对吸附效果的影响较小，SO_4^{2-} 和 CO_3^{2-} 对磷吸附效果影响较大。随着各阴离子浓度增加至 10 mmol/L，ZnAl 对水中磷酸根的吸附量均有明显程度的降低，且 SO_4^{2-} 和 CO_3^{2-} 对磷吸附的影响更为显著，10 mmol/L SO_4^{2-} 条件下，磷吸附量降为 2.52 mg/g，而 10 mmol/L CO_3^{2-} 条件下，磷吸附量降为 1.31 mg/g。根据图 3.5 结果可以看出，各阴离子对 ZnAl 的磷吸附效果影响为 CO_3^{2-} > SO_4^{2-} > NO_3^- > Cl^-。价态高的阴离子与类水滑石中带正电金属氢氧化物层板的作用力较强，因此较低价离子更容易被吸附，与相关文献中报道的结果类似。

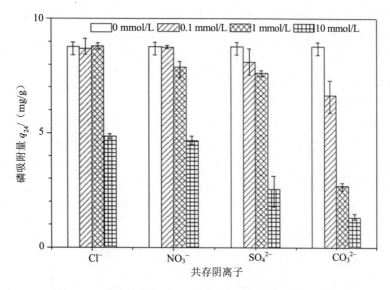

图 3.10　共存阴离子对 ZnAl 类水滑石磷吸附性能的影响

Fig. 3.10　Effect of co-exsiting anions on phosphate adsorption capacity of the ZnAl

3.3.3.2　共存阳离子对类水滑石吸附水中磷的影响

分别配制含上述不同浓度（0.1 mmol/L、1 mmol/L 和 10 mmol/L）共存阳离子（NH_4^+、Ca^{2+}、Mg^{2+}）的 1 mmol/L 的磷酸盐溶液，测定溶液中共存阳离子对 ZnAl 类水滑石吸附性能的影响。结果如图 3.11 所示。

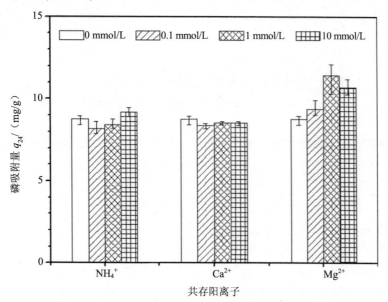

图 3.11　共存阳离子对 ZnAl 类水滑石磷吸附性能的影响

Fig. 3.11　Effect of co-exsiting cations on phosphate adsorption capacity of the ZnAl

可以看出，对于同种共存阳离子，吸附剂的磷吸附量随着阳离子浓度的变化所产生的影响不同。NH_4^+、Ca^{2+} 在不同浓度水平对 ZnAl 磷吸附性能几乎没有影响；而 Mg^{2+} 对 ZnAl

磷吸附性能则有一定的促进作用，使其磷吸附量增大，这可能是因为类水滑石表面的 Mg^{2+} 与水中磷酸根之间的静电吸附作用。

3.4 本章小结（略）

4 类水滑石吸附水中磷酸根的动力学及吸附机制

4.1 类水滑石吸附水中磷酸根的动力学

准确称取 0.25 g 吸附剂于 500 mL 锥形瓶中，加入 250 mL 磷酸盐溶液，在恒温（25℃）条件下振荡 72 h，不定时测定液相中即时磷浓度 C_t，并计算磷吸附量 q_t。所得 ZnAl 吸附剂对溶液中磷的吸附动力学结果如图 4.1 所示。可以看出，ZnAl 类水滑石对水中磷酸根的吸附在反应初始的 3 h 内快速进行，并在 24 h 后达到近似平衡。

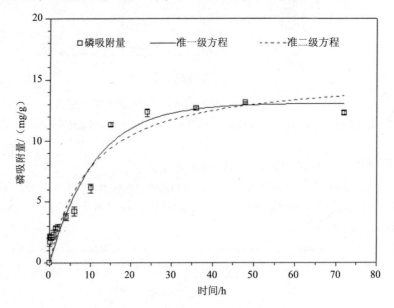

图 4.1　类水滑石吸附水中磷的动力学

Fig. 4.1　Kinetics of the phosphate adsorption on the LDHs

采用准一级、准二级动力学方程来确定类水滑石磷吸附的反应级数和速率系数。准一级动力学方程可表示为：

$$\frac{\mathrm{d}q_t}{\mathrm{d}t} = k_1(q_e - q_t) \tag{4-1}$$

式中：t——吸附时间，h；

　　　q_t——t 时刻的吸附量，mg/g；

　　　q_e——平衡吸附量，mg/g；

　　　k_1——吸附速率常数。

积分方程（4-1）并由初始条件 $t = 0$，$q_t = 0$，得其线性化形式：

$$\ln(q_e - q_t) = \ln q_e - \frac{k_1}{2.303}t \tag{4-2}$$

准二级动力学方程可表示为：

$$\frac{\mathrm{d}q_t}{\mathrm{d}t} = k_1(q_e - q_t)^2 \qquad (4-3)$$

式中：t ——吸附时间，h；

$\quad q_t$ ——t 时刻的吸附量，mg/g；

$\quad q_e$ ——平衡吸附量，mg/g；

$\quad k_2$ ——吸附速率常数。

将式（4-3）整理后得到其线性化形式：

$$\frac{t}{q_t} = \frac{1}{k_2 q_e^2} + \frac{t}{q_e} \qquad (4-4)$$

ZnAl 类水滑石的磷吸附动力学数据在准一级、准二级方程上的拟合结果，如图 4.2 和表 4.1 所示。可以看出两种方程拟合的相关系数均大于 0.9，且准二级动力学方程对磷吸附过程的拟合效果更好。

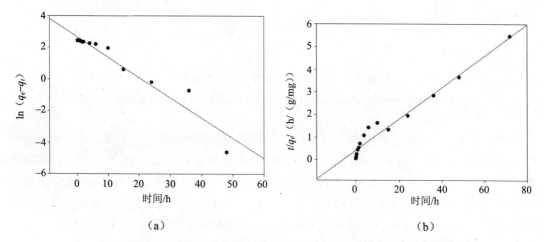

（a）　　　　　　　　　　　　　　　（b）

图 4.2　类水滑石吸附水中磷的动力学在准一级（a）、准二级（b）上的拟合

Fig. 4.2　Date fittings to pseudo-first-order（a），pseudo-secnod-order（b）

about kinetics of the phosphate adsorption on the LDHs

表 4.1　不同动力学模型对类水滑石吸附水中磷的拟合结果

Table 4.1　Kinetic constants for the phosphate adsorption by the LDHs analyzed by different models

类水滑石	温度/℃	准一级动力学			准二级动力学		
		q_e	k_1	R^2	q_e	k_2	R^2
ZnAl	25	14.21	0.295	0.93	14.35	0.012	0.96

4.2　类水滑石磷吸附过程中固液相性质和组成的变化

4.2.1　类水滑石磷吸附过程中液相性质和组成变化

类水滑石化合物具有层间阴离子可交换性。为了研究 ZnAl 吸附水中磷过程中的离子交换，在实验中对溶液中的 P、Cl⁻质量浓度和 pH 进行了监测，结果如图 4.3 所示。

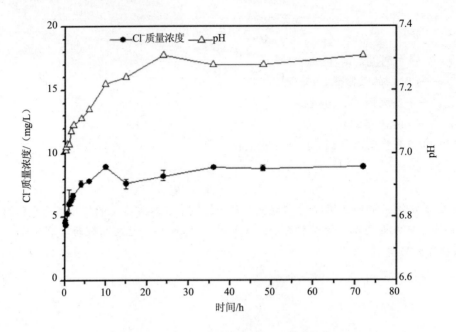

图 4.3　ZnAl 磷吸附过程中溶液性质变化

Fig. 4.3　Dynamics of the solution properties during P adsorption onto the ZnAl

可以看出，在 ZnAl 吸附水中磷过程中溶液的 pH 在初始阶段一直在上升，由初始的 6.96 变化到反应 24 h 时的 7.31，此后溶液的 pH 再无明显的变化，pH 相对稳定。溶液中的 Cl^- 质量浓度在反应开始前的 3 h 较快速的升高，并在 24 h 之后溶液中 Cl^- 的质量浓度近似达到平衡状态，不再增加。由此可以看出，溶液中 Cl^- 质量浓度的增加与类水滑石的磷吸附过程有很好的相关性，说明离子交换作用对于 ZnAl 的磷吸附具有重要贡献。

4.2.2 类水滑石吸附水中磷过程中固相性质的变化

由 ZnAl 吸附水中磷动力学结果和反应过程中液相性质的变化规律，分别制备反应时间为 10 h 和 72 h 载磷吸附剂。具体方法如下：分别用 31 mg/L 和 310 mg/L 的磷溶液与一定质量的 ZnAl 类水滑石分别反应 10 h 和 72 h 后，过滤上清液，将得到的膏体放在鼓风干燥箱 40℃烘干之后研磨成粉即得所需要的载磷吸附剂，分别记为 31～10、31～72、310～10、310～72。将上述得到的载磷吸附剂进行 XRD 分析，结果如图 4.4 和表 4.2 所示。

由图 4.4 可以看出，使用一次之后的类水滑石的特征峰基本没有改变，只是强度略有变化，而且也没有出现其他峰。通过计算其晶胞参数见表 4.2，可以发现，随着初始磷浓度和反应时间的增加，a 值几乎没有发生变化，而 c 值、层间距和通道高度均略有降低，与吸附实验前十分接近，这可能是由于 CO_3^{2-} 与磷酸根离子的半径相差较小且交换量有限导致的。如果 CO_3^{2-} 被磷酸根离子 100%的交换，其 d_{003} 和 d_{006} 应该有所减小，因为磷酸根离子的有效半径（0.300 nm）稍小于 CO_3^{2-}（0.370 nm）的有效半径。由于 ZnAl 对磷的吸附量较小，对吸附前后样品的 X 射线衍射分析造成了一定的困难。

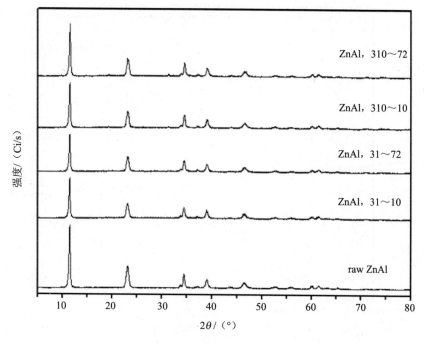

注：1Ci=3.7×10^{10}Bq。

图 4.4　ZnAl 及其使用一次后样品的 X 射线衍射图

Fig. 4.4　X-ray diffractograms of the ZnAl and the samples after the first use

表 4.2　载磷类水滑石的晶胞参数

Table 4.2　The unit cell parameters of the used LDHs

类水滑石	a/nm	c/nm	层间距/nm	通道高度/nm
ZnAl（31～10）	0.308	2.317	0.770	0.293
ZnAl（31～72）	0.308	2.319	0.770	0.293
ZnAl（310～10）	0.308	2.314	0.768	0.291
ZnAl（310～72）	0.308	2.312	0.766	0.289

对所得载磷吸附剂同时进行了 FTIR 分析，结果如图 4.5 所示。

可以看出，与吸附前相比各载磷吸附剂在 3 435 cm^{-1} 附近的吸收峰强度有所增加，且峰宽更窄。2 975 cm^{-1}、1 089 cm^{-1}、1 049 cm^{-1}、880 cm^{-1} 处的峰除 ZnAl（31～10）外，其他样品谱图上均没有出现。吸附后的样品 ZnAl（310～72）红外谱图中在低波数区出现了一些新的微弱的小峰，由于强度较小，难以辨认是否存在磷酸盐的 O—P—O（H）弯曲振动峰，O—P—O 弯曲振动峰，P—O 伸缩振动峰。

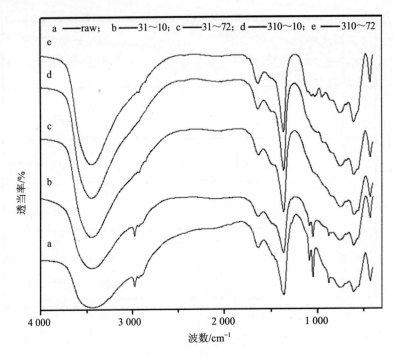

图 4.5 ZnAl 及其使用一次后样品的 FTIR 图

Fig. 4.5 FTIR spectra of the ZnAl and the samples after the first use

4.3 磷酸根离子与类水滑石的相互作用力

分别选取不同浓度的 NaCl、Na_2SO_4、葡萄糖作为解吸液对吸附一次之后的 ZnAl 类水滑石进行磷解吸，以研究磷酸根离子与类水滑石的相互作用力，结果见图 4.6。

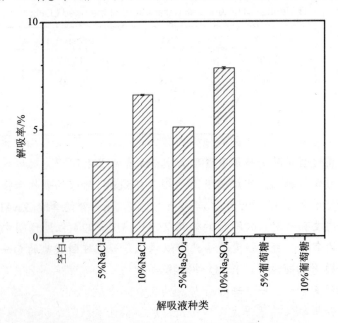

图 4.6 解吸液种类对载磷类水滑石磷解吸的影响

Fig. 4.6 Effect of desorption solution on phosphate desorption from the LDHs

可以看出，空白溶液和葡萄糖对载磷类水滑石的解吸率较小，说明表面吸附或表面沉淀对 ZnAl 类水滑石磷吸附过程的贡献不大。NaCl、Na_2SO_4 溶液对载磷类水滑石解吸率较高。NaCl 溶液比同浓度 Na_2SO_4 溶液解吸率较低，说明离子价态对解吸有影响，阴离子价态越高，解吸效果越好。10%NaCl 和 10%Na_2SO_4 溶液比低浓度的同种阴离子溶液解吸率高，说明阴离子浓度越高，解吸效果越好。

4.4 本章小结（略）

5 结论

本文对 ZnAl 类水滑石吸附水中磷酸根的影响因素及过程进行了研究，得到以下主要结论：

（1）溶液的 pH 水平对 ZnAl 类水滑石的磷吸附性能有较大影响。在 pH4～10 时，ZnAl 均有较好的稳定性。在 pH4～6 时，ZnAl 磷吸附效果最好，当 pH 大于 7 时，ZnAl 的磷吸附性能有较大降低。

（2）水体中常见的共存阴离子对 ZnAl 类水滑石的磷吸附性能影响大小为 CO_3^{2-} > SO_4^{2-} > NO_3^- > Cl^-；共存阳离子中，Ca^{2+}、NH_4^+ 对 ZnAl 的磷吸附几乎没有影响，Mg^{2+} 对其磷吸附过程则有一定的促进作用。

（3）ZnAl 类水滑石对水中磷的吸附是一个放热的过程，在各温度下的磷吸附等温线均更符合 Langmuir 模型。ZnAl 类水滑石对水中磷酸根的吸附在 24 h 达到基本平衡，同时，准二级动力学方程对其磷吸附过程有较好的拟合效果。

（4）离子交换作用对 ZnAl 类水滑石的磷吸附具有较大贡献，而表面物理吸附作用的贡献则较小。

参考文献（略）

论文（七）　　工业共生影响因素及其机理分析

环境科学 2007　　吕佳

指导教师　　王震

摘要：工业共生是工业生态学的一个重要研究领域，是达到经济效应与环境效应双赢的重要实现途径，也是生态工业园的核心内容。通过对工业共生影响因素的分析，识别工业共生形成与发展过程中的影响因素类型和关键的影响因素，以期为促进企业间工业共生的政策制定提供科学依据。

通过案例研究的方法，从角色分析的角度入手，首先构建工业共生影响因素分析框架。框架中以企业为主要分析对象，从企业的角度进行分析，构建了企业进行工业共生的驱动因素和阻碍因素内容分析框架，然后跳出企业层面，从影响企业工业共生行为的其他角色入手分析其作用因素，构建了以政府、科研院所等为主要对象的角色作用分析框架部分，整体框架由驱动因素分析、阻碍因素分析和角色作用分析三部分内容组成。

在影响因素分析框架的基础上，以扬州经济技术开发区为案例进行实证分析，采用统计学分析方法对工业共生影响因素进行定量分析。研究结果显示，从企业的角度，经济性驱动因素是最重要的驱动因素，在工业共生形成与发展过程中产生的经济效益是驱动企业开展工业共生的最根本动力；技术性阻碍因素是影响工业共生建设工作顺利进行的主要阻碍力量，缺少转化和应用的关键技术是企业进行工业共生时所面临的最大阻碍和难题。对企业以外其他角色作用分析的结果显示，政府在对工业共生构建的过程中产生的助力最大，不论是对企业进行政策上的鼓励还是政府在组织和资金上的直接支持，都对工业共生的顺利开展起到了至关重要的作用。该项研究结论将对促进工业共生的政策制定提供科学依据。

关键词：工业共生　影响因素　定量分析

1 绪论

1.1 研究背景与问题的提出（略）

1.2 研究意义与目的（略）

1.3 研究现状（略）

1.4 研究内容、方法和技术路线

1.4.1 研究内容

本文在文献检索和查阅的基础上，构建工业共生形成与发展影响因素框架，以扬州为案例进行影响因素的实证研究，运用统计学分析方法对影响因素进行定量分析，最终得出结论。研究的具体内容如下：

（1）工业共生的理论基础　在文献检索与查阅的基础上，对工业共生相关理论的研究进行述评，科学界定工业共生的内涵，明确工业共生形成与发展的概念，对影响因素分析的对象进行具体的界定和定义。

（2）工业共生影响因素分析框架的构建　首先采用案例分析法，选取国内外典型的生态工业园进行物质流和能量流分析，了解工业生态园中工业共生的形成及运作过程，对各方面的影响因素进行定性描述和初步分析，在此基础上构建影响因素分析框架并具体细化影响因素，识别影响因素类型。

（3）工业共生影响因素的定量分析　以扬州经济开发区国家生态工业示范园区为研究案例，开展问卷调查，了解该示范区的工业共生现状，包括代表企业基本特征、形成的工业共生模块运作情况等。依据调查问卷提供的数据，对工业共生形成与发展过程与影响因素之间的关系进行统计学分析。

（4）工业共生影响因素结论　对现有建设企业间工业共生的对策进行梳理，以上述研究内容的结论为基础，探讨对促进工业共生的政策制定的启示。

1.4.2 研究方法（略）

1.4.3 技术路线（略）

2 工业共生影响因素分析框架的构建（见图2.1）

2.1 驱动因素分析（略）

2.2 阻碍因素分析（略）

2.3 企业以外其他角色作用分析（略）

2.4 本章小结（略）

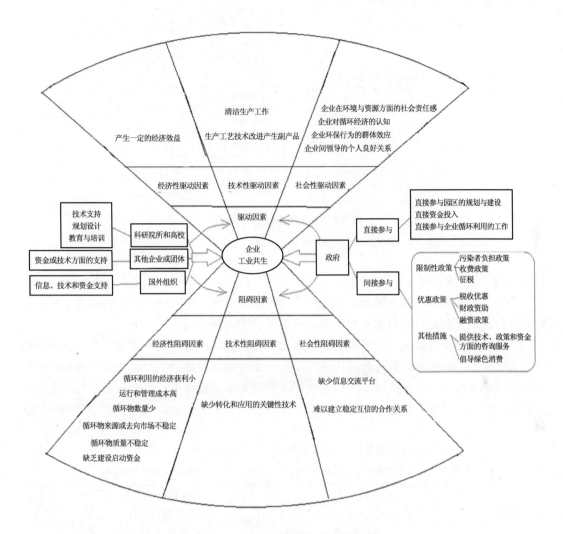

图 2.1　工业共生影响因素分析框架

Fig. 2.1　Analysis framework of the factors in developing industrial symbiosis

3　工业共生影响因素的实证研究

　　以影响因素分析框架为基础设置调查问卷，对扬州经济技术开发区进行实证分析，运用统计学分析方法分析影响因素的作用概率以及作用强度，以识别关键的影响因素。

3.1　案例区域概况（略）

3.2　数据的收集（略）

3.3　驱动因素统计分析

　　对驱动因素与循环行为之间进行统计学分析，驱动因素分析涉及的变量细目以及变量之间的分析关系如图 3.1 所示。

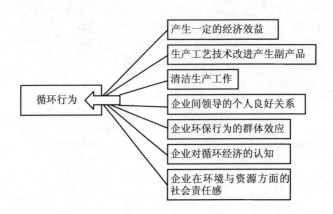

图 3.1 驱动因素统计分析关系

Fig. 3.1 Statistical analysis relationship chart of driving factors

3.3.1 驱动因素驱动效果判别

将图 3.1 中显示的七个驱动因素变量对"循环行为"变量之间分别进行相关分析，由相关系数的正负判断驱动因素在研究案例中是否具有驱动作用。

产生一定的经济效益、生产工艺技术改进产生副产品、清洁生产工作、企业间领导的个人良好关系、企业环保行为的群体效应以及企业对循环经济的认知，这六个驱动因素对企业循环行为的相关系数是正值（见表 3.1），表明具有驱动作用，而企业在环境与资源方面的社会责任感对企业循环行为的相关系数是负值，不具有驱动效果。

表 3.1 驱动因素对循环行为的相关分析

Table 3.1 Correlative analysis of driving factors to the circular behavior

驱动因素		产生一定经济效益	生产工艺技术改进产生副产品	清洁生产工作	企业间领导良好关系	企业环保行为的群体效应	企业在环境与资源方面社会责任感	企业对循环经济认知
循环行为	皮尔森相关系数	0.300	0.325	0.143	0.125	0.227	−0.125	0.300
	相伴概率	0.038	0.024	0.331	0.396	0.120	0.396	0.038
	N	48	48	48	48	48	48	48

3.3.2 驱动因素对循环行为的交叉列联分析

驱动因素变量对企业循环行为变量之间分别进行交叉列联表分析（交叉列联分析表略）。

3.3.2.1 驱动因素在被调查企业中产生驱动作用的概率分析

在被调查的全部企业中，产生一定的经济效益对企业工业共生产生驱动作用的概率最大，其次是清洁生产工作，然后是生产工艺技术改进产生副产品，之后是企业环保行为的群体效应，企业间领导的个人良好关系产生驱动作用的概率最小（见图 3.2）。

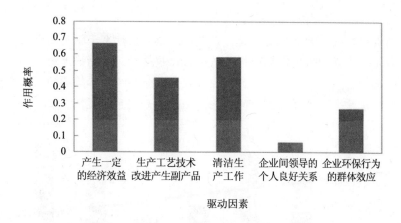

图 3.2　驱动因素在被调查企业中产生驱动作用的概率分布

Fig. 3.2　The probability distribution of driving factors function

3.3.2.2　不同循环行为的企业驱动因素作用概率的对比分析

不论处于哪种循环行为的企业，经济效益都是最主要的驱动因素，清洁生产工作对于企业的驱动也都处于主要地位；企业间领导的个人良好关系是循环利用正式运行的企业所独有的驱动因素；企业环保行为的群体效应在试运行与正式运行的企业中产生了驱动效果，但对于构思阶段的企业没有驱动作用（见图 3.3）。

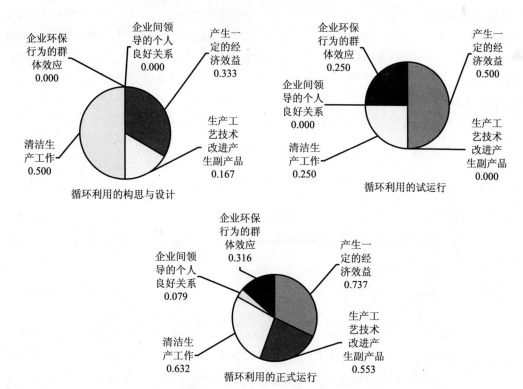

图 3.3　驱动因素在不同循环行为企业中出现概率的对比分析

Fig. 3.3　Probability distribution of driving factors in the different circulation behaviors

3.3.3 驱动因素作用强度分析

各驱动因素对循环行为的相关分析，其皮尔森相关系数表示驱动因素与循环行为之间的相关性，由此作为驱动强度定量分析的值进行比较分析。驱动强度由大到小排序为：生产工艺技术改进产生副产品 > 产生一定的经济效益、企业对循环经济的认知 > 企业环保行为的群体效应 > 清洁生产工作 > 企业间领导的个人良好关系（见图 3.4）。

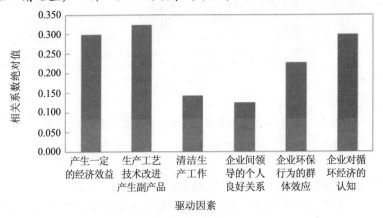

图 3.4　驱动因素作用强度比较分析

Fig. 3.4　Comparative analysis on effect intensity of driving factors

3.3.4 驱动因素综合作用评价

驱动因素对工业共生的作用效果本文采用了两个属性——驱动作用概率和驱动作用强度，对驱动因素的作用效果做一综合评价，以作用概率为横坐标，作用强度为纵坐标作图，如图 3.5 所示，可以看出：产生一定的经济效益、生产工艺技术改进产生副产品、清洁生产工作三个驱动因素的综合驱动效果较强。

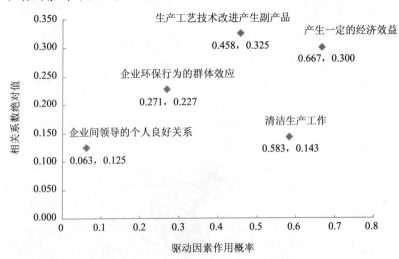

图 3.5　驱动因素综合效果分布

Fig. 3.5　Comprehensive effect distribution of driving factors

经济性驱动因素是最关键的因素，其次是技术性动因，最后是社会性动因（见表 3.8）。

表 3.2　驱动因素综合影响评价

Table 3.2　Itegrated impact assessment of driving factors

驱动因素分类	驱动因素变量	作用概率	驱动强度	综合影响	排序	综合评价
经济性驱动因素	产生一定的经济效益	0.667	0.300	0.200	1	0.100
技术性驱动因素	生产工艺技术改进产生副产品	0.458	0.325	0.149	2	0.058
	清洁生产工作	0.583	0.143	0.083	3	
社会性驱动因素	企业间领导的个人良好关系	0.063	0.125	0.008	5	0.018
	企业环保行为的群体效应	0.271	0.227	0.062	4	

3.4　阻碍因素统计分析

对阻碍因素与企业的循环行为之间进行统计学分析，变量之间的统计分析关系如图 3.6 所示。

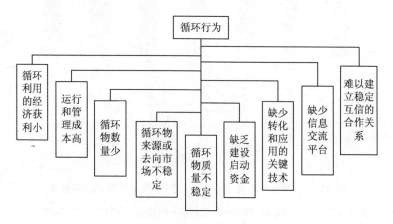

图 3.6　阻碍因素统计分析关系

Fig. 3.6　Statistical analysis relationship chart of hindering factors

3.4.1　阻碍因素阻碍作用判别

循环利用的经济获利小、运行和管理成本高、循环物数量少、循环物来源或去向市场不稳定、缺乏建设启动资金、缺少转化和应用的关键技术、缺少信息交流平台、难以建立稳定互信的合作关系这些阻碍因素对企业循环行为的相关系数是负值，表明具有阻碍作用，而循环物质量不稳定对企业循环行为的相关系数是正值，表示在被调查企业中不具有阻碍作用（见表 3.3）。

表 3.3　阻碍因素对循环行为的相关分析

Table 3.3　Correlation analysis on hindering factors to circulation behavior

阻碍因素		循环利用经济获利小	运行和管理成本高	循环物数量少	循环物来源或去向市场不稳定	循环物质量不稳定	缺乏建设启动资金	缺少转化和应用的关键技术	缺少信息交流平台	难以建立稳定互信合作关系
循环行为	相关系数	−0.045	−0.364	−0.274	−0.107	0.054	−0.222	−0.364	−0.114	−0.250
	相伴概率	0.759	0.011	0.060	0.468	0.714	0.129	0.011	0.442	0.086
	N	48	48	48	48	48	48	48	48	48

3.4.2 阻碍因素对循环行为的交叉列联分析

将阻碍因素变量对企业循环行为变量之间分别进行交叉列联表分析，频数交叉表略。

3.4.2.1 阻碍因素在被调查企业中产生阻碍作用的概率分析

企业遇到各种阻碍的概率分布得较平均，其中运行和管理成本高、循环物来源和去向市场不稳定和缺少转化和应用的关键技术是影响企业工业共生的最主要阻碍因素（见图3.7）。

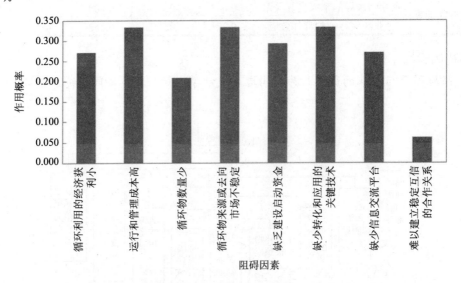

图3.7　阻碍因素在被调查企业中产生阻碍作用的概率分布

Fig. 3.7　Probability distribution of hindering factors in the survey

3.4.2.2 不同循环行为的企业阻碍因素作用概率的对比分析

处于构思和试运行阶段的企业遇到的困难比正式运行阶段的企业多，且对于构思与设计阶段的企业，缺少转化和应用的关键技术是最主要的困难，运行和管理成本高是处于不同循环阶段的企业都具有的主要困难，尤其对于工业共生初期的企业（见图3.8）。

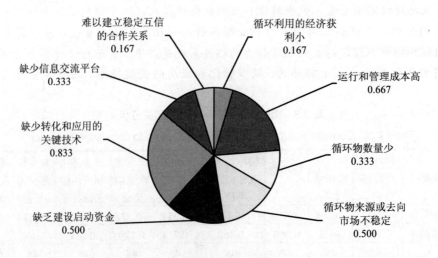

循环利用的构思与设计

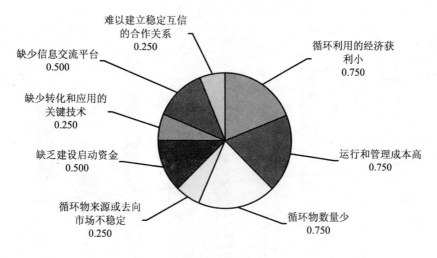

循环利用的试运行

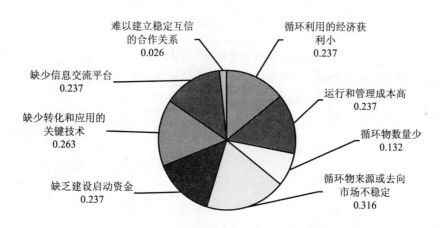

循环利用的正式运行

图 3.8 阻碍因素在不同循环行为企业中作用概率的对比分析

Fig. 3.8 Role probability analysis of hindering factors in different circulation behaviors of enterprises

3.4.3 阻碍因素作用强度分析

阻碍作用强度由大到小排序为：缺少转化和应用的关键技术、运行和管理成本高＞循环物数量少＞难以建立稳定互信的合作关系＞缺乏建设启动资金＞缺少信息交流平台＞循环物来源或去向市场不稳定＞循环利用的经济获利小（见图 3.9）。

3.4.4 阻碍因素综合作用评价

"缺少转化和应用的关键技术""运行和管理成本高""循环物数量少"和"缺乏启动资金"的综合阻碍效果较强。首先，技术性阻碍因素是综合效果最强的因素，其次是经济性阻碍因素，最后是社会性阻碍因素（见图 3.10）。就单个因素而言，运行和管理成本高和缺少转化和应用的关键技术是综合阻碍效果最强的两个因素（见表 3.4）。

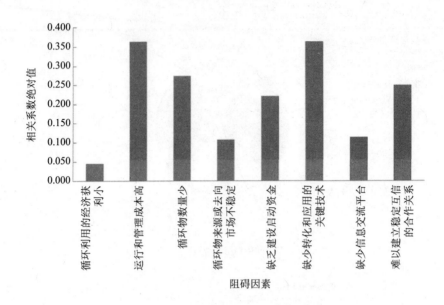

图 3.9　阻碍因素作用强度比较分析

Fig. 3.9　Contrast analysis of the effect intensity of hindering factors

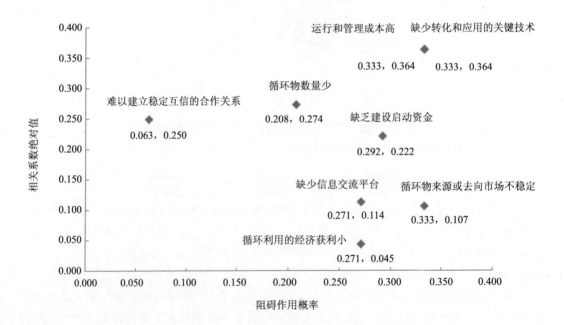

图 3.10　阻碍因素综合作用分析

Fig. 3.10　Comprehensive function analysis of the hindering factors

表 3.4　阻碍因素综合作用评价

Table 3.4　Comprehensive effect evaluation of the hindering factors

阻碍因素分类	阻碍因素变量	作用概率	阻碍强度	综合影响	排序	阻碍因素综合评价
经济性阻碍因素	循环利用经济获利小	0.271	0.045	0.012	7	0.058
	运行和管理成本高	0.333	0.364	0.121	1	
	循环物数量少	0.208	0.274	0.057	3	
	循环物来源或去向市场不稳定	0.333	0.107	0.036	4	
	缺乏建设启动资金	0.292	0.222	0.065	2	
技术性阻碍因素	缺少转化和应用的关键技术	0.333	0.364	0.121	1	0.121
社会性阻碍因素	缺少信息交流平台	0.271	0.114	0.031	5	0.023
	难以建立稳定互信的合作关系	0.063	0.250	0.016	6	

3.5　角色作用分析

3.5.1　工业共生形成的最初发起人分析

　　循环利用构思与设计的企业中，工业共生的最初发起人全部为本企业；循环利用试运行的企业中，有 66.7% 的企业工业共生最初发起人是本企业，33.3% 的企业工业共生最初发起人是政府；在工业共生正式运行的企业中，87.5% 的企业工业共生最初发起人是本企业，12.5% 的企业工业共生最初发起人是政府（见图 3.11）。

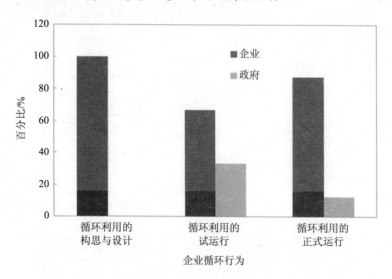

图 3.11　工业共生最初发起人的频数统计

Fig. 3.11　Frequency statistics of the ultimate originator participating in the Industrial symbiosis

3.5.2　工业共生的主要工作承担者分析

　　工业共生工作的主要承担者可能有本企业、其他公司、政府、科研院所和高校、国外组织，对案例地区的调查显示，由本企业承担主要工作的企业中有 81.4% 的企业处于循环利用的正式运行中，7.0% 的企业处于试运行中，有 10.4% 处于构思和设计中；由其他公司介入承担主要工作的企业全部处于循环利用的正式运行中，同样地，由政府、科研院所和高校介入承担主要工作的企业也全部处于正式运行中（见图3.12）。

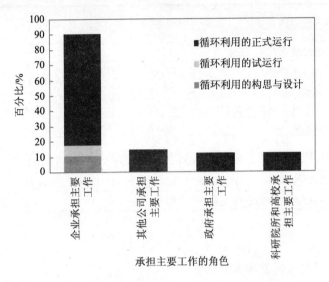

图 3.12   工业共生主要工作的承担者频数统计

Fig. 3.12   Frequency statistics of the undertakers in the work of Industrial symbiosis

3.5.3   其他角色对企业循环行为的作用分析

分析中涉及的变量及变量间的统计分析关系，如图 3.13 所示。对变量与循环行为作相关分析，分析结果见表 3.5。

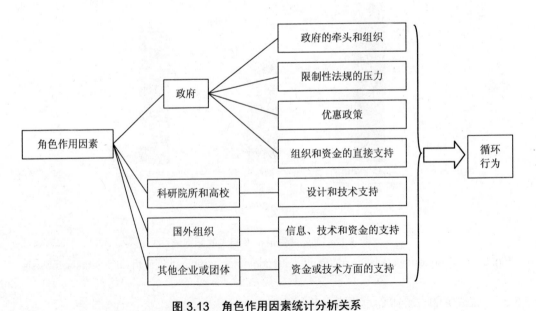

图 3.13   角色作用因素统计分析关系

Fig. 3.13   Relationship chart of statistical analysis on the role functions

表 3.5　企业以外角色作用与企业循环行为的相关分析

Table 3.5　Correlation analysis on the role function excepting the enterprise and circulation behaviors

		政府的牵头和组织	限制性法规的压力	优惠政策	政府组织和资金的直接支持	科研院所和高校技术和设计支持	国外组织信息、技术和资金支持	其他企业或团体资金或技术支持
循环行为	相关系数	−0.122	−0.107	0.106	0.325 *	0.210	0.101	0.125
	相伴概率	0.408	0.468	0.475	0.024	0.152	0.494	0.396
	N	48	48	48	48	48	48	48

注：*表示在 0.05 水平上显著。

优惠政策、政府组织和资金的直接支持、科研院所和高校技术和设计支持、国外组织信息、技术和资金支持和其他企业或团体资金或技术支持对企业的循环行为均有促进作用，而政府的牵头和组织以及限制性法规的压力对企业的循环行为不具备促进作用。

对具有促进作用的变量对循环行为进行交叉列联分析，分析结果表略。

在角色作用因素中政府的综合作用效果最大，其次是科研院所和高校（见图 3.14）。政府组织和资金的直接支持，科研院所和高校技术、设计支持的作用概率大且作用强（见表 3.6）。

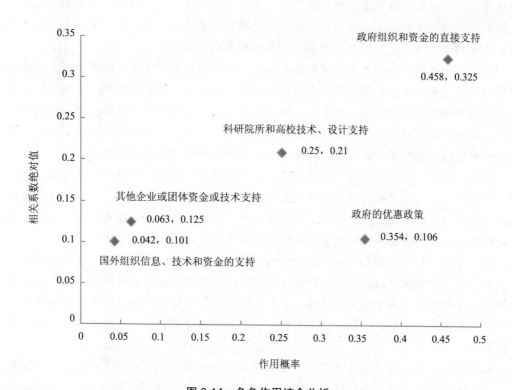

图 3.14　角色作用综合分析

Fig. 3.14　Comprehensive function analysis of the role functions

表 3.6　角色作用分析综合评价

Table 3.6　Comprehensive evaluation of the role function factors

角色	角色作用因素变量	作用概率	作用强度	综合影响	排序	角色作用综合评价
政府	组织和资金的直接支持	0.458	0.325	0.149	1	0.093
	优惠政策	0.354	0.106	0.038	3	
科研院所和高校	技术和设计支持	0.250	0.210	0.053	2	0.053
国外组织	信息、技术和资金支持	0.042	0.101	0.004	5	0.004
其他企业或团体	资金或技术支持	0.063	0.125	0.008	4	0.008

3.5.4　其他角色对驱动因素和阻碍因素的作用分析（略）

3.6　本章小结（略）

4　结论

本文结合产业生态学、经济学、管理学和数学等多学科的理论和研究方法，从企业、政府、科研院所和高校等角色的角度对企业间工业共生的形成与发展进行研究，在影响因素分析框架的基础上，以扬州为案例对影响因素进行分析，得到研究结论如下：

（1）对企业循环行为产生驱动作用的因素，其驱动效果由大到小排序为：产生一定的经济效益、生产工艺技术改进产生副产品、清洁生产工作、企业环保行为的群体效应、企业间领导的个人良好关系。其中经济性动因的驱动效果最强，在工业共生形成与发展的过程中产生的经济效益是驱动企业开展工业共生的最根本动力。

（2）对企业循环行为产生阻碍作用的因素，其阻碍效果由大到小排序为：缺少转化和应用的关键技术、运行和管理成本高、缺乏建设启动资金、循环物数量少、循环物来源或去向市场不稳定、缺少信息交流平台、难以建立稳定互信的合作关系、循环利用的经济获利小。其中，技术性阻碍因素是影响工业共生建设工作顺利进行的最关键阻碍因素，缺少转化和应用的关键技术是企业进行工业共生时所面临的最大阻碍和难题。

（3）工业共生形成与发展过程中，政府、科研院所和高校、其他企业或团体、国外组织的支持对企业的循环行为均具有促进作用。政府、科研院所和高校是工业共生形成与发展的主要助力；政府在组织和资金上的直接支持、科研院所和高校设计和技术上的支持以及政府的优惠政策对企业循环行为的促进作用最强。

（4）政府、科研院所和高校、其他企业或团体、国外组织的支持有利于解决循环物数量少的困境；政府在组织和资金上的直接支持对企业在循环经济方面的认知具有显著驱动作用，并有利于循环物市场的稳定性，有利于解决应用和转化的关键技术的缺少问题，可促进信息交流平台的构建；其他企业或团体、国外组织有利于企业间稳定互信的合作关系的建立。

本文的研究结论可以为政府促进工业共生方面的政策制定提供科学依据。在政策制定方面，可优先考虑上述结论中影响企业的关键性驱动因素和阻碍因素，并针对企业以外其他角色的作用地位，及其对驱动因素和阻碍因素的作用效果来制定政策。

参考文献（略）

论文（八）　基于 REILP 的抚仙湖流域水环境—经济系统规划研究

环境科学 2008　　张晓玲

指导教师　　黄凯

摘要：随着我国经济社会的快速发展，人类活动对湖泊造成恶劣影响，包括水资源短缺、水质恶化、水生态破坏等，同时湖泊流域水环境质量的恶化也逐渐成为制约流域可持续发展的瓶颈。抚仙湖是我国最大的深水型淡水湖泊，但是目前抚仙湖水质正从 I 类水向 II 类水过渡，开展抚仙湖流域水环境—经济系统优化、进行抚仙湖流域产业结构优化调整是十分必要的。

本文首先对抚仙湖流域的水环境与社会经济现状进行分析与问题诊断。重点选取对水环境保护与经济发展有重要指导意义的产业进行结构调整研究，主要包括第一产业中的农、林、畜牧业，第二产业中的磷矿业与非磷矿业及第三产业中的旅游业。经诊断发现，农田径流污染、畜牧业污染、磷矿业污染及农村生活污染是抚仙湖流域的主要污染源。为了更好地保护抚仙湖水质，本文设定了满足 I 类水 TP 水环境容量标准与更为严格的 TP 入湖负荷量低于抚仙湖满足 I 类水水环境容量标准的 90% 两种情景分别进行情景分析。为对抚仙湖流域未来社会经济及水环境发展开展全面规划，本文以 2007 年为基准年，按照 2008—2012年、2013—2017 年与 2018—2027 年三个时间段分别开展近、中、远期战略性规划。

本文构建以抚仙湖流域系统经济总收益最大化为目标，以水环境容量、资源约束、产业结构调整约束及技术约束等约束条件，综合考虑水环境—经济系统的各种不确定性，构建了抚仙湖流域水环境—经济系统区间线性优化模型，得到在保持抚仙湖 I 类水质前提下，达到抚仙湖流域产业结构调整方案的最乐观和最悲观两种极端状态。并进一步建立两情景三阶段共六种不同情况下的抚仙湖流域水环境—经济系统风险优化模型，获得不同期望水平下与系统风险下的决策变量最优解及系统收益最优值，增大决策者的选择范围。分析风险—收益曲线图，得到抚仙湖流域产业结构调整的低风险、高收益效率区域，进一步优化方案的选择。最后选取风险—收益曲线转折点为代表性优化方案，通过两种情景下的抚仙湖流域产业结构调整代表性优选方案分析，发现情景二下的各产业收益均高于情景一，更具优越性。REILP 优化模型将系统收益与系统风险定量化，决策者可以根据自身需求选择能够忍受的系统风险与期望的系统收益下的产业结构调整优化方案，实用性强。

关键词：线性优化　区间线性优化模型　系统风险　风险显性区间数线性规划　不确定性　抚仙湖

1 绪论

1.1 研究背景及选题依据（略）

1.2 国内外研究现状（略）

1.3 研究内容与技术路线

1.3.1 研究内容

1.3.1.1 抚仙湖流域水环境—经济系统现状分析、问题诊断

以 2007 年为规划基准年，通过文献调研及资料索取，包括统计年鉴、环境质量报告

书、抚仙湖流域水环境保护与水污染防治规划、抚仙湖水环境现状调查及发展趋势分析报告、抚仙湖及流域环境承载力与总量控制计算报告等，收集抚仙湖流域水环境和社会经济特征基础数据，为后续规划模型的建立提供必要的数据支撑。其中社会特征数据主要指农村人口与城镇人口、旅游人数、流域不同种植类型的面积、不同牲畜养殖数量、林业用地面积；经济特征数据主要包括农业不同种植类型的产值、畜牧业产值、林业产值、磷矿业与非磷矿业产值、旅游业产值等指标；水环境指标包括各种污染源的排放系数、总氮和总磷的水环境容量等。分析抚仙湖流域近年来社会经济发展模式、结构及水质的变化趋势，归纳抚仙湖流域社会经济发展的特征，对导致抚仙湖流域水质恶化的主要原因进行识别，确定问题所在。

1.3.1.2 情景分析与战略性规划

考虑中国环境科学学会、玉溪市抚仙湖管理局、玉溪市环境科学研究所及玉溪市人民政府等对抚仙湖流域的社会经济发展规划，农业、工业、旅游业调整规划及水质保护的具体要求，对抚仙湖流域未来社会经济及水环境发展开展全面规划，并按照时间段分为近期、中期、远期战略性规划，同时对满足 I 类水水环境容量标准和进一步严格约束入湖污染负荷两种情况进行情景分析，得到两情景三阶段共六种不同情况下的具体约束条件。

1.3.1.3 构建抚仙湖流域水环境—经济系统区间线性优化（ILP）模型

以抚仙湖流域第三产业产值（不同种植业类型的总产值、畜牧业产值、林业产值、非磷矿业与磷矿业产值、旅游业产值之和）最大化为目标，以水环境容量、土地面积约束、耕地面积约束、不同种植业类型面积约束、畜牧业约束、林业面积约束、水资源约束、技术约束等为约束条件，考虑到水环境—经济系统的各种不确定性，构建抚仙湖流域水环境—经济系统线性优化模型，得到在保持抚仙湖 I 类水质前提下，达到抚仙湖流域整体经济利益最大化的产业结构调整方案。同时应用 BWC 算法将两情景三阶段共六种不同情况下的 ILP模型分解成上、下限子模型，对每一种情况下的子模型分别进行求解，得到决策变量的区间值及系统收益区间值。接下来对系统收益、产业结构调整优化、种植业结构优化、畜牧业结构优化等分别进行对比分析，深入了解抚仙湖流域系统规划的意义。

1.3.1.4 抚仙湖流域水环境—经济系统 REILP 优化模型的建立

在构建六种不同情况下以抚仙湖流域水环境—经济系统风险（Risk Levels，RLs）最小为目标函数的风险显性的区间数线性规划模型（Risk Explicit Interval Linear Programming，REILP），输入不同的决策者期望水平值，得到不同期望水平下的离散的各决策变量最优解及系统收益最优值。最后将 RL 进行 0～1 标准化得到 NRLs，输出不同期望水平下，NRLs与系统经济收益曲线，为决策者管理决策提供科学依据。

1.3.1.5 结果分析与对比

通过求解抚仙湖流域水环境—经济系统 REILP 优化模型，可分别得到每种情景的近期、中期、远期规划在不同期望水平与系统风险下的决策方案，进行两种情景下的对比分析。

1.3.1.6 产业结构调整建议

通过风险—收益曲线图分析，可为决策者提供流域产业结构调整的低风险、高收益效率方案优选区域。对风险—收益曲线转折点进行深入研究分析，得到抚仙湖流域产业结构调整的代表性优选方案，并进行情景分析对比，为决策者提出情景选择及方案选择建议。

1.3.2　技术路线

基于 REILP 的抚仙湖流域水环境—经济系统规划研究的技术路线，如图 1.1 所示。

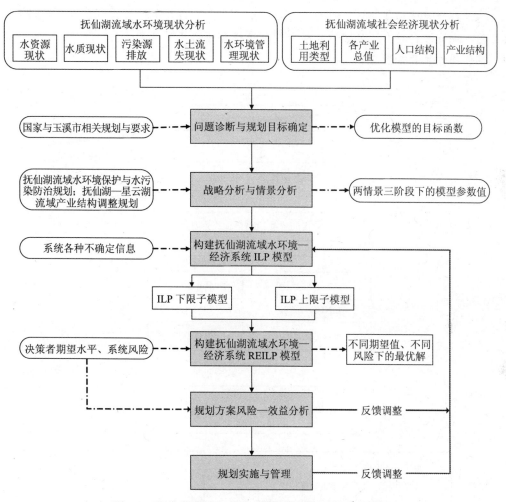

图 1.1　抚仙湖流域水环境—经济系统规划的技术路线

Fig. 1.1　Flow chart of water environment-economic system programming in Lake Fuxian

2　基于 REILP 的流域水环境—经济系统规划方法研究

2.1　线性优化模型（略）

2.2　区间线性规划模型（略）

2.3　风险显性的区间数线性优化模型

风险显性的区间数线性优化模型的求解可分为区间线性优化模型的求解与风险优化模型的求解两部分，可分为以下五步：

（1）应用 BWC 算法将 ILP 优化模型分解成 2 个子模型，分别求解得到目标函数的上下限；

（2）根据公式（2.28）~（2.32）构建风险优化模型；

（3）输入不同的决策者期望水平 λ_0 值，得到相应的决策变量最优解及系统风险值

（Risk Levels），通过计算得到系统收益；

（4）将系统风险值进行 0~1 标准化（Normalized Risk Levels，NRL），使其对应 ILP 模型子模型一时的值为 1，对应 ILP 模型子模型二时的值为 0;

（5）以 NRL 为横坐标，以决策者期望水平（λ_0）与系统收益为纵坐标，得到风险—收益图。决策者针对自己的偏好，根据图形选择合适自己的优化方案。

具体操作步骤如图 2.1 所示。

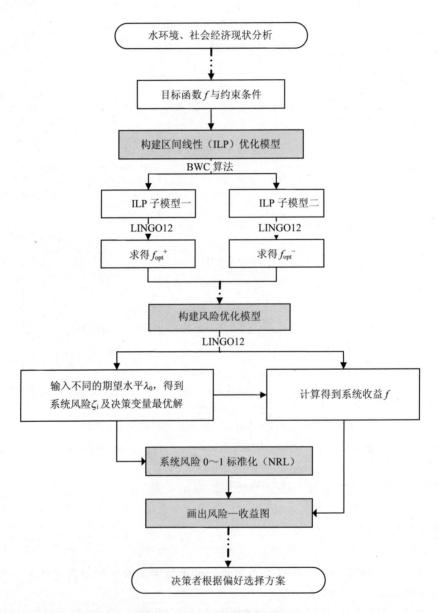

图 2.1　REILP 模型的求解步骤

Fig. 2.1　Solution steps of risk explicit internal linear programming model

3 抚仙湖流域水环境—经济系统现状分析

3.1 抚仙湖流域水环境—社会经济系统现状（略）

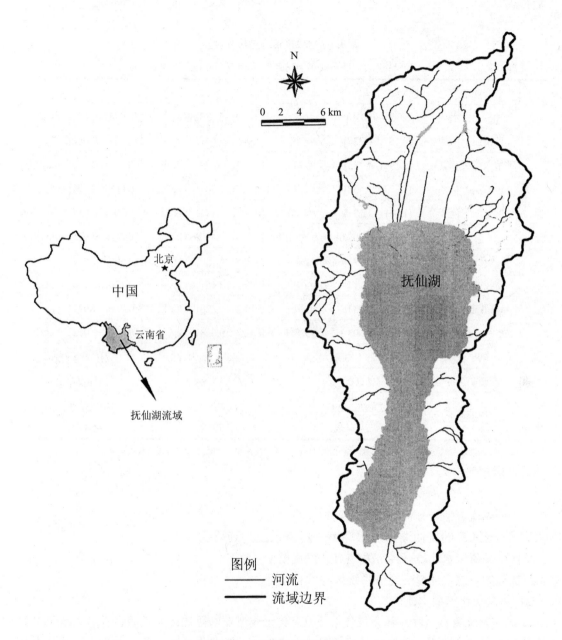

图 3.1 抚仙湖流域地理位置

Fig. 3.1 Location of Lake Fuxian

3.2 抚仙湖流域现状分析得到的模型参数

通过文献调研与资料索取，包括统计年鉴、环境质量报告书、抚仙湖流域水环境保护与水污染防治规划、抚仙湖水环境现状调查及发展趋势分析报告、抚仙湖及流域环境承载力与总量控制计算报告等，收集抚仙湖流域水环境和社会经济特征基础数据，得到单位产业部门产值及单位 TN、TP 排放量（见表 3.1），为后续抚仙湖流域水环境—社会经济系统优化模型的建立提够储备，是确定优化模型目标函数与约束条件中决策变量系数的重要依据。

表 3.1　单位产值与单位入湖量
Table 3.1　Unit output value and load into Lake Fuxian

	产业部门	单位产值	TN 入湖系数	TP 入湖系数
	种植业：水稻	[0.060，0.070]/（万元/亩①）	[0.458，0.733]/（kg/亩）	[0.034，0.054]/（kg/亩）
	种植业：烤烟	[0.187，0.227]/（万元/亩）	[1.905，3.047]/（kg/亩）	[0.051，0.082]/（kg/亩）
	种植业：大蒜菜豆	[0.195，0.235]/（万元/亩）	[1.021，1.634]/（kg/亩）	[0.085，0.136]/（kg/亩）
	种植业：花卉	[1.392，1.432]/（万元/亩）	[0.817，1.307]/（kg/亩）	[0.068，0.109]/（kg/亩）
第一产业	种植业：绿色蔬菜	[1.031，1.131]/（万元/亩）	[0.107，0.171]/（kg/亩）	[0.009，0.014]/（kg/亩）
	林业	[0.004 5，0.007 0]/（万元/亩）	[0.294，0.490]/（kg/亩）	[0.045，0.075]/（kg/亩）
	畜牧业：大牲畜	[0.071，0.091]/（万元/头）	[4.888，6.110]/（kg/头）	[0.806，1.007]/（kg/头）
	畜牧业：生猪	[0.097，0.117]/（万元/头）	[0.361，0.451]/（kg/头）	[0.136，0.170]/（kg/头）
	畜牧业：羊	[0.013，0.033]/（万元/只）	[0.182，0.228]/（kg/只）	[0.036，0.045]/（kg/只）
	畜牧业：家禽	[0.005 3，0.007 3]/（万元/只）	[0.022，0.028]/（kg/只）	[0.009，0.012]/（kg/只）
第二产业	磷矿业	24 000 万元	7.45/（kg/万元）	1.71/（kg/万元）
	非磷矿工业	242 000 万元	0.002 4/（kg/万元）	0/（kg/万元）
第三产业	旅游业	[290.79，292.79]/（元/人）	[7.170，11.472]/（kg/万人）	[0.965，1.544]/（kg/万人）

注：假定单位入湖量=单位排放量×入湖系数。绿色蔬菜中既包含绿色蔬菜也包括无公害蔬菜与有机蔬菜。

① 1 亩=1/15 hm²。

3.3 抚仙湖流域情景分析与战略性规划（略）

4 基于 REILP 的抚仙湖流域水环境—经济系统规划研究

4.1 抚仙湖流域水环境—经济系统 ILP 优化模型（略）

4.2 抚仙湖流域水环境—经济系统风险优化模型

4.2.1 风险优化模型构建

　　抚仙湖流域水环境—社会经济系统 ILP 优化模型可以通过区间数的形式表达系统中的不确定性信息，得到系统收益最多、风险最大的最乐观状态与系统收益最少、风险最小的最悲观状态两种极端情况，却无法进一步获得中间平衡状态，不能为科学决策提供有力的技术支持。为了明确系统收益与系统风险间的定量关系，本文在 ILP 模型的基础上继续构建风险优化模型，得到风险显性的抚仙湖流域水环境—社会经济系统优化模型（REILP），增强决策方案的科学性与可操作性。

4.2.1.1 目标函数：系统风险最小

$$\min \text{RISK} = \sum_{n=1}^{3} \text{RISK}_n \tag{4-1}$$

式中：

$$
\begin{aligned}
\text{RISK}_1 = & \Big[\sum_{i=1}^{6} (\text{RAGRP}_i^+ - \text{RAGRP}_i^-)(\text{SAGR}_{ijk})\lambda_{ijk} + \sum_{i=7}^{10} (\text{RSTOP}_i^+ - \text{RSTOP}_i^-)(\text{NSTO}_{ijk})\lambda_{ijk} \\
& + \sum_{i=13} (\text{RTOUP}_i^+ - \text{RTOUP}_i^-)(\text{PTOU}_{ijk})\lambda_{ijk} + (\text{RRUWP}^+ - \text{RRUWP}^-)(\text{PRUL}_{jk})\lambda_{14jk} \\
& + (\text{REXCP}^+ - \text{REXCP}^-)(\text{PRUL}_{jk})\lambda_{15jk} + (\text{PRUBP}^+ - \text{PRUBP}^-)(\text{PRUL}_{jk})\lambda_{16jk} \\
& + \lambda_{17jk}(\text{PCAP}_k^+ - \text{PCAP}_k^-) \Big] / \text{PCAP}_k^-, \forall j, k
\end{aligned} \tag{4-2}
$$

$$
\begin{aligned}
\text{RISK}_2 = & \Big[\sum_{i=1}^{6} (\text{RAGRN}_i^+ - \text{RAGRN}_i^-)(\text{SAGR}_{ijk})\gamma_{ijk} + \sum_{i=7}^{10} (\text{RSTON}_i^+ - \text{RSTON}_i^-)(\text{NSTO}_{ijk})\gamma_{ijk} \\
& + \sum_{i=13} (\text{RTOUN}_i^+ - \text{RTOUN}_i^-)(\text{PTOU}_{ijk})\gamma_{ijk} + (\text{RRUWN}^+ - \text{RRUWN}^-)(\text{PRUL}_{jk})\gamma_{14jk} \\
& + (\text{REXCN}^+ - \text{REXCN}^-)(\text{PRUL}_{jk})\gamma_{15jk} + (\text{PRUBN}^+ - \text{PRUBN}^-)(\text{PRUL}_{jk})\gamma_{16jk} \\
& + \gamma_{17jk}(\text{NCAP}_k^+ - \text{NCAP}_k^-) \Big] / \text{NCAP}_k^-, \forall j, k
\end{aligned} \tag{4-3}
$$

$$
\begin{aligned}
\text{RISK}_3 = & \Big[\sum_{i=1}^{6} (\text{EAGR}_i^+ - \text{EAGR}_i^-)(\text{SAGR}_{ijk})\rho_{ijk} + \sum_{i=7}^{10} (\text{ESTO}_i^+ - \text{ESTO}_i^-)(\text{NSTO}_{ijk})\rho_{ijk} \\
& + \rho_{11jk}(\text{MAGR}_{jk}^+ - \text{MAGR}_{jk}^-) \Big] / \text{MAGR}_{jk}^-, \forall j, k
\end{aligned} \tag{4-4}
$$

4.2.1.2 约束条件

1. 区间不确定性约束

$$
\begin{aligned}
& \sum_{i=1}^{6} [\text{EAGR}_i^- + (\text{EAGR}_i^+ - \text{EAGR}_i^-)\lambda_0]\text{SAGR}_{ijk} + \sum_{i=7}^{10} [\text{ESTO}_i^- + (\text{ESTO}_i^+ - \text{ESTO}_i^-)\lambda_0]\text{NSTO}_{ijk} \\
& + \sum_{i=11}^{12} \text{IN}_{ijk} + \sum_{i=13} [\text{ETOU}_i^- + (\text{ETOU}_i^+ - \text{ETOU}_i^-)\lambda_0]\text{PTOU}_{ijk} \geqslant f_{jk}^- + (f_{jk}^+ - f_{jk}^-)\lambda_0, \forall j, k
\end{aligned}
$$

$$\tag{4-5}$$

$$\sum_{i=1}^{6}(RAGRP_i^+)SAGR_{ijk} + \sum_{i=7}^{10}(RSTOP_i^+)NSTO_{ijk} + \sum_{i=13}(RTOUP_i^+)PTOU_{ijk}$$

$$+(RRUWP^+)PRUL_{jk} + (REXCP^+)PRUL_{jk} + (PRUBP^+)PRUL_{jk} - PCAP_k^-$$

$$\leqslant \sum_{i=1}^{6}(RAGRP_i^+ - RAGRP_i^-)(SAGR_{ijk})\lambda_{ijk} + \sum_{i=7}^{10}(RSTOP_i^+ - RSTOP_i^-)(NSTO_{ijk})\lambda_{ijk}$$

$$+\sum_{i=13}(RTOUP_i^+ - RTOUP_i^-)(PTOU_{ijk})\lambda_{ijk} + (RRUWP^+ - RRUWP^-)(PRUL_{jk})\lambda_{14jk}$$

$$+(REXCP^+ - REXCP^-)(PRUL_{jk})\lambda_{15jk} + (PRUBP^+ - PRUBP^-)(PRUL_{jk})\lambda_{16jk}$$

$$+\lambda_{17jk}(PCAP_k^+ - PCAP_k^-), \forall j,k \tag{4-6}$$

$$\sum_{i=1}^{6}(RAGRN_i^+)SAGR_{ijk} + \sum_{i=7}^{10}(RSTON_i^+)NSTO_{ijk} + \sum_{i=13}(RTOUN_i^+)PTOU_{ijk}$$

$$+(RRUWN^+)PRUL_{jk} + (REXCN^+)PRUL_{jk} + (PRUBN^+)PRUL_{jk} - NCAP_k^-$$

$$\leqslant \sum_{i=1}^{6}(RAGRN_i^+ - RAGRN_i^-)(SAGR_{ijk})\gamma_{ijk} + \sum_{i=7}^{10}(RSTON_i^+ - RSTON_i^-)(NSTO_{ijk})\gamma_{ijk}$$

$$+\sum_{i=13}(RTOUN_i^+ - RTOUN_i^-)(PTOU_{ijk})\gamma_{ijk} + (RRUWN^+ - RRUWN^-)(PRUL_{jk})\lambda_{14jk}$$

$$+(REXCP^+ - REXCP^-)(PRUL_{jk})\lambda_{15jk} + (PRUBP^+ - PRUBP^-)(PRUL_{jk})\lambda_{16jk}$$

$$+\gamma_{17jk}(NCAP_k^+ - NCAP_k^-), \forall j,k \tag{4-7}$$

$$\sum_{i=1}^{6}(EAGRN_i^+ - EAGRN_i^-)(SAGR_{ijk})\rho_{ijk} + \sum_{i=7}^{10}(ESTO_i^+ - ESTO_i^-)(NSTO_{ijk})\rho_{ijk}$$

$$+\rho_{11jk}(MAGR_{jk}^+ - MAGR_{jk}^-) \geqslant \sum_{i=1}^{6}(EAGR_i^-)SAGR_{ijk} + \sum_{i=7}^{10}(ESTO_i^-)NSTO_{ijk}$$

$$-MAGR_{jk}^+, \forall j,k \tag{4-8}$$

2. 确定性约束条件
（1）土地总资源约束：

$$\sum_{i=1}^{6}SAGR_{ijk} + SLAk + STRA < STOL, \forall j,k \tag{4-9}$$

（2）耕地面积约束：

$$\sum_{i=1}^{5} \mathrm{SAGR}_{ijk} \leqslant \mathrm{STEP}_{j\max}, \sum_{i=1}^{5} \mathrm{SAGR}_{ijk} \geqslant \mathrm{STEP}_{j\min}, \forall j,k \qquad （4\text{-}10）$$

（3）水资源约束：

$$(\mathrm{WAGR})\sum_{i=1}^{6} \mathrm{SAGR}_{ijk} + (\mathrm{WSTO})\sum_{i=7}^{10} (\mathrm{ESTO}_i^{\pm}) \mathrm{NSTO}_{ijk} + (\mathrm{WIN})\sum_{i=11}^{12} \mathrm{IN}_{ijk}$$

$$+(\mathrm{WRUL})\mathrm{PRUL}_{jk} + \mathrm{WURB} \leqslant \mathrm{WCAP}, \forall j,k \qquad （4\text{-}11）$$

（4）农村人口约束：

$$\mathrm{PRUL}_{jk} \leqslant \mathrm{PTOL}_{jk\max}, \mathrm{PRUL}_{jk} \geqslant \mathrm{PTOL}_{jk\min}, \forall j,k \qquad （4\text{-}12）$$

（5）种植结构调整约束：

$$\mathrm{SAGR}_{ijk} \leqslant \mathrm{SEVE}_{ijk\max}, \mathrm{SAGR}_{ijk} \geqslant \mathrm{SEVE}_{ijk\min}, i=1,2,\cdots,5; \forall j,k \qquad （4\text{-}13）$$

（6）畜牧业结构调整约束：

$$\mathrm{NSTO}_{ijk} \leqslant \mathrm{NEVE}_{ijk\max}, \mathrm{NSTO}_{ijk} \geqslant \mathrm{NEVE}_{ijk\min}, i=7,8,\cdots,10; \forall j,k \qquad （4\text{-}14）$$

（7）工业产值约束：

$$\sum_{i=11}^{12} \mathrm{IN}_{ijk} \leqslant \mathrm{SIN}_{jk\max}, \sum_{i=11}^{12} \mathrm{IN}_{ijk} \geqslant \mathrm{SIN}_{jk\min}, i=11,12; \forall j,k \qquad （4\text{-}15）$$

（8）森林面积约束：

$$\sum_{i=6} \mathrm{SARG}_{ijk} \geqslant \mathrm{SFOR}_{jk\min}, \forall j,k \qquad （4\text{-}16）$$

（9）旅游业约束：

$$\sum_{i=13} \mathrm{PTOU}_{ijk} \leqslant \mathrm{MTOU}_j, \forall j,k \qquad （4\text{-}17）$$

（10）技术约束：

$$\mathrm{SAGR}_{ijk} \geqslant 0, \mathrm{NSTO}_{ijk} \geqslant 0, \mathrm{IN}_{ijk} \geqslant 0; \mathrm{PTOU}_{ijk} \geqslant 0, \mathrm{PRUL}_{jk} \geqslant 0$$

$$0 \leqslant \lambda_0 \leqslant 1, 0 \leqslant \lambda_{ijk} \leqslant 1, 0 \leqslant \gamma_{ijk} \leqslant 1, 0 \leqslant \rho_{ijk} \leqslant 1, \forall i,j,k \qquad （4\text{-}18）$$

式中，λ_0 为决策者期望水平；λ_{ijk}、γ_{ijk} 与 ρ_{ijk} 为变化系数；其他变量定义与 ILP 优化模

型相同。

4.2.2 求解风险优化模型

　　风险优化模型中的变量为各产业规模（与 ILP 的决策变量相同）及新定义的变化系数 λ_{ijk}、γ_{ijk} 与 ρ_{ijk}，其他均为模型参数。该模型的目标函数中产业规模变量与变化系数为相乘形式，因此该风险优化模型为非线性优化模型（NLP），在实际运算过程中，每次输入不同的 λ_0（$0 < \lambda_0 < 1$）值，采用 LINGO12 求解模型得到相应决策者期望水平下的系统风险（RISK Level，NL）与产业调整方案，将系统风险 0~1 标准化得到 NRL，并通过计算得到系统收益值（附录 B 列出了情景二远期规划阶段的 REILP 模型 LINGO 求解代码）。可见，风险优化模型结合了决策者期望水平 λ_0、系统风险 RISK、不同产业规模方案及系统收益，综合了决策信息、模型风险及抚仙湖流域的实际状况，决策者根据自己的期望与系统风险，可以选择符合自己意愿的产业结构调整方案，可操作性强，为抚仙湖流域的经济、环境协调发展开拓新领域。二情景三优化阶段下的模型运行结果分别如表 4.1~表 4.3 所示，分析可知 $\lambda_0 =0.00$ 时的风险优化最优值及最优解与抚仙湖流域 ILP 优化模型的最悲观状态相同，此时的系统收益最少，但 NRL=0.000，是无风险的确定情形；$\lambda_0 =1.00$ 时的风险优化结果对应于 ILP 优化模型的最乐观状态，此时的系统收益最少，但 NRL=1.000，是不确定最高的情形。通过风险分析，我们进一步得到了系统风险与系统收益在最悲观与最乐观中间的多种状态，为决策者对每一种情景每一种规划阶段下的优化方案选择提供了多种可能性。

表 4.1　情景一近期规划阶段的风险显性分析

Table 4.1　Risk explicit analysis for recent planning under secne one

决策变量	单位	情景一近期规划阶段					
		$\lambda_0=0.00$	$\lambda_0=0.20$	$\lambda_0=0.40$	$\lambda_0=0.60$	$\lambda_0=0.80$	$\lambda_0=1.00$
系统收益	万元	515 379.90	516 998.24	518 616.58	520 234.92	521 853.26	523 471.60
NRL	—	0.000	0.033	0.174	0.495	0.767	1.000
水稻	亩	38 000	38 000	38 000	38 000	38 000	38 000
烤烟	亩	49 614.35	50 000.00	49 500.00	49 500.00	49 500.00	49 500.00
大蒜菜豆	亩	4 000	4 000	4 500	4 500	4 500	4 500
花卉	亩	6 000	6 000	6 000	6 000	6 000	6 000
绿色蔬菜	亩	2 000	2 000	2 000	2 000	2 000	2 000
林业	亩	291 010.0	291 010.0	297 743.9	326 234.7	353 019.2	371 010.0
大牲畜	头	8 331	8 331	8 531	8 531	8 531	8 531
生猪	头	58 113	59 232.05	60 313	60 313	60 313	60 313
羊	只	11 883	11 883	12 083	12 083	12 083	12 083
家禽	只	596 038	596 038	597 038	597 038	597 038	597 038
磷矿业	万元	0	0	0	0	0	0
非磷矿业	万元	380 000	380 000	380 000	380 000	380 000	380 000
旅游人次	万人次	350	350	350	350	350	350
农村人口	万人	10.7	10.7	10.7	10.7	10.7	10.7

表 4.2 情景一中期规划阶段的风险显性分析

Table 4.2 Risk explicit analvsis for medium term planning under secne one

决策变量	单位	情景一中期规划阶段					
		$\lambda_0=0.00$	$\lambda_0=0.20$	$\lambda_0=0.40$	$\lambda_0=0.60$	$\lambda_0=0.80$	$\lambda_0=1.00$
系统收益	万元	686 230.7	688 300.5	690 370.3	692 440.1	694 509.9	696 579.7
NRL	—	0.000	0.019	0.037	0.117	0.592	1.000
水稻	亩	33 000	33 000	33 000	33 000	33 000	33 000
烤烟	亩	34 436.90	37 127.61	39 606.19	38 500.00	38 500.00	38 500.00
大蒜菜豆	亩	2 000	2 000	2 000	3 500	3 500	3 500
花卉	亩	5 000	5 000	5 000	5 000	5 000	5 000
绿色蔬菜	亩	15 000	15 000	15 000	15 000	15 000	15 000
林业	亩	391 010	391 010	391 010	391 010	465 071.5	521 010
大牲畜	头	6 731	6 731	6 731	6 731	6 731	7 131
生猪	头	48 113	48 113	48 113	51 313	51 313	51 313
羊	只	9 683	9 683	9 683	10 083	10 083	10 083
家禽	只	485 038	485 038	485 038	487 038	487 038	487 038
磷矿业	万元	0	0	0	0	0	0
非磷矿业	万元	500 000	500 000	500 000	500 000	500 000	500 000
旅游人次	万人次	500	500	500	500	500	500
农村人口	万人	10	10	10	10	10	10

表 4.3 情景一远期规划阶段的风险显性分析

Table 4.3 Risk explicit analvsis for long term planning under secne one

决策变量	单位	情景一远期规划阶段					
		$\lambda_0=0.00$	$\lambda_0=0.20$	$\lambda_0=0.40$	$\lambda_0=0.60$	$\lambda_0=0.80$	$\lambda_0=1.00$
系统收益	万元	926 478.70	928 459.76	930 440.82	932 421.88	934 402.94	936 384.00
NRL	—	0.000	0.081	0.373	0.617	0.823	1.000
水稻	亩	27 000	27 000	27 000	27 000	27 000	27 000
烤烟	亩	30 000	30 000	30 000	30 000	30 000	30 000
大蒜菜豆	亩	0	0	0	0	0	0
花卉	亩	4 500	4 500	4 500	4 500	4 500	4 500
绿色蔬菜	亩	28 500	28 500	28 500	28 500	28 500	28 500
林业	亩	471 010.0	471 010.0	505 787.5	535 128.0	565 977.7	581 235.0
大牲畜	头	5 781	6 202.259	6 231	6 231	6 231	6 231
生猪	头	43 939	45 313	45 313	45 313	45 313	45 313
羊	只	8 383	9 083	9 083	9 083	9 083	9 083
家禽	只	420 038	424 038	424 038	424 038	424 038	424 038
磷矿业	万元	0	0	0	0	0	0
非磷矿业	万元	700 000	700 000	700 000	700 000	700 000	700 000
旅游人次	万人次	600	600	600	600	600	600
农村人口	万人	8.5	8.5	8.5	8.5	8.5	8.5

4.2.3　模型结果分析

选取随决策者期望水平λ_0有较明显变化的林地面积、烤烟面积及旅游人次优化结果作图，如图4.1-4.3所示。

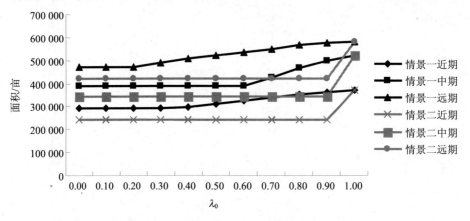

图4.1　不同期望水平下的林地面积优化

Fig. 4.1　Forestry size optimization under different aspiration level values

情景二下的抚仙湖流域烤烟面积在$\lambda_0=0.70$时开始上升，在$\lambda_0=0.90$时达到最大值。而情景一下的烤烟面积变化却很独特，其经历了先上升后下降的阶段，尤其是情景一的中期规划阶段变化最为明显（见图4.2），在$\lambda_0=0.50$处达到极值，其后又逐渐下降至ILP模型优化结果的区间上限值，达到最乐观状态。

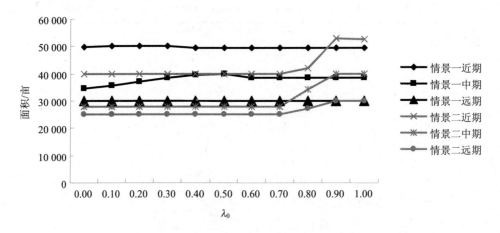

图4.2　不同期望水平下的烤烟面积优化

Fig. 4.2　Flue-cured tobacco size optimization under different aspiration level values

抚仙湖流域旅游业的优化结果在两种情景下亦是不完全相同的，如图4.3所示。情景一三规划阶段下的旅游人次数随λ_0的升高保持不变，而情景二下，旅游人次数随λ_0的升高却缓慢升高，直至$\lambda_0=0.60$或0.70时达到旅游环境容量。

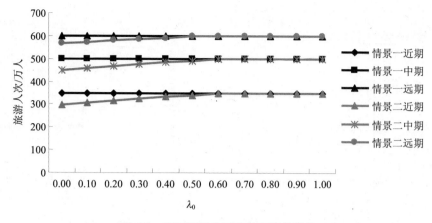

图 4.3　不同期望水平下的旅游业优化

Fig. 4.3　Tourism optimization under different aspiration level values

4.2.4　风险—收益曲线分析

以标准化后的系统风险 NRL 为横坐标，以决策者期望水平（λ_0）与系统收益为纵坐标，得到两种情景三个规划阶段的风险—收益图，如图 4.4 所示。

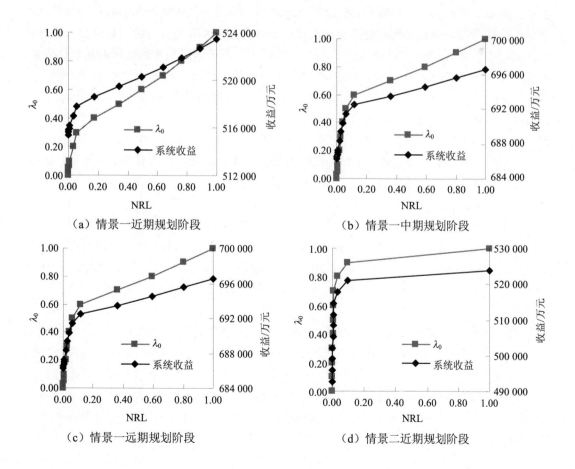

（a）情景一近期规划阶段　　　　　　　　（b）情景一中期规划阶段

（c）情景一远期规划阶段　　　　　　　　（d）情景二近期规划阶段

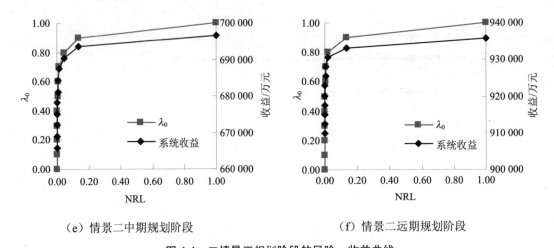

（e）情景二中期规划阶段　　　　　　　　（f）情景二远期规划阶段

图 4.4　二情景三规划阶段的风险—收益曲线

Fig. 4.4　Trade-off curve for three planning stages under two secnes

由图 4.4 可知，对于要求满足抚仙湖流域 I 类水环境容量标准的情景一而言，在 2008—2012 年的近期规划阶段，当系统风险 NRL＜0.10（λ_0＜0.35）时，系统收益急剧增长，此区域内的系统风险较少，同时系统收益的增长率很高，是决策者以小风险获得高收益效率的最佳选择范围。当超过此转折点后，系统收益曲线变得略趋平缓，增加单位系统风险的收益增加不明显，此时为高风险低收益效率选择区域，不提倡决策者此范围内的优化方案。同理，情景一中期规划阶段的低风险高收益效率最佳选择区域范围为 NRL＜0.15（λ_0＜0.70）；而 NRL＜0.10（λ_0＜0.25）为情景一远期规划阶段的最佳优化方案选择范围。

对污染源 TP 入湖负荷要求更为严格的情景二的风险—收益曲线形式要优于情景一，因为情景二中三规划阶段的系统收益首先随着 NRL 急剧增加，过了转折点后系统收益基本保持不变，与情景一相比更为平缓，更能突出低风险高收益效率的重要性。情景二近期、中期、远期优化阶段的最优选择区域十分一致，都为 NRL＜0.15，而 λ_0＜0.90。

4.2.5　最优方案讨论

分别选取二情景三优化阶段风险—收益曲线的近似转折点，作为抚仙湖流域水环境—社会经济系统最优产业结构调整方案的代表性方案，进行深入分析。情景一的近期、中期、远期分别选取 λ_0＝0.30，λ_0＝0.70，λ_0＝0.20；情景二的近期、中期、远期分别选取 λ_0＝0.90，λ_0＝0.90，λ_0＝0.90，抚仙湖流域水环境—社会经济系统优化方案分析如下。

4.2.5.1　社会经济总收益状况

代表性最优方案优化结果中近期、中期、远期三个规划阶段的社会经济年均总收益不断增加，2008—2012 年，如图 4.5 所示，情景一抚仙湖流域的年均收益达 51.78 亿元，增长比例为 28.95%；2013—2017 年年均收益增长为 69.35 亿元，增长了 72.70%；到 2018—2027 年，抚仙湖流域的年均收益为 92.85 亿元，在 2007 年基准年的基础上增长了 131.22%。情景二下抚仙湖流域经济收益要略优于情景一，在三阶段下的增长率依次为 29.70%、72.72%和 132.41%。

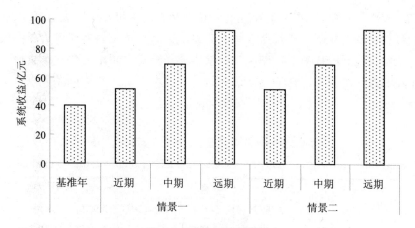

图 4.5　社会经济总收益

Fig. 4.5　Social economy total return

4.2.5.2　第三产业结构优化

对比分析两情景可发现,两情景下的第三产业产值几乎一致,甚至会略高于情景一(见图 4.6)。在经济收益相同的情况下, 情景二对保护抚仙湖 TP 入湖负荷的要求更为严格, 充分体现了情景二的优越性,这与 ILP 优化模型的最悲观状态下的分析结果是截然不同的。最悲观状态下, 优化模型不含有系统风险, TP 环境容量的紧约束条件限制了经济收益的增加,然而, 现在的代表性方案为低风险高收益效率下的最优选择方案,模型在含有很低的系统风险的基础上获得了较大的系统收益, 充分体现了抚仙湖流域经济与环境协调发展的思想。

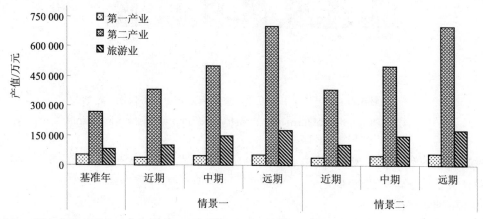

注: 图中的第一产业只包含农、林、牧业。

图 4.6　代表性优化方案的第三产业结构

Fig. 4.6　Three industry instructure of the representative optimization scheme

4.2.5.3　第一产业结构优化

由表 4.4 与图 4.7 可知, 抚仙湖流域代表性方案优化结果中, 畜牧业无论是从产值上还是从在第一产业中所占比例均处于不断下降的趋势,这对削减畜牧业污染负荷是非常有利的。对于种植业, 近期规划阶段的产值及比例要低于 2007 年基准年的产值与比例, 这是因为水稻、烤烟、花卉、大蒜和菜豌豆的种植面积在近期规划阶段大量减少；而在中期、远期，污染极少的绿色蔬菜、有机蔬菜与无公害蔬菜的种植面积大量增加，导致收益又高于基准年。从整个规划阶段来看，种植业产值在第一产业中的比重仍是很大的，且呈上升趋势。为了提高森林覆盖率，抚仙湖流域林业总产值在不断提升，但在第一产业中的比例基本处于稳定状态。

表 4.4　第一产业中种植业、林业与畜牧业产值

Table 4.4　Farming，forestry and animal husbandry output in the first industry

产业产值/万元	基准年	情景一			情景二		
		近期	中期	远期	近期	中期	远期
种植业	37 755.1	23 718.0	34 884.0	43 777.5	25 960.2	35 776.0	46 467.0
林业	975.0	1 527.8	2 658.7	2 355.1	1 626.8	2 301.8	2 841.8
畜牧业	14 814.0	10 575.1	9 837.3	7 613.2	10 827.1	9 173.9	8 363.2

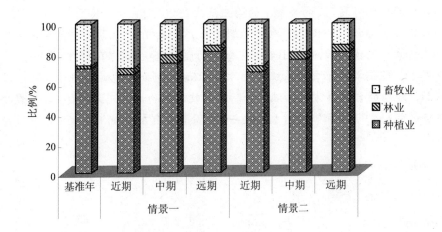

图 4.7　第一产业中种植业、林业与畜牧业所占比例

Fig. 4.7　Proportion of farming，forestry and animal husbandry output

　　对比分析两种情景发现，情景二在每一规划阶段的农、林、牧业产值值均高于情景一，进一步证实了情景二的优越性。

4.2.5.4　种植业结构优化

　　为了控制抚仙湖流域面源污染，水稻、烤烟、花卉、大蒜和菜豌豆的种植面积在规划的三个阶段不断下降（见图 4.8），到了规划的远期阶段，抚仙湖流域不再种植污染最为严重的大蒜和菜豌豆，而是大量地种植污染低、收益高的绿色蔬菜、有机蔬菜与无公害蔬菜。除了烤烟，情景二中其他种植类型的作物面积及牲畜养殖数量均小于或等于情景一，这对降低 TP 与 TN 污染负荷，保护抚仙湖水质是十分有益的。但是情景二的森林面积低于情景一，从提高森林覆盖率、防治水体流失考虑，情景二略逊于情景一。

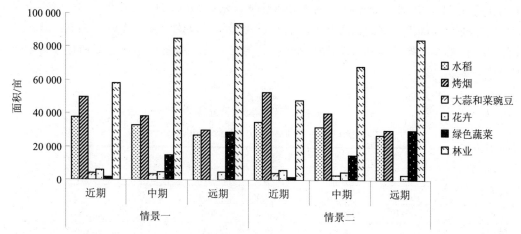

注: 图中的牧业面积为实际值的 1/5。

图 4.8　种植业优化结果

Fig. 4.8　Planting types optimization results

4.2.5.5　畜牧业结构优化

由图 4.9 可以看出, 抚仙湖流域大牲畜、生猪、羊及家禽的养殖数量在近期、中期、远期规划阶段不断减少。例如, 情景一中生猪的数量在三规划阶段的削减比例分别为 14.51%、27.02% 和 35.56%。因为情景二要求抚仙湖流域 TP 入湖负荷总量低于情景一入湖总量的 10%, 因此对畜牧业养殖数量的削减量均高于同期情景一的削减量。

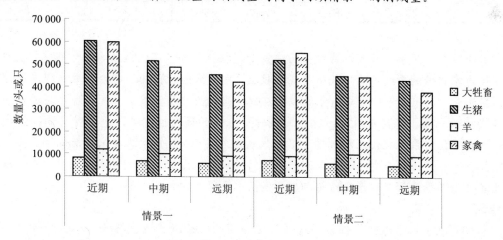

注: 为了作图方便, 将家禽的数量换算为原来的 1/10。

图 4.9　畜牧业优化结果

Fig. 4.9　Animal husbandry optimization results

4.2.5.6　污染物入湖负荷分配

第一产业污染为抚仙湖流域的主要污染来源, 如表 4.5、表 4.6 所示。随着种植业与畜牧业的结构调整, 第一产业污染得以大量削减。

情景二下各规划阶段的 TN 与 TP 入湖负荷分配均高于情景一, 但是情景二的优化结果是在满足 TP 入湖负荷小于抚仙湖 I 类水环境容量的 90%，TN 入湖负荷小于抚仙湖 I 类水环境容量的基础上得到的，已经可以充分满足保护抚仙湖水质的要求。而且，代表性优化方案的情景二的各产业收益均高于情景一。综上所述，我们认为情景二的优化方案更具有优势。

表 4.5　TP 入湖负荷分配

Table 4.5　TP load into lake distributions

产业类型/t	基准年	情景一			情景二		
		近期	中期	远期	近期	中期	远期
第一产业	76.98	46.07	55.15	47.37	46.83	48.06	50.42
工业	40.98	0.03	0.04	0.06	0.03	0.04	0.06
旅游业	0.38	0.40	0.68	0.65	0.45	0.68	0.85
农村生活	24.87	16.29	17.39	12.48	19.76	18.47	15.70

表 4.6　TN 入湖负荷分配

Table 4.6　TN load into lake distributions

产业类型/t	基准年	情景一			情景二		
		近期	中期	远期	近期	中期	远期
第一产业	614.57	346.30	399.71	328.19	359.07	347.31	360.80
工业	179.33	0.91	1.20	1.68	0.91	1.20	1.68
旅游业	2.82	2.96	5.10	4.82	3.32	5.01	6.29
农村生活	130.87	89.23	94.84	68.45	107.59	100.56	85.47

综上分析，风险—收益曲线能够为决策者提供低风险、高收益效率的方案选择区域，使决策者在较低的系统风险下获得更高的收益。同时风险优化模型将系统风险与系统经济收益定量化，决策者可以根据自己的偏好在优化区域里进行方案选择，实现水环境保护与经济发展的双赢。尤其是风险—收益曲线转折点处的代表性方案，通过对抚仙湖流域水环境—社会经济系统优化在两种情景下的代表性方案可知，情景二在维持抚仙湖 I 类水质的前提下，各产业收益更高，更有利于产业结构调整。因此，对于代表性方案而言，建议决策者优先选择情景二的产业结构调整方案。

5 结论

本文开展了基于风险显性区间线性优化模型的抚仙湖流域水环境—社会经济系统优化研究，为决策者指明了优化中低风险、高收益效率的重点选择区域，对流域规划的实际应用具有重要意义。

（1）农田径流污染、畜牧业污染、磷矿业污染及农村生活污染是抚仙湖流域的主要污染源。

（2）为对抚仙湖流域未来社会经济及水环境发展开展全面规划，本文以 2007 年为基准年，按照 2008—2012 年、2013—2017 年和 2018—2027 年三个时间段分别开展近期、中期、远期战略性规划。为了更好地保护抚仙湖水质，本文设定了满足 I 类水 TP 水环境容量标准与更为严格的 TP 入湖负荷量低于抚仙湖满足 I 类水水环境容量标准的 90% 两种情景分别进行情景分析。

（3）本文构建了抚仙湖流域水环境—经济系统区间线性优化模型（ILP），得到在保持抚仙湖Ⅰ类水质前提下，达到抚仙湖流域产业结构调整方案的最乐观和最悲观两种极端状态。发现最悲观状态下，情景二的系统收益值要低于情景一的相应规划阶段，但为了达到TP环境容量的约束，情景二的污染负荷削减量要高于情景一。

（4）建立抚仙湖流域水环境—经济系统风险优化模型，通过风险分析，得到不同期望水平、不同风险下的若干中间状态，增大决策者的选择范围。REILP优化模型将系统收益与系统风险定量化，决策者可以根据自身需求选择能够忍受的系统风险与期望的系统收益下的产业结构调整优化方案，实用性强。

（5）分析风险—收益曲线图，得到抚仙湖流域产业结构调整的低风险、高收益效率区域，进一步优化方案的选择。在此区域内，每升高单位不确定性的系统收益增加是最大的，是决策者选择优化方案的最佳区域，尤其是风险—收益曲线转折点处的代表性优化方案，具有更重要的意义。通过两种情景下的抚仙湖流域产业结构调整代表性优选方案分析，发现情景二下的各产业收益均高于情景一，更具优越性。

参考文献（略）

附录（略）

3.6　本科生实验、综合实习报告选编

实践课程体系是学科建设和本科生培养的重要基础，环境科学学科近年来在提升理论教学质量的同时，非常重视实践教学体系的改进和完善。所有专业课程都设有相应的实验、课程设计或实习实践教学环节，其中：开设实验的课程有环境化学、环境监测、环境工程原理、环境土壤学、环境生物学、植物学、水污染控制工程、大气污染控制工程、膜分离技术等；开设课程设计的课程有环境规划与管理、环境影响评价、水污染控制工程、大气污染控制工程、固体废弃物处理处置技术等；实习、实践教学环节以现场参观为主，实习内容包括：植物学、环境监测、水污染控制工程、大气污染控制工程、固体废弃物处理处置技术、物理性污染控制工程、环境生态学、水污染生态修复技术等。现选编部分课程的实验报告、实习报告及课程设计报告，以充分体现实践教学的建设成果。

3.6.1　本科生实验报告选编

实验报告（一）　苯酚的光降解与光催化降解速率的测定（《环境化学》实验）

一、实验目的

测定苯酚在光作用下的降解速率，并求得速率常数。

二、实验原理

溶于水中的有机污染物，在太阳光的作用下分解，不断产生自由基，具体过程如下：

$$RH \longrightarrow H \cdot + R \cdot$$

除自由基外，水体中还存在有单态氧，使得天然水中的有机污染物不断地被分解，最

终生成 CO_2、CH_4 和 H_2O 等。因此，光降解是天然水体有机污染物的途径之一。

天然水体中有机污染物的光降解速率，可用下式表示：

$$-\frac{dc}{dt} = kc[O_x]$$

式中：c——时间为 t 时刻测得苯酚的浓度；

[O_x]——天然水中的氧化性基团的浓度，一般是定值，认为其在反应过程。

上式积分得：

$$\ln\frac{c_0}{c} = k[O_x]t = k't$$

式中：c_0——天然水中苯酚的初始浓度；

k'——衰减曲线的斜率，即光降解速率常数。通过绘制 $\ln\frac{c_0}{c} = -t$ 关系曲线，可求得 k'。

本实验在含苯酚的蒸馏水溶液中加入 H_2O_2，模拟含酚天然水进行光解实验。苯酚的测定是根据在氧化剂铁氰化钾存在的碱性条件下，苯酚与 4-氨基安替比林反应，生成橘红色的吲哚酚安替比林染料，其水溶液呈红色，在 510 nm 处有最大吸收。在一定浓度范围内，苯酚的浓度与吸光度值呈线性关系。

三、仪器与试剂

1. 仪器

（1）可见分光光度计：722 s 分光光度计（上海精密仪器有限公司）；

（2）磁力搅拌器；

（3）高压汞灯：400W；

（4）紫外分光光度计：UV-2600（天美）；

（5）TOC 测定仪：TOC-vcsn。

2. 试剂

（1）1 000 mg/L 苯酚标准储备液

（2）50 mg/L 苯酚标准中间液：取苯酚标准储备液 5 mL，稀释至 100 mL。

（3）缓冲液：称取 20 gNH4Cl 溶液 100 mL 注入 $NH_3 \cdot H_2O$ 中。

（4）1%4-氨基安替比林溶液：贮于棕色瓶中，在冰箱内可保存一周。

（5）4%铁氰化钾溶液：贮于棕色瓶中，在冰箱内可保存一周。

（6）0.36%H_2O_2 溶液：取浓 H_2O_2 溶液 3.0 mL 稀释至 250 mL。

（7）待降解苯酚溶液：取 1 000 mg/L 的苯酚标准储备液 10.0 mL 于 500 mL 容量瓶中，用二次水稀释至刻度，摇匀待用。该待降解苯酚溶液准备两份。

四、实验步骤

1. 标准曲线的绘制

分别取 50 mg/L 的苯酚标准中间液 0、0.5 mL、1.00 mL、1.50 mL、2.00 mL 和 2.50 mL 于 25 mL 容量瓶中，加少量二次水，然后加入 0.5 mL 缓冲 4-氨基安替比林溶液，混匀。再加入 1.0 mL 铁氰化钾溶液，彻底混合后用二次水定容至 25 mL。放置 15 min 后，在分光光度计上，与 510 nm 处，用 1 cm 比色皿，以空白溶液为参比，测量吸光度。以吸光度对浓度作标准曲线。

2. 光降解实验

（1）将待降解苯酚溶液 500 mL 置于 1 000 mL 烧杯中，加入 4.0 mL0.36%H_2O_2溶液，混匀。此溶液即为模拟的含苯酚天然水样。该模拟水样准备两份。

（2）分别将两份装有 500 mL 模拟苯酚水样的烧杯置于两个磁力搅拌器上，一个高压汞灯进行照射。

（3）对其中一个烧杯内的水样每隔 30 min 取一次样，每次取 5.0 mL，共取样（即分别在 t=0 min、10 min、20 min、30 min、40 min、50 min、60 min、70 min、80 min、90 min、100 min 时取样）。分别置于有编号的 25 mL 容量瓶中，按照与标准曲线相同的方法测定吸光度。

（4）对其中另一个烧杯内的水样，每隔 30 min 取一次样，每次取 10.0 mL，取 4 次样（即分别在 t=0 min、30 min、60 min、90 min 时取样）。分别置于有编号的 50 mL 小烧杯中。用紫外分光光度计扫描样品的紫外吸收光谱。用 TOC 测定仪测定样品的 TOC 值。

五、数据处理与结果讨论

1. 速率常数的确定（见表 5.1、图 5.1）

表 5.1 实验数据

苯酚质量浓度/（mg/L）	吸光度	时间	吸光度	浓度	$\ln \dfrac{c_0}{c}$
0	0.008	0	0.545	4.537 479	1.483 361
1	0.137	10	0.181	1.436 968	2.633 197
2	0.242	20	0.065	0.448 893	3.796 704
3	0.368	30	0.023	0.091 141	5.391 075
4	0.483	40	0.019	0.057 07	5.859 212
5	0.597	50	0.013	0.005 963	8.117 994
20		60	0.011	−0.011 07	
		70	0.011	−0.011 07	
		80	0.011	−0.011 07	
		90	0.011	−0.011 07	
		100	0.011	−0.011 07	

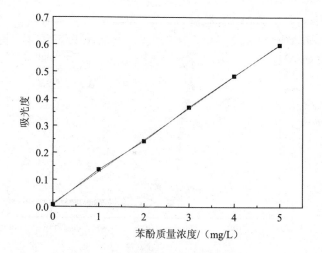

图 5.1 不同苯酚质量浓度的吸光度值

根据图 5.2 线性回归的结果，计算出 $k'=0.127\ \mathrm{min}^{-1}$。

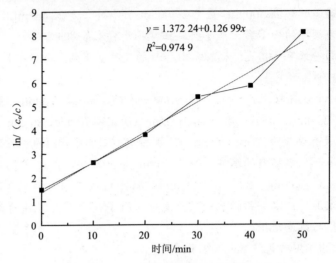

$$y = 1.372\ 24+0.126\ 99x$$
$$R^2=0.974\ 9$$

图 5.2　ln（c_0/c）随时间变化曲线及回归方程

2. 光降解过程中苯酚矿化程度分析（见表 5.2）

表 5.2　实验数据

样品编号	TOC/（mg/L）	时间/min	矿化度/%
1	18	0	0
2	12.12	30	32.67
3	7.743	60	56.98
4	2.104	90	88.31

可见，光降解过程中苯酚的矿化度随时间的增加而增加，90 min 时已有 88.31%的苯酚矿化成 CO_2 和 H_2O

3. 光降解过程中苯酚及其中间产物的紫外光谱变化规律（见图 5.3）

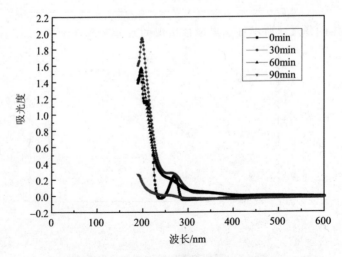

图 5.3　苯酚及其中间产物的紫外光谱随光降解时间的变化

依据文献, 苯酚的紫外吸收光谱中 210 nm 是由跃迁 $n \to \sigma^*$ 产生的; 270 nm 是由 $\pi \to \pi^*$ 跃迁产生的。分析图 5.3 可见:

0 min 吸收峰在 210 nm 及 270 nm 左右, 此时苯酚没有降解, 这 2 个吸收峰为苯酚的特征吸收;

30 min 光照后, 270 nm 的吸收峰峰强下降, 200 nm 的吸收峰峰强上升;

60 min 光照后, 270 nm 的吸收峰峰强继续下降, 200 nm 的吸收峰峰强相对 30 min 的结果而言在上升;

90 min 光照后, 210 nm 及 270 nm 吸收峰处的峰强均下降。

说明在苯酚光解过程中浓度在一直下降, 有不同的中间产物生成。

实验报告（二）　植物微核检测实验（《环境生物学》实验）

一、实验目的

目前蚕豆根尖细胞微核监测技术已成为国内外较为普遍用于研究和监测环境致突变物（致癌物）的高等植物间期体细胞遗传检测系统。1986 年国家环保局已将蚕豆根尖细胞微核监测技术列入《环境监测技术规范》用于水环境监测。

通过实验要求掌握蚕豆根尖细胞微核试验方法, 学会细胞微核的染色技术, 及在显微镜下识别畸形染色体即微核的方法, 掌握产生微核的实质, 并用微核数量的变化来监测大气、水污染状况的技术。并借此对受试物的诱变性进行评定。

二、实验原理

蚕豆根尖细胞在分裂时, 染色体要进行复制, 在复制过程中常发生断裂, 断裂下来的片段在正常情况下能自行复位愈合, 这样细胞可以维持正常生活。如果生物细胞在早期减数分裂过程中受到辐射或环境中其他诱变因子的作用, 不仅会阻碍染色体片段的愈合, 而且有随诱变因子作用使细胞染色体 DNA 损伤、断裂程度加重的趋势, 于是在细胞分裂中会出现一些染色体片段, 这些片段由于缺少着丝点而不能随纺锤丝移动到细胞两极从而游离在细胞质中。当新的细胞核形成时, 这些片段就独自形成大小不等与主核颜色一致的圆形结构小核, 这种小核就是微核, 分布在主核的周围。微核是生物细胞染色体畸变类型之一。由于产生的微核数量与外界诱变因子的强弱成正比, 微核率和个体分布可反映外界环境因素损伤染色体的强度。所以可以用微核出现的百分率来评价环境诱变因子对生物遗传物质影响的程度。

植物微核实验材料一般选用蚕豆和紫露草两种。由于蚕豆（*Vicia Jaba*）根尖细胞的染色体大、DNA 含量多、对诱变齐 I 反应敏感, 所以常选用蚕豆根尖细胞为实验材料。

三、实验材料与方法

1. **实验材料**

（1）松滋青皮蚕豆, 为保证其发芽率, 应存于干燥器内, 或用牛皮纸装好放入 4℃ 冰箱内保存备用（保存时注意不要与其他药品接触, 以保持其较低的本底微核值）。

（2）0.96 g/L 乐果农药溶液和 1.2 g/L 乐斯本农药溶液。

2. **实验设备与器材**

显微镜, 温箱, 恒温水浴锅, 冰箱, 手持计数器, 解剖盘, 镊子, 解剖针, 载玻片, 盖玻片, 试剂瓶, 烧杯, 三角烧瓶, 培养皿等。

3. 实验试剂

（1）5 mol/L HCl 溶液。

（2）卡诺（Carnoy）氏固定液：无水乙醇：冰醋酸 = 3：1，固定根尖时随用随配。

（3）席夫（Schiff）氏试剂：称 0.5 g 碱性品红（Fuchsin Basic）加蒸馏水 100 mL 置于三角烧瓶中煮沸 5 min，并不断搅拌使之溶解。冷却到 58℃时，过滤于深棕色试剂瓶中，待滤液冷至 25℃时再加入 10 mL 1 mol/L HCl 和 1 g 偏重亚硫酸钠（$Na_2S_2O_5$）或偏重亚硫酸钾（$K_2S_2O_5$）充分振荡使其溶解。塞紧瓶口，用黑纸包好，存放于暗处至少 24 h，检查染色液如透明无色即可使用。此染色液在 4℃的冰箱中可储存 6 个月左右，如出现沉淀，不能再用。

4. SO_2 洗涤液

贮存液：①10%NaS_2O_5（或 $K_2S_2O_5$）溶液；②1 mol/L HCl 溶液。

使用液：现用现配，取上述 10% NaS_2O_5（或 $K_2S_2O_5$）溶液 5 mL，加 1 mol/L HCl 5 mL，再加蒸馏水 100 mL 配成。

四、实验步骤

1. 蚕豆浸种催芽

（1）浸种。将当年或前一年发育正常、无损伤的松滋青皮蚕豆种子按需要量放入盛有蒸馏水的烧杯中，置 25℃的温箱中浸泡 26~30 h，在此期间至少换水 2 次，换用的水最好事先置于 25℃温箱中预温（如室温超过 25℃，即可在室温下进行浸种催芽）。

（2）催芽。待种子吸涨后，置于铺有湿脱脂棉的解剖盘中，并以湿纱布覆盖保持湿度，在 25℃的温箱中催芽 12~30 h。待种子初生根露出 2~3 mm 时，再选取发芽良好的种子，放入带框的尼龙纱网中，并将其放入盛有蒸馏水的解剖盘中，使根尖与水接触，仍置 25℃的温箱中继续催芽，每天更换解剖盘中的蒸馏水，经 36~48 h 大部分种子的初生根长至 2~3 cm，这时就可选择粗细、长短一致且根尖发育良好的种子，即可用实验。

2. 蚕豆根尖染毒处理

每一处理组选取上述催好芽的种子 6~8 粒，将幼根插入杯内盛有 0.96 g/L 乐果溶液（或 1.2 g/L 乐斯本溶液）上覆尼龙纱的网孔中，使被测液浸泡住根尖即可，静置染毒 2~6 h（此处理时间亦可视实验要求和被测液的浓度等情况而定）。另设蒸馏水对照组。

3. 根尖细胞修/恢复培养

将处理后的种子幼根用自来水（或蒸馏水）浸泡冲洗 3 次，每次 2~3 min。洗净后的种子再放入盛有蒸馏水的烧杯中或新铺好湿脱脂棉的解剖盘中，放入 25℃的温箱中，使根尖细胞恢复生长 22~24 h。

4. 固定根尖细胞

将恢复后的种子幼根，从根尖顶端切下 1 cm 长的幼根放入盛有卡诺氏固定液的青霉素小瓶中，固定 24 h（固定后的幼根如不及时制片，可换入 70%的乙醇中，置 4℃的冰箱内保存备用）。观察两个根尖发现，被乐果染毒的根尖较软，被乐斯本染毒的根尖较硬。

5. 根尖染色

（1）固定好的幼根，在青霉素瓶中用蒸馏水冲洗 3 次，每次 5 min。吸净蒸馏水后，再加入 5 mol HCl 将幼根浸泡住，连瓶放入 30℃水浴锅中水解幼根 28 min 左右（视根软化的程度可适当增减时间，至幼根被软化即可）。

（2）弃去盐酸，用蒸馏水浸洗幼根3次，每次5 min。将幼根放置在吸水纸上，吸去表面水分。再放入盛有席夫氏试剂的遮光青霉素小瓶中，用量以高出淹住幼根的液面2 mm为宜。在避光条件下染色1 h。

（3）除去染液，并用SO_2洗涤液浸洗幼根尖2次，每次5 min，然后再用蒸馏水浸洗5 min。

（4）将幼根放入新换蒸馏水的小青霉素瓶中，置4℃的冰箱内保存，可供随时制片之用。

将幼根放在擦净的载玻片上，用刀片轻轻切下根尖1 mm左右舍去，另切约1 mm且横截面向上，加1~2滴45%的醋酸溶液，再进行复染。盖上盖玻片，并在盖玻片上加一小块滤纸，用铅笔轻轻敲打，使细胞分散开。再用吸水纸吸去多余的染色液，而后镜检。

（注：用铅笔轻敲时注意用力大小，以免将盖玻片敲裂。复染时间控制在2~3 min，不宜太短，否则镜检时不宜观察到微核；也不宜太长，否则染色太深微核不易辨认。）

6. 镜检及微核识别标准

将片先置于低倍显微镜下，找到分生组织区细胞分散均匀、膨大、分裂相较多的部位，再转到高倍镜（物镜40×）下进行观察。每实验组制片3张（1张对照，2张同一浓度实验组）。每片至少镜检20个视野，每个视野计数50个分生组织细胞。在分生组织细胞中观察微核（MCN）（若横切较厚或细胞为完全散开，有些视野中可能呈现多层细胞）。

五、数据处理与结果讨论

微核的识别标准：①微核是大小为主核的1/3以下，并与主核分离的小核。②微核着色与主核相当或稍浅（转动显微镜的微调，观察微核颜色变化是否与主核一致。注意区别细胞质中的颗粒物与染料的残渣）。③微核形态可以是圆形、椭圆形或不规则形。观察细胞数与微核出现率，以手持计数器进行记数，将每片镜检结果记录于表5.1中，而后进行计算。

表5.1　蚕豆根尖微核记录

观察日期　　×年×月×日　　　　观察者　　×××

染毒液浓度：　　乐果溶液0.96 g/L，乐斯本溶液1.2 g/L

处理	观察细胞数	微核细胞数	微核数/细胞数	平均微核率/‰
0.96 g/L 乐果溶液染毒的根尖	52	4	0.483	80.9
	50	1		
	51	1		
	52	5		
	54	7		
	50	7		
1.2 g/L 乐斯本溶液染毒的根尖	52	5	0.563	93.5
	54	4		
	50	5		
	52	2		
	50	6		
	52	7		

注：微核率（‰）的计算公式：微核率=微核数/观察细胞数×1 000。

实验报告（三） 污水取样及常规指标监测（《环境监测》实验）

一、监测方案

1. 基础资料的收集

本实验针对本章污水及废水水环境监测部分实验所设计，监测对象以北京林业大学校园污水处理站为例。该污水处理站位于北京林业大学体育场西面，主要用于处理校园内宿舍楼和澡堂生活污水，其处理工艺为生物膜 A/O 一体化工艺，其日处理量约 $200\ m^3$，来水 COD 约为 $150\sim300\ mg/L$，氨氮 $40\sim80\ mg/L$。通常情况下 COD 的处理效率可达 $60\%\sim70\%$，污水处理后主要用于校园绿化。

现场的生物膜 A/O 一体化污水处理工艺见图 1.1，现场处理设施图见图 1.2。

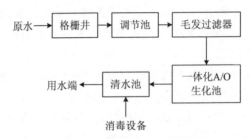

图 1.1　现场的污水处理工艺

图 1.2　生物膜 A/O 一体化污水处理设施

2. 监测项目

由于北京林业大学校园污水处理站处理的对象主要是生活污水，据此确定水质监测项目包括 pH，SS，COD，BOD_5 和氨氮，见表 1.1。

表 1.1　常规监测项目及分析方法

序号	常规监测项目	测定方法	方法来源
1	pH	pH 计	
2	悬浮物（SS）	重量法	GB 11901—89
3	化学需氧量（COD）	重铬酸盐法	GB 11914—89
4	生化需氧量（BOD_5）	稀释与接种法	HJ 505—2009
5	氨氮（以 N 计）	水杨酸法	HJ 536—2009

3. 监测点位

对北京林业大学校园污水处理站整体污水处理设施效率进行监测，分别在污水处理设施污水的进水口和污水设施的出水口两处设置采样点。

4. 采样时间

对于校园污水处理厂的污水，取样频率为至少每 2 h 一次，取 24 h 混合样，以日均值计；针对教学实验，采样时间也可以在现场采集多个瞬时样进行等体积混合。

5. 样品保存和预处理

水样的保存和预处理方法见表 1.2。

表 1.2　水样的保存和预处理方法

待测项目	容器类别	保存方法	分析地点	可保存时间	采样量/mL	容器洗涤
悬浮物（SS）	G、P	0～4℃低温冷藏	实验室	14 d	500	I
化学需氧量（COD）	G	加 H_2SO_4 酸化至 pH<2，低温（2～4℃）冷藏	实验室	2 d	500	I
生化需氧量（BOD_5）	溶氧瓶	低温（2～4℃）冷藏	实验室	12 h	250	I
氨氮（以 N 计）	G、P	加 H_2SO_4 酸化至 pH<2	实验室	24 h	250	I

注：① G 为硬质玻璃；P 为聚乙烯瓶（桶）。

② 采样样品的最少采样量。

③洗涤方法分为 I、II、III、IV类，分别适用于不同的监测项目。

I 类：洗涤剂洗一次，自来水洗 3 次，蒸馏水洗一次。

6. 现场采样材料与仪器

（1）采样设备：水质采样可选用聚乙烯塑料桶、单层采样器、泵式采水器、自动采样器或自制的其他采样工具和设备。场合适宜时也可以用样品容器手工直接灌装。

其他采样设备包括便携式 pH 计，温度计和便携式溶解氧仪等。

（2）样品容器：使用硬质玻璃、聚乙烯、石英、聚四氟乙烯制的带磨口盖（或）塞瓶，原则上有机类监测项目选用玻璃材质，无机类监测项目可用聚乙烯容器。

（3）采样试剂和耗材：包括酸化和固定所用试剂，例如浓度为 1+1 H_2SO_4。耗材例如 pH 试剂，一次性滴管、标签纸和记号笔等。

二、现场实验

1. 现场调查

要做好现场记录，详细记录包括监测对象、采样人员、采样时间、气象条件、来水类型、水量、以往监测的水质、处理工艺、工况负荷及处理后水的去向和用途等（见表 2.1），并附现场监测点位图。

表 2.1　废水监测基本信息登记表

监测对象	北京林业大学 校园污水处理站	采样人员	环境科学 09 第 6 组	采样时间	2010-09-20
取样位置	污水站格栅井前. 和清水池	来水类型	洗浴水和冲厕水	水量	195 m³/d
以往水质	COD 150～300 mg/L； 氨氮 40～80 mg/L	处理工艺	如图 1.1 所示	工况负荷	BOD₅0.768 kg/（m³·d）
处理水去 向和用途	浇灌操场边绿地				

2. 现场采样与监测

在污水站格栅井前和清水池采集样品，按照监测方案中对样品现场处理的要求进行样品酸化和保存，现场测定水样 pH 和水温。

3. 样品现场处理

见表 1.2。

4. 样品的保存

见表 1.2。

5. 现场记录

见表 2.1。

6. 实验室测试

在实验室内测定水样 SS、COD、BOD_5 和氨氮，具体测试过程略。

三、校园污水处理站监测实验报告

1. 校园污水处理站监测方案（略）

2. 现场采样

校园污水处理站现场采样，包括现场布点、现场采样、现场样品预处理、样品保存、现场记录等。（略）

3. 实验室分析，包括具体监测项目的测试分析（略）

4. 污水（废水）监测结果分析及结论（见图 3.1）。

实际监测结果见表 3.1，可以看出，该污水处理站出水达到了《城市污水再生利用—城市杂用水水质》（GB/T 18920—2002）对于城市绿化用途的标准。

表 3.1　污水处理站进出水监测结果

监测项目＼水质	格栅井前	清水池	处理效率/%	标准
pH	6.3	7.7		6.0～9.0 [a]
SS	30.4	8.1	73.4	—
COD	215.1	67.3	68.7	—
BOD_5	135.6	18.7	86.2	20 [a]
氨氮	79.9	12.1	84.9	20 [a]

[a] 国家标准《城市污水再生利用—城市杂用水水质》（GB/T 18920—2002）对于城市绿化用途的规定。

5. 质量保证

（1）按照《地表水污水监测技术规范》（HJ/T 91—2002）中关于污水监测的规定设计监测方案；

（2）制订方案时进行详尽的资料收集和细致的现场调研；

（3）现场样品的采集、测试、预处理、保存、运输按照国家标准中相关规定执行；

（4）实验室内对监测项目的分析选用最新的国标方法，注意空白样、平行样的测试，同时注意干扰的消除；

（5）测试结果的保留位数基于相关国家标准，并严格按照有效数字修约规则进行。

实验报告（四）　混凝实验（《水污染控制工程》实验）

一、实验目的

分散在水中的胶体颗粒带有电荷，同时在布朗运动及其表面水化作用下，长期处于稳定分散状态，不能用自然沉淀方法去除。向这种水中投加混凝剂后，可使分散颗粒相互结合聚集增大，从水中分离出来。

由于各种原水差别很大，混凝效果不尽相同。混凝剂的混凝效果不仅取决于混凝剂的投加量，同时还取决于水的 pH、水流速度梯度等因素。

通过本实验，使学生掌握优化一般天然水体最佳混凝条件（包括投药量、pH、水流速度梯度）的基本方法，并加深对混凝机理的理解。

二、实验原理

胶体颗粒（胶粒）带有一定电荷，他们之间的电斥力是影响胶体稳定性的主要因素。胶粒表面的电荷值常用电动电位 ξ 来表示，又称为 Zeta 电位。Zeta 电位的高低决定了胶体颗粒之间斥力的大小和影响范围。

Zeta 电位可通过在一定外加电压下带电颗粒的电泳迁移率来计算：

$$\xi = \frac{K\pi\eta\upsilon}{HD}$$

式中：ξ——Zeta 电位值，mV；

　　　K——颗粒形状系数，对于圆球状，$K=6$；

　　　π——系数，取 3.141 6；

　　　η——水的黏度，Pa·s，这里取 $\eta=10^{-1}$ Pa·s；

　　　υ——颗粒电泳迁移率，μm·cm/（V·s）；

　　　H——电场强度，V/cm；

　　　D——水的介电常数，$D_{水}=81$。

Zeta 电位值尚不能直接测定，一般利用外加电压下追踪胶体颗粒经过一个测定距离的轨迹，以确定电泳迁移率值，再经过计算得出 Zeta 电位。电泳迁移率用下式计算：

$$\upsilon = \frac{GL}{VT}$$

式中：G——分格长度，μm；

　　　L——电泳槽长度，cm；

　　　V——电压，V；

T——时间，s。

一般天然水中胶体颗粒 Zeta 电位约在–30 mV 以上，投加混凝剂后，只要该电位降到–15 mV 左右即可得到较好的混凝效果。相反，当 Zeta 电位降到零，往往不是最佳混凝状态。

投加混凝剂的多少，直接影响混凝效果。投加量不足不可能有很好的混凝效果。同样，如果投加的混凝剂过多也未必能得到好的混凝效果。水质是千变万化的，最佳的投药量各不相同，必须通过实验方可确定。

在水中投加混凝剂如 $Al_2(SO_4)_3$、$FeCl_3$ 后，生成的 Al（III）、Fe（III）化合物对胶体的脱稳效果不仅受投加的计量、水中胶体颗粒的浓度影响，还受水的 pH 的影响。如果 pH 过低（小于 4），则混凝剂水解受到限制，其化合物中很少有高分子物质存在，絮凝作用较差。如果 pH 过高（大于 9～10），它们就会出现溶解现象，生成带负电荷的络合离子，也不能很好地发挥絮凝作用。

投加了混凝剂的水中，胶体颗粒脱稳后相互聚结，逐渐变成大的絮凝体，这时，水流速度梯度 G 的大小起着主要的作用。在混凝搅拌实验中、水流速度梯度 G 的大小起着主要的作用。在混凝搅拌实验中、水流速度梯度 G 可按下式计算：

$$G = \sqrt{\frac{P}{\mu V}}$$

式中：P——搅拌功率，J/s；

　　　μ——水的黏度，Pa · s；

　　　V——被搅动的水流体积，m^3；

常用的搅拌实验搅拌桨如图 2.1 所示。搅拌功率的计算方法如下：

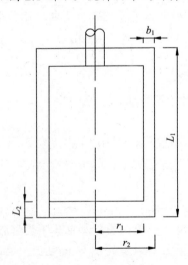

图 2.1　搅拌桨示意

1. 竖式桨板搅拌功率 P_1

$$P_1 = \frac{mC_{D1}\gamma}{8g}L_1\omega^3(r_2{}^4 - r_1{}^4)$$

式中：m——竖直桨板块数，这里 $m=2$；

C_{D1}——阻力系数，取决于桨板长宽比，见下表；

γ——水的重度，kN/m^3；

ω——桨板旋转角速度，rad/s，$\omega=2\pi n$ $rad/min=\dfrac{\pi n}{30} rad/s$

n——转速，r/min；

L_1——桨板长度，m；

r_1——竖直桨板内边缘半径，m；

r_2——竖直桨板外边缘半径，m；

于是得：

$$P_1 = 0.287\,1 C_{D1} L_1 n^3 (r_2^{\,4} - r_1^{\,4})$$

阻力系数 C_D

b/L	小于 1	1～2	2.5～4	4.5～10	10.5～18	大于 18
C_D	1.10	1.15	1.19	1.29	1.40	2.00

2. 水平桨板搅拌功率 P_1

$$P_2 = \frac{m C_{D2} \gamma}{8g} L_2 \omega^3 r_1^{\,4}$$

式中：m——竖直桨板块数，这里 $m=4$；

L_2——水平桨板宽度，m；

其余符号意义同前。

于是得

$$P_2 = 0.574\,2 C_{D2} L_2 n^3 r_1^{\,4}$$

搅拌桨功率为

$$P = P_1 + P_2 = 0.287\,1 C_{D1} L_1 n^3 (r_2^{\,4} - r_1^{\,4}) + 0.574\,2 C_{D2} L_2 n^3 r_1^{\,4}$$

只要改变搅拌转数 n，就可求出不同的功率 P，由 ΣP 便可求出平均速度梯度 $\bar{G}$：

$$\bar{G} = \sqrt{\frac{\Sigma P}{\mu V}}$$

式中：ΣP——不同旋转速度时的搅拌功率之和，J/s；

其余符号意义同前。

三、实验材料与方法

1. 实验装置

混凝实验装置主要是实验搅拌机，如图 3.1 所示。搅拌机上装有电机的调速设备，电源采用稳压电源。

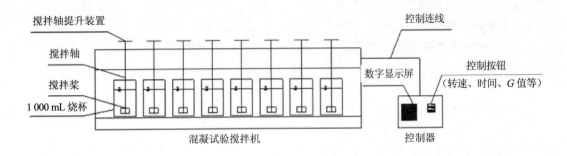

图 3.1　混凝实验搅拌装置

2.　实验设备和仪器仪表

实验搅拌机：1 台；

酸度计：1 台；

浊度计：1 台；

烧杯：1 000 mL 若干个，200 mL 若干个；

量筒：1 000 mL 1 个；

移液管：1 mL、5 mL、10 mL，各 2 支；

注射针筒、温度计、秒表等。

3.　实验药剂

在混凝实验中所用的实验药剂可参考下列浓度进行配置：

（1）精制硫酸铝：$Al_2(SO_4)_3 \cdot 18H_2O$，10 g/L；

（2）三氯化铁：$FeCl_3 \cdot 6H_2O$，10 g/L；

（3）聚合氯化铝：$[Al_2(OH)_mCl_{6-m}]_n$，10 g/L；

（4）化学纯盐酸：HCl，10%；

（5）化学纯氢氧化钠：NaOH，10%。

四、实验步骤

混凝实验分为最佳投药量、最佳 pH、最佳水流速度梯度三部分。在进行最佳投药量实验时，先选定一种搅拌速度变化方式和 pH，求出最佳投药量；然后按照最佳投药量求出混凝最佳 pH；最后根据最佳投药量和最佳 pH 求出最佳的水流速度梯度。

1.　最佳投药量实验步骤

（1）取 8 个 1 000 mL 的烧杯，分别放入 1 000 mL 原水，置于实验搅拌机平台上。

（2）确定原水特征，测定原水水样浑浊度、pH、温度，测定胶体的 Zeta 电位。

（3）确定形成矾花所用的最小混凝剂量。方法是通过慢速搅拌烧杯中 200 mL 原水，并每次增加 1 mL 混凝剂投加量，直到出现矾花为止。这时的混凝剂作为形成矾花的最小投加量。

（4）确定实验时的混凝剂投加量。根据步骤（3）得出的形成矾花最小的混凝剂投加量，取其 1/4 作为 1 号烧杯的混凝剂投加量，取其 2 倍作为 8 号烧杯的混凝剂投加量，用依次增加混凝剂投加量相等的方法求出 2~7 号烧杯混凝剂投加量、把混凝剂分别加入 1~8 号烧杯中。

（5）启动搅拌机，快速搅拌半分钟，转速约 500 r/min；中速搅拌 10 min，转速约 250 r/min；慢速搅拌 10 min，转速约 100 r/min。

如果用污水进行混凝实验，污水胶体颗粒比较脆弱，搅拌速度可适当放慢。

（6）关闭搅拌机，静止沉淀 10 min，用 50 mL 注射针筒抽出烧杯中的上清液（共抽 3 次，约 100 mL）放入 200 mL 烧杯内，立即用浊度仪测定浊度（每杯水样测定 3 次），记录在实验结果表中。

2. 最佳 pH 实验步骤

（1）取 8 个 1 000 mL 烧杯分别加入 1 000 mL 原水，置于实验搅拌机平台上。

（2）确定原水特征，测定原水水样浑浊度、pH、温度，本实验所用原水和最佳投药量时的相同。

（3）调整原水 pH，用移液管依次向 1 号、2 号、3 号、4 号装有水样的烧杯中分别加入 2.5 mL、1.5 mL、1.2 mL、0.7 mL 10%浓度的盐酸。依次向 6 号、7 号、8 号装有水样的烧杯中分别加入 0.2 mL、0.7 mL、1.2 mL 10%浓度的氢氧化钠，经搅拌均匀后测定水样的 pH，记入实验结果表中。

该步骤可采用变化 pH 的方法，即调整 1 号烧杯水样使 pH 等于 3，其他水样的 pH（从 1 号烧杯开始）依次增加一个 pH 单位。

（4）用移液管向各烧杯中加入相同剂量的混凝剂（投加剂量按照最佳投药量实验中得出的最佳投药量而确定）。

（5）启动搅拌机，快速搅拌半分钟，转速约 500 r/min；中速搅拌 10 min，转速约 250 r/min；慢速搅拌 10 min，转速约 100 r/min。

（6）关闭搅拌机，静止沉淀 10 min，用 50 mL 注射针筒抽出烧杯中的上清液（共抽 3 次，约 100 mL）放入 200 mL 烧杯内，立即用浊度仪测定浊度（每杯水样测定 3 次），记录在实验结果表中。

3. 最佳水力条件实验步骤

（1）按照最佳 pH 实验和最佳投药量实验所得出的最佳混凝 pH 和投药量，分别向 8 个装有 1 000 mL 水样的烧杯中加入相同剂量的盐酸 HCl（或氢氧化钠 NaOH）和混凝剂，置于实验搅拌机平台上。

（2）启动搅拌机快速搅拌 1 min，转速约 500 r/min。随即把其中 7 个烧杯移到别的搅拌机上，1 号烧杯继续以 50 r/min 转速搅拌 20 min。其他各烧杯分别用 100 r/min、150 r/min、200 r/min、250 r/min、300 r/min、350 r/min、400 r/min 搅拌 20 min。

（3）关闭搅拌机，静止沉淀 10 min，用 50 mL 注射针筒抽出烧杯中的上清液（共抽 3 次，约 100 mL）放入 200 mL 烧杯内，立即用浊度仪测定浊度（每杯水样测定 3 次），记录在实验结果表中。

注意事项：

（1）在最佳投药量、最佳 pH 实验中，向各烧杯投加药剂时希望同时投加，避免因时间间隔较长后反应时间长短相差太大，混凝效果悬殊。

（2）在最佳 pH 实验中，用来测定 pH 的水样，仍倒入原烧杯中。

（3）在测定水的浊度，用注射针筒抽吸上清液时，不要扰动底部沉淀物。同时各烧杯抽吸的时间间隔尽量减小。

五、数据处理与结果讨论

1. 最佳投药量实验结果整理

（1）把原水特征、混凝剂投加情况、沉淀后剩余浊度记入表 5.1。

表 5.1　最佳投药量实验记录

第 ___×___ 小组　　姓名 ___×××___　　　　实验日期 _____×年×月×日

原水水温 _21_ ℃　　浊度 _40.0_ 度（NTU）　pH _7.32_

使用混凝剂种类 _硫酸铝_　　贮备液浓度 _____10 g/L_____

水样编号		1	2	3	4	5	6
混凝剂加入量/（mg/L）		10	20	40	60	80	100
矾花形成时间/min		7.30	5.40	5.20	3.80	2.60	1.93
沉淀水浊度/NTU	1	7.4	3.5	6.4	6.1	7.1	8.3
	2	8.1	4.1	5.8	6.7	6.9	7.8
	3	8.4	3.4	5.9	6.9	6.5	7.3
平均		7.97	3.67	6.03	11.20	15.77	19.40
备注	1	快速搅拌/min	0.5		转速/（r/min）		300
	2	中速搅拌/min	10		转速/（r/min）		120
	3	慢速搅拌/min	10		转速/（r/min）		50
	4	沉淀时间/min	20				

（2）以沉淀水浊度为纵坐标、混凝剂加注量为横坐标，绘出浊度与药剂投加量关系曲线，并从图 5.1 上求出最佳混凝剂投加量。

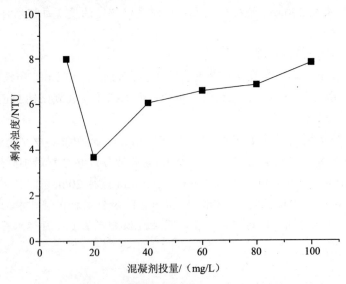

图 5.1　混凝剂投量对除浊效果的影响

2. 最佳 pH 实验结果整理

（1）把原水特征、混凝剂投加情况、酸碱加注情况、沉淀后剩余浊度记入表 5.2。

表 5.2　最佳投药量实验记录

第___×___小组　　　姓名 ____×××____　　　实验日期 ____×年×月×日____

原水水温 _21_ ℃　　　浊度 _40.0_ 度（NTU）

使用混凝剂种类 _硫酸铝_　　　贮备液浓度 _10 g/L_

水样编号		1	2	3	4	5	6	7	8
HCl 投加量/mL		2.5	1.5	0.7	—	—	—	—	
NaOH 投加量/mL		—	—	—	—	0.2	0.7	1.2	
pH		2.93	4.35	6.10	7.32	8.47	9.82	10.9	
混凝剂加注量/（mg/L）		20.0	20.0	20.0	20.0	20.0	20.0	20.0	
沉淀水浊度/NTU	1	14.6	10.0	4.3	3.5	3.9	7.9	10.0	
	2	13.9	9.84	5.2	4.1	4.2	7.3	11.0	
	3	13.5	9.91	4.1	3.4	5.3	6.8	9.4	
平均		14.00	9.91	4.53	3.67	4.47	7.33	10.13	
备注	1	快速搅拌/min			0.5	转速/（r/min）		300	
	2	中速搅拌/min			10	转速/（r/min）		120	
	3	慢速搅拌/min			10	转速/（r/min）		50	
	4	沉淀时间/min			20				

（2）以沉淀水浊度为纵坐标、水样 pH 为横坐标绘出浊度与 pH 的关系曲线，从图 5.2 上求出所投加混凝剂的混凝最佳 pH 及其适用范围。

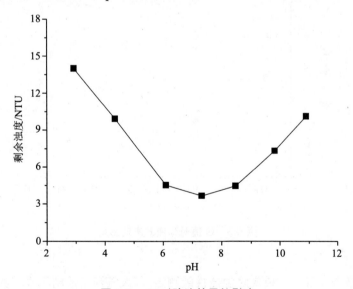

图 5.2　pH 对除浊效果的影响

3. 混凝阶段最佳速度梯度实验结果整理

（1）把原水特征、混凝剂投加情况、pH、搅拌速度记入表 5.3。

表5.3　混凝阶段最佳水流速度梯度实验记录

水样编号		1	2	3	4
水样 pH		7.32	7.32	7.32	7.32
混凝剂加注量/（mg/L）		20.0	20.0	20.0	20.0
快速搅拌	速度/（r/min）	300	300	300	300
	时间/min	0.5	0.5	0.5	0.5
中速搅拌	速度/（r/min）	60	80	100	150
	时间/min	20	20	20	20
沉淀	速度/（r/min）	0	0	0	0
速度梯度/（G/s）	快速	157.52	157.52	157.52	157.52
	中速	18.10	22.28	26.66	31.23
	平均	87.81	89.9	92.09	94.38
浊度/NTU	快速	12.5	7.4	16.8	22.7
	中速	7.4	3.8	9.4	14.2
	平均	9.95	5.6	13.1	18.45

　　（2）以沉淀水浊度为纵坐标、速度梯度 G 为横坐标绘出浊度与 G 关系曲线，从曲线中求出所加混凝剂混凝阶段适宜的 G 范围（见图5.3）。

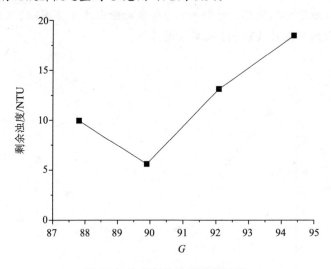

图5.3　G 值对除浊效果的影响

　　　　实验报告（五）　袋式除尘器性能测定（《大气污染控制工程》实验）

一、实验目的

（1）掌握袋式除尘器主要性能的实验研究方法；

（2）进一步提高对袋式除尘器结构形式和除尘器机理的认识；

（3）掌握袋式除尘器主要性能的实验研究方法；

（4）了解过滤速度对袋式除尘器压力损失及除尘效率的影响。

二、实验原理

含尘气流从进气管流入，从下部进入圆筒形滤袋，在通过滤料的孔隙时，粉尘被捕集在滤料上，透过滤料的清洁气体由排气管排出。沉积在滤料上的粉尘，可在振动的作用下从滤料表面脱落，落入灰斗中。因为滤料本身网孔比较大，因而新鲜滤料的除尘效率较低，粉尘因截留、惯性碰撞、静电和扩散等作用，逐渐在滤袋表面形成粉尘层，常称为粉尘初层。初层形成后，它成为袋式除尘器的主要过滤层，提高了除尘效率。滤布只不过起着形成粉尘初层和支撑它的骨架作用，但随着粉尘在滤袋上积聚，滤袋两侧的压力差增大，会把有些已附在滤料上的细小粉尘挤压过去，使除尘效率显著下降。另外，若除尘器阻力过高，还会使除尘系统的处理气量显著下降，影响生产系统的排风效果。因此，除尘器阻力达到一定数值后，要及时清灰。

三、实验装置及流程（见图 3.1）

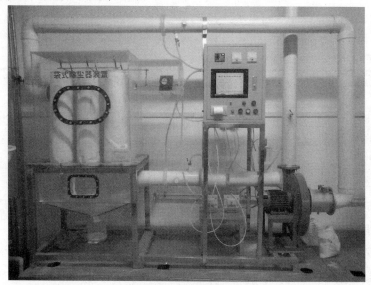

图 3.1　实验装置及流程

四、实验方法和步骤

（1）首先检查设备系统外况和全部电气连接线有无异常（如管道设备有无破损，U 形压力计内部水量适当、卸灰装置是否安装紧固等），一切正常后开始操作。

（2）打开电控箱总开关，合上触电保护开关。

（3）在风量调节阀关闭的状态下，启动电控箱面板上的主风机开关。

（4）调节风量调节阀开关至所需的实验风量（即调节连接入口端动压测定环的微压机显示的动压值，动压值可按实验时的温度、湿度和所需的试验入口风速计算而得，也可通过比托管测定入口管段的动压和流速、流量）。

（5）将一定量的粉尘加入到自动发尘装置灰斗，然后启动自动发尘装置电机，并可调节转速控制加灰速率。

（6）待屏幕上显示入口浓度稳定时，按下"打印"按钮，输出相关测量数据，对除尘器进出口气流中的含尘浓度进行测定（也可通过计量加入的粉尘量和捕集量（卸灰装置实验前后的增重）来估算除尘效率）。

（7）当 U 形压力计损阻上升到 1 000 Pa 时，先可在主风机正常运行的情况下启动振打电机 2 min 进行清灰即可，振打电机的启动频率取决于入口气流中的粉尘负荷（如在处理风量较大的运行工况以上方式清灰后设备压降仍继续上升到 1 500 Pa 以上时，则须关闭风机、停止进气，振打滤袋 5 min，使布袋黏附粉尘脱落、下落到灰斗。然后重新开启风机进气，使袋式除尘器重新开始工作）。

（8）实验完毕后依次关闭发尘装置、主风机，然后启动振打电机进行清灰 5 min，待设备内粉尘沉降后，清理卸灰装置。

（9）关闭控制箱主电源。

（10）检查设备状况，没有问题后离开。

五、实验数据记录（见表 5.1）

表 5.1　实验数据记录

湿度/%：5.31

环境温度/℃：28.1

序号	风量/（m³/h）	风速/（m/s）	风压/Pa	粉尘入口浓度/（mg/m³）	粉尘出口浓度/（mg/m³）	除尘效率/%
1	865	7.8	50.6	754	0	100
2	1 087	8.9	58.9	890	0	100
3	1 195	9.5	65.4	1 023	0	100
4	1 316	11.0	72.6	1 127	0	100
5	1 425	12.4	79.4	1 254	0	100

六、实验结果讨论

通过实验结果看出，风压和粉尘入口浓度随着风速和风量的增加而增加，粉尘出口浓度一直为 0 mg/m³，袋式除尘器在实验中的除尘效率为 100%。根据所学知识，袋式除尘器对 0.5～1 μm 的烟气除尘效率在 95%～99%，因此实验结果较为成功。

七、实验注意事项

（1）必须熟悉仪器的使用方法；

（2）注意及时清灰；

（3）当长期不使用时，应将装置内的灰尘清干净，放在干燥、通风的地方。如果再次使用，要先将装置内的灰尘清干净再使用；

（4）滤袋使用到一定时间，要进行更换。

实验报告（六）　土壤有机质的测定（《环境地学》实验）

一、实验目的

土壤的有机质含量通常作为土壤肥力水平高低的一个重要指标。它不仅是土壤各种养分特别是氮、磷的重要来源，并对土壤理化性质如结构性、保肥性和缓冲性等有着积极的影响。另外，有机质可降低或延缓重金属污染，对农药等有机污染物具有固定作用，土壤有机质是全球碳平衡过程中非常重要的碳库，所以土壤有机质的测定具有重要的意义。测定土壤有机质的方法很多。本实验用重铬酸钾容量法。

本试验的目的是理解土壤有机质测定的原理，并掌握其测定计算方法。

二、实验原理

在外加热的条件下（油浴的温度为 180℃，沸腾 5 min），用一定浓度的重铬酸钾——硫酸溶液氧化土壤有机质（碳），剩余的重铬酸钾用硫酸亚铁来滴定，从所消耗的重铬酸钾量，计算有机碳的含量。本方法测得的结果，与干烧法对比，只能氧化 90%的有机碳，因此将得的有机碳乘以校正系数，以计算有机碳量。

三、仪器设备及试剂

所需设备：天平，机械或电子天平（准确到 0.000 1 g），量筒（100 mL、1 000 mL），酒精灯，玻璃棒，烧杯（250 mL、1L、3L），1 000 mL 容量瓶，棕色试剂瓶和木塞，烘箱，筛（0.25 mm），烘干试管设备，硬性试管，移液管（5 mL、10 mL、20 mL），铁丝笼，灼烧土的仪器，石蜡油浴锅，温度计（200℃），计时表，吸油擦拭纸，150 mL、250 mL 三角瓶，滴管，25 mL 酸式滴定管，研钵注射器，弯颈小漏斗，冷凝管

所需试剂：除特别注明者外，所用试剂皆为分析纯。

（1）重铬酸钾（GB/T 642—1999）。

（2）硫酸（GB/T 625—2007）。

（3）硫酸亚铁（GB/T 664—2011）。

（4）硫酸银（HG 3-945—76）：研成粉末。

（5）二氧化硅（Q/HG 22-562—76）：粉末状。

（6）邻菲罗啉指示剂：称取邻菲罗啉 1.490 g 溶于含有 0.700 g 硫酸亚铁的 100 mL 水溶液中。此指示剂易变质，应密闭保存于棕色瓶中备用。

（7）0.800 0 mol/L（$1/6K_2Cr_2O_7$）标准溶液：称取经 130℃烘 1.5 h 的优级纯重铬酸钾 39.224 5 g，先用少量水溶解，然后移入 1L 容量瓶内，加水定容。此溶液浓度 $c(1/6K_2Cr_2O_7)$ = 0.800 0 mol/L。

（8）H_2SO_4 浓硫酸（GB/T 625—2007，分析纯）。

（9）0.2 mol/L $FeSO_4$ 标准溶液：称取硫酸亚铁（$FeSO_4 \cdot 7H_2O$）56 g，溶于 600～800 mL 水中，加浓硫酸 5 mL，搅拌均匀，加水定溶至 1L（必要时过滤），贮于棕色瓶中保存。此溶液易受空气氧化，使用时必须每天标定一次准确浓度。

硫酸亚铁标准溶液的标定方法如下：

吸取重铬酸钾标准溶液 20 mL，放入 150 mL 三角瓶中，加浓硫酸 3 mL 和邻菲罗啉指示剂 3～5 滴，用硫酸亚铁溶液滴定，根据硫酸亚铁溶液的消耗量，计算硫酸亚铁标准溶液浓度 C_2。

$$C_2 = C_1 V_1 / V_2$$

式中：C_2——硫酸亚铁标准溶液的浓度，mol/L；

C_1——重铬酸钾标准溶液的浓度，mol/L；

V_1——吸取的重铬酸钾标准溶液的体积，mL；

V_2——滴定时消耗硫酸亚铁溶液的体积，mL。

四、实验步骤

（1）准确称取通过 0.149 mm（100 目）筛孔的土样 0.100 0～1.0 000 g。见表 4.1 一个土样所需剂量。

表 4.1　一个土样所需试剂量

K₂Cr₂O₇	分析纯	0.588 4 g
0.800 0 mol/L（1/6 K₂Cr₂O₇）标准溶液/mL		15
H₂SO₄浓硫酸/mL	ρ =1.84 g·mL⁻1 化学纯	15.3
FeSO₄·7H₂O/g	化学纯	3.89
0.2 mol/L FeSO₄标准溶液/mL		60
硫酸银/g	分析纯	0.3
二氧化硅/g	分析纯	1
邻菲罗啉/g	分析纯	1.49
邻菲罗啉指示剂/mL		0.36

注：每一土样 2 个空白。

由于土样数量少，为了减少称样误差，最好用减量法。将土样放入干燥的硬性试管中，用移液管准确加入 0.800 0 mol/L（1/6K₂Cr₂O₇）标准溶液 5 mL（如果土壤中含有氯化物需先加 AgSO₄ 0.1 g），用注射器加入浓 H₂SO₄ 5 mL 充分摇匀，管口盖上弯颈小漏斗，以冷凝蒸出之水汽。

（2）将 8～10 个试管放入自动控温的绿块管座中（试管内的液温控制在 170℃）[或将 8～10 个试管盛于铁丝笼中（每笼应有 1～2 个试管做空白试验）放入温度为 185～190℃的石蜡油浴锅中，要求放入后油浴锅温度下降至 170～180℃，以后必须控制温度在 170～180℃]，当试管内液体开始沸腾（溶液表面开始翻动，有较大的气泡发生）时计时，缓缓煮沸 5 min，取出试管，稍冷，用纸擦净试管外部的油液。

（3）等试管冷却后，将试管内溶液倒入 250 mL 三角瓶中，用蒸馏水洗净试管内部及小漏斗的内部，洗涤液均冲洗至三角瓶中，最后总的体积约 60～70 mL。滴加 2～3 滴邻菲罗啉指示剂，此时溶液为橙黄色，用已标定过的硫酸亚铁溶液滴定，溶液由橙黄色经过绿色突变到砖红色即为终点。记取 FeSO₄滴定 mL 数 V。

五、实验过程及现象（见表 5.1）

表 5.1　实验过程及现象

编号	样品	实验现象		
①② 表层土壤组	高有机质土壤	颜色变化：土壤褐色+重铬酸根橘红色→墨绿色	加浓硫酸，反应放热剧烈（升温较快、较高），升起白雾，颜色加深	经油浴消煮：消煮时微沸，有大量气泡，上层呈黑绿色悬浊液，下层呈墨绿色沉淀，即氧化不完全，此组应作废
③④ 深层土壤组	低有机质土壤	颜色变化：土壤褐色+重铬酸根橘红色→墨绿色	加浓硫酸，反应放热剧烈（升温较快、较高），升起白雾，颜色加深	经油浴消煮：消煮时微沸，有气泡，上层呈黄绿色悬浊液，下层呈浅黄色（带绿色）沉淀，完全氧化消煮
⑤⑥ 空白对照1组	SiO₂粉末	颜色变化：SiO₂白色+重铬酸根橘红色→上层橘红色清液、下层浅黄色沉淀	加浓硫酸，基本无现象	经油浴消煮：消煮时微沸，上层仍呈橘红色清液，下层呈浅黄色沉淀，系重铬酸钾所染
⑦ 空白对照2组	空	颜色变化：重铬酸根橘红色→橘红色	加浓硫酸，基本无现象	经油浴消煮：消煮时微沸，溶液颜色变深至红色，推断是浓硫酸吸水、消煮蒸发溶剂，加大了溶液浓度

六、实验结果讨论

$$土壤有机质(g/kg) = \frac{c_{标定FeSO_4}(V_0 - V) \times 10^{-3} \times 3.0 \times 1.1 \times 1.724}{m \times k} \times 1000$$

$$c_{标定FeSO_4} = \frac{c \times 5}{V_0}$$

式中：c——0.800 0 mol/L，（$1/6 K_2Cr_2O_7$）标准溶液的浓度；

　　　5——重铬酸钾标准溶液加入的体积，mL；

　　　V_0——空白滴定用去 $FeSO_4$ 体积，mL；

　　　V——样品滴定用去 $FeSO_4$ 体积，mL；

　　　3.0——1/4 碳原子的摩尔质量，g/mol；

　　　10^{-3}——将 mL 换算为 L；

　　　1.1——氧化校正系数；

　　　m——风干土样质量，g；

　　　k——将风干土换算成烘干土的系数；

　　　1.724——从碳含量换算成有机质含量的系数。

依滴定数据（V_0=19.50–0.05=19.45 mL；V=11.50–0.53=10.97 mL，m=0.464 7），硫酸亚铁标准溶液浓度为 0.200 0 mol/L，代入计算，得③号土壤样品中有机质含量为：2.076 4 g/kg

实验报告（七）　沿程阻力系数测定（《环境流体力学》实验）

一、实验目的

（1）学会测定管道沿程摩阻系数λ的方法；

（2）掌握圆管紊流沿程水头损失随平均流速变化的规律，绘制曲线。

二、实验原理

（1）对于通过直径不变的圆管的恒定水流，沿程水头损失为：

$$h_f = \left(Z_1 + \frac{P_1}{P_g}\right) - \left(Z_1 + \frac{P_2}{P_g}\right) = \Delta h$$

其值为上下游量测断面的压差计读数。沿程水头损失也常表达为

$$h_f = \lambda \frac{L}{d} \cdot \frac{V^2}{2g} \qquad \lambda = \frac{\Delta h}{\frac{L}{d} \cdot \frac{V^2}{2g}}$$

式中：λ为沿程水头损失系数；L 为上下游量测断面之间的管段长度；d 为管道直；V 为断面平均流速。若在实验中测得 Δh 和断面平均流速，则可直接得到沿程水头损失系数。

（2）不同流动形态的沿程水头损失与断面平均流速的关系是不同的。层流流动中的沿程水头损失与断面平均流速的一次方成正比。紊流流动中的沿程水头损失与断面平均流速的 1.75～2.0 次方成正比（图 2.1，图 2.2）。

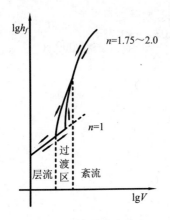

图 2.1 阻力随速度分布

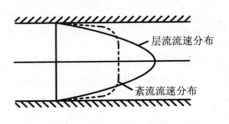

图 2.2 圆管内径向速度分布

沿程水头损失系数 λ 是相对粗糙度 Δ/d 与雷诺数 Re 的函数，Δ 为管壁的粗糙度，Re=Vd/υ（其中 υ 为水的运动黏滞系数）。

a. 对于圆管层流流动：

$$\lambda = \frac{64}{Re}$$

b. 对于水力滑管紊流流动可取：

$$\lambda = \frac{0.316\,4}{Re^{1/4}}(Re<10^5)$$

可见在层流和紊流光滑管区，沿程水头损失系数 λ 只取决于雷诺数。

c. 对于水力粗糙管紊流流动：

$$\lambda = \frac{1}{\left[2\lg(\frac{d}{2\Delta})+1.74\right]^2}$$

沿程水头损失系数 λ 完全由粗糙度决定，与雷诺数无关，此时沿程水头损失与断面平均流速的平方成正比，所以紊流粗糙管区通常也叫做"阻力平方区"。

（3）对于在紊流光滑区和紊流粗糙管区之间存在过渡区，沿程水头损失系数 λ 与雷诺数和粗糙度都有关。

三、实验仪器

（1）流体力学综合实验台；

（2）秒表；

（3）温度计。

四、实验步骤

（1）对照装置图和说明，搞清各组成部件的名称、作用及其工作原理；检查蓄水箱水位是否够高。否则予以补水并关闭阀门；记录有关实验常数：工作管内径 d 和实验管长 L。

（2）接通电源，启动水泵，打开供水阀。

（3）按照如下操作过程进行具体测量：①启动水泵排除管道中的气体。②关闭出水阀，排出其中的气体。随后，关闭进水阀，开出水阀，使水压计的液面降至标尺零附近。再次开启进水阀并立即关闭出水阀，稍候片刻检查水位是否齐平，如不平则需重调。③气 - 水压差计水位齐平。④实验装置通水排气后，即可进行实验测量。在进水阀全开的前提下，逐次开大出水阀，当每次调节流量时，均需稳定 2～3 min，流量愈小，稳定时间愈长；测流量时间不小于 8～10 s；测流量的同时，需测记压差计读数。⑤结束实验前，关闭出水阀，检查水压计是否指示为零，若均为零，则关闭进水阀，切断电源。否则，表明压力计已进气，需重做实验。

五、数据处理与结果讨论

（1）有关常数：$d = 14$ mm；$L = 1\,000$ mm；水温 $= 11.5℃$。

（2）结果记录及沿程摩阻系数 λ 计算（见表 5.1）。

表 5.1　测量数据记录

次序	体积/ cm³	时间/s	流量 q_V/ (cm³/s)	流速 V/ (cm/s)	水温/ ℃	黏度 υ/ (cm²/s)	雷诺数/Re	差压计/ cm	沿程损失 h_f/ cm	沿程摩阻系数/λ
1	7 500	34	222.12	144.2	11.5	0.02	13 381	17.9	17.9	0.022
2	7 500	35	216.92	140.8	11.5	0.02	13 068	17.5	17.5	0.032
3	7 500	38	196.82	127.8	11.5	0.02	11 856	15.7	15.7	0.028
4	7 500	46	162.98	105.8	11.5	0.02	9 818	12.5	12.5	0.026
5	7 500	54	138.89	90.27	11.5	0.02	9 841	7.9	7.9	0.017
6	7 500	63	118.72	77.09	11.5	0.02	7 152	4.3	4.3	0.029

（3）圆管紊流沿程水头损失随平均流速变化的规律（见图 5.1）。

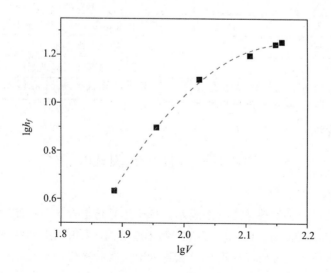

图 5.1　$\lg h_f$ 与 $\lg v$ 的关系

将 $\lg h_f$ 对 $\lg v$ 拟合，得到的方程为：

$\lg h_f = -34.9 + 33.3 \lg v - 7.7[\log v]^2$，由此可知 $\lg h_f$ 为 $\lg v$ 的抛物线函数，与 $\lg v$ 的平方相关。

（4）分析与思考：

①为什么压差计的水柱差就是沿程水头损失？如果实验管道安装达不到要求，是否影响实验结果？

答：压差计的水柱相当于水头两端压差，直接反映水头损失。管道安装达不到要求不影响实验结果，因为等直径管道，沿程损失等于测压管水头差，压差计仍然反映测压管水头差。

②实验中的误差主要由哪些环节产生？

答：a. 实验仪器不精密，导致实验误差；b. 水箱中水体积测量读数以及秒表的读数有误差；c. 测量压差计读数时存在误差。

3.6.2 本科生综合实习报告选编

3.6.2.1 实习概况

针对环境科学专业本科生开设的《环境监测》《水污染控制工程》《环境生物学》《大气污染控制工程》《固体废物处理处置工程》《水污染生态修复技术》《物理性污染控制工程》等课程，开展为期一周的现场实习，目的是通过现场实习，增强对课本知识的理解，提高理论联系实际的能力，锻炼学生的实践技能，使其拥有综合分析、判断、解决实际环境问题的科学思路。具体实习安排见表1。

表 1　本科生综合实习安排

参观时间	参观地点
第一天 上午	校内污水处理厂
第一天 下午	北京高安屯垃圾焚烧厂
第二天	北京高碑店污水处理厂
第三天	北京亦庄金源经开污水处理厂
第四天	翠湖湿地
第五天 上午	庞各庄污泥堆肥厂
第五天 下午	奥林匹克森林公园

3.6.2.2 实习内容

实习（一）　校内污水处理厂

一、概述

校内污水处理厂主要处理学生洗浴废水，位于体育场看台南侧。处理厂污水处理量在用水高峰期时为 $200 \sim 250$ m³/d，正常情况下约 100 m³/d，采用以生物接触氧化为主体的处理工艺，处理出水补充校内的部分用水，主要用于校园的绿化和学生宿舍的厕所冲洗。具体工艺流程如图 1.1 所示。

二、工艺说明

洗浴废水进入格栅用以截留大块的呈悬浮或漂浮状态的固体污染物，以免堵塞水泵和沉淀池的排泥管，然后经提升泵提升进入调节池对水量和水质进行调节，接着经过毛发过滤器去除洗浴废水中的毛发，以免堵塞后续处理设备，最后由提升泵提水进入一体化处理设备。经过处理水中有机物、悬浮物、沉淀下所产生的污泥、加入漂白粉进行消毒后经提升泵提升进入清水池，清水池的水经泵提水进入过滤池可进行滤池的反冲洗。处理后的水经提升泵提升用于校园绿化用水和学生宿舍楼冲厕用水。污水处理一体化设备包括了生物接触氧化池、斜板沉淀池、石英砂过滤池和消毒池。

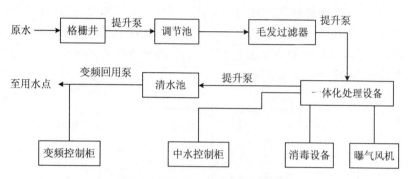

图 1.1　校内污水处理厂工艺流程

校内洗浴污水的处理工艺技术为生物接触氧化法，污泥的产量少。由于空间的限制，故没有设置污泥处理设备，对产生的污泥进行处理。污泥从沉淀池底部排出后经排泥管直接进入集水坑，和处理单元的反冲洗水以及冲洗地面的水一起直接排入市政污水管道。

三、主要工艺单元

1. 毛发过滤器

毛发过滤器主要是用来去除来污水中的毛发、纤维等杂物，提高后续处理单元的使用寿命和处理效率。其主要是由过滤网的拦截作用来工作，但上部必须设置排气阀和观察阀以便排气和观察其工作情况（见图 3.1）。

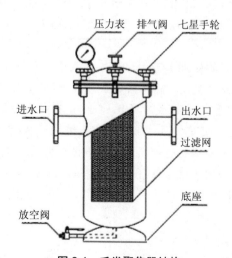

图 3.1　毛发聚集器结构

2. 一体化处理设备

污水处理一体化设备包括了生物接触氧化池、斜板沉淀池、石英砂过滤池和消毒池。上述不同的处理工艺集成在一个整体设备中。经过毛发收集的污水泵入一体化处理设备，先经过生物接触氧化池进行生化处理，生物反应池内充填填料，经过曝气充氧的污水浸没全部填料，并以一定的流速流过填料，细菌在填料表面生长形成生物膜，污水与生物膜广泛接触，在生物膜上微生物的新陈代谢的作用下，污水中有机污染物得到去除，污水得到净化。如图 3 所示，生物接触氧化池是由池体、填料、支架及曝气装置、进出水装置以及排泥管道等部件所组成。生物接触氧化池出水经斜板沉淀池泥水分离后，上清液进入消毒池，加入漂白粉消毒后进入石英砂过滤池过滤后经提升泵提升进入清水池，清水池的水经泵提水进入过滤池可进行滤池的反冲洗。

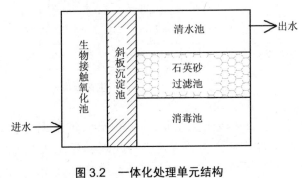

图 3.2　一体化处理单元结构

实习（二）　北京高安屯垃圾焚烧发电厂

一、概述

北京高安屯垃圾焚烧有限公司是北京市第一座现代化大型垃圾焚烧厂。项目采用 BOT 模式，由金州固废管理股份有限公司控股、北京金州工程有限公司和北京国朝国有资产运营有限公司共同投资、建设、运营。它位于北京朝阳区循环经济产业园内，占地面积 46 667 m^2，日处理生活垃圾 1 600 t，年焚烧处理垃圾 53.3 万 t，为朝阳区 400 多万城市人口提供环境卫生服务。

北京高安屯垃圾焚烧厂的处理工艺由垃圾接收及给料系统、垃圾焚烧系统、余热锅炉系统、汽轮发电及热力系统、烟气净化系统、灰渣处理与处置系统、自动控制系统、电气及输变电系统、公用工程系统等组成（见图 1.1）。其中，垃圾焚烧系统采用日本田熊（TAKUMA）公司 SN 型炉排焚烧技术，烟气净化系统采用 ALSTOM 技术，NID 烟气净化工艺，焚烧炉内还采用 SCNR 烟气脱硝技术，严格控制大气污染物的排放浓度。垃圾焚烧后的残渣和部分固体垃圾采用填埋法处置。垃圾渗沥液经厌氧处理后采用膜法（超滤+纳滤+反渗透）进行深度处理。

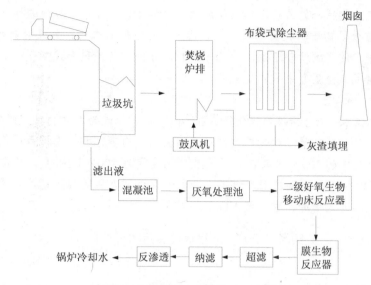

图 1.1　高安屯垃圾焚烧厂工艺流程

二、工艺流程说明

1. 固体废弃物焚烧

固体废弃物在发酵池内发酵 5 d 后进入焚烧炉进行焚烧。垃圾焚烧采用日本田熊公司 SN 型炉排焚烧技术，经过焚烧后的炉渣作为固体垃圾，被填埋在焚烧厂西侧的垃圾填埋场中。每次填埋过后，用高密度聚乙烯塑料盖住，保证雨水不会渗入到垃圾中。可以达到减重 90%、减容 80% 的处理效果。同时，垃圾填埋会产生沼气，被用于发电供厂区内渗沥液车间使用。

2. 废气

燃烧产生的烟气净化系统采用 ALSTOM 技术，NID 烟气净化系统，后采用 SCNR 烟气脱硝技术，然后通过烟囱排放。

3. 渗滤液

产生的渗沥液经厌氧处理后进入膜系统（超滤、纳滤、反渗透）进行深度处理，出水达到回用水标准，被用来防尘、灌溉、工作区用水。目前还在与北京林业大学环境学院共同合作研究一个新的处理方法，还在试验阶段，主要是通过生物处理和膜结合的方法来运行。

三、主要工艺单元

1. 焚烧炉

焚烧炉为日本田熊（TAKUMA）公司生产的 SN 型垃圾焚烧炉，配备的炉排为阶梯式（倾斜+水平）顺推炉排。垃圾焚烧线配置：800 t/d×2；垃圾低位热值适应范围：4 598 ~ 9 196 kJ/kg；垃圾低位热值设计点：6 688 kJ/kg；垃圾焚烧停留时间：1 ~ 2 h；炉渣热灼减率：≤3%；二燃室出口温度：≥800℃；余热锅炉蒸气参数：4.0 MPa，400℃；余热锅炉额定蒸发量：74 t/h×2；汽轮发电机组装机容量：15 MW×2。尾气净化采用半干法喷雾反应器+布袋除尘器+活性炭喷入烟道的处理方式。

2. NID 烟气净化工艺

NID 系统作为干式烟气净化吸收处理系统，在垃圾焚烧厂中可用以代替半干式除尘工艺，它是由数个互相结合的工艺过程所组成的，包括 HCl、SO₂ 及其他酸性气体的烟气吸收、二噁英、重金属物质的收集、微粒类的收集及其他辅助工艺。如吸附剂处理、储仓、最终产物储仓等。该系统结合了法国 ALSTOM 公司在半干式和干式烟气吸收处理方面的先进技术，在诸多工程项目中被广泛采用。

3. SNCR 脱硝工艺

SNCR 脱硝技术，即选择性非催化还原技术，它是目前最为成熟的烟气脱硝技术之一。在炉膛 $800 \sim 1\,250℃$ 的狭窄温度范围内、在无催化剂作用下，NH_3 或尿素等氨基还原剂可选择性地还原烟气中的 NO_x。SNCR 的反应最佳温度区为 $800 \sim 1\,100℃$，尿素的反应最佳温度区为 $850 \sim 1\,250℃$。当反应温度过高时，由于氨的分解会使 NO_x 还原率降低；但反应温度过低时，氨的逃逸增加，也会使 NO_x 还原率降低。

实习（三）　北京高碑店污水处理厂

一、概述

北京排水集团高碑店污水处理厂是目前全国规模较大的城市污水处理厂，承担着市中心区及东部工业区总计 $9\,661\,hm^2$ 流域范围内的污水收集与治理任务，服务人口 240 万，厂区总占地 $68\,hm^2$，总处理规模为每日 100 万 m^3，约占北京市目前污水总量的 40%。厂区位于北京市朝阳区高碑店乡界内。高碑店污水处理厂采用传统活性污泥法二级处理工艺：一级处理包括格栅、泵房曝气沉砂池和矩形平流式沉淀池；二级处理采用空气曝气活性污泥法。污泥处理采用中温两级消化工艺，消化后经脱水的泥饼外运作为农业和绿化的肥源。消化过程中产生的沼气，用于发电可解决厂内约 20% 用电量。厂内还有 $10\,000\,m^3/d$ 的中水处理设施，处理后的水用于厂内生产及绿化灌溉。此外，高碑店污水处理厂 47 万 m^3/d 二沉池出水作为北京市工业冷却用水和旅游景观用水及城区绿地浇灌用水，不仅改善了环境，还为缓解北京市的水资源紧张状况起到了积极作用。另外，经处理后的水排至通惠河，对还清通惠河也具有积极的作用。具体污水处理工艺流程如图 1.1 所示。

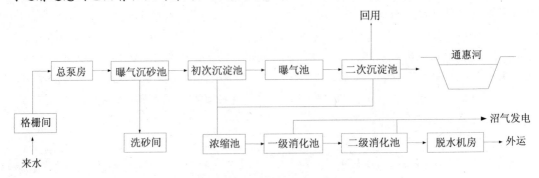

图 1.1　高碑店污水处理工艺流程

二、工艺说明

1. 污水处理

一级处理：污水先经过粗格栅、细格栅截留污水中较粗大漂浮物和悬浮物，如：纤维、果皮、蔬菜、塑料制品等，防止堵塞和缠绕后续构筑物，保证污水处理设施的正常运行。然后经总泵房提升（扬程 15 m），经配水井进入曝气沉砂池，在砂水分离间经由吸砂设备水从溢流口流出，砂收集由吸砂车运往垃圾处理厂。由沉砂池出来的水进入矩形平流式初沉池，可以去除 55% 的 SS，25% 的有机物。

二级处理：将初次沉淀过的水送入曝气池进行生化处理工作，曝气池中的工作是利用微生物的新陈代谢将水中的有机污染物分解为 H_2O 和 CO_2，高碑店污水处理厂采用传统活性污泥法降解有机物。污水和回流污泥在曝气池的前端进入，在池内呈推流式至池的末端，由鼓风机通过扩散设备或机械曝气机在曝气并搅拌。在曝气池内进行吸附、絮凝和有机污染物的氧化分解，最后进入二沉池进行处理后的污水和活性污泥的分离，部分污泥回流至曝气池，部分污泥作为剩余污泥排放。经过二沉池沉淀的水，已经变得很澄清，达到了污水的排放标准，一部分达标排放到通惠河中，一部分进行深度处理回用。由于有达标水的排入，近年来，通惠河的水质得到了明显的改善，许久没有看到的鱼虾又出现在了水中。

2. 污泥处理

高碑店污水处理厂的污泥处理采用中温两级消化工艺，使污泥得到减容、稳定及能源回收。首先，初沉池及二沉池产生的污泥由中心进泥的方式进入污泥浓缩池，通过重力浓缩分离，体积减小一半。然后进入污泥消化池，通过厌氧微生物分解转化，经中温两级消化后进入脱水机房，通过带式压滤机脱水使污泥含水率降到 78% 以下，每天脱水污泥量达 700 m^3。脱水后的污泥形成泥饼外运。污泥消化过程中产生的沼气，用于发电可解决厂内 20% 的用电量。

实习（四）　北京金源经开污水处理厂

一、概述

北京金源经开污水处理厂位于北京市大兴区亦庄经济技术开发区内，由北京金源经开污水处理有限责任公司承担着开发区核心区及河西区近 20 km^2 范围内的工业废水和生活污水处理业务，日处理设计能力为 5 万 m^3，分两期建设，一期 2 万 m^3，二期 3 万 m^3。污水中的主要污染元素为 COD、磷和其他悬浮物，通过监控计算机实现自动处理控制。污水处理厂采用国际上先进的循环式活性污泥法工艺（Cyclic Activated Sludge Technology，C-TECH 工艺）为主体的处理工艺，具体流程如图 1.1 所示。开发区内的工业废水和生活污水经过处理后直接排入到凉水河，排水口下游数千米内的河水明显比上游河水得到了改善。从而保护了开发区的水环境，巩固了其自然环境，同时也大大改善了开发区的投资环境。

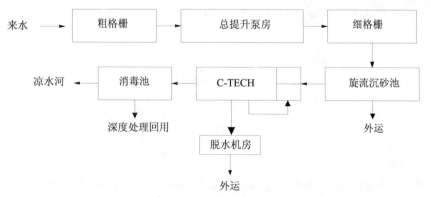

图 1.1　北京金源经开污水处理厂工艺流程

二、工艺说明

1. 污水处理

金源经开污水处理厂的来水首先经过 2 组粗格栅，格栅间隙 20 mm，筛出大的悬浮杂物。它们是固定式的，由中控中心实时监测液面水位差来确定旋转启动时间。经过粗格栅的水经 6 台污水泵提升进入细格栅间。每台泵的流量是 700 m³/h，3 用 3 备。细格栅是两组，格栅间隙 5 mm。从细格栅出来的水分两道进入 2 个旋流沉砂池中。通过旋流沉砂池，来水中的 SS 可以去除 70%。再经集配水井分别进入一期和二期的 C-TECH 池。C-TECH 工艺是 SBR 工艺的变型，将生物反应过程和泥水分离过程结合在一个池子中进行，其中活性污泥法过程按曝气和非曝气阶段不断重复进行。具有同步脱氮除磷的功能。经消毒接触池（所用消毒剂为次氯酸钠）消毒后出水 COD < 40 mg/L、SS < 10 mg/L，达到二级出水标准。部分出水直接排入凉水河，其余出水进行深度处理，再生水用于设备的清洗、冷却和绿化等。

2. 污泥处理阶段

由于处理厂的污泥产生量不大，没有设置污泥消化池，所以 C-TECH 池产生的污泥直接进入污泥脱水机房（2 台带式脱水机）脱水，进入气动污泥斗，然后外运。脱水后的污泥含水率达 80%左右。得到的污泥饼用来制作有机肥料。

3. 再生水

二级处理来水经过细格栅（栅距 1 mm），进入调节池，由提升泵提升到自清洗过滤器（孔径 200 μm），再到中间水箱，由增压泵打到微滤系统（孔径 0.1 μm），再到反渗透系统（孔径 0.1 nm），进行污水的深度处理。具体深度处理流程如图 2.1 所示。

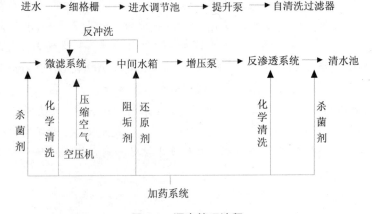

图 2.1　深度处理流程

实习（五）　翠湖湿地参观实习报告

一、实习目的

（1）了解湿地对环境的作用及意义，熟悉湿地的一些基本构成以及净化原理。

（2）掌握生态原理在实践中的应用。

（3）对湿地有简单的认识，了解跟生态有关的知识。

二、翠湖湿地介绍（略）

三、实习内容

在湿地入口处的湖泊上，有一个小型的人工浮岛。它利用纤维强化塑料、树脂等材料形成框架浮岛。浮岛上的植物营造了水面的景观，在进行光合作用的时候，吸收周围的 CO_2，释放 O_2，同时也净化着空气。此外，由于浮岛的遮阳效果、涡流效果，也为鱼类创造了良好的生存条件。生态浮岛利用生态学原理，降解水中的 COD、N、P 的含量，能使水体透明度大幅度提高，同时水质指标也得到有效的改善，特别是对藻类有很好的抑制效果。

湿地公园内现共有植物 74 科，203 属，284 种，占北京湿地植物的 30%。湿地是濒危鸟类、候鸟以及多种野生动物的繁殖栖息地。翠湖湿地公园内有许多珍贵的鸟类，包括黑天鹅、鹈鹕、海鸥等。同时，公园里种植了来自各个地带，各种区域灌木、乔木以及草本植物，构成一个层次错落的整体。湿地四周种植了许多芦苇，黄花鸢尾及部分荷花。湿地一侧有一条由中国科学院共建的湿地污水处理带。整条水域分为五个部分：浮水植被区，挺水植被区，沉水植被区，砾石溪，生态景观塘（见图 3.1）。

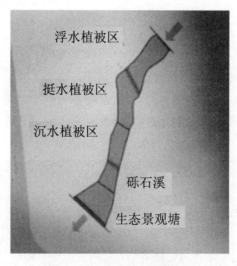

图 3.1　湿地污水处理布局

人工湿地最初按植物形式进行分类，包括浮生植物系统、挺水植物系统和沉水植物系统，后来系统多采用挺水植物，故在挺水植物的前提下，水流方式分为自由表面流和潜流人工湿地系统。自由表面流湿地系统与自然湿地十分相似，水深通常在 4 m 以下，在污水缓慢流经湿地表面时，部分污染物靠生长在水下植物茎、秆上的微生物膜去除。其优点在于造价低、运行管理简单，有充分发挥机制和植物根系的作用；缺点是在运行过程中易产生异味，滋生蚊蝇，造成局部环境恶劣。

1. 浮水区（略）

2. 挺水区（略）

3. 沉水区（略）

4. 潜流区（略）

5. 生态景观区（略）

四、人工湿地污水处理系统存在的问题

人工湿地在运行一段时间后确实存在堵塞的问题，使得其无法正常使用。其原因主要是进水中悬浮物含量过高，增加了系统的悬浮物负荷，造成不可或不易生物降解的悬浮物在基质颗粒间长期累积，从而降低了水力传导性。因此，目前解决人工湿地高负荷运行中基质堵塞的问题是很有意义的。国内外关于人工湿地中基质堵塞的现象均有报道，但针对具体堵塞原因的研究却不多。工程上的预防措施主要是系统进水预处理、基质粒径的合理选择及搭配、调节进水方式和控制水力负荷及有机负荷。这些虽然能从一定程度上缓解湿地基质堵塞的发生，但其又涉及进水预处理会追加工程投资、粒径选择与保证净水效果等问题。平衡点的寻求通常是通过小试或中试进行，而往往实际工程与试验结果偏差较大，可操作性较差，所以摸索的工作量很大。

翠湖国家湿地公园构成了一个小型湿地生态系统。湿地生态系统是指长期或周期积水，生长有水生或湿生植被，兼有水域或陆地生态系统特点的生态系统。湿地生态系统有着重要的功能，包括涵养水源、保持水土、调节气候、蓄洪防旱、降解污染、净化水体、维持生物多样性、提供产品、固定二氧化碳、释放氧气等功能。

实习（六）　庞各庄污泥堆肥厂

一、概况

北京排水集团大兴污泥转运站位于北京市城南大兴庞各庄，为高碑店污水处理厂的配套项目。距离北京城市中心大约 50 km，距离高碑店污水处理厂 50 km。项目建设用地面积 140 000 m²，主要由三台德国 BACKHUS 公司的专业翻抛设备对转运站的污泥进行堆肥处置，如图 1.1 所示。

图 1.1　庞各庄堆肥厂

二、工艺说明

庞各庄堆肥厂的主要工艺流程如图 2.1 所示。

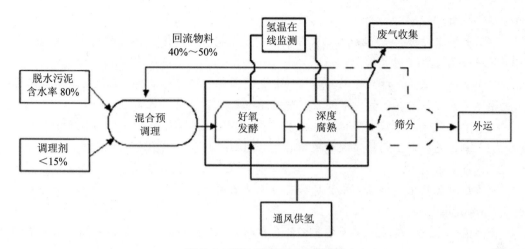

图 2.1　庞各庄堆肥厂工艺流程

1. ENS 污泥堆肥技术原理

庞各庄主要采用的堆肥技术是 ENS 污泥堆肥技术（见图 2.2）。ENS 污泥堆肥技术与工艺主要包括：

（1）污泥堆肥的预混合技术与工艺；

（2）污泥堆肥的"柔和"通风、布风技术；

（3）温度控制与反应加速技术；

（4）污泥生物干化技术；

（5）堆肥的臭味源头控制技术；

（6）堆肥的氧气——温度在线检测与智能化控制技术。

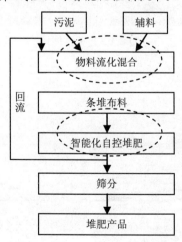

图 2.2　ENS 污泥堆肥技术工艺

2. ENS 堆肥技术特点

（1）通过独特的设计保证系统均匀布气，通风系统简单、可靠、布气均匀、维护量低。

（2）实现氧气、温度可靠的在线监测与联合控制。

（3）智能化控制系统具有生物干化的优化功能，在低能耗的前提下加速污泥干化。14 d

内含水率降至约 40%。

（4）采用独特的检测和控制技术实现发酵温度高（50～70℃），周期短，可在 10～14 d 内实现污泥无害化、稳定化。

（5）通过优化的设计与控制有效控制臭气发生量，通常不需要除臭设施。如该工艺在上海城区（紧邻住宅区）的污水处理厂对污泥堆肥，不需除臭装置。

（6）能耗最低，本技术实现通风耗电 6～12 kW·h/t 污泥。

（7）本工艺对调理剂的短缺和较高的水分的物料具有较大承受能力。

三、重要设施

庞各庄堆肥厂主要由露天堆肥场和室内堆肥场两部分组成。

1. 露天堆肥场

大兴庞各庄污泥转运站露天堆肥场的总面积为 38 000 m²，呈梯形布局（见图 3.1）。堆肥场北侧 144 m 宽，南侧 220 m 宽，西侧 195 m 宽。

图 3.1　露天堆肥场

2. 室内堆肥场

大兴庞各庄污泥转运站室内堆肥场的总面积为 13 000 m²，呈矩形布局。采用钢筋混凝土结构，顶部是阳光板材料，可以利用太阳能来降低污泥的含水率（见图 3.2）。

图 3.2　室内堆肥场

实习（七）　奥林匹克森林公园

一、综合说明

北京奥林匹克公园选址位于北京市区北部，城市中轴线的北端，分为三个区域：北端是 680 hm² 的森林公园；中心区 315 hm²，是主要场馆和配套设施建设区；南端 114 hm² 是已建成场馆区和预留地（见图 1.1）。奥林匹克公园的规划将着眼于城市的长远发展和市民物质文化生活的需要，使之成为一个集体育竞赛、会议展览、文化娱乐和休闲购物于一体，空间开敞、绿地环绕、环境优美，能够提供多功能服务的市民公共活动中心。奥林匹克公园中心区是整个公园的核心部分，在中心区内布置有国家体育场、国家游泳中心、国家体育馆及国家会议中心等场馆，20 余万 m² 的地下商业建筑面积，以及庆典广场、下沉花园、龙形水系等景观设施。

图 1.1　奥林匹克森林公园

二、奥林匹克森林公园介绍

1. 生态廊道

将生态与绿色的理念作为基本原则全面贯彻于森林公园规划设计，对包括竖向、水系、堤岸、种植、灌溉、道路断面、声环境、照明、生态建筑、绿色能源、景观湿地、高效生态水处理系统、绿色垃圾处理系统、厕所污水处理系统、市政工程系统等与营造自然生态系统有关的内容进行了系统综合的规划设计，并为保障五环南北两侧的生物系统联系、提供物种传播路径、维护生物多样性而设计了中国第一座城市内上跨高速公路的大型生态廊道（见图2.1）。

图2.1   生态廊道

廊道的生态功能取决于其内部生境结构、长度和宽度及目标种的生物学特性等因素。廊道有着双重性质：一方面将景观不同部分隔开，对被隔开的景观是一个障碍物；另一方面又将景观中不同部分连接起来，是一个通道，最显著的作用是运输，它还可以起到保护作用。

廊道在生物多样性的保护中有重要作用，主要表现在以下几个方面：

（1）廊道能为某些物种提供特殊生境或暂息地 最常见的廊道如树篱，通常是连接一条邻界牧场或耕地的线状廊道，树篱可以招引鸟类撒下树木种子，使树篱的生物群落得到发展，树篱对动物区系尤其重要。

（2）廊道能增加物种重新迁入机会 廊道能增加生境斑块的连接度，提高斑块间物种的迁移率，促进斑块间基因交换和物种流动，方便不同斑块中同一物种中个体间的交配，有利于物种的空间运动增加物种重新迁入机会；同时使本来是孤立的斑块内物种的生存和延续，给缺乏空间扩散能力的物种提供一个连续的栖息地网络，从而使小种群免于近亲繁殖遗传退化。

（3）通过促进斑块间物种的扩散 廊道能够促进种群的增长和斑块中某一种群灭绝后外来种群的侵入，从而对维持物种数量发挥积极作用，而且还可以增强碎裂种群的生存；另外，由于廊道便于物种的迁移，某一斑块或景观中气候的改变对物种威胁就大大降低。

奥林匹克森林公园生态廊道最精彩的部分就是这座连接奥林匹克森林公园南北两区的生态桥绿化（见图2.2），桥上种植乡土植物，营造"近自然"环境，给森林公园的小动物们铺路。生态桥长约270 m，桥宽从60～110 m 不等。在桥面的树林中还设有一条6 m宽的道路，可供行人和小型车辆通过。生态桥不仅是条交通道路，还为栖息在森林公园的小型哺乳动物和昆虫搭建往来的通道。将来生活在该区域的有上百种小型哺乳动物、鸟类和昆虫，它们可以通过这条通道，在公园南北两区之间自由活动。它们的往来走动也有利于植物的繁衍，可以充分保护公园的生物多样性。

图2.2 奥林匹克森林公园生态桥

2. 景观湿地

景观湿地是奥林匹克森林公园的重要景观之一。通过在景观湿地内种植各类湿地植物，一方面营造一个舒适、优美而又生态的自然环境，同时使人们在游览过程中实地接触各类湿地植物，了解其生长特性以及生态功能，以达到教育展示作用（见图2.3）。

图2.3 景观湿地植物

功能上可分为三大区域：温室教育示范区、湿地生物展示区及游览区，其中湿地生物展示区根据湿地植物的自身属性分为沼泽区、浅水植物区、沉水植物区以及混合种植区。

（1）湿地功能 湿地，作为地球上具有多种功能的生态系统，可以沉淀、排除、吸收和降解有毒物质，使潜在的污染物转化为资源，因而被誉为"地球之肾"。它以复杂而微妙的方式扮演着自然净化器的角色，显示了地球生态系统的严谨、完善和神奇。正是认识到湿地的作用，人们根据不同污染物类型以及当地自然条件，有目的地构建起不同类型的人工湿地，模拟自然生态系统的运作机理，对各类污水加以有效处理。人工湿地剖面如图2.4所示。

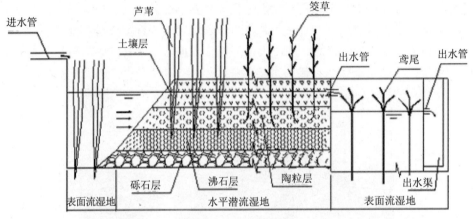

图 2.4   人工湿地剖面

人工湿地一般由人工基质（多为碎石）和生长在其上的水生植物（如芦苇、茳芏等）组成，是一种独特的"土壤—植物—微生物"生态系统。其主要设计参数包括：污水类型、水流负荷、渗滤介质、滞水深度和时间、流路的可控性、植物类型及管理模式等。人工湿地处理废水的净化机理十分复杂，至今仍不完全清楚。一般认为，人工湿地成熟以后，填料表面吸附许多微生物，形成大量生物膜，它们协同分布于池中的植物根系，通过物理、化学及生化反应三重作用净化污水。

（2）景观湿地工艺流程（见图 2.5） 奥体园区人工湿地模拟自然生态系统，每天可处理再生水 $2\,600\ \text{m}^3$，处理湖内循环水 $20\,000\ \text{m}^3$，确保水质达到景观用水标准。奥林匹克森林公园位于北京中轴延长线的最北端，是亚洲最大的城市绿化景观，占地约 $680\ \text{hm}^2$。于 2003 年开始建设，2008 年 7 月 3 日正式落成。北五环路横穿公园中部，将公园分为南北两园。南园以大型自然山水景观为主，北园则以小型溪涧景观及自然野趣密林为主。在奥林匹克森林公园内，种植有乔灌木 180 多个品种、53 万多株，是北京城区当之无愧的"绿肺"，也为我们认识大自然提供了一个绝佳的去处（见图 2.6）。

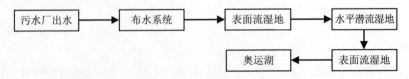

图 2.5   景观湿地工艺流程

图 2.6　奥体公园人工湿地

三、重要设施

1. 智能化灌溉系统

该系统采用中央计算机控制下的喷灌、滴灌、涌灌和泉灌等智能化技术，并配备先进的水质过滤控制系统，满足中水灌溉要求，确保该系统正常运行，每年可节水 100 万 m^3。

2. 物质循环处理与再利用系统

经过生活废物源分离和采用生物技术处理污水，公园的建筑污水处理后再生水可达到景观回用水标准。源分离后的黄水、污泥及绿色垃圾经过处理可进行资源化利用。在公园设计标准运营状况下，每年可产生液态黄水有机肥约 2 500 m^3，相当于硫化表衣尿素 70 t。每年用污泥及绿色垃圾堆肥可产生固态有机肥 2 000 余 t。每年自产有机肥料折算价值约 110 万元。

3. 生物多样性设计

公园结合近自然林和生物多样性设计理念，围绕北京乡土生物群落，通过对林地、草地、湿地、水域等系统进行规划，为生物提供良好的栖息环境，恢复动植物群落，保护生物多样性。

4. 低碳馆

低碳馆采用了国际领先的毛细管网生态空调技术，具有高舒适、低能耗、省空间、智能化的特点。系统前端采用土壤源热泵，冬季供暖夏季制冷。太阳能提供生活热水和辅助采暖，并保证热泵的土壤源冬夏两季能量平衡。系统末端采用毛细管网与装饰表面结合，像皮肤一样以辐射方式柔和调节室温，置换式新风如人体呼吸系统处理室内湿度和空气品质，智能控制如大脑和神经中枢。

低碳馆是一座有生命的建筑，用真实的体验生动地展示国际最高水平的低碳技术成就。

3.6.3　本科生课程设计报告选编

课程设计（一）　环境规划与管理

——北京林业大学校园环境规划设计报告

1　总论

随着我国城市化进程的加快，人民生活水平的提高，人们的环保意识和健康舒适理念的逐渐增强，人们要求周边环境不仅能满足其居住、学习功能，还需要满足对于健康、舒适和环保的要求。学校培养学生道德品质和综合能力的功能大于其传播知识的功能，其中校园环境对师生的影响尤为重要。校园环境是一个功能复杂的综合体，既要为塑造学生综合素质提供一定的场所背景，又要为学习及学术活动提供良好的安全的物质条件。

校园具有居住、生活、教学、餐饮服务等功能，是一个人口集中的区域，北京林业大学扩大了招生规模，大量的人口加重了校园的环境负荷。这次通过向同学们进行问卷调查，对调查问卷结果进行统计、作图、分析，了解到同学们对于校园环境的看法和意见，并针对一些校园突出的环境问题进行规划，规划具有一定的社会效益和环境教育效果。

1.1　规划目的

针对北京林业大学校园内现存的和同学们反映较为严重的环境问题，从大气、水、卫生、绿化和噪声五个专项方面进行规划，以期通过增设检测仪器、加强宣传教育、增加污染处理系统等来改善现有的环境问题，并尽可能使质量较好的生态环境延续下去。

1.2　指导思想

为提倡"知山知水，树木树人"的理念，建设一个利于师生生活学习的、环境友好的、可持续发展的校园，就需要安排好校园的污水处理和排放，实现污水资源化利用，减少校园废物排放量，减轻对环境的压力，并把校园生态环境建设和景观建设有机结合起来。

本方案以"以人为本"为规划设计指导思想，从师生的需要、生活、体验出发，以生态环保意识为主导，力求创造人与自然和谐统一的校园环境，为师生们创造出一个独具魅力的校园生活环境。

1.3　基本原则

为了建设更适宜师生工作生活的环境，突出北京林业大学的办学理念"知山知水，树木树人"，在环境设计方案中遵循以下原则：

1.3.1　人性化原则（略）

1.3.2　生态性原则（略）

1.3.3　可持续原则（略）

1.4　规划范围与时段

1.4.1　规划范围

本规划范围为北京林业大学校本部，是被清华东路、静淑苑路和双清路包围的学校部分，校园面积 46.87 hm^2。包括教师住宿区、体育场、教学楼、实验室等。

1.4.2 规划时段

由于规划措施实施起来时间相对较短，且规划范围较小，所以这次规划时间为一年，是短期规划。

1.5 规划目标

校园卫生问题得到改善，让教学区、生活区等变得干净、卫生、安全，学生们养成良好的卫生习惯，不在教学区乱扔垃圾，并监督其他同学保持卫生，使校园区域内没有随地乱丢的垃圾。校园用水问题得到改善，同学们均有节约用水、保护水资源的意识，学校能检测水质，污水处理系统更加完善。通过减少扬尘，减少废气的排放初步改善校园大气问题。校园绿化更加美观、合理，学生在正常学习生活时，没有噪声。

2 规划区域概述

2.1 校园社会情况概述（略）

2.2 自然环境概述

下面将分成校园卫生、校园绿化、水环境、大气环境、校园噪声五个方面来介绍校园自然环境。

2.2.1 校园卫生

校园卫生的好坏直接影响到老师和同学们的工作、学习和生活，同时，校园环境卫生也是一个学校文明程度的重要标志，是学校对外形象好坏的重要因素，也是学生整体素质的一个反映。因此调查问卷在卫生方面，设置了 7 个题目。

2.2.1.1 校园卫生现状

调查同学们对校内环境卫生不满意的场所，统计调查问卷结果如图 2.1 所示。

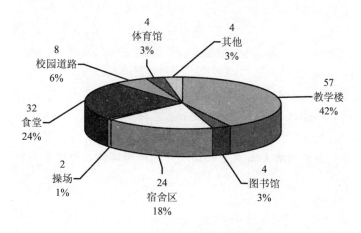

图 2.1　卫生最不满意的校内场所

由图中可见，同学们对校园内卫生不满意的主要场所就是教学楼和宿舍区，这也是我们校园生活主要的日常活动场所，下面我们也对其实际情况分别进行了调查和分析。

教学楼，统计调查问卷结果如图 2.2 所示。

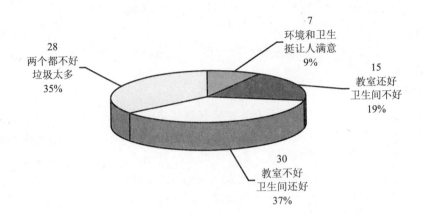

图 2.2　关于教室和卫生间卫生状况

大多数同学都认为，教学楼内教室和卫生间的卫生都让人不满意，尤其是教室内垃圾太多，如图 2.3 所示。

图 2.3　同学随意扔在教室里的垃圾

宿舍楼，统计调查问卷结果如图 2.4 所示。

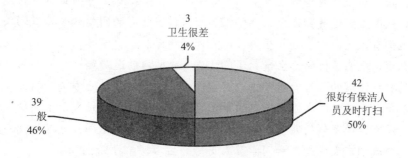

图 2.4　关于宿舍楼卫生状况

大多数同学认为宿舍楼内的卫生还是很让大家满意的，保洁人员能够及时的打扫，基本上为我们营造了一个良好的生活环境，但偶尔也会出现很脏的情况，一般的都是周末的时候，洗漱间和厕所会有点脏。

食堂，统计调查问卷结果如图 2.5 所示。

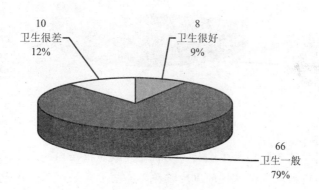

图 2.5　关于食堂卫生状况

校园内有学生一食堂、学生二食堂、学生三食堂、清真食堂、呱呱餐厅、沁园餐厅和莘园餐厅共 7 个食堂餐厅。大多数同学认为，食堂的卫生情况一般，我们自己也是有感觉的，每当早中晚吃饭高峰期时食堂就会有点乱，桌上的垃圾不会被及时清理，就会导致在食堂找不到干净的座位来用餐。

女生浴室边的垃圾站的环境影响调查问卷结果见图 2.6。

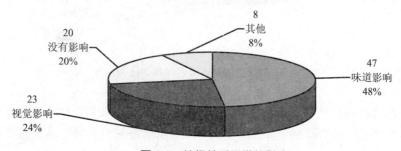

图 2.6　垃圾站对同学的影响

女生浴室边的垃圾站，也就是女生宿舍楼后面，每天都会有各种垃圾车从学校的四面八方涌来，处理垃圾、运送垃圾，空气中弥漫的味道和视觉上冲击必然会给大家带来生活上的困扰，从那里经过就会让大家感觉很不舒服，当然有的同学认为没有影响到男生，因为这里离他们有点远，大多数女生都会有相同的感觉。

目前来说，我们学校的卫生情况还算良好，校园内的道路和一些公共场所还是有保洁人员及时的打扫清理的，对于教学楼、宿舍区和食堂，这三个地方是我们日常生活的主要地点，所以会在一定时间内流动人口的数量特别大，同时就会带来卫生问题，我们的卫生情况虽然说没有到很不好的地步，但是我们还有改善提高的空间，可以让我们的卫生环境变得更好，给我们广大的老师和同学带来更好的生活、学习环境。

2.2.1.2 同学的卫生意识

同学们认为造成校园卫生问题的主要原因，统计调查问卷结果如图 2.7 所示。

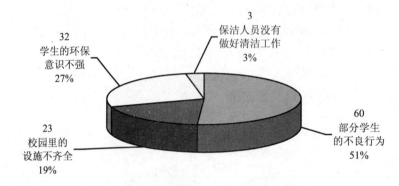

图 2.7　造成校园卫生问题调查结果

有一半的同学认为我们大学生的不良行为导致了校园内的卫生问题，还有学生的环保意识不强、校园内的垃圾桶这样的卫生设施不齐全也是导致卫生问题的原因。

如果看到其他同学在校园内乱扔垃圾，你会怎样做，根据调查问卷显示，如图 2.8 所示。

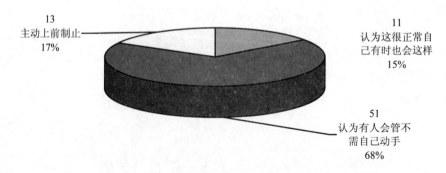

图 2.8　同学看到别人乱扔垃圾的行为

对校园内乱扔垃圾的这种现象，大多数同学还是持观望态度的，认为这和自己没有什么关系，自己不管别人也会管的，并且自身也经常会有这样的行为的，这样的想法已经成了一种习惯。

同学们认为怎样能提高大家对校园环境卫生的重视，根据调查问卷显示，如图 2.9 所示。

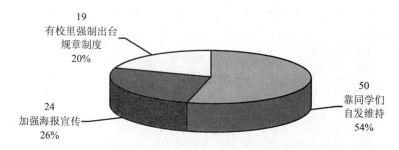

19
有校里强制出台
规章制度
20%

24
加强海报宣传
26%

50
靠同学们
自发维持
54%

图 2.9 如何能提高同学对卫生的重视调查结果

我们的校园是需要我们自己来爱护的，所以大多同学认为还是要从我们自身做起，自发地维持校园的环境卫生，同时也要有学校的卫生规章制度和大力宣传并肩通行，这样我们的自身意识会更加强，校园一定会有一个更美好的卫生环境的。

现在，不仅是我们学校，还有很多学校，甚至是整个社会，大家都缺少自发爱护我们环境卫生的意识，所以，随手乱扔纸屑果皮，随地吐痰，随处乱写乱画等一些行为频频地发生在我们身边，如果真的有人出面制止这样的行为时，我认为大家都会对他投来不解和鄙夷的目光，这样久而久之，就没有人会主动制止，有的只是大家对这种现象的漠然和习惯。所以增强学生环保意识尤为重要。

2.2.1.3 校园已有环境卫生保障措施

学校与北京可莱林环境科技发展有限公司合作，完成学校教学办公楼保洁工作。

饮食服务中心投入资金 140 万元改善服务条件，包括更新采购厢式货车等办公设备，更换学一食堂的餐厅地面，对学二食堂的餐厅地面打磨抛光、维修大灶锅炉壁，对学二食堂全面粉刷维修，西区食堂后院下水沟管道新铺设等。食堂更新冰箱和工作台柜，清理烟道更换油烟净化装置设备，购买 1 台 40L 消毒液制作机，增加 8 万元密胺餐具，更换总库及外包食堂不锈钢地沟篦子等。

学校在有垃圾车并在校园重点位置设置垃圾桶，并且道路上垃圾桶清理频率较高。

2.2.2 校园绿化

2.2.2.1 校园绿化现有优势

植被覆盖率很高。我校目前已有的绿地面积为 175 930 m^2，校园内有绿色植株近两万棵，涉及 54 种 104 属 223 种。季相突出，四季观赏主题鲜明（见图 2.10）。

春花   夏荫   秋黄   冬干

图 2.10 校园绿化景观

校园垂直绿化面积大。随着学校建设的迅速发展及人口的不断增加，学校建设和园林绿化的矛盾日趋尖锐。垂直绿化通过利用建筑物的表面积，向其索取绿化空间以达到节约土地、增加绿量、提高生态质量，美化生活环境的效果。并且将空间矛盾逐渐化解、削弱，使老建筑历史特色更鲜明，周边的空间感觉更流畅（见图 2.11）。

图 2.11　校园绿化美景

2.2.2.2　校园绿化存在的问题

分区绿化特色不明显，校园绿化识别性较差。校园绿化没有体现学校总体的功能区划，使得绿化不能在功能区中发挥其最佳效果。各个区域的植被组成相似，绿化特点不够鲜明。

缺乏校园文化内涵和人文精神。校园景观建设对人性的关怀不够，并存在只重景观而不重人性化的问题，如校园中一些绿地成为摆设，几乎没有人在其中驻留、活动，出现了"见景不见人"的景象。在对校园进行改、扩建或新建的过程中，出现了一些对校园原有空间格局的不尊重，破坏了校园的传统文脉和校园景观的整体感。

现有绿化部分实用性差。由于学校目前的校园面积有限，校园绿化除了美化环境的用途之外还应突出实用功能。突出实用性的功能就是要体现绿化的服务特点，要与不同功能区的具体功能相适应。在不同功能区的不同要求下，采用合适的绿化方式，真正发挥绿化在实际应用中的巨大作用。但目前学校的绿化区域大部分都只发挥了美化环境的作用。绿地中为师生提供的休憩、学习设施过少，不能够充分发挥绿地的使用效益。由于学校的专业特色情况，应该在可能的范围内尽量增加植物的种类，以使校园成为一个植物园，能够满足植物相关的课程实习需求。

教职工住宅环境建设没有得到足够的重视。据统计，学校教职工住宅区面积约 16 万 m²，占据校区面积的 35.9%，为校园环境的重要组成部分，也是学校广大教职工及家人生活的场所，这个区域的环境建设对提高教职工工作热情、生活质量及老师与学生的课外交流起着不可替代的作用。在未来的环境建设中应当重视环境营造以改善建筑陈旧的缺点。

2.2.3　校园水环境

2.2.3.1　校园用水现状

我校占地面积 468 690.1 m²，在校学生人数 26 347 人，教职工人数 1 079 人，学校每年用水量约 734 000 t，大学校园人均综合日用水量 73L/（人·d）。

我校用水结构按用水部分统计，学生宿舍是主要用水部分；其次是教工住宅和食堂。

校园供水用途有生活用水、校园绿化用水和实验用水，主要用途是生活用水。按用水水质要求，冲厕、绿化可使用中水，其他用水要求用新鲜水。

2.2.3.2 污染源分析

根据现场调查和主观分析，校园水污染来源为生活污水（包括学生生活用水、教职工生活用水、食堂用水）和实验室污水。

其中生活污水中含有大量的 N、P 元素；实验室污水分为有毒污水与一般污水，有毒害污水由实验室统一处理，一般污水直接排放至市政管网。

根据化学元素平衡法可以估算出人均 COD 产物系数一般为 $60 \sim 100$ g/（人·d）；氨氮人均产污系数一般为 $4 \sim 8$ g（人·d）。由此可以估算出我校师生每日产生的 COD 含量为 $1\,645.5 \sim 2\,742.5$ kg，产生的氨氮含量为 $109.7 \sim 219.4$ kg。

2.2.3.3 已有污水处理和节水措施

1. 我校针对污水的处理办法，如表 2.1 所示

表 2.1 污水处理办法统计

污水来源	学生生活用水	教职工生活污水	实验室污水	
			有毒害	无毒害
处理办法	排入中水系统	排入市政管网	集中收集处理	排入市政管网

2. 我校中水系统介绍

中水处理站建设，2003 年投入使用，年处理量 6 万 t 以上，现用于学 10 号楼冲厕、体育场冲洗、学生区绿化，每年可为学校节约 20 万元。图 2.12 为中水系统流程，图 2.13 为中水系统部分管道。

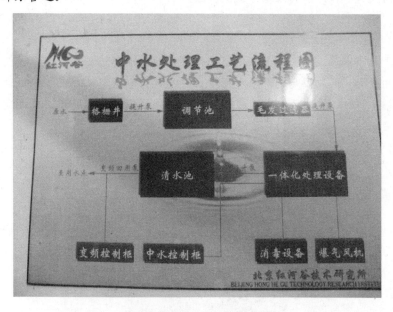

图 2.12 中水处理系统流程

图 2.13   我校中水处理系统现场

3. 我校节水用水措施介绍

目前我校针对节约用水已有一定的措施，2008 年 4 月，学校更换检修校内 2005 年安装的节水龙头，共计更换 500 只。2008 年 5 月，实施主楼二次供水无负压改造，通过改造提高主楼供水质量，避免二次供水污染，并获得了主楼二次供水卫生许可证。

在北京市节水管理中心的资助下，2004—2005 年学校对校园内绿地实施了绿地用水微喷系统的全面改造，绿地微喷灌溉方式比漫灌方式节水近 50%，预计每年可为学校节约用水 2 万 m^3。

2.2.3.4 其他

我校处于北京市海淀区，按照海淀区平均年降水量为 659 mm 计算，我校平均每年降水量为 308 866.051 m^3。但是这部分水资源我校并没有利用起来，也就是我校目前并无雨水利用系统，对于雨水的处理仅限于通过排水道排放至下水道中。图 2.14 是我校针对雨水的一些处理措施。

图 2.14　校园雨水处理

2.2.4　校园空气环境

2.2.4.1　校园空气质量

空气质量的监测项目主要包括总悬浮颗粒物、二氧化硫、二氧化氮、一氧化碳。北京林业大学校园空气中的主要污染物概括起来可分为两类，即颗粒状污染物和有毒气体。

可吸入颗粒物因粒小体轻，能在大气中长期飘浮，飘浮范围从几千米到几十千米，可在大气中造成不断蓄积，使污染程度逐渐加重。有毒气体主要有氮氧化物、二氧化硫、一氧化碳等。这些气体主要来自机动车排放的尾气，冬季供暖锅炉燃煤和实验室排放的实验废气。

通过调查问卷来看，大多数同学对学校的空气质量基本满意（见图 2.15）。

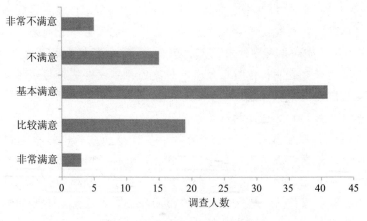

图 2.15　同学对大气状况满意度

总体来说，我校空气质量较为良好。由于校园内绿色植物种类多，数量较大，对烟尘、各种有害气体有一定的吸收作用，对空气的净化起到了一定的作用。但是受到北京市整体大气环境的影响，会出现连续的阴霾天气。气象上把大气中悬浮的大量微小尘粒、烟粒或盐粒的集合体，使空气混浊，水平能见度降低到 10 km 以下的一种天气现象称为阴霾天气。在阴霾天气条件下，空气中的烟尘和污染物较多，不利于慢性支气管炎和哮喘病人的健康，在这样的空气中停留一定时间后，心脏病和肺病患者症状会显著加剧，健康人群也会出现不适症状。另外，阴霾天气出现时，由于光线不足，很容易使人心情忧郁和心情低落，甚至会诱发忧郁症。

2.2.4.2 校园空气污染状况

北京林业大学校区大气污染主要来源有燃煤排放的煤烟尘，机动车尾气和建筑工地扬尘及实验室排放的废气（见图 2.16）。

锅炉房煤烟尘

建筑工地扬尘

实验室废气

机动车尾气

图 2.16　造成大气污染的污染源

冬季供暖燃煤产生的煤烟尘中不仅包含各种颗粒物，还有二氧化硫等对人体有害的气体。北京供暖期一般在每年 11 月 15 日到下一年的 3 月 15 日，每年因气象等实际情况可能有所差异。这个时间段内气候干燥寒冷，雨雪很少，空气自净能力差，加之人口集中等多种因素，供暖燃煤产生的烟气中含有大量二氧化硫、氮氧化物和总悬浮颗粒等有害物质。根据相关专业人员的研究表明，我国北方城市居民的身体健康状况与采暖期燃煤有明显的相关性，取暖期居民的健康状况要比非取暖期下降 2~3 个级别。污染严重的城市已经出现呼吸道疾患病病率和死亡率增高的趋势。

机动车尾气也是学校空气污染的一个来源。尾气中的氮氧化物不仅会产生光化学烟雾，还会影响人们的健康。汽车尾气中含有 150~200 种不同的化合物，其中对人危害最大的有一氧化碳、碳氢化合物、氮氧化合物、铅的化合物及颗粒物。汽车尾气不仅对人产生危害，对植物也有毒害作用，尾气中的二次污染物臭氧、过氧乙酯基硝酸酯，可使植物叶片出现坏死病斑和枯斑，乙烯可影响植物的开花结果。

建筑工地扬尘是我校目前很大的一个空气污染源，正在建设中的学研中心和十号楼北面的建筑工地产生的扬尘必然会对空气及人体造成不利的影响。

在学校的实验室进行化学实验时，实验过程中发生化学反应会产生一些有害气体，主要为无机酸性废气，如氯化氢、硫化氢、硫酸雾、硝酸雾等。这些废气直接排放到大气中，会对人体和环境造成很大的污染。

由调查问卷来看（调查问卷结果如图 2.17 所示），很多同学认为人口聚集也是造成学校空气污染的一大来源。由于我校的扩招，学校人口不断增多，截至 2010 年 12 月，学校在校生 26 347 人，引起的二氧化碳排放的增加以及污染排放的增加越来越严重。据研究表明，100 m^2 森林每天吸收的二氧化碳等于 10 个人每天呼出的二氧化碳，计算便可知需要 263 740 m^2 的森林才能吸收全校学生呼出的二氧化碳量。2009 年虽然我校植物种植面积已达到 175 930 m^2，但远远不够吸收这些二氧化碳，而且在教室、图书馆、食堂等人群聚集，通风条件较差的地方空气质量尤为不好。

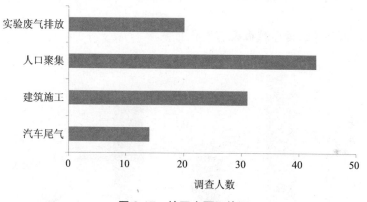

图 2.17　校园主要污染源

2.2.4.3　大气污染对师生的影响

大气中的 PM_{10}，$PM_{2.5}$ 对人体健康影响极大。二者可直接进入人体肺部，危害人类健康；同时，其比表面积大，容易吸附重金属和有害物质，导致其具有较大毒性。其中研究表明，大气 PM_{10} 与患有呼吸道疾病的人群病情加重之间有密切的相关性，美国环保局（EPA）2001 年研究发现，总死亡率及心肺疾病死亡率的上升与大气中 $PM_{2.5}$ 浓度增高相关。Sohwartz（2000）利用时间序列分析方法发现当大气中 $PM_{2.5}$ 浓度增加 10 $\mu g/m^3$ 时，研究人群的总死亡率由 2.1% 上升到 3.75%，并发现肺炎、心脏病及其他一些疾病的死亡率上升的效应随着暴露时间的延长而增强。

NO、NO_2 等氮氧化能刺激呼吸器官，引起急性和慢性中毒。SO_2 可刺激呼吸道，和悬浮颗粒物的联合可使毒性增加 3~4 倍，此外，SO_2 进入人体时，血中的维生素便会与之结合，使体内维生素 C 的平衡失调，从而影响新陈代谢。CO 可在大气中停留很长时间，如局部污染严重，可对健康产生一定危害。

2.2.4.4　大气污染已有防治措施

对于学校学研中心的建筑工地，有围栏遮挡，起到一定的控制扬尘的作用，减轻了对校园大气环境的污染。其他有关大气方面的防治措施还有待加强。

2.2.5　校园噪声

通过问卷调查同学是否会感到学校有噪声及噪声污染时段，我们得出如图 2.18、图

2.19、图 2.20 所示柱状图。由图可以看出绝大多数同学认为学校是有噪声的。

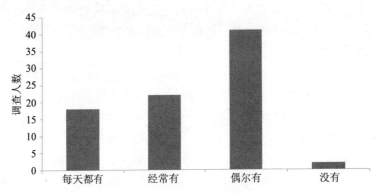

图 2.18　是否感到学校有噪声问题

由图 2.19 得出同学认为学校白天有更多的噪声。

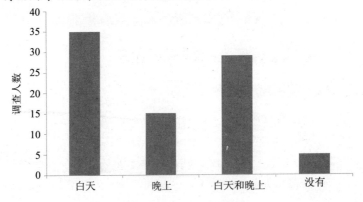

图 2.19　噪声污染时段

　　学校噪声污染源主要是建筑施工和教室吵闹。学校二教南侧由于在建设科研楼，打桩机，挖土机，混凝土搅拌机等会发出较大噪声，会影响在二教上课的教师和学生。校内的社团在宣传中使用高音喇叭，收录机发出的过强声音会产生噪声。宿舍楼下夜不归寝的学生活动产生的噪声会影响同学休息。学校周边均是道路，过往车辆较多，会产生噪声，尤其是清华东路，部分宿舍同学昼夜都会受到影响。调查问卷得出的数据统计如图 2.20 所示。

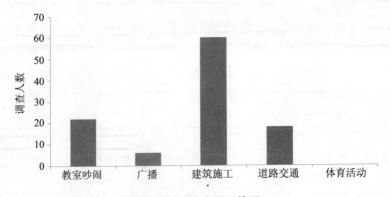

图 2.20　噪声主要污染源

3 校园环境功能区划（见图 3.1）

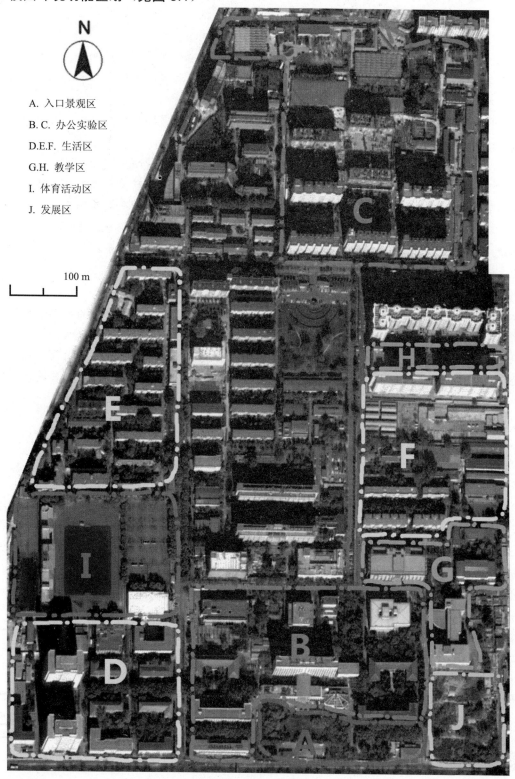

A. 入口景观区

B.C. 办公实验区

D.E.F. 生活区

G.H. 教学区

I. 体育活动区

J. 发展区

图 3.1　校园功能区划

　　根据规划设计原则、区域人口流动和污染排放情况，将整个校园环境分为六个大区，以下是对这六大区域具体情况的介绍。

3.1 入口景观区

　　入口景观区为从北京林业大学正南门进入所看到的环形草坪、山坡及东面的植物区。该区域的缓坡大草坪上列植有景观植物，其周边有大量品种多样的树木，中间铺成弧形小路。入口景观区是车辆从正门进入校园的必经区，同学有时会在该区域活动休息，总体来说，区域内流动人员较少，也没有严重污染源，整体环境质量很好，提升了入口形象。

3.2 办公实验区

　　将北京林业大学主楼、森工楼、科研楼、生物楼、标本楼、行政楼等划为办公实验区。校园大部分教师的办公室和所在学院实验室设在同一幢楼里，科研楼和办公楼，将这些建筑和附近绿化环境分在同一区域。该区域是教师办公和师生做科学研究的场合，是实验室最为集中的地方，实验室会排放特殊的废气、废液和废渣，其中一部分经过分类处理合理排放，另一部分的排放会导致环境污染。区域内教师较多，但人口密度小，产生污染少，所以实验室是办公室验区水、大气的主要污染源。

3.3 生活区

　　生活区包括三个区域：位于校园西南面的女生宿舍和食堂区，位于校园西北面的教师住宅区和位于教学区北面的教师住宅、男生宿舍和食堂区。该区域是师生住宿、饮食、洗澡等生活活动的场合，其特点：人口密集，每天都会有多个时间段出现堵塞情况，主要污染是生活污染，学校大部分人口的用水用电都集中在这里。由于学生每天在宿舍洗漱、在食堂吃饭、在澡堂洗澡等，生活用水量非常大，必然也会排出大量生活污水，同时宿舍、食堂等地也排出大量的固体废弃物垃圾。

3.4 教学区

　　教学区包括两个区域：位于校园东面的有图书馆、一教、二教和信息楼的区域；位于男生宿舍北面的三教和四教。教学区为同学提供了一个学习自习的场合，学生可在这里接受知识，复习备考等。但是在上课下课时会出现拥挤现象，在教学中或是关闭时，相对比较安静。该区域主要污染是固废的排放和噪声污染。由于是教室，同学们经常会在一起聊天，甚至大声喧哗，这就会产生噪声，影响其他同学的正常学习。由于教学楼垃圾桶数量不足等原因，同学也会带到教室许多食品包装并丢弃，导致教学楼卫生状况较差。

3.5 体育活动区

　　体育活动区位于校园西面，在女生宿舍的背面，包括了田家炳、操场、篮球场、看台及看台后面的场地。体育活动区为师生提供了一个锻炼身体的场合，使师生在工作学习之余，可以增强身体素质，全面发展。该区域在活动时间段人口较少，污废产生量很小。

3.6 发展区

　　发展区是北京林业大学新建的学研中心大厦，位于校园东南角，在二教南面，与2010年12月27日举行开工典礼，预计将于2013年建成。学研中心大厦将会是校园建校以来单体面积最大的建筑，承载着北京林业大学师生的美好愿望，会给师生提供更多的场合学习研究。但是由于是建筑施工，有时还是会产生噪声，影响二教南面教室的上课。

4 专项规划

　　本章从校园环境卫生、校园水环境、校园大气污染防治、校园绿化、校园噪声五个方面分别进行专项规划，图 4.1 为校园环境规划总体布局。

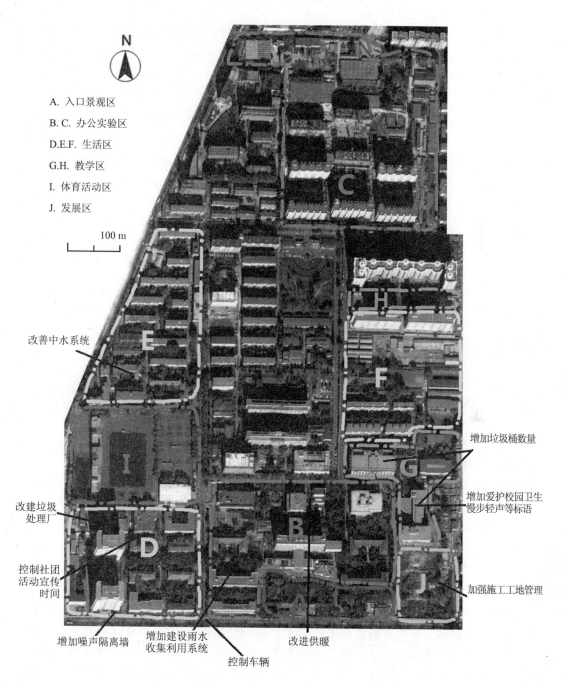

A. 入口景观区
B.C. 办公实验区
D.E.F. 生活区
G.H. 教学区
I. 体育活动区
J. 发展区

100 m

改善中水系统

改建垃圾处理厂

控制社团活动宣传时间

增加噪声隔离墙

增加建设雨水收集利用系统

控制车辆

改进供暖

增加垃圾桶数量

增加爱护校园卫生慢步轻声等标语

加强施工工地管理

图 4.1 校园环境规划总体布局

4.1 校园环境卫生规划

4.1.1 开展爱护校园环境卫生行动

在做好宣传工作的基础上，可以组织同学们行动起来，先要从自身做起不再乱扔垃圾，尤其是在教室内，上完课后随手带走自己的垃圾，学生组织可以组织活动，让同学们真正的行动起来，每个人都能为我们的校园环境卫生更美好贡献一份自己的力量。

4.1.2 加快保洁人员的清洁频率

学校要做到与保洁公司很好地进行沟通，并将校园卫生清洁状况作为与保洁公司续约和解约的重要条件，签订合理的合作合同。可以合理地增加保洁人员的人数，做到及时对学校的各个场所进行垃圾清理，特别是周末时教学楼、宿舍区和食堂卫生。

4.1.3 增加校园内垃圾桶的数量

我们校园内垃圾桶分布的现状，同学们还是挺满意的，但个别场所需要增加垃圾桶的数量，教学楼、图书馆和体育馆内的垃圾桶数量少，并且都比较小。有时同学们要走好远才能找到垃圾桶，扔掉手中的垃圾，并且由于垃圾桶的口太小，有些垃圾就会被扔在周围，所以，要适当地更换校园内的小垃圾桶和增加校园内垃圾桶的数量（见图4.2）。

图4.2　左边为图书馆和二教现有的垃圾桶，应改换成右边所示较大的垃圾桶

4.1.4 改建校内垃圾处理厂

同学们都认为浴室旁的垃圾站给同学们的生活带来了一定的困扰，尤其是夏天的时候，垃圾站附近的味道让人受不了，学校应该改建垃圾站的位置，不应该让垃圾站出现在同学们生活集中区域里，应该建在校园内的一个角落，使其既能方便校内的垃圾及时运到那里，又要保证同学们的生活不被影响。

4.2　校园水环境规划

4.2.1　校园雨水收集利用系统

降雨是天然的水资源，但是对于学校这样一个用水大头却从来没有将其利用起来，由上文可知校园每年的降水量有 308 866.051 m³，如果将其利用起来会为学校节约一笔不小的开支。

随着城市建设发展，不透水地面面积快速增长。据有关方面统计，城市街道、住宅和大型建筑使城市的非渗透水面积最高达90%，学校也不例外。而且校园雨水系统已单独设置，收集比较容易，处理后汇入中水系统或作为景观用水，对于节约水资源、维护可持续发展是非常必要的。

以下为一个典型工程示例——北京市某办公区雨水利用工程，学校可以将其作为参考：略

4.2.2　校园中水回用系统

实验区中水回用系统。实验区同样是校园用水大头，对于有毒害的污水仍旧采用集中回收处理的方法；对于一般性污水应该排入中水系统进行再利用。由于校园较小且较为古

老，所以不能重新修建，因此只能在已有的基础上建立一个实验区专项小型中水系统，针对实验中常出现的污染物进行处理，将处理后的中水用于学校各处。

教职工住宅区中水系统。教职工住宅区用水量与学生用水相差不大，但是教职工住宅区生活污水直接排放至市政管网中，导致了大批水量流失。靠近女生宿舍的教职工住宅区距离现已有的中水系统不远，可以将教职工住宅区的生活污水引入现有的中水系统处进行污水处理，增加校园水的循环性。

4.3 校园大气污染防治规划

针对学校的现状，提出以下几点防治措施：

（1）加强施工工地管理 进一步加强对施工工地的扬尘的管理，一是在工地车辆进出口增设一冲洗点，配备完善的冲洗设施，并派专人值守作业，确保进出车辆均冲洗到位；二是进一步规范工地围挡设施，减少建筑场地扬尘污染；三是加强工地内部道路规整，定期做好清扫、洒水、保洁等工作，保证路面整洁，有效地降低扬尘污染。

（2）改进供暖 发展区域集中供暖，减少分散烟囱，也可以减低烟尘对大气的污染；采用低硫低灰优质煤，大力推广使用清洁燃料；改造锅炉、改进燃料的燃烧方法，安装净化除尘设备，可达到减少煤烟尘的目的。

（3）其他 控制进出学校的机动车数量，减少汽车尾气污染。实验废气的处理应根据废气的成分和浓度，如废气主要成分为酸性废气可以通过碱液吸收法处理；如果废气成分为挥发性有机物，废气处理可以采用活性炭吸附加喷淋洗涤的方式处理。针对北京常出现的阴霾天气，适当在校园内路面上洒水，压灰尘。

4.4 校园绿化规划

4.4.1 入口景观区绿化（见图 4.3）

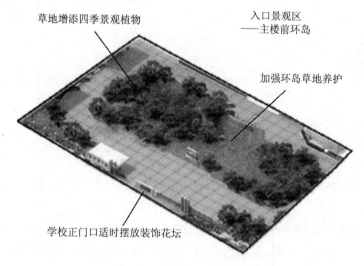

图 4.3 入口景观区绿化规划

入口景观区主要是学校主楼前绿色环岛区域。

目前整个校园入口的建设和绿化已具有一定的规模，树木长势非常好，四季特色也较为分明，植被错落有致，门口巨大的泰山石增添了景观的气势。但校园景观和绿化缺乏文化底蕴和学校的特色并且中心草坪局部踩踏情况较为严重。所以加强中心草坪养护工作和提高师生草坪保护意识是十分必要的。

校门前装饰花坛可依据不同的节日或时期进行变换，给师生提供新鲜感。

4.4.2 办公实验区绿化（见图4.4）

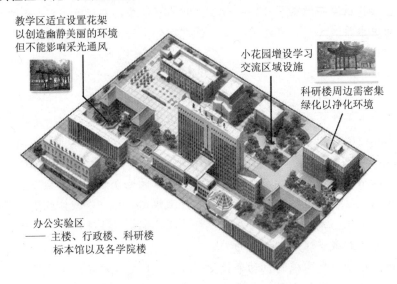

图4.4　办公实验区绿化规划

实验办公区主要由主楼、行政楼、科研楼和各个学院楼所组成办公实验区是师生工作和学习的主要场所，需要一个整洁宁静的环境。查阅文献资料后发现设置藤蔓植物花架能够创造幽静的环境的同学还能为同学们提供户外交流的空间。

主楼后的小花园，同学们普遍反映利用率不高，适合学习交流的设施太少，所以增设一些交流区，可以为师生提供一个教室和课堂以外的交流平台，促进师生之间的沟通。为同学之间的交流提供一个平台，体现绿化的实用性。

科研楼周围常年有实验室废弃物的排放，周边的密集绿化能在一定程度上起到净化空气的功能。

其次在办公实验区附近可以适当增加植物的种类，方便同学们在植物学实习的时候进行辨认练习。体现植物园与校园相结合的格局的作用，切实实现两园一体的目标。

4.4.3 生活区绿化（见图4.5）

学校生活区主要分为学生宿舍区和教职工住宿区两大块，学生住宿区以高楼为主，学校七号楼为两幢高层女生宿舍与城市道路仅一墙之隔，这对宿舍安静环境的营造非常不利，墙体应设置成绿体墙并作隔声处理，为同学休息带来一个良好的环境。

针对学生公寓室内的环境，鼓励同学们多种植一些比较易存活的绿色植物来净化室内空气，缓解宿舍由于人口压力大造成的室内空气不清新问题。

教师住宅区由于建筑年份比较久，绿化设施不到位加上绿化管理缺乏，导致教师住宅区的绿化状况非常不好，而教师住宅区作为教师工作之后休息放松的主要场所，需要一个宜人优雅的环境。所以对于教师住宅区，应该加大绿化的种植面积并且改善管理现状。

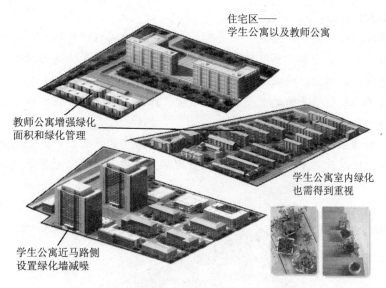

住宅区——
学生公寓以及教师公寓

教师公寓增强绿化
面积和绿化管理

学生公寓室内绿化
也需得到重视

学生公寓近马路侧
设置绿化墙减噪

图 4.5 生活区绿化规划

4.4.4 教学区绿化

目前学校教学区均设有景观绿化，一教和二教楼前设立有供学生户外交流学习的绿地空间，但由于设施摆放问题交流区里缺少相对独立的空间，师生在进行小范围交流时缺少独立空间。

由于学校人数众多，教学空间相对较少，导致教学区空气质量较差，不利于师生身心健康，所以提高绿化率是迫在眉睫的。而鉴于空间较小，采用一定量的垂直绿化并辅以一定量的室内绿化一是可以净化教学区空气，二是可以创造一个生机勃勃的环境氛围，使人心情愉悦。

针对我校图书馆地处一个在课间时段比较热闹的场所，不能为学生创造一个安静的氛围。所以在图书馆周围应种植一些减噪植物。教学区绿化规划如图 4.6 所示。

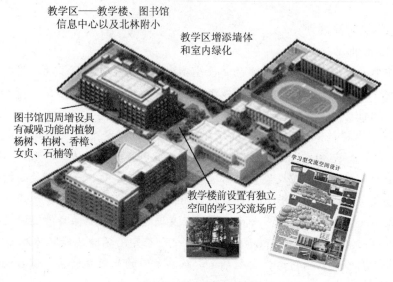

教学区——教学楼、图书馆
信息中心以及北林附小

教学区增添墙体
和室内绿化

图书馆四周增设具
有减噪功能的植物
杨树、柏树、香樟、
女贞、石楠等

教学楼前设置有独立
空间的学习交流场所

学习型交流空间设计

图 4.6 教学区绿化规划

4.4.5 体育活动区绿化

运动场周边绿化既要保持通透，又要有一定的遮挡，同时应有隔声、消尘的作用。树木的枝叶相当于一个滤尘器，可以使空气清洁。运动场周边以栽植高大阔叶乔木为益，乔木下不宜配置灌木，以免阻碍运动及造成对植物的伤害。

由于我校老规划遗留下来的问题，使得运动区距离学生住宅区过于接近，所以篮球场减噪植物的设置也是十分必要的。

针对田家炳体育馆目前夏季室内温度较高不适合活动的状况，根据文献资料查阅，发现种植屋顶绿化可以改善室内温度，起到相应的隔热作用。体育活动区绿化规划如图 4.7 所示。

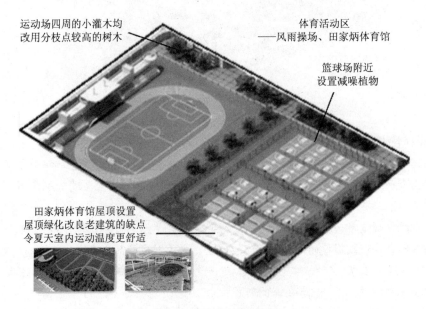

运动场四周的小灌木均改用分枝点较高的树木

体育活动区
——风雨操场、田家炳体育馆

篮球场附近设置减噪植物

田家炳体育馆屋顶设置屋顶绿化改良老建筑的缺点令夏天室内运动温度更舒适

图 4.7 体育活动区绿化规划

4.5 校园噪声污染防治规划

4.5.1 生活区噪声削减

生活区中容易让师生感到有噪声的是女生宿舍区和男生宿舍区。噪声原因主要为社团活动时间段为中午午休时间，以及夜间夜不归宿的学生在熄灯后的吵闹声音和 7 号，8 号楼外侧的街道的机动车为主的交通噪声。

我们可以采取措施来减少噪声。使社团活动宣传时间分配避开午休时间，尽量改在8：30～12：00 和 13：30～17：30；宣传模式尽量采用海报和宣传板的形式，减少高音喇叭、收录机等的使用。我国增设噪声隔离墙的技术也日益成熟，选择有效的材料对噪声在公路与居民楼之间形成隔离的方式已经普遍。因此，我校可以尝试投资建设噪声隔离墙位于北京林业大学南侧和北侧，将男女宿舍区域与交通道路的主要噪声污染源进行有效的隔离。同时可在宿舍楼周边建造隔噪声植物绿化带既可美化环境又能降低对宿舍区域的干扰。在主要道路上可划分人行道、自行车道和机动车道的有效功能区，以减少鸣笛噪声。

4.5.2 教学区噪声削减

噪声主要来自北京林业大学二教南侧正在进行科研楼的建设施工，如打桩机、挖土机、混凝土搅拌机等发出的噪声。

我们可以对临近施工一侧的教室进行暂时的更换，以避开噪声对上课的影响。如二教一层到七层 01～07 的教室暂时休整，在施工期间暂时取消二教的自习教室的占用，或者在主楼一层，一教、三教或四教增设临时的开课点等方法。

4.5.3 其他

规定管理制度，在晚间 23：00 之后校园内应增加管理人员，联合学生会和自律委员会等学生组织，严格控制夜间流动人员。与建筑公司协商调整建筑施工时间，以避免影响上课。针对教室喧哗吵闹问题，应在宿舍、教学楼等地方多增设提醒安静的标语。在宿舍可以设置单独电话间。

5 经费概算与可行性分析

5.1 经费概算（略）

5.2 可行性分析

5.2.1 社会文化分析

北京林业大学一直很重视校园环境，在努力地改善环境质量。学生和教师在校园生活，就希望校园的环境干净、整洁、安静、卫生、安全。若校园环境达不到大部分人的要求，必然会使学生产生强烈反感，学校便会更加重视环境问题，加大环境投入，改进多种设施以满足要求。

5.2.2 经济效益分析

为了改善环境所增设改进的设备，需要资金投入，前期投入较大，但从长远来看，是会创造一定的经济效益。比如雨水处理系统，建成后每年可直接蓄积利用雨水 15 万 m^3，按目前水价 4.4 元/m^3，每年可节约水费 66 万元。若考虑节水增加的国家财政收入、消除污染而减少社会损失和节省城市排水设施的运行费用等间接效益，每年可收益 167 万元。

5.2.3 其他分析

学校与北京可莱林环境科技发展有限公司合作，完成学校教学办公楼保洁工作。对日常的环卫保洁工作有较高要求、勤检查、严管理，保证卫生质量，加强人员管理，提高保洁服务档次。若加大监管力度，将会使清洁效果更好。

6 规划保障

6.1 学校环境保护政策（略）

6.2 加强宣传教育力度（略）

6.3 加强校园环境管理制度（略）

6.4 发挥科技作用（略）

7 总结

北京林业大学校园环境的质量还存在一些问题。在节水及水处理方面，学校已经做了很多有效的工作，只是在雨水收集利用方面几乎没有设施，所以应增加雨水收集利用设施。校园环境空气质量主要受到周边交通、建筑施工和冬季燃煤供暖的影响，可通过控制车辆来减少尾气污染，改进供暖设备和燃料等措施改善校园环境空气质量。北京林业大学绿化方面做得较好，但仍有改善空间，此次规划根据校园功能分区，制订了不同的绿化方案。校园环境噪声污染可以通过宣传及加强管理予以改善。同时，校园的环境更需要同学们主动维护，以便优化校园环境质量，为师生提供更好的学习和生活空间。

8 参考文献（略）

附录—北京林业大学环境现状调查问卷

北京林业大学环境现状调查问卷

你好！我们是北京林业大学环境科学专业的同学，想了解北京林业大学校园生态及环境污染现状，希望同学填写这份调查问卷。非常感谢你的支持。

1. 性别：男　女

大气部分：

2. 你对校园大气环境是否满意？

A. 非常满意　B. 比较满意　C. 基本满意　D. 不满意　E. 非常不满意

3. 你认为校园内大气污染的主要原因是什么？

A. 汽车尾气　B. 建筑施工　C. 人口聚集　D. 实验废气排放

4. 你认为女生浴室旁的垃圾站对你有影响吗？有哪些影响？

A. 味道　B. 视觉　C. 没有影响　D. 其他

5. 当你经过路边二教旁边的建筑施工场地时，会觉得旁边尘土飞扬吗？

A. 不会，防护措施做得很好　B. 一般，不是很多　C. 会，防护基本没作用　D. 没遇到过这种情况

6. 你觉得目前校园大气治理有哪些不足？

A. 技术落后　B. 资金不足　C. 政策力度不够　D. 法律体制不完善　E. 宣传、教育不足　F. 其他　G. 没有不足

卫生部分：

7. 你认为教学楼内（包括教室及卫生间）的环境卫生怎样？

A. 很好，环境和卫生挺让人满意的　B. 教室还好，卫生间不太好　C. 教室不好，卫生间还好　D. 两个都不好，垃圾太多

8. 学校食堂的卫生怎么样？

A. 很好　B. 一般　C. 很差

9. 学校宿舍楼的卫生怎么样？

A. 很好，有保洁人员及时来打扫　B. 一般　C. 很差

10. 你觉得造成我们校园卫生问题的主要原因是什么？

A. 部分学生的不良行为（如乱扔垃圾）

B. 校园里的设施不齐全（如垃圾桶不够）

C. 学生的环保意识不强

D. 保洁人员没有做好清洁工作

11. 你认为怎样能提高大家对校园环境卫生的重视？

A. 靠同学们自发维持　B. 加强海报宣传　C. 由校里强制出台规章制度

12. 下面各环境卫生中你不满意的是哪几项（可多选）？

A. 教学楼　B. 图书馆　C. 宿舍区　D. 操场　E. 食堂　F. 校园道路　G. 体育馆　H. 其他

13. 如果看到其他同学在校园内乱扔垃圾，你会怎样？

A. 认为这很正常，自己有时也会这样

B. 认为有人会管不需自己动手

C. 主动上前制止

噪声部分：

14. 你认为学校的主要噪声污染源是什么？

A. 教室喧哗、吵闹　B. 广播　C. 建筑施工　D. 道路交通　E. 体育活动

15. 你是否感觉到校园内有噪声？

A. 每天都感觉有　B. 经常有　C. 偶尔有　D. 没有

16. 你什么时间经常感觉到噪声？

A. 白天　B. 晚上　C. 白天和晚上　D. 没有

绿化部分：

17. 你认为学校目前的绿化效果及美观程度怎样？

A. 非常满意　B. 比较满意　C. 一般　D. 非常不满意

18. 你认为校园内还需要加强绿化吗？

A. 非常需要　B. 需要　C. 不需要，校园植物量多种全

19. 你认为学校急需解决的环境问题是什么？

A. 大气问题　B. 用水问题　C. 卫生问题　D. 绿化问题　E. 噪声问题

20. 你对校园环境方面有什么建议？

课程设计（二）　环境影响评价

——某污水处理厂环境影响评价报告

1　总论

1.1 环境影响评价项目的由来（略）

1.2 编制环境影响报告书的目的（略）

1.3 编制依据（略）

1.4 评价标准（略）

1.5 评价范围（略）

1.6 控制及保护目标

　　该污水处理厂主要是处理水的排放对河流产生的影响，渗滤液对地下水质的影响，厌氧池、曝气池等产生的恶臭气体的排放，以及建设施工的噪声影响。故应主要对废水、渗滤水、恶臭气体及噪声进行控制。另外在污水处理厂址周围有两个村庄，应作为敏感点重点保护。

2　建设项目概况

2.1 建设规模

　　项目规模为 50 000 m^3/d，将城市西部城区的工业废水和生活污水集中处理，尾水排入 M 河，河水平均流量 166 m^3/s，平均河宽 35.5 m，枯水期平均水深 0.4 m，平均流量 5.1 m^3/s。

2.2 生产工艺简介（略）

2.3 污染物排放量清单（见表 2.1）

表 2.1　污水处理厂主要水污染物排放情况

污染物名称	污染物浓度/（mg/L）	污染物排放量/（t/a）
废水量	—	1 825
COD	50	913
BOD	10	183
SS	10	183
TN	15	274
NH_3-N	5	91
P	0.5	9

2.4　工程环境影响分析

污水处理厂拟建地处在华龙区西部，省道 S101 北部，场地为农田，周围基本无居民居住，建设项目无居民搬迁和安置问题。项目施工期和运营期近距离范围无敏感环境因素。

3　环境现状调查

3.1　自然环境调查（略）

3.2　社会环境调查（略）

3.3　评价区大气环境质量现状调查

由资料可知：拟建项目所在市主导风向为 S 风，频率 15.1%；次主导风向为 N 风，频率 11.9%，全年静风频率 17.8%。

由表 3.1 可得，拟建项目所在市全年平均风速为 2.1 m/s，最高风速月为 4 月 2.9 m/s，最低风速月为 10 月 1.5 m/s。全年平均风速与各月风速相差不大，可以作为全年研究用风速。

表 3.1　全年及各月平均风速　　　　　　　　　　　　单位：m/s

	1月	2月	3月	4月	5月	6月	7月	8月	9月	10月	11月	12月	全年
风速	1.9	2.4	2.8	2.9	2.3	2.1	1.8	1.8	1.6	1.5	1.8	1.9	2.1

由表 3.2 可知，全年大气稳定度在 D 级（中性）的频率最高，为 36.1%，其次是 E 级（弱稳定）和 F（稳定）。同时，夏季的大气稳定度也是 D 级的频率最高，为 41%。因此，全年大气稳定度处于偏稳定状况，在进行后续评价时可采用 D 级稳定度。

表 3.2　大气稳定度频率

时间	稳定度/%					
	A	B	C	D	E	F
春季	0.0	9.5	17	37.7	20.8	15.0
夏季	0.1	11.6	13.6	41.0	20.0	13.7
秋季	0.0	11.4	11.0	30.9	24.3	22.3
冬季	0.0	4.4	10.4	34.8	28.2	22.1
全年	0.0	9.2	13.0	36.1	23.3	18.3

由表 3.3 可知，全年各风向频率以南风最大，为 15.1%，各季节趋势与全年相同，均以南风为主导风向，以北风为次主导风向。风向频率玫瑰图见图 3.1。

表 3.3　年、季各风向频率

风向	N	NNE	NE	ENE	E	ESE	SE	SSE	S	SSW	SW	WSW	W	WNW	NW	NNW	C
春季	10.7	6.9	6.2	2.6	1.9	1.9	5.3	8.4	19.0	10.3	7.3	3.2	0.9	0.8	2	2.7	10.0
夏季	10.8	7.3	6.2	2.4	3.2	2.4	5.4	7.4	16.6	7.1	4.3	1.3	1.5	0.5	1.8	3.0	18.4
秋季	11.4	7.5	4.3	1.3	0.4	1.7	3.7	8.2	13.3	5.2	5.2	2.3	1.5	1.2	2.6	4.1	26.1
冬季	14.8	11.0	8.3	2.8	0.7	2.2	4.0	7.7	11.6	6.0	3.9	1.8	1.7	0.6	2.5	4.2	16.7
全年	11.9	8.2	6.3	2.3	1.6	2.1	4.6	7.9	15.1	7.2	5.2	2.2	1.4	0.8	2.2	3.5	17.8

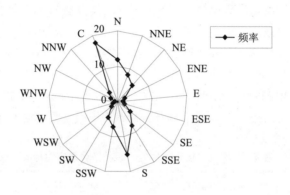

图 3.1　风向频率玫瑰图

3.4　地表水环境质量现状调查

污水排放量为 50 000 m³/d，该河流为大河，所以调查范围应取污水处理厂排污口下游 10～20 km。

3.5　地下水环境质量现状调查（略）

3.6　环境噪声现状调查

由附图可知，在建设项目南北约 1 000 m 处有居住区张仪村和生活区石家庄村。因二者与建设项目距离超过 200 m。敏感目标受建设项目的影响较小，但仍应在敏感区设监测点，用于监测建设项目对敏感区的影响。

4　污染源调查与评价

4.1 建设项目污染源

4.1.1 大气污染源

拟建项目区处于河南省东北部濮阳市华龙区，冀鲁豫三省交界处。污水处理厂厂址向北 1 km 为张仪村，向南 1 km 为石家庄村。

本次大气环境评价对象为二类区，因此执行《环境空气质量标准》（GB 3095—1996）二级标准。废气排放执行国家标准《城镇污水处理厂污染物排放标准》（GB 18918—2002）中厂界（防护带边缘）废气排放最高允许浓度二级标准值。

根据初步工程分析结果，NH_3 和 H_2S 为主要大气污染物，排放方式为无组织排放，为面源，源强分别是 $1.077×10^{-6}$ g/（s·m²）、$5.455×10^{-8}$ g/（s·m²），初始排放高度为 5 m，面源的长度为 303 m，宽度为 106 m。

4.1.1.1 环境空气敏感区的确定

由于张仪和石家庄村庄中人口相对其他地方较为密集，因此为环境空气敏感区。

4.1.1.2 评价工作等级的确定

根据初步工程分析结果，选择 NH_3 和 H_2S 为主要大气污染物，分别计算这两种污染物的最大地面质量浓度占标率 P_i 及第 i 个污染物的地面质量浓度达标准限值10%时所对应的最远距离 $D_{10\%}$。其中 P_i 定义为：

$$P_i = \frac{C_i}{C_{0i}} \times 100\%$$

式中：P_i——第 i 个污染物的最大地面质量浓度占标率；

  C_i——采用估算模式计算出的第 i 个污染物的最大地面质量浓度，mg/m^3；

  C_{0i}——第 i 个污染源的环境空气质量浓度标准，mg/m^3。

利用高斯扩散模式计算公式计算的最大地面质量浓度为：NH_3：$30.04×10^{-3}$ mg/m^3，H_2S：$1.522×10^{-3}$ mg/m^3。

C_{0i} 查《工业企业卫生设计卫生标准》（TJ 36—79）可得：NH_3 一次质量浓度为 0.20 mg/m^3，H_2S 一次质量浓度为 0.01 mg/m^3。氨气和硫化氢的最大地面质量浓度占标率如表 4.1 所示。

表 4.1　氨气和硫化氢的最大地面质量浓度占标率

	C_i/（mg/m^3）	C_{0i}/（mg/m^3）	P_i/%
NH_3	$30.04×10^{-3}$	0.20	15.02
H_2S	$1.522×10^{-3}$	0.01	15.22

根据 HJ 2.2—2008 的划分工作等级表进行判别（见表 4.2）。

表 4.2　评价工作等级

评价工作等级	评价工作分级判据
一级	$P_{max} \geqslant 80\%$，且 $D_{10\%} \geqslant 5$ km
二级	其他
三级	$P_{max} < 10\%$ 或 $D_{10\%} <$ 污染源距厂界最近距离

本次大气环境评价 P_i 值都在 10%~80%，因此可以得出本次大气环境的评价等级为二级。

4.1.1.3 评价范围的确定

根据项目排放污染物的最远影响范围确定项目的大气环境影响评级范围。以 $2×D_{10\%}$ 为边长的矩形作为大气环境影响评价范围。评价范围的边长一般不小于 5 km。

对于 NH_3：在 $D_{10\%}$ 处是 100~200 m；对于 H_2S：在 $D_{10\%}$ 处是 700~800 m；由于评价范围的边长一般不小于 5 km，因此选用边长为 5 km 的矩形。

4.1.2 地表水污染源

拟建设项目的规模为污水排放量 50 000 m^3/d；由于污染物包含 COD_{Cr}、BOD、SS、

TN、NH_3-N、P，污染物种类大于 3，因此排水水质为复杂；M 河河水平均流量为 166 m^3/s 大于 150 m^3/s，因此该河流为大河；地表水执行《地表水环境质量标准》（GB 3838—2002）Ⅳ类标准。

　　参照《环境影响评价技术导则　地面水环境》（HJ/T 2.3—93）中的表 4.2 可确定其评价工作等级为二级。

4.1.3 地下水污染源

　　根据《环境影响评价技术导则　地下水环境》（HJ 610—2011）建设项目对地下水环境影响的特征，将建设项目分为以下三类：

　　Ⅰ类：指在项目建设、生产运行和服务期满后的各个过程中，可能造成地下水水质污染的建设项目；

　　Ⅱ类：指在项目建设、生产运行和服务期满后的各个过程中，可能引起地下水流场或地下水水位变化，并导致环境水文地质问题的建设项目；

　　Ⅲ类：指同时具备Ⅰ类和Ⅱ类建设项目环境影响特征的建设项目。

　　本项目不对区域地下水进行开采，不会引起地下水流场或地下水水位变化；项目建成投产后，生活及生产废水经厂内污水处理站处理达标后排放入河流，对地下水的影响主要为废水的渗漏对地下水水质的影响，故本项目属于Ⅰ类建设项目。

　　查资料得知濮阳市浅部土体为黄河冲洪淤积形成的沉积物，其岩性、岩相不稳定，主要特征是：结构松散、颗粒较细、单层厚度较薄、相变频繁。地表以下 15 m 深度范围内普遍分布有淤泥质软土，部分地段分布有液化砂土。层包气带岩土性能属于弱等级。由于土壤结构松散有利于各种污染物的下渗，所以建设项目场地的含水层易污染。濮阳市浅层地下水作为集中式饮用水水源地，但并不属于国家或地方政府设定的与地下水环境相关的其他保护区，所以建设项目场地的地下水敏感程度等级为较敏感。建设项目的规模为 50 000 m^3/d，污水排放量分级中属于大。根据已有的污水处理厂主要水污染物排放情况，由于污水水质复杂程度而引发分级复杂。对照Ⅰ类建设项目评价工作等级分级表可知应为一级。

4.1.4 噪声污染源预估

　　敏感目标受建设项目的影响较小，但仍应在敏感区设监测点。其主要声源有污水处理厂中的污水泵噪声、污泥泵噪声、曝气送风系统噪声、除砂机噪声、转刷噪声、管道噪声、水流噪声、厂区内外来自车辆等的噪声，以及周围环境如变电站机器运作噪声、道路交通噪声等。

4.2 评价区内污染源调查与评价

4.2.1 大气污染源调查与评价

4.2.1.1 污染源调查与分析

　　本次大气环境评价的污染源为面源：

　　（1）面源起始点坐标为（X_0，Y_0）；

　　（2）面源初始排放高度为 5 m；

　　（3）NH_3 和 H_2S 源强分别是 1.077×10^{-6} g/（s·m^2）、5.455×10^{-8} g/（s·m^2）；

　　（4）矩形面源：初始点坐标（X_0，Y_0），面源的长度 303 m，面源的宽度 106 m，与正北方向逆时针的夹角 0°。矩形面源参数调查清单如表 4.3 所示。

表 4.3　矩形面源参数调查清单

| | 面源起始点 | | 面源长度/m | 面源宽度/m | 与正北夹角/（°） | 初始排放高度/m | 评价因子源强/[g/（s·m²）] | |
	X 坐标	Y 坐标					NH₃	H₂S
数据	X_0	Y_0	303	106	0	5	1.077×10^{-6}	5.455×10^{-8}

4.2.1.2　环境空气质量现状调查与评价

1. 监测布点

根据大气环境影响评价技术导则，本评价属于二级评价项目。监测点的布设，应尽量全面、客观、真实反映评价范围内的环境空气质量。

二级评价项目的布点要求：

（1）以监测期间所处季节的主导风向为轴向，取上风向为 0°，至少在约 0°、90°、180° 和 270°方向上各设置 1 个监测点，主导风向下风向应加密布点。具体监测点位根据局部地形条件、风频分布特征以及环境功能区、环境空气保护目标所在方位做适当调整。各个监测点要有代表性，环境监测值应能反映各环境空气敏感区、各环境功能区的环境质量，以及预计受项目影响的高浓度区的环境质量。

（2）如果评价范围内已有例行监测点可不再安排监测。

综合上述导则中的布点要求，本次大气环境影响评价的监测布点为：

（1）选用极坐标布点法，以监测期夏季（6 月份）的主导风向南风为轴向；

（2）取上风向为 0°，在 0°、180°各距拟建污水处理厂 200 m 处各设一个监测点，在图中表示为 2#、4#；

（3）在拟建项目的 90°、270°方向上各设一个监测点，在图中表示为 1#、3#；

（4）因为张仪村和石家庄村是敏感地区，所以在两个村子各设一个监测点，在图中表示为 5#、6#；

（5）主导风向下风向应加密布点，因此在 4#向北 400 m 处增设一个监测点，在 5#向北 200 m 处增设一个监测点。

2. 监测点周边环境

环境空气质量监测点位置的周边环境应符合相关环境监测技术规范的规定。监测点周围空间应开阔，采样口水平线与周围建筑物的高度夹角小于 30°；监测点周围应有 270°采样捕集空间，空气流动不受任何影响；避开局地污染源的影响，原则上 20 m 范围内应没有局地排放源；避开树木和吸附力较强的建筑物，一般在 15～20 m 范围内没有绿色乔木、灌木等。

应注意监测点的可到达性和电力保证。

3. 监测分析方法（见表 4.4）

4. 监测结果统计分析

（1）评价因子：二氧化硫、二氧化氮、氨气、硫化氢、可吸入颗粒物、总悬浮颗粒物

（2）评价标准：《环境空气质量标准》（GB 3095—1996）、《城镇污水处理厂污染物排放标准》（GB 18918—2002）。各项污染物质量浓度限值如表 4.5 所示。

表 4.4　监测分析方法汇总

评价因子	监测分析方法	方法来源
二氧化硫	甲醛吸收-副玫瑰苯胺分光光度法 四氯汞盐-盐酸副玫瑰苯胺比色法 紫外荧光法	GB/T 15262—1994 GB/T 8970—1988
二氧化氮	Saltzman 法 化学发光法	GB/T 15436—1995
氨气	次氯酸钠-水杨酸分光光度法	HJ　534—2009
硫化氢	气相色谱法	GB/T　14678—1993
可吸入颗粒物	重量法	GB/T 15436—1995
总悬浮颗粒物	重量法	GB/T 15435—1995

表 4.5　各项污染物质量浓度限值（二级标准）

污染物名称	二氧化硫	二氧化氮	氨气	硫化氢	可吸入颗粒物	总悬浮颗粒物
取值时间	日平均	日平均	日平均	日平均	日平均	日平均
质量浓度限值/（mg/m³）	0.15	0.08	1.5	0.06	0.15	0.30

（3）监测数据（见表 4.6）:

表 4.6　环境空气质量现状监测数据

编号	采样点	二氧化硫/（mg/m³）	二氧化氮/（mg/m³）	氨气/（mg/m³）	硫化氢/（mg/m³）	可吸入颗粒物/（mg/m³）	总悬浮颗粒物/（mg/m³）
1	0°点	0.029	0.025	0.141	0.004	0.052	0.183
2		0.008	0.023	0.097	0.001	0.129	0.227
3		0.009	0.017	0.083	0.006	0.138	0.151
4		0.053	0.021	0.087	0.007	0.113	0.144
5		0.003	0.020	0.076	0.003	0.116	0.133
6		0.004	0.023	0.108	未检出	0.147	0.172
7		0.009	0.016	0.101	0.003	0.139	0.190
8	90°点	0.005	0.021	0.145	0.004	0.122	0.204
9		0.006	0.018	0.091	未检出	0.144	0.202
10		0.007	0.008	0.056	未检出	0.102	0.127
11		0.034	0.021	0.062	0.004	0.110	0.141
12		未检出	0.020	0.079	0.001	0.080	0.095
13		0.006	0.028	0.094	0.001	0.143	0.143
14		未检出	0.025	0.099	0.002	0.150	0.166
15	180°点	0.029	0.020	0.194	0.002	0.133	0.159
16		0.029	0.021	0.093	0.001	0.132	0.288
17		0.008	0.016	0.062	0.001	0.137	0.150
18		0.036	0.023	0.076	0.003	0.066	0.075
19		0.004	0.017	0.102	未检出	0.064	0.079
20		未检出	0.029	0.127	0.002	0.136	0.166
21		0.007	0.029	0.069	0.005	0.150	0.225

编号	采样点	二氧化硫/ （mg/m³）	二氧化氮/ （mg/m³）	氨气/ （mg/m³）	硫化氢/ （mg/m³）	可吸入颗粒物/ （mg/m³）	总悬浮颗粒物/ （mg/m³）
22		0.027	0.024	0.156	0.004	0.146	0.198
23		未检出	0.019	0.102	0.002	0.161	0.196
24		0.014	0.021	0.096	0.004	0.127	0.207
25	270°点	0.057	0.027	0.072	未检出	0.083	0.098
26		未检出	0.010	0.078	0.004	0.085	0.105
27		0.005	0.024	0.142	0.002	0.124	0.164
28		0.008	0.020	0.111	0.003	0.111	0.238
29		0.023	0.028	0.170	0.002	0.141	0.190
30		0.011	0.026	0.097	0.003	0.137	0.164
31		0.009	0.018	0.087	0.003	0.116	0.128
32	张仪村	0.044	0.028	0.092	0.001	0.041	0.069
33		未检出	0.016	0.098	0.003	0.085	0.109
34		0.008	0.021	0.108	0.004	0.099	0.099
35		0.013	0.017	0.141	未检出	0.125	0.251
36		未检出	0.021	0.163	未检出	0.132	0.196
37		0.008	0.011	0.080	0.006	0.099	0.161
38	石家庄村	未检出	0.020	0.087	0.006	0.120	0.120
39		0.038	0.020	0.098	0.003	0.110	0.114
40		0.005	0.019	0.090	0.003	0.090	0.089
41		0.008	0.024	0.074	0.001	0.159	0.264
42		0.006	0.023	0.145	0.004	0.156	0.280

注：气体体积为标准状态下数据。

（4）基本分析：以表 4.7 的方式给出各监测点大气污染物的质量浓度，计算并列表给出各采样点平均质量浓度和最大质量浓度的超标率，并评价达标情况。

表 4.7　各采样点质量浓度达标情况

采样点		二氧化硫/ （mg/m³）	二氧化氮/ （mg/m³）	氨气/ （mg/m³）	硫化氢/ （mg/m³）	可吸入颗粒物/ （mg/m³）	总悬浮颗粒物/ （mg/m³）
0°	平均质量浓度	0.016	0.021	0.099	0.004	0.119	0.171
	标准质量浓度	0.150	0.080	1.500	0.060	0.150	0.300
	最大质量浓度超标率	0.000	0.000	0.000	0.000	0.000	0.000
90°	平均质量浓度	0.012	0.020	0.089	0.002	0.122	0.154
	标准质量浓度	0.150	0.080	1.500	0.060	0.150	0.300
	最大质量浓度超标率	0.000	0.000	0.000	0.000	0.000	0.000
180°	平均质量浓度	0.019	0.022	0.103	0.002	0.117	0.163
	标准质量浓度	0.150	0.080	1.500	0.060	0.150	0.300
	最大质量浓度超标率	0.000	0.000	0.000	0.000	0.000	0.000

采样点		二氧化硫/ (mg/m³)	二氧化氮/ (mg/m³)	氨气/ (mg/m³)	硫化氢/ (mg/m³)	可吸入颗粒物/ (mg/m³)	总悬浮颗粒物/ (mg/m³)
270°	平均质量浓度	0.022	0.021	0.108	0.003	0.120	0.172
	标准质量浓度	0.150	0.080	1.500	0.060	0.150	0.300
	最大质量浓度超标率	0.000	0.000	0.000	0.000	0.073	0.000
张仪村	平均质量浓度	0.018	0.022	0.113	0.003	0.106	0.144
	标准质量浓度	0.150	0.080	1.500	0.060	0.150	0.300
	最大质量浓度超标率	0.000	0.000	0.000	0.000	0.000	0.000
石家 庄村	平均质量浓度	0.013	0.020	0.105	0.004	0.124	0.175
	标准质量浓度	0.150	0.080	1.500	0.060	0.150	0.300
	最大质量浓度超标率	0.000	0.000	0.000	0.000	0.060	0.000

注：气体体积为标准状态下数据。

由表 4.7 可知，在拟建项目附近的 0°、90°、180°、270°、张仪村和石家庄村 6 个监测采样点的二氧化硫、二氧化氮、氨气、硫化氢、总悬浮颗粒物，都没有发现浓度超标现象，可吸入颗粒物最大浓度在 270°、石家庄村采样点的超标率分别为 7.3%、6%。各采样点氨气和硫化氢的平均浓度如图 4.1 所示。

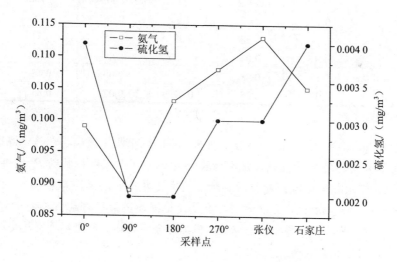

图 4.1　各采样点氨气和硫化氢的平均浓度

（5）现状评价：

Ⅰ. 单因子指数评价法　单因子指数评价法是用大气质量最差的单项指标所属类别来确定综合类别，即用各监测项目的监测结果除以该项目的评价标准。计算公式为：

$$P_i = \frac{C_i}{C_{io}}$$

式中：P_i——第 i 个污染物的污染指数；

　　　C_i——第 i 个污染物的实际监测浓度结果，mg/m³；

　　　C_{io}——第 i 个污染源的环境空气质量浓度标准，mg/m³。

单因子指数法的评价可分析该环境因子是否达标（$P_i < 1$）或超标（$P_i > 1$）及其污染

程度。显然，P_i 值越小越好，越大越差。各污染物的污染指数计算结果见表 4.8。

表 4.8　大气质量现状的单因子指数评价结果

采样地点		二氧化硫/（mg/m³）	二氧化氮/（mg/m³）	氨气/（mg/m³）	硫化氢/（mg/m³）	可吸入颗粒物/（mg/m³）	总悬浮颗粒物/（mg/m³）
0°	ρ_i	0.016	0.021	0.099	0.004	0.119	0.171
	ρ_{i0}	0.15	0.08	1.5	0.06	0.15	0.3
	P_i	0.11	0.26	0.07	0.07	0.79	0.57
90°	ρ_i	0.012	0.02	0.089	0.002	0.122	0.154
	ρ_{i0}	0.15	0.08	1.5	0.06	0.15	0.3
	P_i	0.08	0.25	0.06	0.03	0.81	0.51
180°	ρ_i	0.019	0.022	0.103	0.002	0.117	0.163
	ρ_{i0}	0.15	0.08	1.5	0.06	0.15	0.3
	P_i	0.13	0.28	0.07	0.03	0.78	0.54
270°	ρ_i	0.022	0.021	0.108	0.003	0.12	0.172
	ρ_{i0}	0.15	0.08	1.5	0.06	0.15	0.3
	P_i	0.15	0.26	0.07	0.05	0.80	0.57
张仪村	ρ_i	0.018	0.022	0.113	0.003	0.106	0.144
	ρ_{i0}	0.15	0.08	1.5	0.06	0.15	0.3
	P_i	0.12	0.28	0.08	0.05	0.71	0.48
石家庄村	ρ_i	0.013	0.02	0.105	0.004	0.124	0.175
	ρ_{i0}	0.15	0.08	1.5	0.06	0.15	0.3
	P_i	0.09	0.25	0.07	0.07	0.83	0.58

注：气体体积为标准状态下数据。

从表 4.8 可知，各采样点 SO_2、NO_2、H_2S、NH_3 和可吸入颗粒物，总悬浮颗粒物的 P_i 都小于 1，总体背景环境质量良好，没有污染物超标。可吸入颗粒物的 P_i 最接近 1，说明可吸入颗粒物有可能成为该地的超标污染物，其次是氨气和总悬浮颗粒物。

Ⅱ. 权重综合污染指数法　综合污染指数法是根据各污染物的监测浓度值计算各污染物的指数，再从各污染物指数中得出综合指数，根据综合污染指数判定环境空气受污染的程度。

大气综合污染指数公式为：

$$I_i = \frac{\sqrt{C_{i极} C_i}}{S_i}$$

$$I = \frac{1}{n} \sum_{i=1}^{n} I_i$$

式中：I——大气污染综合指数；

　　　I_i——第 i 项污染物指数；

　　　n——参数项数；

　　　$C_{i极}$——第 i 项污染物 H（月）均浓度最大值；

　　　C_i——第 i 项污染物 H（月）均浓度值；

　　　S_i——第 i 项污染物评价标准。

　　由于污染物有主次之分，在对整个污染效应的贡献中，各个污染物并不是其相同作用，每种污染物所占的份额有相当差别。因此需考虑每一种污染物所占的权重。

　　因此引入综合指数法的修正：

　　为能更加客观地评价环境空气质量，在综合指数法的基础上，给各单项指数根据一定条件赋予一个权重值，各单项指数与权重值的乘积之和为评价综合污染指数，并将此法称为权重综合污染指数法，计算公式如下：

$$Q_i = \frac{I_i}{\sum\limits_{i=1}^{n} I_i}$$

　　若 s 为 $0 \leqslant Q < 0.05$ 的个数，且 $0 \leqslant s < n$，t 为 $0.5 < Q \leqslant 1$ 的个数，$0 \leqslant t \leqslant n$。

　　分指数权重赋值公式如下：

$$P_i = \begin{cases} 0.005, & 0 \leqslant Q_i < 0.05 \\ \dfrac{Q_i}{\sum\limits_{i=1}^{n-s-t} Q_i}(1 - 0.05s - 0.5t), & 0.05 \leqslant Q_i \leqslant 0.5 \\ 0.5, & 0.5 < Q_i \leqslant 1 \end{cases}$$

$$I = \sum_{i=1}^{n} P_i I_i$$

　　最后可得按权重处理以后的综合指数，按照表 4.9 可查得污染等级。

表 4.9　环境空气质量分级标准

综合指数	<0.50	0.50~0.74	0.75~0.99	1~2	>2
评价等级	清洁	较清洁	轻度污染	中污染	重污染

　　权重综合污染指数法对极端值进行了处理，根据分指数的大小不同分别赋予其不同的权重值，与目前采用的对标法相比，考虑了所有污染物对环境空气质量的影响，与综合污染指数法相比，对主要污染物在权重上有所侧重。表 4.10 是用此方法对本次监测所得结果进行的现状评价。

表 4.10　不同采样点的权重综合指数

采样点		二氧化硫/(mg/m³)	二氧化氮/(mg/m³)	氨气/(mg/m³)	硫化氢/(mg/m³)	可吸入颗粒物/(mg/m³)	总悬浮颗粒物/(mg/m³)	总计
0°	$C_{i极}$	0.053	0.025	0.141	0.007	0.147	0.227	
	C_i	0.016	0.021	0.099	0.004	0.119	0.171	
	S_i	0.150	0.080	1.500	0.060	0.150	0.300	
	I_i	0.194	0.286	0.079	0.088	0.882	0.657	2.186
	Q_i	0.089	0.131	0.036	0.040	0.403	0.301	1.000
	P_i	0.087	0.128	0.050	0.050	0.393	0.293	1.001
	$P_i I_i$	0.017	0.037	0.004	0.004	0.347	0.193	0.601

采样点		二氧化硫/（mg/m³）	二氧化氮/（mg/m³）	氨气/（mg/m³）	硫化氢/（mg/m³）	可吸入颗粒物/（mg/m³）	总悬浮颗粒物/（mg/m³）	总计
90°	$C_{i极}$	0.034	0.028	0.145	0.004	0.150	0.204	
	C_i	0.012	0.020	0.089	0.002	0.122	0.154	
	S_i	0.150	0.080	1.500	0.060	0.150	0.300	
	I_i	0.134	0.296	0.076	0.047	0.902	0.591	2.046
	Q_i	0.065	0.145	0.037	0.023	0.441	0.289	1.000
	P_i	0.062	0.139	0.050	0.050	0.422	0.277	1.000
	$P_i I_i$	0.008	0.041	0.004	0.002	0.381	0.164	<u>0.600</u>
180°	$C_{i极}$	0.036	0.029	0.194	0.005	0.150	0.288	
	C_i	0.019	0.022	0.103	0.002	0.117	0.163	
	S_i	0.150	0.080	1.500	0.060	0.150	0.300	
	I_i	0.174	0.316	0.094	0.053	0.883	0.722	2.242
	Q_i	0.078	0.141	0.042	0.024	0.394	0.322	1.000
	P_i	0.075	0.136	0.050	0.050	0.379	0.310	1.000
	$P_i I_i$	0.013	0.043	0.005	0.003	0.335	0.224	<u>0.622</u>
270°	$C_{i极}$	0.057	0.027	0.156	0.004	0.161	0.238	
	C_i	0.022	0.021	0.108	0.003	0.120	0.172	
	S_i	0.150	0.080	1.500	0.060	0.150	0.300	
	I_i	0.236	0.298	0.087	0.058	0.927	0.674	2.280
	Q_i	0.104	0.131	0.038	0.025	0.407	0.296	1.000
	P_i	0.100	0.126	0.050	0.050	0.391	0.284	1.001
	$P_i I_i$	0.024	0.038	0.004	0.003	0.362	0.191	<u>0.622</u>
张仪村	$C_{i极}$	0.044	0.028	0.170	0.004	0.141	0.251	
	C_i	0.018	0.022	0.113	0.003	0.106	0.144	
	S_i	0.150	0.080	1.500	0.060	0.150	0.300	
	I_i	0.188	0.310	0.092	0.058	0.815	0.634	2.097
	Q_i	0.090	0.148	0.044	0.028	0.389	0.302	1.001
	P_i	0.087	0.143	0.050	0.050	0.377	0.293	1.000
	$P_i I_i$	0.016	0.044	0.005	0.003	0.307	0.186	<u>0.561</u>
石家庄村	$C_{i极}$	0.038	0.024	0.163	0.006	0.159	0.280	
	C_i	0.013	0.020	0.105	0.004	0.124	0.175	
	S_i	0.150	0.080	1.500	0.060	0.150	0.300	
	I_i	0.148	0.274	0.087	0.082	0.936	0.738	2.265
	Q_i	0.065	0.121	0.038	0.036	0.413	0.326	0.999
	P_i	0.063	0.118	0.050	0.050	0.402	0.317	1.000
	$P_i I_i$	0.009	0.032	0.004	0.004	0.376	0.234	<u>0.660</u>

注：气体体积为标准状态下数据。

由表 4.10 可知，按照权重分配计算出来的综合指数分别为：0°采样点 0.601；90°采样点 0.600；180°采样点 0.622；270°采样点 0.622；张仪村 0.561；石家庄村 0.660。综合指数均在 0.5～0.74 范围内，属较清洁类。

由图 4.2 可知，在 0°和 90°处的大气质量几乎一样，在 180°和 270°处大气质量几乎一样，但比前两处质量要差一些，大气质量最好的是张仪村，最差的是石家庄村。但是六个监测点都在 0.5～0.74，都属于较清洁类别。

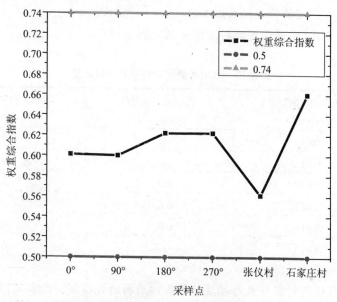

图 4.2　各采样点的权重综合指数

Ⅲ. API 指数法　空气污染指数（Air Pollution Index，API）是一种反映和评价空气质量的方法，它是在美国污染物标准指数 PSI 评价法的基础上加以简化，将常规监测的几种空气污染物的浓度简化成为单一的概念性数值形式，并分级表征空气质量状况与空气污染的程度，其结果简明直观，使用方便，适用于表示城市的短期空气质量状况和变化趋势。

API 法首先用内插法计算各污染物的分指数，根据污染分指数确定区域空气污染指数，并确定该污染物为首要污染物（见表 4.11）。空气污染指数确定后，再判定空气环境质量级别并做出空气质量描述。

表 4.11　污染分指数 I 对应的日平均污染物质量浓度限值

污染指数	污染物浓度/（mg/m³）		
API	SO_2	NO_2	PM_{10}
50	0.050	0.080	0.050
100	0.150	0.120	0.150
200	0.800	0.280	0.350
300	1.600	0.565	0.420
400	2.100	0.750	0.500
500	2.620	0.940	0.600

API 指数的计算公式:

$$I_i = \frac{C_i - C_{i,j}}{C_{i,j+1} - C_{i,j}}(I_{i,j+1} - I_{i,j}) + I_{i,j}$$

式中: I_i——污染物待求的污染分指数值;

$I_{i,j}$ 和 $I_{i,j+1}$——污染物的标准指数值;

$C_{i,j}$ 和 $C_{i,j+1}$——污染物的标准浓度值。

本次监测所得日均质量浓度数据处理结果见表 4.12。

表 4.12   本次监测所得的日均质量浓度

采样点	二氧化硫（标态）/ (mg/m³)	二氧化氮（标态）/ (mg/m³)	可吸入颗粒物（标态）/ (mg/m³)
0°	0.016	0.021	0.119
90°	0.012	0.02	0.122
180°	0.019	0.022	0.117
270°	0.022	0.021	0.12
张仪村	0.018	0.022	0.106
石家庄村	0.013	0.02	0.124

与质量浓度限值表对照并且内插法计算各污染物的分指数,见表 4.13。

表 4.13   污染分指数值

采样点	二氧化硫（标态）/ (mg/m³)	二氧化氮（标态）/ (mg/m³)	可吸入颗粒物（标态）/ (mg/m³)
0°	<50	<50	85
90°	<50	<50	86
180°	<50	<50	84
270°	<50	<50	85
张仪村	<50	<50	78
石家庄村	<50	<50	87

当各种污染物的污染分指数得出后,可根据下式确定空气污染指数 A:

$$A = \max(I_1, I_2, I_3, \cdots, I_n)$$

从表 4.13 结合公式可知,首要污染物为可吸入颗粒物。

各采样点的空气污染指数 A 值见图 4.3,可按表 4.14 判定空气环境质量级别并作出空气质量描述。

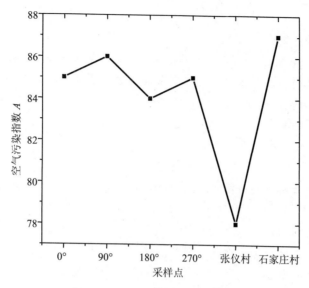

图 4.3　各采样点的空气污染指数

表 4.14　空气质量分级标准

A	0～50	51～100	101～150	151～200	201～250	251～300	＞301
级别	I	II	III_1	III_2	IV_1	IV_2	V
空气质量状况	优	良	轻微污染	轻度污染	中度污染	中度重污染	重度污染

比较可得，空气质量状况为良，其中张仪村的空气质量较其他 5 个采样点好。

4.2.1.3　三种评价方法的比较

三种方法各有各的优缺点。单因子指数法特点是简单直观，能给出各种污染物的污染状况，能直观地看出每种污染物对空气质量的影响程度。其缺点也很明显，不能综合性地描述大气污染的整体状况，也不能突出强调某种特殊污染物的作用。

权重综合污染指数法对极端值进行了处理，根据分指数的大小不同分别赋予其不同的权重值，与目前采用的对标法相比，考虑了所有污染物对环境空气质量的影响，与其他两种方法相比，对主要污染物在权重上有所侧重。

API 特点是综合、简便、直观，不足是不具可比性。目前我国的"国家环境保护模范城市考核指标"和"全国重点城市环境空气质量周报"及后来的"空气质量日报"中均采用 API。API 法中突出了单因子的作用，可以找出城市空气首要污染物的类别，并可根据 API 的大小考察其污染情况。这有利于明确城市空气污染控制的控制对象，以便具体对某种污染物的控制提出对应措施。但其不能反映次要污染物的污染状况，客观上淡化了其他污染物对大气环境质量的综合影响。

4.2.2　地表水污染源调查与评价

4.2.2.1　现有污染源分类

在调查范围内能对地面水环境产生影响的主要污染源均应进行调查。污染源包括两类：点污染源（简称点源）和非点污染源（简称非点源或面源）。

1. 点源的调查

（1）点源调查的原则：

①以搜集现有资料为主，只有在十分必要时才补充现场调查和现场测试；

②点源调查的繁简程度可根据评价级别及其与建设项目的关系而略有不同。

（2）点源调查的内容：

①点源的排放；

②排放数据；

③用排水状况；

④厂矿企业、事业单位的废污水处理状况。

2. 非点源的调查

（1）非点源调查的原则：

非点源调查基本上采用间接搜集资料的方法，一般不进行实测。

（2）非点源调查的内容：

①概况；

②排放方式、排放去向与处理情况；

③排放数据。

3. 污染源的取样

4. 污染源资料的整理与分析

4.2.2.2 水质调查

1. 水质调查的原则

2. 水质参数的选择

（1）常规水质参数；

（2）特征水质参数。

此建设项目环境影响评价的水质参数为：pH、水温、COD、BOD、石油类、氨氮、总磷、酚、砷、汞、氰化物、铬（见表 4.15）。

表 4.15　地表水现状监测方法

监测项目	分析方法	测定下限/（mg/L）	方法来源
pH	玻璃电极法	/	GB 6920—86
水温	温度计法	0.1℃	GB 13195—91
BOD_5	稀释与接种法	2	GB 7488—87
COD	重铬酸盐法	5	GB 11914—89
石油类	非分散红外光度法	0.02	GB/T 16488—1996
氨氮	钠氏试剂比色法	0.05	GB 7478—87
总磷	钼酸铵分光光度法	0.01	GB 11893—89
酚	4-氨基安替比林萃取光度法	0.002	GB 7490—87
砷	硼氢化钾-硝酸银分光光度法	0.000 4	GB 11900—89
汞	冷原子吸收法	0.000 1	GB 7468—87
氰化物	硝酸银滴定法	0.2	GB 7486—87
铬	火焰原子化吸收法	0.05	GB 7475—87

3. 采样断面与采样点的布设

（1）采样断面的布设，共需布设 4 个采样断面，分别为：

①排污口上游 500 m 处；

②排污口处；

③支流汇入口；

④支流完全混合处。

（2）取样垂线的选择。水面宽 35.5 m＜50 m，因此在取样断面上各距岸边 1/3 水面宽处，设一条取样垂线（垂线应设在有较明显水流处），共设两条取样垂线。

（3）垂线上取样水深的确定。水深 0.4 m＜1 m，因此采样点距水面不应小于 0.3 m，距河底也不应小于 0.3 m。

4.2.2.3　调查结果

1. 污染源调查结果（见表 4.16）

表 4.16　项目接纳污水情况

企业名称	水量/（m³/d）	COD/（mg/L）	P/（mg/L）	NH₃-N/（mg/L）
Q1	20 712	81.3	1.3	20
Q2	5 500	320	2.4	12
Q3	3 500	150	1.5	14
Q4	2 450	120	0.9	8
Q5	1 500	114	0.7	7
Q6	432	120	1.9	19
Q7	200	140	2.6	30
Q8	150	250	3.1	17
Q9	96	150	2.5	6
Q10	82.8	505.6	1.1	9
Q11	80	50.4	0.8	14
Q12	50	85	3.1	23
Q13	41.4	148	4.2	12
Q14	8	27.6	3.4	11
Q15	6	120	2.1	26
Q16	2.5	81	0.8	8

2. 地表水现状监测调查结果（见表 4.17）

表 4.17　地表水现状监测数据

监测点	pH	化学耗氧量	生化需氧量	氨氮	挥发酚	氰化物	总汞	石油类
W1	8.00	38.13	12.00	5.70	0.042	—	—	0.05
	7.90	31.01	26.00	4.07	0.038	—	—	0.20
	7.50	54.04	39.00	14.52	0.045	0.002	0.000 02	1.20
	7.40	36.67	15.00	8.19	0.050	0.002	0.000 02	0.40

监测点	pH	化学耗氧量	生化需氧量	氨氮	挥发酚	氰化物	总汞	石油类
W2	8.50	55.56	19.00	9.51	0.054	0.002	0.000 09	0.10
	8.00	19.16	7.00	6.76	0.058	0.002	0.000 09	0.20
	7.70	42.07	20.00	5.37	0.033	0.002	0.000 02	1.20
	7.80	42.85	30.00	11.28	0.034	0.002	0.000 02	0.80
W3	8.13	48	—	8.64	0.006	—	未检出	0.04
	8.02	22.1	—	1.54	0.006	—	—	0.154
W4	8.30	207	—	20.5	0.006	—	未检出	0.064

4.2.2.4 调查结果的评价

1. 污染源评价

污染源评价是在查明污染物排污位置、形式、数量和规律的基础上，综合考虑污染物的毒性、危害，通过等标处理，对不同污染源的污染能力进行比较，确定出各个地区的主要污染源和污染物。污染源评价方法有等标污染负荷法、等标排放量法、环境影响指数法等。这里采用等标污染负荷法对污染源进行评价。

（1）各个污染物的等标污染负荷，废水中某污染物等标污染负荷的计算公式：

$$P_i = \frac{\rho_i}{\rho_{0i}} \times Q_i$$

式中：ρ_i——某污染物的实测质量浓度，mg/L；

ρ_{0i}——某污染物的工业排放浓度标准，mg/L；

Q_i——含某种污染物的废水排放量，t/d；

P_i——某污染物的等标污染负荷，t/d。

（2）某污染源的等标污染负荷，污染源污染物的等标污染负荷等于所排各种污染物的等标污染负荷之和：

$$P_n = \sum_{i=1}^{j} P_i$$

（3）某区域的等标污染负荷，某区域（或流域）的等标污染负荷为该区域（或流域）内所有污染源的等标污染负荷之和：

$$P_m = \sum_{n=1}^{k} P_n$$

（4）污染负荷比，某污染物的等标污染负荷（P_i）占该厂等标污染负荷的百分比，称为污染负荷比（K_i）：

$$K_i = \frac{P_i}{P_n}$$

某污染源在区域中的污染负荷比（K_n）：

$$K_n = \frac{P_n}{P_m}$$

（5）污染源评价结果，本项目水污染源的评价结果见表4.18。

表 4.18 水污染源评价结果

企业名称	$\rho_{COD_{Cr}}$/（m³/d）	ρ_P/（m³/d）	$\rho_{NH_3\text{-}N}$/（m³/d）	合计	负荷比/%
Q1	33 677.71	53 851.2	82 848	170 376.91	54.79
Q2	35 200	26 400	13 200	74 800	24.05
Q3	10 500	10 500	9 800	30 800	9.90
Q4	5 880	4 410	3 920	14 210	4.57
Q5	3 420	2 100	2 100	7 620	2.45
Q6	1 036.8	1 641.6	1 641.6	4 320	1.39
Q7	560	1 040	1200	2 800	0.90
Q8	750	930	510	2 190	0.70
Q9	288	480	115.2	883.2	0.28
Q10	837.27	182.16	149.04	1 168.47	0.37
Q11	80.64	128	224	432.64	0.14
Q12	85	310	230	625	0.20
Q13	122.54	347.76	99.36	569.66	0.18
Q14	4.42	54.4	17.6	76.42	0.02
Q15	14.4	25.2	31.2	70.8	0.02
Q16	4.05	4	4	12.05	0.004
合计	92 460.84	102 404.32	116 090	310 955.15	
负荷比/%	29.73	32.93	37.33		100.00

（6）主要污染物和主要污染源的判断。将调查区域内污染物的等标污染负荷的大小进行排列，计算百分比和累计百分比，将累计百分比大于80%左右所包含的污染物确定为该区域的主要污染物。

将调查区域内的污染源的等标污染负荷的大小进行排列，分别计算百分比和累计百分比，将累计百分比大于80%左右所包含的污染源确定为该区域的主要污染源。结果见表4.19和4.20。

表 4.19 污染物的等标污染负荷排序

污染物	K_i/%	累计百分比/%
NH₃-N	37.33	37.33
PO_4^{3-}	32.93	70.26
COD	29.73	100.00

由表4.19可知，NH₃-N的等标污染负荷所占比例最大，而NH₃-N和P的累计百分比高达70.266%，污染最重，COD$_{Cr}$也产生一定的污染。因此可知排入该污水处理厂的废水中的污染物主要是NH₃-N，其次是P和COD$_{Cr}$。

表4.20 污染源的等标污染负荷排序

企业名称	K_i/%	累计百分比/%
Q1	54.79	54.79
Q2	24.05	78.84
Q3	9.90	88.75
Q4	4.57	93.32
Q5	2.45	95.77
Q6	1.38	97.16
Q7	0.90	98.06
Q8	0.70	98.76
Q10	0.37	99.14
Q9	0.28	99.42
Q12	0.20	99.62
Q13	0.18	99.81
Q11	0.13	99.94
Q14	0.02	99.97
Q15	0.02	99.99
Q16	0.004	100.00

由表4.20可见，Q1、Q2和Q3的累计百分比达到88.751%，为主要污染源，其中Q1、Q2的贡献率相对较大。

综上所述，排入该污水处理厂的废水所含的主要污染物为NH$_3$-N，其次是P和COD$_{Cr}$，主要污染源是企业Q1、Q2和Q3。

2. 地表水环境质量现状评价

（1）水质参数数值的确定。采用《环境影响评价技术导则 地面水环境》（HJ/T 2.3—93）中推荐的内梅罗平均值（见表4.21）。内梅罗平均值的表达式为：

$$c = \left(\frac{c^2_{max} + c^{-2}}{2} \right)^{\frac{1}{2}}$$

表4.21 地表水水质参数的内梅罗平均值

监测点	pH	COD	BOD$_5$	氨氮	挥发酚	氰化物	总汞	石油类
W$_1$	7.85	47.52	32.01	11.76	0.044	0.002	0.000 02	1.818
W$_2$	8.25	48.37	25.11	9.87	0.052	0.002	0.000 07	1.882
W$_3$	8.10	42.02	7.09	0.006				0.258
W$_4$	8.19	169.79	18.83	0.006				0.114

（2）单项水质参数评价。

a. 单项水质参数 i 在第 j 点的标准指数为：

$$S_{i,j} = c_{i,j} / c_{si}$$

式中：$S_{i,j}$——污染物（水质参数）i 在 j 点的水质指数；

　　　　$c_{i,j}$—— i 参数的实测浓度值；

　　　　c_{si}—— i 参数的评价标准值。

　b. pH 的标准指数为：

$$S_{\mathrm{pH},j} = \frac{7.0 - \mathrm{pH}_j}{7.0 - \mathrm{pH}_{sd}}, \mathrm{pH}_j \leqslant 7.0$$

$$S_{\mathrm{pH},j} = \frac{\mathrm{pH}_j - 7.0}{\mathrm{pH}_{su} - 7.0}, \mathrm{pH}_j > 7.0$$

式中：pH_{sd}——地面水水质标准中规定的 pH 值下限；

　　　　pH_{su}——地面水水质标准中规定的 pH 值上限。

水质参数的标准指数＞1，表明该水质参数超过了规定的水质标准，已经不能满足使用要求。表 4.22 为各污染物的单因子指数计算结果。

表 4.22　地表水水质参数单因子指数

	pH	COD	BOD₅	氨氮	挥发酚	氰化物	总汞	石油类
标准值	6～9	30.000	6.000	1.500	0.010	0.200	0.001	0.500
W_1 S_i	0.426	1.584	5.336	7.842	4.438	0.010	0.020	1.818
W_2 S_i	0.627	1.612	4.185	6.582	5.180	0.010	0.075	1.882
W_3 S_i	0.551	1.401	0.000	4.727	0.600	0.000	0.000	0.258
W_4 S_i	0.599	5.660	0.000	12.554	0.600	0.000	0.000	0.114

通过单因子指数评价方法对地表水监测数据进行评价，结果显示 M 河的四个监测点中，pH、氰化物和总汞均未出现超标情况，符合所执行的环境质量标准。而 COD、BOD₅、氨氮、挥发酚和石油类均出现不同程度的超标情况，这和该市的生活污水和工厂的生产废水未经处理或处理不达标直接排入河流中有关。表 4.23 是不同采样点，不同污染物的单因子指数占该采样点总指数的比例，反映出各采样点均是氨氮污染最严重。

表 4.23　地表水各水质参数单因子指数所占比例

单位/%	pH	COD	BOD₅	氨氮	挥发酚	氰化物	总汞	石油类
W_1 S_i	1.98	7.38	24.85	36.52	20.67	0.05	0.09	8.46
W_2 S_i	3.11	8.00	20.77	32.66	25.70	0.05	0.37	9.34
W_3 S_i	7.31	18.59	0.00	62.72	7.96	0.00	0.00	3.42
W_4 S_i	3.07	28.99	0.00	64.29	3.07	0.00	0.00	0.58

（3）多项水质参数的综合评价：多项水质参数综合评价采用加权平均法和向量模法。

a. 加权平均法：

$$S_j = \sum_{i=1}^m W_i S_{i,j}, \quad \sum_{i=1}^m W_i = 1$$

b. 向量模法：

$$S_j = \left[\frac{1}{m} \sum_{i=1}^{m} S^2_{i,j} \right]^{\frac{1}{2}}$$

式中：S_j——j 点的综合评价指数；

$\quad\quad W_i$——水质参数 i 的权值；

$\quad\quad m$——水质参数的个数；

$\quad\quad S_{i,j}$——污染物（水质参数）i 在 j 点的水质指数。

根据多项水质参数综合评价的结果（见表 4.24），W_3 监测点两种评价方法的综合评价指数均是四个监测点里最低的，因此 W_3 监测点的水质情况较好，其他三个监测点水体污染情况较严重。

表 4.24　多项水质参数综合评价结果

		加权平均法	向量模法
W_1	S_j	5.386	3.802
W_2	S_j	4.675	3.432
W_3	S_j	3.322	1.769
W_4	S_j	9.749	4.878

4.2.3　地下水污染源调查与评价

4.2.3.1　地下水污染源调查

地下水污染源主要包括工业污染源、生活污染源、农业污染源。调查重点主要包括废水排放口、渗坑、渗井、污水池、排污渠、污灌区、已被污染的河流、湖泊、水库和固体废物堆放（填埋）场等。工业废水中含有大量重金属如铜、铝、镍等，有机化合物如脂、醇芳烃及其衍生物等。这些均为有毒有害物质，是地下水污染的主要因素之一；工业废气中的硫氧化物、氮氧化物、苯并[a]芘等物质随降雨下落，通过地表径流进入水循环，可对地表水和地下水造成二次污染；工业废渣中的重金属、挥发性酚、氰化物等进入水体随降水渗入地下水或随地表径流下渗从而对地下水相成面状和线状污染。生活污水所含的污染物如氨氮、磷、合成洗涤剂、病毒等随污水排入河道、沟渠或渗坑，对地下水产生污染。由于建设项目准备处理的废水为工业废水和生活污水，若厂中的运输管道发生渗漏，则会对地下水产生污染。可能的污染源为建设项目污水处理厂。

4.2.3.2　地下水污染状况监测

1. 监测点设置

数量：一级评价项目的地下水水质监测点应大于 7 个点（含 7 个点）。一般要求建设项目场地上游和两侧的地下水水质监测点各应大于 1 个点（含 1 个点），建设项目场地及其下游影响区的地下水水质监测点不得少于 3 个点。

要求：①地下水监测井中水深小于 20 m 时，取 2 个水质样品，取样点深度应分别在井水位以下 1.0 m 之内和井水位以下井水深度约 3/4 处。②地下水监测井中水深大于 20 m 时，取 3 个水质样品，取样点深度应分别在井水位以下 1.0 m 之内、井水位以下井水深度约 1/2 处和井水位以下井水深度约 3/4 处。

2. 监测时间

评价等级为一级的建设项目，应分别在枯水期、丰水期、平水期各监测一次。

3. 地下水水质样品采集与现场测定

（1）地下水水质样品应采用自动式采样泵或人工活塞闭合式与敞口式定深采样器进行采集。

（2）样品采集前，应先测量井孔地下水水位（或地下水水位埋藏深度）并做好记录，然后采用潜水泵或离心泵对采样井（孔）进行全井孔清洗，抽汲的水量不得小于 3 倍的井筒水（量）体积。

（3）地下水水质样品的管理、分析化验和质量控制按 HJ/T164 执行。pH、溶解氧（DO）、水温等不稳定项目应在现场测定。

4.2.3.3 地下水水质评价

1. 标准指数法

（1）对于评价标准为定值的水质参数，其标准指数计算公式：

$$P_i = \frac{C_i}{S_i}$$

式中：P_i——标准指数；

C_i——水质参数 i 的监测浓度值；

S_i——水质参数 i 的标准浓度值。

（2）对于评价标准为区间值的水质参数（如 pH 值），其标准指数计算公式：

$$P_{pH} = \frac{7.0 - pH_i}{7.0 - pH_{sd}} \quad pH_i \leqslant 7时$$

$$P_{pH} = \frac{pH_i - 7.0}{pH_{sd} - 7.0} \quad pH_i > 7时$$

式中：P_{pH}——pH 的标准指数；

pH_i——i 点实测 pH；

pH_{su}——标准中 pH 的上限值；

pH_{sd}——标准中 pH 的下限值。

评价时，标准指数 >1，表明该水质参数已超过了规定的水质标准，指数值越大，超标越严重。根据标准指数法计算各评价因子标准指数，确定是否超标。详细数据见表 4.25。

该地区的 3 个监测点的地下水水质评价因子中 pH、高锰酸钾指数、砷、氯化物、硝酸盐氮和硫酸盐这六项指标均未出现超标情况，符合所执行的地下水环境质量标准（Ⅲ类水）；汞、亚硝酸盐、镉和氨氮这四项指标均未检测到；阴离子表面活性剂只在监测点 U_{W1} 中检测到，但未超标，符合所执行标准。总大肠杆菌和挥发酚指标都严重超标。

表 4.25　各评价因子的标准指数

监测项目 \ 采样点	UW1	是否超标	UW2	是否超标	UW3	是否超标
pH	0.273	否	0.140	否	0.473	否
汞	未测出	—	未测出	—	未测出	—
高锰酸盐指数	0.330	否	0.393	否	0.357	否
阴离子表面活性剂	0.273	否	未测出	否	未测出	否
亚硝酸盐氮	未测出	—	未测出	—	未测出	—
砷	0.111 8	否	0.135 6	否	0.110 8	否
氯化物	0.408	否	0.176	否	0.212 8	否
硝酸盐氮	0.002 0	否	0.010 65	否	0.004 65	否
总硬度	0.944 4	否	1.093 3	是	0.782 2	否
硫酸盐	0.357 6	否	0.283 6	否	0.144 8	否
总大肠杆菌	9	严重超标	6	严重超标	1	否
挥发酚	2	严重超标	2	严重超标	2	严重超标
氨氮	未测出	—	未测出	—	未测出	—
镉	未测出	—	未测出	—	未测出	—

2. 综合指数法

（1）首先进行各单项组分评价，划分组分所属质量类别。

单项组分评价，按国家《地下水质量标准》（GB14848—93）所列分类指标，划分为五类，代号与类别代号相同，不同类别标准值相同时，从优不从劣。因此，对表 4.25 地下水监测数据质量类别划分详见表 4.26。

表 4.26　各评价指标的水质类别划分

评价指标 \ 采样点	UW1	UW2	UW3
pH	I	I	I
汞	I	I	I
高锰酸盐指数	I	II	II
阴离子表面活性剂	II	I	I
亚硝酸盐氮	I	I	I
砷	II	II	II
氯化物	II	I	II
硝酸盐氮	I	I	I
总硬度	III	IV	III
硫酸盐	II	II	I
总大肠杆菌群	IV	IV	I
镉	I	I	I
挥发酚	IV	IV	IV
氨氮	I	I	I

pH、汞、亚硝酸盐氮、硝酸盐氮、镉和氨氮这六项指标均达到国家 I 类水质标准；总硬度在采样点 UW1、UW3 处达到《地下水质量标准》（GB 14848—93）III 类水质标准，在 UW2 处达到 IV 类水质标准；挥发酚在各采样点只达到 IV 类水质标准；其他评价指标在不同采样点分别处于 I 类、II 类水质标准。

（2）对各类别按下列规定分别确定单项组分评价分值 F_i，见表 4.27。

表 4.27　评价分值 F_i

类别	I	II	III	IV	V
F_i	0	1	3	6	10

（3）采用下式计算综合评价分值：

$$F = \sqrt{(\overline{F}^2 + F^2_{max})/2}$$

$$\overline{F}^2 = \frac{1}{n}\sum_{i=1}^{n} F_i$$

式中：$\overline{F}$——单项组分评分值 F_i 的平均值；

　　　F_{max}——各单项组分评分值 F_i 的最大值；

　　　n——项数。

（4）根据 F_i 值，按表 4.28 划分地下水质量标准级别。

表 4.28　地下水质量标准级别

级别	优良	良好	一般	较差	极差
F	＜ 0.80	0.80～2.50	2.50～4.25	4.25～7.20	＞7.20

（5）地下水综合评价结果及分析。

本项目地下水综合评价结果见表 4.29。

表 4.29　地下水综合评价结果

采样位置	综合评分	评价结果
UW1	4.297	较差
UW2	4.305	较差
UW3	4.293	较差

通过对该地区三个采样点地下水综合质量评价结果显示：综合评价分值为 4.293～4.305，全区地下水环境质量属于较差型。

3. 单因子指数法与综合指数的比较

综合评价法和单因子指数评价法在评价出发点、评价原理等方面各有特色。单因子指数评价法适用于个别评价参数超标过大，严重影响水环境质量的情况，评价出发点是为了体现单因子否决权。而综合评价法则主要适用于各个评价因子超标情况接近，即不存在单因子否决的情况，评价出发点是为了体现不同评价因子对水质的综合影响。单因子指数评价法中某一项污染项目超标就断定整个水体超标,具有一定的片面性,但计算简单、方便,安全性高。综合评价法避免了单因子指数评价的片面性,但不能确定主要污染因子,有可能掩盖有毒有机物、重金属等对人体健康和生态环境威胁较大的污染物的影响。因此在实际应用中,应根据具体的监测数据和评价目的选择合适的评价方法,使评价结果满足管理需要,反映水体的实际情况。

4.2.4 噪声污染源调查与评价

4.2.4.1 噪声污染源布点

监测点 2#～6#分布在噪声源周围,其中监测点 3#～6#距噪声源 150 m,可较好地反映建设项目的噪声声强,2#监测点距离噪声源 400 m,可较好地测定建设项目噪声与变电站噪声叠加后的声强。7#和 8#监测点靠近敏感区,可监测建设项目对敏感区的影响。1#监测点靠近公路,可监测公路产生的噪声声强。

4.2.4.2 声环境监测方法

监测时间:每周一、周三、周五进行一次监测,一昼夜 24 h 连续监测。

监测方法:采取 GB 3096—2008 提供的定点监测法。

对 8 个选定的监测点进行长期定点监测,每次测量的位置、高度应保持不变。由于该声环境功能区为 3 类声环境功能区,所以监测点应为户外长期稳定、距地面高度为声场空间垂直分布的可能最大值处,其位置应能避开反射面和附近的固定噪声源。声环境功能区监测每次至少进行一昼夜 24 h 连续监测,得出每小时及昼间、夜间的等效声级 L_{eq}、L_d、L_n 和最大声级 L_{max}。另外,监测应避开节假日和非正常工作日。

4.2.4.3 声环境监测结果

声环境质量监测结果见表 4.30。

表 4.30　声环境质量监测结果

监测点位	监测时间	噪声监测值 L_{eq}/dB(A)	
		昼间	夜间
Z1	6.8	52.4	40.5
	6.9	50.7	40.1
	6.10	47.2	39.7
Z2	6.8	47.4	40.3
	6.9	46.6	40.0
	6.10	45.7	39.5
Z3	6.8	52.7	40.9
	6.9	51.9	39.7
	6.10	51.8	40.2
Z4	6.8	45.0	38.5
	6.9	45.6	38.9
	6.10	44.8	37.2
Z5	6.8	47.4	46.5
	6.9	47.5	48.9
	6.10	45.0	45.6
Z6	6.8	50.1	47.8
	6.9	50.5	49.2
	6.10	49.7	48.4

4.2.4.4 声环境质量评价方法

因为监测点环境噪声为非稳定噪声，为求监测点不同时间段的噪声平均值，通过如下公式计算：

$$\overline{L}_p = 10\lg \sum_{i=1}^{n}(10^{0.1L_i}) - 10\lg n$$

采用单因子指数法进行评价，即利用噪声监测数据统计的等效声级（L_{eq}）与所执行的标准相比较，确定声环境质量的好坏。评价结果见表 4.31。

表 4.31　声环境质量评价结果

监测点位	平均噪声监测值 L_{eq}/dB（A）		执行标准 L_{eq}/dB（A）		是否超标	
	昼间	夜间	昼间	夜间	昼间	夜间
Z1	50.1	40.1	65	55	否	否
Z2	46.6	39.9	65	55	否	否
Z3	52.1	40.3	65	55	否	否
Z4	45.1	38.2	65	55	否	否
Z5	46.6	47	65	55	否	否
Z6	50.1	48.5	65	55	否	否

表 4.31 表明，拟建污水处理厂周围声环境现状质量符合相应的环境噪声标准，声环境质量良好。

5　环境影响预测与评价

5.1 大气环境影响预测与评价

大气环境影响预测用于判断项目建成后对评价范围大气环境影响的程度和范围。常用的大气环境影响预测方法是通过建立数学模型来模拟各种气象条件、地形条件下的污染物在大气中输送、扩散、转化和清除等物理、化学机制。

（1）确定预测因子：选择主要污染物氨气和硫化氢。

（2）确定预测范围：预测范围应覆盖评价范围，同时还应考虑污染源的排放高度、评价范围的主导风向、地形和周围环境空气敏感区的位置等，并进行适当调整。

以东西向为 Y 轴，南北向为 X 轴，设置地理坐标系，与风向坐标系相对应。面源长度为 303 m，宽度为 106 m。面源中心在地面上的投影点为坐标原点。因预测范围要覆盖评价范围，所以令预测范围为边长 5 km 的矩形。

（3）确定计算点：计算点可分三类，环境空气敏感区、预测范围内的网格点以及区域最大地面浓度点。本次影响预测选取坐标分别为（10，0，0）、（100，0，0）、（200，0，0）……（2 000，0，0）、（2 500，0，0）。

（4）根据联合频率的计算结果，选定两种情况进行预测，分别为：

①静风，风速小于等于 1.9 m/s，稳定度 E-F；

②南风，风速小于等于 1.9 m/s，稳定度 E-F。

（5）利用虚拟点源法对连续面源进行模拟，设想每个面源单元上风向有一个"虚点源"，它所造成的浓度效果与对应的面源单元相当。于是，可以用虚拟点源的浓度公式计算面源的浓度：

$$C_{(x,y,z)} = \frac{Q_A}{2\pi u \sigma_{y(x+xy)} \sigma_{z(x+xz)}} \exp\left[-\frac{y^2}{2\sigma^2_{y(x+x_y)}}\right] \cdot$$

$$\left\{\exp\left[-\frac{(z+H_e)^2}{2\sigma^2_{z(x+x_z)}}\right] + \exp\left[-\frac{(z-H_e)^2}{2\sigma^2_{z(x+x_z)}}\right]\right\}$$

式中：Q_A——某面源单元的源强，在虚点源法中，其单位与连续点源相同；

x，y，z——计算点的坐标，坐标原点位于面源中心在地面的垂直投影点上；

x_y，x_z——虚点源向上风向的后退距离。

$$\sigma_y = \gamma_1 x^{\alpha_1}, \ \sigma_z = \gamma_2 x^{\alpha_2}$$

$$x_y = \left(\frac{L/4.3}{\gamma_1}\right)^{1/\alpha_1}, \ x_z = \left(\frac{H_e/2.15}{\gamma_2}\right)^{1/\alpha_2}$$

主导风向为南风时，下风向污染物质量浓度预测值见表 5.1。

表 5.1　下风向的污染物质量浓度预测值

下风向距离	氨气地面质量浓度/（μg/m³）	硫化氢地面质量浓度/（μg/m³）
10	11.67	0.591 1
100	18.55	0.939 7
200	26.02	1.318
300	29.93	1.516
400	28.69	1.453
500	25.96	1.315
600	23.33	1.182
700	20.97	1.062
800	18.91	0.957 7
900	17.11	0.866 6
1 000	15.53	0.786 4
1 100	14.14	0.716
1 200	12.92	0.654 4
1 300	11.84	0.599 8
1 400	10.89	0.551 4
1 500	10.04	0.508 4
1 600	9.284	0.470 2
1 700	8.611	0.436 1
1 800	8.009	0.405 7
1 900	7.471	0.378 4
2 000	6.994	0.354 3
2 100	6.572	0.332 9
2 200	6.198	0.313 9
2 300	5.857	0.296 6
2 400	5.546	0.280 9
2 500	5.261	0.266 5

由图 5.1 和图 5.2 可知，随着距离的增加，氨气与硫化氢的落地浓度先增大后减小，而且两种污染物落地浓度都在下风向 300 m 左右处达到最大浓度。说明在大气稳定且风速较小时，不利于污染物的扩散。

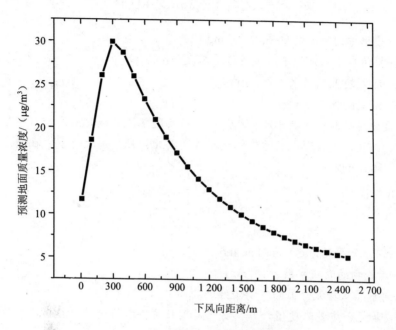

图 5.1　下风向氨气的预测地面质量浓度

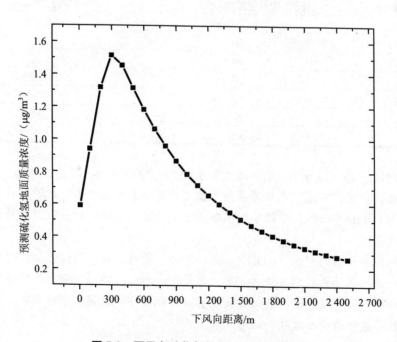

图 5.2　下风向硫化氢的预测地面质量浓度

5.2 地表水环境影响预测与评价

5.2.1 正常预测

（1）河流完全混合模式：

$$c = (c_p Q_p + c_h Q_h)/(Q_p + Q_h)$$

式中：c_p——废水中的污染物质量浓度，mg/L；

c_h——排污口上游河流中污染物质量浓度，mg/L；

Q_p——排入河流的废水流量，m^3/s；

Q_h——河流的流量，m^3/s。

（2）污染物随距离的扩散情况　在预测污染物随水流衰减时采用一维水质模型。对于一般条件下的河流，推流形成的污染物迁移作用要比弥散作用大得多，在稳态条件下，弥散作用可以忽略，则有：

$$\rho = \rho_0 \exp\left[-\frac{Kx}{u_x}\right]$$

式中：u_x——河流的平均流速，m/d 或 m/s；

K——污染物的衰减系数，1/d 或 1/s；

x——河水（从排放口）向下游流经的距离，m。

（3）污染物混合质量浓度值计算　污水处理厂主要水污染物排放情况见表5.2。

表5.2　污水处理厂主要水污染物排放情况

污染物名称	污染物质量浓度/（mg/L）	污染物排放量/（t/a）
废水量	—	1 825
COD	50	913
BOD	10	183
SS	10	183
TN	15	274
NH$_3$-N	5	91
P	0.5	9

枯水期河流量 Q =5.1 m^3/s，尾水排放量 q =0.578 703 7 m^3/s，河宽 35.5 m，水深 0.4 m，当污染物开始扩散时，河流流量应为原河流流量与尾水排放量之和。此时可计算出河流流速 u_x=34 552.11 m/d=0.4 m/s。根据导则可知枯水期河流为小河，评价范围为污染物排放口下游 25～40 km。

在污染源现状评价时可知，COD$_{Cr}$、NH$_3$-N 为主要污染物，所以在预测时对这两个指标进行重点预测。因为现状调查中 W$_3$ 点为背景点，所以污染物上游河流中污染物质量浓度以 W$_3$ 点的质量浓度值。由污染物排放质量浓度和排污口上游河中污染物质量浓度可以求算出混合后污染物质量浓度值，结果见表5.3。

表 5.3　混合后污染物质量浓度值

污染物名称	污染物排放质量浓度 c_p / (mg/L)	上游污染物质量浓度 c_h / (mg/L)	混合后污染物质量浓度 c / (mg/L)
COD_{Cr}	50	35.05	36.57
NH_3-N	5	5.09	5.08
P	0.5	0.3	0.32

（4）污染物浓度预测　正常情况下，污水处理厂主要污染物浓度随距离衰减的计算结果见图 5.3。

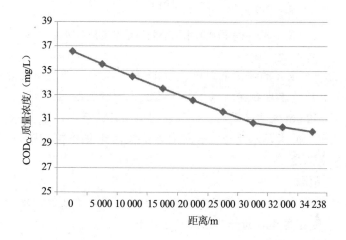

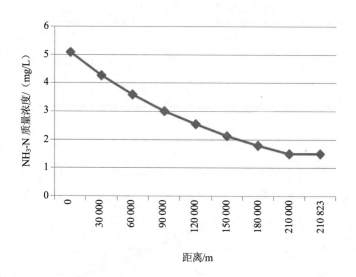

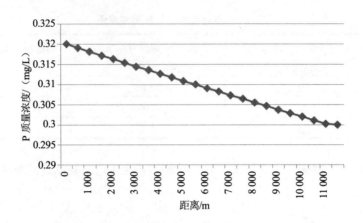

图 5.3 正常排放时水污染物质量浓度预测结果

排污口下游 25 ～ 40 km 的评价范围内，COD 和 P 的质量浓度都已经达到地表水Ⅳ类水体的标准。其中 P 质量浓度在排污口下游 15 km 左右就已经达到标准。而氨氮质量浓度一直到排污口下游 220 km 左右才达标，这已经超出了评价范围。背景点 W_3 氨氮质量浓度超标了 2.34 倍。因此，要求污水处理工艺对氨氮有较高的去除率，从而严格控制污水处理厂出水中氨氮的质量浓度。

5.2.2 发生事故时的预测

当发生突发事故时，污水处理率只有 30%，因此，突发事故时污水处理厂出水水质见表 5.4，污染物浓度随距离衰减的计算结果见图 5.4。

表 5.4 突发事故情况下污水处理厂出水水质

水质指标	设计进水水质/（mg/L）	事故出水水质/（mg/L）
化学需氧量 COD	183.60	129
氨氮 NH_3-N	22.24	16
总磷 TP	3.45	2

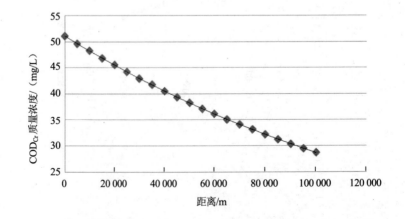

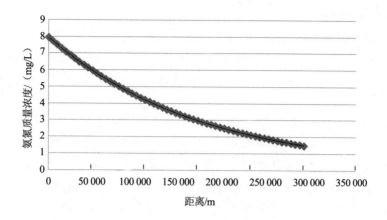

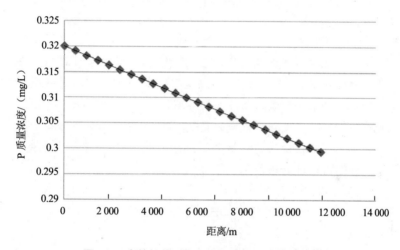

图 5.4 事故排放时水污染物质量浓度预测结果

当发生事故时，污水处理厂的处理率为 30%。此时排出的尾水随河流进行衰减，COD_{Cr} 质量浓度在排污口下游 90 km 左右达到标准，P 质量浓度在排污口下游 12 km 左右达到标准，氨氮质量浓度在排污口下游 300 km 左右达到标准，氨氮质量浓度衰减很慢。因此，要求污水处理工艺对氨氮、COD 和 P 有较高的去除率，从而严格控制污水处理厂出水中氨氮的质量浓度。当有突发事件时，进水水质有较大的波动，因此，要求污水处理工艺对水质波动有较高的承载能力。

5.3 噪声环境影响预测与评价

综合评价方法得出结果表明，拟建污水处理厂周围区域声环境现状质量符合相应的环境噪声标准，声环境质量良好，敏感点人群未受到影响。

6 公众参与（略）

7 环保措施的可行性分析及建议

7.1 大气污染防治措施的可行性分析及建议

7.1.1 原则

大气污染控制措施必须保证污染源的排放符合排放标准的有关规定，同时最终环境影响也应符合环境功能区划要求。

7.1.2　大气防护距离的确定

利用大气防护距离预测软件测得没有浓度超标点。

7.1.3　项目选址及总图布置的合理性和可行性

根据环境影响预测的结果和大气防护距离的计算，此项目选址相对合适，总图布置相对合适。

7.1.4　大气环境影响预测结果分析

建立污水处理厂，在运行期间会产生 NH_3，H_2S 等恶臭气体，但由于背景环境浓度，以及该污水处理厂排放量处于正常水平，使得污染物浓度均未超标，都没有对周边环境产生太大影响，尤其是对石家庄和张仪两个村子的影响不大，但产生的硫化氢和氨气等恶臭气体，会对厂内及周边近距离内影响很大，所以，应该采取相应措施来防治。

总体来说，此污水处理厂建设项目的可行性相对来说较高。但在一定程度上，必须要有污染物防治措施的配备。

7.1.5　污染物防治措施和建议

污水处理厂臭气的主要散发源是格栅、沉砂池及泥区。污水处理过程中决定硫化氢的散发的最主要因素是水流速度，污水处理厂臭气的控制可以从减少湍流过程及水流速度方面入手。城市污水处理厂除臭采用加盖收集方法切实可行，换气次数 4～5 次/h 为宜。生物滴滤池也能够有效地去除城市污水处理厂散发的臭气。此外，也可以利用一些除臭工艺比如水清洗、活性炭吸附、催化型活性炭法、生物除臭、臭氧氧化等方法来进行此类气体的防治。

7.2　地下水防治措施的可行性分析及建议

7.2.1　建设项目污染防治对策

（1）建设项目采用先进的运输污水工艺，减少污水的渗漏。

（2）污水资源化。

（3）加强对无组织排放途径的控制，杜绝偷排未处理的污水。

7.2.2　环境管理对策

向环境行政主管部门报告的制度应包括：

（1）报告的方式、程序及频次等，特别应提出污染事故的报告要求。

（2）报告的内容一般应包括：所在场地及其影响区地下水环境监测数据，排放污染物的种类、数量、浓度，以及排放设施、治理措施运行状况等。

提出的环境监测方案应包括：

（1）对建设项目的主要污染源和主要保护目标，提出具体的监测工作计划，一般应包括：监测点布置、监测的主要含水层、监测的水质项目和监测频率等，还应监测与环保措施运行效果有关的数据。

（2）根据环境管理对监测工作的需要，提出有关环境监测机构和人员装备的建议。

完善有关地下水的法律法规的规定：

（1）从可持续发展的角度出发，切实搞好土地利用规划、城市建设规划和地下水资源保护规划，建立完善的规划体系。

（2）重点抓好监测工作。

7.3　地表水防治措施的可行性分析及建议

地表水主要污染物是氨氮、磷和 COD，在选择污水处理工艺时，要求处理工艺对氨氮、COD、P 有较高的去除率。当有突发事件时，进水水质有较大的波动，因此，要求污水处理工艺对水质波动有较高的承载能力。

参考文献（略）

附件（略）

3.7 专业管理制度建设成果

近几年来，北京林业大学环境科学与工程学院在教学管理制度建设与完善方面做了大量工作，制定了一系列的教学管理规定及规范，内容涉及课程规范化管理、教研室活动、教学检查督导、青年教师培养、毕业论文撰写规范等方面，具体见表 3.4。

表 3.4　北京林业大学环境科学与工程学院教学管理规章制度

序号	规章制度类别	规章制度名称
1	教学过程精细化管理	《北京林业大学环境科学与工程学院教学过程精细化管理规定》
2	课程规范化管理	《北京林业大学环境科学与工程学院关于严格执行教学管理规章制度保证教学质量的规定》
3		《北京林业大学环境科学与工程学院关于教师新开课、开新课管理规定》
4	教研室活动管理	《北京林业大学环境科学与工程学院教研室工作条例》
5	教学检查督导管理	《北京林业大学环境科学与工程学院教学督导工作管理条例》
6		《北京林业大学环境科学与工程学院听课制度》
7	青年教师培养管理	《北京林业大学环境科学与工程学院新进青年教师导师培养制实施办法》
8	毕业论文管理	《北京林业大学环境科学与工程学院本科毕业论文（设计）工作规定》
9		《北京林业大学环境科学与工程学院本科毕业论文（设计）撰写规范（试用版）》

管理规定（一）　北京林业大学环境科学与工程学院教学过程精细化管理规定

一、观摩教学

为了营造良好的教学研讨、交流教学经验和互相学习的氛围，提高教师的教学质量。学院规定每学期举办 1~2 次专业任课教师或精品课程主讲教师的观摩教学活动，充分发挥教研室以及各级教学团队作用，全院教师要有组织、有规模的参加，并进行点评与交流，吸收他们的成功经验，不断提高教学水平。

具体文件规定见《北京林业大学环境科学与工程学院听课制度》的规定。

二、试讲点评

北京林业大学环境科学与工程学院规定所有新开课、开新课的教师在正式上课之前，均需完成试讲环节，由学院统一组织专家进行考核与点评，并提出建议与意见。试讲通过者方可正式上课。如果试讲存在问题的，需要该位教师依据专家的点评建议和意见对教学的相关方面进行修改，并参加学院组织的下一次试讲点评，直至合格。

三、专题研讨

为了探讨与解决教学过程中相关问题，学院规定以教研室为单位定期召开教学研讨会，共同交流教学体会及研讨教学相关问题，教研室活动需要做好相关记录。学院在教研室活动的基础上，对于全院教学中的共性问题、难点问题，定期举行相应的研讨会，专题研讨这些问题，确定解决方案。

四、示范介绍

为了充分发挥优秀教师的示范效应，学院每学期定期安排精品课程及教学改革优秀的任课老师为全院（教研室）老师介绍他们的教学成果，进行示范。要求全院老师积极参加，吸收他们的成功经验，用于自己承担的相关教改课题的研究中，争取作出优秀的成果。

五、考试管理

为了加强本科生课程考试过程的管理及考试成绩的评定，学院规定考试时间由学院统一安排，并制定了关于本科课程考试或考查成绩的有关规定。具体文件规定见《环境科学与工程学院关于本科课程考试或考查成绩的规定》。

北京林业大学环境科学与工程学院

2011 年 9 月 15 日

管理规定（二）　北京林业大学环境科学与工程学院
关于严格执行教学管理规章制度保证教学质量的规定

为了稳定正常的教学秩序，形成良好教风，切实保证教学质量，特制定本规定。

一、关于教学计划

（一）教学计划是组织教学工作的主要依据。教学计划的制订和实施，直接影响到教育、教学质量。要严格执行教务处下达的制订教学计划的任务。

（二）在制订教学计划过程中，既要注意加强理论基础，又要加强教学的实践环节，并适当扩大知识面；注意计划的合理性和灵活性，妥善安排各类课程的内容和时数。

（三）教学计划和教学实施计划制订后必须报请批准，并认真组织实施，不得随意变动。因特殊原因确需变动者，可提出调整意见，经所在教研室和学院研究后报教务处审核。

（四）定期检查教学计划的实施情况，注意总结经验。

二、关于课堂教学

（一）课堂教学是教学的基本形式。教师必须以高度的责任感做好各项工作，努力提高课堂讲授水平。

（二）教学计划规定开设的课程，由教研室和学院聘任主讲教师。

（三）任课教师应根据本门课程教学大纲和教材的要求，制订授课计划，写好教学进度表。教学进度表须经教研室审定。

（四）授课前教师要认真备课，明确每一堂课的目标要求、重点难点、教学方法、教具以及时间分配等，并写出比较详细的讲授提纲。

（五）课堂教学要注意少而精，实行启发式教学，认真上好每一堂课，做到科学性和思想性的统一，传授知识和培养能力的统一，反对注入式和照本宣科，使学生在规定教学时间内，既能熟练掌握本门课程的基本理论、基本知识和基本技能，又能获得较好的分析问题和解决问题的能力。为此，课堂讲授应注意做到如下几点：

1. 遵守纪律。教师应严格遵守教学纪律，为人师表。上课要提前进入课堂、实验室。严禁随意调课、迟到、提前下课，更不得旷教。

2. 条理清楚。讲课要循序渐进，讲清基本概念，阐明问题的来龙去脉和解决问题的方法，切忌脉络不清。

3. 重点突出。授课中要主次分明，详略得当，举一反三。对于重点、难点，要讲清讲透，切忌面面俱到。

4. 板书简洁。要求做到快、准、清晰、层次分明，书写要求文字规范、工整，切忌杂乱潦草。

5. 语言生动规范。表达要准确易懂，深入浅出，巧譬善喻、切忌平铺直叙。教师要求讲普通话。

6. 不断改革。改革教学内容，教学方法和教材体系。提倡启发式、引导式、直观教学和演示实验等教学方式以及运用电化教学手段或其他教学手段，以提高教学效果。

7. 文明规范、教书育人。教师在课堂上讲课，要注意衣着整洁大方，言行文明规范，在传授知识和技能，提高学生业务素质的同时，注意发掘教材的思想性，结合学生的实际情况进行思想政治教育，提高学生的思想素质，严格要求学生遵守课堂纪律，做到既教书又育人。

8. 循循善诱。对于学生提出的疑难问题和教学建设，要耐心解答，启发引导，要做到循循善诱。

三、关于布置作业

（一）课外作业是检验学生学习情况，促进学生消化和巩固所学知识，培养运算、思维、表达能力的一个必要环节。

（二）各门课程的课外作业，应根据教学大纲和教材的要求以及学生学习情况，统筹安排，做到选题恰当，分量适宜，注意防止不布置任何课外作业和课外作业负担过重的两种倾向。

（三）课外作业要及时收发，认真批改，并建立登记考核制度，反对在批改作业中敷衍塞责，不负责任。

（四）学生应当按时独立完成作业，做到干净清洁，书写工整，计算准确。对不按时完成作业和马虎应付的学生，教师应及时给予批评教育，责成其补做或重做。

四、关于课外辅导和答疑

（一）课外辅导、答疑是教学过程的一个必要环节，其目的是解决学生学习中的疑难问题，帮助学生改进学习方法和思维方法，提高学习效率，了解教学效果和教学中存在的问题，以及时改进教学方法。

（二）在教学过程中，教师应深入了解学生的学习情况，加强课外辅导答疑方式应视实际情况而定。可以个别方式进行，也可以集体方式进行。对普遍反映的疑难问题应进行集体答疑。

（三）在答疑中，应注意培养学生的独立思考能力；对于重要的和关键性的问题，应引导学生抓住问题的实质，分析问题产生的原因，帮助他们学会解决问题的办法。

（四）对于一些学习较差的学生，应个别重点加以辅导。

五、关于考核考查

（一）应按教学计划组织课程的考试或考查。无论考试科目还是考查科目，老师对学生的平时学习都应严格要求，督促学生按时完成指定的各种作业。

（二）考试课程，一般以闭卷笔试为主，但也可以采取口试或笔试、口试并用等方式。无论采用何种考试方法，都必须严格要求。考试前不得划定考试范围，更不能以任何形式泄露考试题目。

（三）考查课的考查在课表规定的授课时间内进行。考试课程应组织平时测验和期中考试，平时测验和期中考试所用的时间，应在本门课程的教学时间内安排，一般为1~2节课。

（四）每门课的考试，一般配应有两位教师监考。监考教师由学院选派，报教务处统筹安排，监考教师应严格执行《监考守则》，认真履行监考职责。

（五）严格评分标准，认真准确地评定试卷。评卷不能降低评分标准，随意提高或压低学生的卷面成绩。考试、考查和补考的成绩，一经教师评定在教务系统上报后，不得随便更改。

（六）考试、考查和测验成绩按百分制评定。

（七）教师应在放假前完成阅卷工作并登录教务系统记录考试成绩，并将成绩（教研室主任签字）、监考记录、答案、试卷分析等与试卷一起装订好交到学院教学办公室。

六、关于实验教学

（一）实验教学是课程教学的一个有机组成部分，是培养学生实验技能和科学研究能力的必要手段。通过实验，验证和巩固所学知识，培养独立工作能力和科学的作风。

（二）各教研室应根据教学大纲和实验室的具体条件，确定实验的项目要求，制订实验课计划。实验室应根据计划，编制实验课程表。

（三）指导实验的教师，应做到：

1. 认真备课，清楚讲述每次实验的有关内容、要求和注意事项。

2. 事先进行预实验，做到心中有数，然后确定实验方案，并落实安全措施和其他准备工作。

3. 上课时，应严格各项检查制度，如预习检查、操作检查和结果检查等，并教育学生注意保护仪器，节约药品，注意安全，防止意外事故发生。

4. 认真指导学生填写实验报告，修改实验报告。

七、关于实习教学

（一）实习是教学计划中规定的主要实践性环节。它对学生了解社会，接触生产实际，加强劳动观念，培养动手能力和应用能力具有极其重要的意义。实习主要包含技能实习、认识实习、专业实习、社会调查、毕业实习等。

（二）实习方式可以采取多种形式，如集中实习和分散实习，校内实习和校外实习，在实习基地实习和学生自己联系实习地点实习等。具体采取何种形式，由教研室根据当时、当地的情况和教学目的要求而定，但应保证达到实习的基本要求。

（三）教研室按教学计划中培养目标编制实习计划（包括实习的目的、内容和要求），经学院审核批准后，于实习前发给师生，并报教务处备案。教研室应严格按照各专业教学计划进行实习，如遇特殊情况需变动者，应及时与实习接收单位联系沟通，并通过学院教学秘书在实习前两周通知教务处。

（四）实习指导教师应由教学经验丰富，对现场较熟悉，有一定组织领导能力的教师担任。实习指导教师在实习前向学生进行实习动员，讲明实习目的及要求，宣布纪律，进行安全教育，并组织讨论。

（五）学生必须完成实习的全部任务，并提交实习报告（或相似实习报告的材料），方能评定实习成绩。考核方式，由教研室自定。实习单位应对学生实习情况做出考核结论，实习成绩按优、良、中、及格、不及格五级评定。实习不及格者，需重修实习。实习结束后各系（部）应做好总结工作。

（六）实习教学检查以各教研室自查为主，对学生的实习过程进行检查。检查实习指导教师的工作、实习过程情况、学生的实习报告。

八、关于教师考核

（一）学院每年组织教学督导组，对教师进行考核。教师必须根据教学规律和学院教学管理制度的规定及要求做好备课、授课、辅导答疑、实验、批改作业、指导见习、命题考试、阅卷评分、成绩登载等各个环节的工作。要根据有关的规定和制度对教师教学质量和完成任务情况进行考核。

（二）教师备课及教学质量情况主要由教研室、学院负责检查考核，教学督导组进行不定期的抽查工作。教师无备课稿或责任心不强，教学质量差，学生普遍反映不好，经学院、教研室调查属实，经帮助又无转变者，按学校相关文件处理。

（三）教师随意调课、上课迟到或提前下课一次，按1个标准学时扣减其教学津贴，因教师责任空堂一节课，除通报批评外，按教务处《教学事故界认定及处理办法》文件处理。

（四）考试划范围，有意泄密，随意改考题，改成绩者一经发现按教务处《教学事故认定及处理办法》文件处理。

（五）每个教师必须参加学院规定的教研活动，未履行请假手续，无故缺勤者，按学校相关文件处理。

北京林业大学环境科学与工程学院

2009 年 10 月 1 日

管理规定（三） 北京林业大学环境科学与工程学院关于教师新开课、开新课管理规定

为了进一步加强教风建设、规范教学过程、提高教学质量、加快教学管理的规范化和科学化进程，特制定本规定。

一、新开课、开新课的界定

（一）凡属下列情形之一，视为新开课

1. 新教师首次独立承担一门课程的教学；

2. 教师首次独立承担本人未曾讲授过的课程的教学；

3. 被取消某门课的授课资格后再次承担该门课的教学。

（二）凡承担学校未曾开设过的课程的教学视为开新课

二、新开课教师的任课资格与基本要求

（一）任课资格

1. 具有硕士及以上学位或讲师及以上职务，新教师应通过岗前培训并取得合格证；

2. 助教工作期满且考核成绩达到合格及以上。

（二）基本要求

1. 按照拟开课程教学大纲的要求，较熟练地掌握课程的内容、重点和难点，熟悉并掌握有关教学参考书及其他中外文参考资料。

2. 初步掌握拟开课程的教学方法和教学手段，了解各教学环节的工作程序，并对关键性、代表性章节进行试讲。

三、开新课教师的任课资格与基本要求

（一）任课资格

1. 具有讲师及以上职务；

2. 至少主讲过一门课程，且教学效果优良。

（二）基本要求

1. 在拟开课程所属的学科领域做过一定的研究工作，积累有相当数量的资料，或发表过相关论文、出版过相关著作；

2. 提出较详细的教学大纲，选定或编写出有一定质量的教材或讲义；

3. 初步掌握拟开课程的教学方法和教学手段，了解各教学环节的工作程序，并对关键性、代表性章节进行试讲。

四、新开课、开新课的申报程序

（一）任课教师于第五周前向学院提交以下申请材料：《教师新开课、开新课申请表》（一式二份）、本课程的教学大纲、教案、与本课程相关的专业背景情况和研究成果目录等。新开课教师还需提交助教工作期间的工作情况及考核结果。

（二）学院组织专家委员会进行试讲考核，并填写《环境科学与工程学院课程试讲记录表》。

五、新开课、开新课的管理与考核

（一）学院要为新开课教师配备一名具有高级职称的教师负责指导。

（二）在正式讲授第一节课之前，新开课、开新课教师必须认真写好所授课程全部内容 1/2 以上的教案。

（三）对新开课、开新课教师，学院和指导老师应热情关心，定期听课，了解课堂效果、学生反映，并及时给予指导和帮助。

（四）为保证开课的质量，原则上每位教师每学期开新课或新开课不能超过 1 门。

（五）新开课、开新课教师在课程教学结束后，应提交书面的教学总结，经主管教学工作的院长审阅并签字后由学院存档备查。

（六）对新开课、开新课教师的教学应进行考核和评价，考核结果分成优秀、良好、合格和不合格（或不适合搞教学工作）。考核不能通过者暂停开课一学期，作好重新开课准备，重新办理申报开课手续。

（七）考核和评价工作由学院组成专家委员会负责，写出考核意见，经学院主管院长审核后由学院备案。

（八）学院承认教师新开课、开新课所增加的工作量。

六、附则

（一）本规定由学院负责解释。

（二）本规定自颁布之日起施行。

北京林业大学环境科学与工程学院

2009 年 11 月 1 日

管理规定（四） 北京林业大学环境科学与工程学院教研室工作条例

一、教研室性质及其组织

教学研究室（简称教研室）是根据教学需要而设置的，保证教学、教研等工作有效开展的基层组织。教研室的基本任务是在学院领导下，根据学校的办学宗旨和人才培养目标，完成教学大纲教学计划所规定的教学任务并组织开展教学及相关研究活动。教研室由相同或相关课程的教师组成，设主任 1 名，人数超过 10 人的教研室可设副主任 1 人。教研室主任由学院聘任并报教务处、人事处备案。

二、教研室工作主要内容

（一）落实日常教学工作

1. 根据学院（部）工作计划，从教学管理、教学研究、组织教师理论学习等多个方面制订本教研室工作的具体计划，并采取有效措施，保证计划的落实。

2. 根据各专业的教学计划，制订本教研室的教学工作计划。领导教师拟定和实施教学大纲，选用或申报编写教材、实验实习指导书和教学参考书，编制或审查任课教师的教学进程计划，合理安排教师的教学任务，加强基础理论、基本知识和基本技能的教学。

3. 抓好本教研室所开课程的讲授、辅导、实验、实习、习题课、课堂讨论、作业批改、考试等教学环节，并在教研室主任领导下，负责指导学生的教学实习、生产实习、毕业论文、毕业设计、专业劳动等。

（二）教学过程管理

1. 组织检查教师备课情况，根据教学日历随时检查教师教学进度，督促教师按计划进行教学活动。

2. 制订听课计划，组织教师相互听课，观摩教学，开展教学评议活动。

3. 组织教师学习教育理论、法规，深入探讨教学规律，交流教学经验，逐步提高教学效率和教学质量。

（三）组织教学研究

1. 明确本教研室的教研方向，制订实施计划书和研究方案，组织本教研室教师研究和改革教学方法，积极申报教学研究项目。

2. 坚持以教学为主，积极进行科学研究工作，探索以科研促教学的良好途径。

3. 协助所在学院做好专业建设工作。

（四）教学质量监控

1. 定期组织与学生座谈，及时了解教学基本情况，不断改进教学。

2. 开展期中和期末教学质量检查。按学校和学院部署，开展期中和期末教学检查工作。期中教学检查应着重检查本教研室教师课堂教学状况及相关各教学环节。期末教学检查应着重对课程考评进行检查，审定考题、确定考试方法和评分标准，组织好阅卷、成绩登录及试卷分析工作。

3. 做好对学生实验、实习报告，毕业设计、毕业论文以及平时作业成绩的评定工作。

三、教研室主任的聘任、职责、权利和待遇

（一）教研室主任的聘任

教研室主任一般由各学院进行聘任，并报教务处和人事处备案。教研室主任应是相关学科、专业或课程所设置的学术骨干，原则上应有高级职称。教研室主任应具备较强的责任心、认真治学的态度、教学经验丰富、无私的奉献精神，并得到教研室老师的信任和支持。人数超过10人的教研室可设副主任1人，由学院聘任并报教务处、人事处备案。

（二）教研室主任主要职责

1. 领导本教研室全部教学、研讨工作，并担负一门以上主要课程的教学任务。

2. 负责制订本教研室的工作计划及各项工作的检查、总结。

3. 审核本教研室的授课计划，认定选编教材，审定教学大纲、授课计划和教案，审阅讲稿、实验实习指导书及考试试题等。

4. 领导和组织讲课、实验实习、课堂讨论、考试、考查、指导学生自学和辅导等工作，并经常进行检查性听课，每学期3~5次，填写听课表，及时督促教研室老师总结和改进教学方法，提高教学质量。

5. 领导和组织制订本教研室教改计划，开展相关研究工作，积极开展学术活动，提高学术水平。

（三）教研室主任的权利

1. 作为教研室工作的直接管理和领导者，有权合理安排教研室各项工作，教研室所有工作人员应服从安排，不得以各种借口推脱。

2. 对教研室人员定编、定职、晋级聘任和调动的初审权。

3. 对本教研室教师外出参加学术会议和进修学习有推荐权。

4. 对积极完成教学、科研、实验教学任务并做出优异成绩的教师、实验人员，对其提升晋级有建议权。

5. 对教研室人员出现教学事故或其他问题时，有处理的建议权。

6. 学校或学院赋予的其他权利。

（四）教研室主任的待遇

教研室主任实行工作量补贴制度，每学年补贴50个学时的教学工作量。此外，有条件的学院也可以以补贴的方式给教研室主任发放额外补助，由各学院根据实际情况灵活掌握。教研室副主任每学年补贴20个学时的教学工作量。

四、教研室常规工作制度

为保证教研室有效地完成各项工作，真正发挥教研室的作用，应建立必要的工作制度。

1. 例会制度：定期召开例会，进行政治学习和教研活动，讨论处理工作中重大问题。

2. 听课制度：教研室制订听课计划，有目的地检查本教研室教师的授课情况，也可采取集体听课、集体评议的方式进行，对教师授课的内容、形式、技巧等方面做出评议，听课形式以随机听课与定期听课相结合。对授课质量确实较差的教师，教研室应给予具体的帮助和指导。

3. 试讲制度：对于新开课教师，要建立试讲制度，安排老教师审阅备课讲稿，并组织有关教师听其试讲。试讲合格的才能安排其承担授课任务。

4. 检查考核制度：除平时日常检查外，每学期结束时，对教师进行一次全面考核，核算教师工作量，并表彰教学质量高的教师。

5. 工作计划和总结汇报制度：每学期开学第一周内提出本室的学期工作计划；每学期结束时，应做出本学期工作总结，并向院（部）做出书面汇报；平时定期向院（部）汇报工作。

五、教研室工作的考核

对教研室工作的考核主要由院（部）负责，以教研室活动记录为考核依据，主要考核教研室主任履行职责及教师落实工作规范的情况。学校进行不定期检查，并将教研室活动作为所在院（部）考核的重要标准。

对于工作不负责，造成严重工作失误与不良影响的，各学院要取消教研室主任的一切权利和待遇，并及时更换。

六、其他

本条例自发之日起施行，由教务处负责解释。

北京林业大学环境科学与工程学院

2011 年 9 月 20 日

管理规定（五）　　北京林业大学环境科学与工程学院教学督导工作管理条例

一、总则

（一）为建立教学督导制度，加强对学院教育工作的监督检查，充分发挥我院学术造诣高和责任心强的老教师的作用，指导和参与教学建设和教学改革，指导改善教学方法，提高教学效果，热爱教育、热爱学生，做好教书育人工作，特制定本条例。

（二）教学督导制度是对我院教育工作进行视察、监督、指导、建议的活动，是加强教育管理民主化、规范化的一种措施。

（三）教学督导目的是通过教学督导员对教学文件、资料的调阅，对各种教学活动、培养环节的检查和对学生提供的反馈信息进行调查研究，来正确监督和引导教师形成优良教风，增强教师的责任感，建立和维护良好的教学秩序，进一步提高教育质量。

二、机构

（一）教学督导工作以教学督导为主体，教学督导员由学院从有教学经验的老师中选聘，其中组长各一名，由学院颁发聘书，任期两年，可连聘连任。

（二）资格

1. 具有较高的教育教学水平、丰富的教育及管理工作经验、高度的责任感和事业心。

2. 原则上应具有副教授以上专业技术职称。

3. 爱岗敬业，热心教育研究。

4. 实事求是，坚持原则。

5. 身体健康，能坚持督导工作。

（三）管理

1. 教学督导员应按学院和各教学督导组制订的督导计划开展工作，对不能认真履行职责或工作不认真的督导员，学院有权对其解聘。

2. 学院学术委员会负责本科教学督导组工作的组织和业务协调。

三、教学督导员职责

教学督导员的职责主要是调查研究、监督评估和青年教师的指导。

1. 以维护学院正常的教学秩序、提高教学质量为目标，监督各教研室教学工作的各个环节，包括教师备课、上课、考试、习题课、实验课、课程设计、毕业设计（论文）以及教学管理等的实施情况，对在各教学环节中发现的问题，及时向教务处反馈，以便改进工作。

2. 通过质询、座谈、检查等活动，了解各教研室教学改革、课程建设、师资队伍建设和教材建设的情况与经验。了解师生对学院教学工作有关政策、措施和规定的意见、建议与要求，并及时向教务处反馈。

3. 检查课堂教学。根据年龄与身体条件特点，适度安排、开展听课等调查研究，可根据工作需要及个人情况安排，以能掌握日常教学情况为度。听课工作由学院指定的课程、环节以及随机听课组成。督导组成员要对教师的教风和教学质量提出书面评议意见，作为评价教师课堂教学效果的重要依据。

4. 开展专项检查。接受学院委托，对教师的教学情况、考试试卷或专业的教学与建设状况进行检查、评估和指导。

5. 每学期末，教学督导组应进行认真总结，就学院教风、教学质量、教学秩序、教学管理做出实事求是的评价，对教学改革提出意见；学院就督导提出建议的采纳情况作出相应评价。

四、权益

（一）教学督导员是代表学院执行督导任务，学院相关负责人、工作人员和教师应给予支持和配合，保证督导工作的顺利进行，任何部门和个人不得进行阻挠、干扰督导工作。

（二）学院将保护教学督导员的权益，对故意损害督导员名誉或造成人身伤害的个人或部门给予严肃处理，追究相应责任。

（三）在职教学督导员的报酬将计入工作量。

五、其他

（一）督导员每学期有三次常规性会议，分别在学期初、期中、期末进行，总结前一阶段工作，安排下一阶段工作；每学期末召开一次工作总结汇报会，向学院汇报在教育教学方面发现的问题及建议措施。

（二）本条例自颁布之日起实施。

北京林业大学环境科学与工程学院

2010 年 1 月 15 日

管理规定（六）　北京林业大学环境科学与工程学院听课制度

为了加强对学院日常教学的督促、检查和指导，促进教风、学风建设，提高教学水平和教学质量，特制定本制度。

（一）学院领导听课小组按学院《教学督导组工作条例》的有关规定，对教师进行听课，检查、指导教师教学工作，了解学生学习状况，督促和引导学生把主要精力投入到学习中去。

（二）学院领导每学期听课 5 学时以上，教研室主任每学期听课 10 学时以上，副教授职称以上教师每学期听课 4 学时以上，讲师每学期听课 6 学时以上。

（三）没有教学经历的新进教师须以听课的方式进行教学见习，在进入我院工作当年完成不少于 5 次课的听课任务，并撰写一篇不少于 2 000 字的教学见习总结。

（四）在首次开课过程中，须向所在教研室提出申请，由教研室组织听课，并在课程结束后的课程总结中，对他人所提意见和建议的改进情况予以说明。

（五）听课本着"实事求是，肯定优点，指出不足，意在提高"的原则，采取以下反馈方式：①听课后立即与讲课教师交换意见；②与分管院长、教学秘书反馈听课意见；③教师在听课过程中要注意观察课堂情况，听课结束后应和任课教师就存在问题进行探讨并提出建议；④与教师分批座谈，直接交换意见。学院将根据听课意见，采取措施，及时解决出现的问题。

（六）没有承担教学任务的新进教师必须担任助教，同时鼓励其他新进教师主动担任助教，熟悉备课、批改作业（实验报告）、讲授实验、答疑、习题课等各教学工作环节，为独立承担教学任务做好准备。并在课程结束后，写出助教工作总结，由指导教师签署意见。

（七）对不能按时完成听课任务的教师，应说明理由，并提出补救措施。

（八）所有听课记录于每学期期中检查一次，期末交学院办公室存档。

北京林业大学环境科学与工程学院

2009 年 10 月 15 日

管理规定（七）　北京林业大学环境科学与工程学院新进教师导师培养制实施办法

为加强新进教师培养工作，充分发挥老教师在教学科研工作中的示范和帮带作用，北京林业大学环境科学与工程学院（以下简称学院）从 2009 年起，实施为新进教师配备导师组的措施。为进一步规范新进青年教师导师组培养工作，提升青年教师的思想素质和业务能力，建立一支高水平的青年教师队伍，特制订本办法。

一、指导思想

通过实施新进青年教师导师组制，帮助青年教师尽快完成角色转换，熟悉教学科研，树立师德师风，提升业务技能，确立职业生涯发展规划，为快速成长奠定良好的基础。

二、培养对象

新进青年教师导师制培养对象主要为年龄在 40 周岁（含）以下、每年新入校的没有高校教学、科研经验的专任教师。

我院其他岗位转入教师岗位系列的青年教师也须按本办法实施导师组培养制。

三、导师组选任条件

1. 聘任在副教授及以上专业技术岗位，在教学科研第一线工作，教龄在 10 年以上；

2. 具有良好的师德和优良教风，爱岗敬业，为人师表，治学严谨，对工作认真负责；

3. 具有丰富的教学、科研实践经验，有一定的学术造诣，能够对青年教师进行有效指导；

4. 有条件的教研室可聘请校外知名专家联合担任导师；

5. 导师组成人员至少 2 位，形成导师组。

四、导师组基本职责

1. 根据所指导青年教师的具体情况，制订培养计划；

2. 进行师德教育，帮助青年教师树立正确的育人观念，传授科学的教育思想，培养青年教师实事求是、严谨踏实的工作态度和敬业精神；

3. 指导青年教师参与课堂教学、专业建设、课程建设，通过检查青年教师备课、试讲、旁听、观摩等手段，强化教学各个环节的训练，帮助青年教师学习和掌握正确的教育理念和教学方法；

4. 指导青年教师参与学科建设，融入学科团队和科研团队；帮助青年教师全面了解所在学科科研情况、合理选择研究方向，培养其申请研究课题，独立开展研究工作的能力；

5. 协助教研室安排并指导青年教师进行教育教学实践工作，提高其实践能力。

五、青年教师培养要求

1. 主动接受导师组在思想、业务方面的指导，虚心求教、勤奋好学，认真完成培养计划内容；

2. 完成导师组制定的课程选修、知识学习、科学研究（含教学研究）和实践学习等任务，如实填写《北京林业大学环境科学与工程学院青年教师导师培养记录本》；

3. 在导师组的指导、安排下，每学期至少听课 15 学时（主要听取北京市教学名师、教学基本功大赛获奖等教学效果优秀的教师讲授的课程），并且配合导师做好课程的助教任务；

4. 在导师组指导下，掌握所承担或将要承担讲授课程的结构和内容，学会根据教学大纲组织教学内容、选定教材、开展教学活动；

5. 在导师组指导下，选择科研方向，进入研究团队，参与科学研究，学习科研经验，掌握科研项目申请和开展科研活动的方法，提升科研能力。

六、确定导师及培养期

青年教师导师组由各教研室具体安排和确定。青年教师接受导师组指导和培养时间为两年。

七、培养及考核

1. 导师组及青年教师的管理与考核由各教研室负责具体实施；学院要高度重视青年教师的培养工作，加强青年教师导师组制工作的过程监控和管理，定期对工作进展情况进行检查和督导；

2. 导师组制订培养计划，并填写《北京林业大学环境科学与工程学院青年教师导师培养计划表》，教研室审核签署意见，报学院备案；

3. 青年教师在培养期满后，本人填写《北京林业大学环境科学与工程学院青年教师导师制培养情况考核表》，报送《培养记录本》，由教研室组织至少三位副教授以上专业技术岗位教师组成考核小组，通过试讲、评议教案、科研考核等方式，对青年教师主讲课程的水平、教案质量、科研能力进行考核，科学、客观地评价指导效果。考核分为优秀、合格和不合格三类，教研室自行确定考核标准和办法，优秀比例控制在20%以内，考核结果报学院备案和审批。青年教师申请晋级专业技术岗位，考核结果须在合格以上。

八、政策支持

1. 青年教师在培养期内按坐班制管理，不受额定教学、科研工作量的限制，学院全额发放津贴；如有超过工作量部分，北京林业大学校内绩效工资按学院规定发放；

2. 青年教师在培养期内以北京林业大学作为第一署名单位、本人是第一作者或通讯作者发表的学术论文被 SCI、EI、SSCI、CSSCI 收录，学院将为其报销论文版面费；

3. 学院依据青年教师考核结果为指导教师发放指导费，标准为：优秀每人每年 1 500 元、合格每人每年 1 000 元；

4. 青年教师导师组制是师资队伍建设的一项重要基础性工作，各教研室要重视和加强青年教师培养工作的领导，切实落实青年教师导师组制度。

九、其他

本实施办法自发布之日起实施，由学院负责解释。

北京林业大学环境科学与工程学院

2009 年 9 月 10 日

管理规定（八）　北京林业大学环境科学与工程学院本科毕业论文（设计）工作规定

前言

毕业论文（设计）是实现培养目标的重要教学环节，是本科教学计划的重要组成部分，是学生在校学习的最后阶段和质量总检查，对全面提高教学质量具有重要意义。同时，毕业论文（设计）的质量也是衡量教学水平，学生毕业与学位资格认证的重要依据。为加强北京林业大学环境科学与工程学院（以下简称学院）的本科毕业论文（设计）工作，深化教学改革，全面推进素质教育，特制定本科毕业论文（设计）工作的规定。

一、原则要求

（一）毕业论文（设计）资料的组成

1. 毕业论文文本（或毕业设计说明书及设计图纸），按规定格式撰写、排版、打印、装订；电子文档（含毕业论文或毕业设计说明书及设计图纸等，以光盘形式存储）。

2. 文献综述。

3. 毕业论文（设计）任务书、开题报告、中期检查表、指导教师评价表、评阅人评价表、答辩小组成员评价表和答辩评价表。

4. 其他。

（二）指导教师的职责

1. 毕业论文（设计）实行指导教师负责制，指导教师应对整个毕业论文（设计）阶段的教学活动全面负责。

2. 指导教师原则上应由学院专职讲师及相当职称以上的教师担任。每个指导教师指导学生数原则上不超过 6 名，初次担任毕业论文（设计）指导教师的，指导的学生数不超过 2 名。毕业设计可聘请校外具有中级职称及以上有经验的工程技术人员作为指导教师，学院配备相应的教师参与指导。

3. 指导教师负责确定毕业论文（设计）题目、填写学生毕业论文（设计）任务书。任务书中要明确列出毕业论文（设计）的选题、研究范围、目的和意义、主要内容和基本要求、查阅文献范围和数量、工作进度等。

4. 审定学生拟定的工作计划、实验（设计）方案，批改译文及外文摘要，批改学生文献综述。

5. 学生进入毕业论文（设计）阶段后，指导教师应随时了解学生的工作情况，对毕业论文（设计）中出现的问题及时给予指导。

6. 指导学生正确撰写毕业论文（设计），对学生的毕业论文（设计）进行评定。学生的毕业论文（设计）格式不符合北京林业大学本科毕业论文（设计）撰写规范（北京林业大学环境科学与工程学院修订版）中的规定，指导教师不能同意该学生参加毕业论文（设计）的答辩。必要时向毕业论文工作组和答辩小组介绍学生毕业论文（设计）完成期间的工作表现及论文（设计）完成情况。

7. 负责将学生论文（设计）的文本和电子文档提交到学院统一收藏。

（三）学生应遵守的原则

1. 根据学院公布的毕业论文（设计）选题，结合自己的特长、爱好和工作意向等提出选题申请，获通过后，在指导教师的指导下完成开题报告的相关工作。

2. 在毕业论文（设计）工作期间，遵守实验室（设计场所）的各项规章制度，保持良好的工作环境，服从实验室人员的管理。接受指导教师的指导，按期完成规定的工作任务，不弄虚作假，不抄袭别人的成果。

3. 按要求查阅中外文文献（不少于 15 篇，其中外文文献不少于 5 篇），撰写不少于 1 万字的毕业论文或不少于 1 万字的毕业设计说明书和不少于 8 张的设计图纸（水处理不低于 10 张，以 1 号图纸计）。

4. 毕业论文（设计）完成后，交还指导教师、资料室、实验室的各种资料和借用物品。

5. 毕业论文（设计）格式必须符合北京林业大学本科毕业论文（设计）撰写规范（北京林业大学环境科学与工程学院修订版）中的规定，如不符合，不能参加毕业论文（设计）的答辩工作。

6. 按照规定做好毕业论文（设计）答辩相关事宜，答辩时要求着装正式，仪态端庄。

（四）毕业论文（设计）领导小组与工作小组制度

为了保障环境科学与工程学院本科生毕业论文（设计）工作的质量，成立毕业论文（设计）领导小组与工作小组。领导小组主要负责毕业生论文（设计）题目的审核，协调解决毕业论文（设计）过程中出现的疑难问题，宏观把握本科毕业论文（设计）工作的整体进度与方向。工作小组主要负责本科生毕业论文（设计）开题、中期检查、答辩、修改题目等具体事宜，协调解决毕业论文（设计）过程中出现的具体问题。

（五）毕业论文（设计）工作时间安排

毕业论文（设计）工作时间：本科学习的第 7、8 学期；

选题时间：本科学习的第 7 学期初；

毕业论文（设计）开题报告时间：确定题目以后的 1 个月内；

毕业论文（设计）中期检查时间：本科学习的第 8 学期初；

毕业论文（设计）答辩时间：按照学校要求确定。

（六）毕业论文工作量

毕业论文按照教务处和学院的相关规定，正文（不包括目录、参考文献和致谢）字数不少于 1 万字。具体内容应包括：中英文摘要；绪论；论文主体和结论。其中论文主体包括：实验材料与方法、结果与讨论等部分。

（七）毕业设计工作量

毕业设计工作应包括毕业设计说明书和毕业设计图纸两部分。

设计说明书字数不少于 1 万字，具体内容应包括：中英文摘要、设计原始资料、设计要求、工艺的比较与选择、总平面布置及每一单元的详细计算（应包含计算草图）、工程投资估算与运行成本分析和参考文献。

毕业设计图纸深度应达到扩大初步设计阶段，图纸量不能低于 8 张（水处理不低于 10 张，以 1 号图纸计），其中手绘白纸图不少于 2 张，其他图纸可采用计算机绘图。设计图纸应包括：设计总平面布置图、高程布置图（工艺流程图）和主要构筑物的图。

（八）成绩评定

1. 指导教师、评阅人、答辩小组根据评分标准对毕业论文（设计）做出评定，计分方式均为百分制。学生毕业论文（设计）的总分由开题报告 10%、中期检查 10%、指导教师评分 25%、评阅人评分 15%、答辩小组评分 40%组成。

2. 答辩小组评分。答辩小组成员依据我校制定的《毕业论文答辩小组成员评价表（理工农类适用）》和《毕业设计答辩小组成员评价表》的标准进行评分，取其平均分，确定每个学生的答辩成绩。

3. 毕业论文（设计）的最终成绩由学院答辩委员会给定，采用五级记分：优秀、良好、中等、及格、不及格，优秀的比例不超过 20%，良好的比例不超过 40%。成绩为优秀的论文（设计）总分不得低于 90 分，成绩为良好的论文（设计）总分不得低于 80 分。

4. 在答辩中如果发现学生毕业论文（设计）存在问题，答辩小组报请答辩委员同意后，通知该同学进行二次答辩。

5. 有下列情况之一者，其论文（设计）成绩记为不及格：

（1）参加毕业论文（设计）的实际时间少于规定时间的 2/3；

（2）未完成毕业论文（设计）规定任务；

（3）抄袭、剽窃他人成果，或虚构、伪造数据和结果；

（4）实验、设计、理论、计算有严重错误；

（5）论文（设计）质量未达到基本要求；

（6）第一次答辩成绩低于 60 分；

（7）第二次答辩成绩低于 60 分；

（8）综合成绩低于 60 分。

符合以上 1~8 项，最终成绩被记为不及格的论文（设计），学生如对结果持有异议，可以向学院答辩委员会进行书面申诉，学院答辩委员会应在五个工作日内组织三名以上专家对论文（设计）进行审查并作出裁定，此裁定结果为最终结果。

6. 答辩结束后，学院每个专业推选一篇论文，作为校级优秀论文的候选。

（九）评语规范

1. 毕业论文评语规范

优秀评语：毕业论文选题结合相关科研课题，符合专业培养目标要求，有一定创新性和应用价值；难度适中，综合训练强。论文研究思路清晰，实验设计合理，实验数据准确可靠，分析推理正确。具有从事科学研究工作的初步能力，能熟练掌握和运用所学专业基本理论、基本知识和基本技能分析解决相关理论和实际问题。论文结构严谨，层次清晰，结论正确，行文流畅，语句通顺，格式规范。

答辩过程中能简明扼要阐述论文主要内容，思路清晰，语言表达准确、顺畅，分析归纳科学、合理；回答问题有理论根据，逻辑性强，能抓住要点，对主要问题回答准确。

答辩委员会成员同意通过学士学位论文答辩，建议授予学士学位。

良好评语：毕业论文选题结合相关科研课题，符合专业培养目标要求，有一定应用价值，综合训练强。论文研究方案可行，实验设计较为合理，实验数据准确可靠，分析推理较为正确。具有从事科学研究工作的初步能力，能较为熟练掌握和运用所学专业基本理论、基本知识和基本技能分析解决相关理论和实际问题。论文结构合理，层次清晰，结论正确，行文流畅，格式规范。

答辩过程中能简明扼要阐述论文主要内容，思路较为清晰，语言表达基本准确，分析归纳合理；逻辑性较强，重点较突出，对主要问题回答较准确。

答辩委员会成员同意通过学士学位论文答辩，建议授予学士学位。

中等评语：毕业论文选题结合相关科研课题，符合专业培养目标要求，有一定应用价值，综合训练强。论文研究方案可行，实验设计较为合理，实验数据较为准确。能掌握和运用所学专业基本理论、基本知识和基本技能分析解决相关理论和实际问题。论文结构较合理，结论正确，格式规范。

答辩过程中能阐述论文主要内容，语言表达基本准确，对主要问题回答较准确。

答辩委员会成员同意通过学士学位论文答辩，建议授予学士学位。

及格评语：毕业论文选题基本结合相关科研课题，基本符合专业培养目标要求，有一定应用价值和综合训练性。论文研究方案基本可行，实验设计基本合理，实验数据基本准确。基本能掌握和运用所学专业基本理论、基本知识和基本技能分析解决相关理论和实际问题。论文结构基本合理，结论基本正确，格式规范。

答辩过程中能阐述论文主要内容，语言表达基本准确，对主要问题回答基本准确。

答辩委员会成员同意通过学士学位论文答辩，建议授予学士学位。

不及格评语：毕业论文达不到相关规定要求。

答辩过程中未能阐述论文主要内容，对主要问题回答不准确。

答辩委员会成员同意不通过学士学位论文答辩，建议不授予学士学位。

2. 毕业设计评语规范

优秀评语：毕业设计选题正确，与工程实际能够紧密结合。设计方案思路清晰，工艺合理，设计计算数据准确可靠。设计说明书结构完整，语句通顺，技术用语准确，图表完备，符号统一，编号齐全。所绘设计图纸结构合理、整洁，图样绘制与技术要求符合国家标准，工作量饱满，圆满完成了规定的设计任务。

答辩过程能简明扼要阐述设计思想和内容，思路清晰，语言表达准确、顺畅；回答问题正确、概念清楚、逻辑性强。

答辩委员会成员同意通过学士学位论文答辩，建议授予学士学位。

良好评语：毕业设计选题正确。设计方案思路较为清晰，工艺合理，设计计算数据准确。设计说明书结构较为完整，语句通顺，图表完备，符号统一，编号齐全。所绘设计图纸结构合理，图样绘制与技术要求基本符合国家标准，工作量大，完成了规定的设计任务。

答辩过程能清楚阐述设计思想和内容，思路清晰，语言表达较为准确；回答问题正确、概念清楚。

答辩委员会成员同意通过学士学位论文答辩，建议授予学士学位。

中等评语：毕业设计选题正确。设计方案思路较为清晰，工艺可行，设计计算数据较为准确。设计说明书结构基本完整，图表基本完备。所绘设计图纸结构基本合理，完成了规定的设计任务。

答辩过程能够阐述设计思想和内容，语言表达基本准确；回答问题基本正确。

答辩委员会成员同意通过学士学位论文答辩，建议授予学士学位。

及格评语：毕业设计选题正确。设计工艺基本合理，设计计算数据基本准确。设计说明书结构基本完整。所绘设计图纸结构基本合理，基本完成了规定的设计任务。

答辩过程语言表达基本准确；回答问题基本正确。

答辩委员会成员同意通过学士学位论文答辩，建议授予学士学位。

不及格评语：毕业设计达不到相关规定要求。

答辩过程中未能阐述设计工作的主要内容，对主要问题回答不准确。

答辩委员会成员同意不通过学士学位论文答辩，建议不授予学士学位。

（十）其他

1. 学院和教研室各级领导要定期对毕业论文（设计）进行检查。前期：对开题的准备工作、开题条件进行检查；中期：着重检查学风、工作进度、教师指导情况及存在问题，并采取措施解决存在的问题；后期：组织和参与毕业论文（设计）的答辩与评分工作。

2. 毕业论文（设计）成果为职务成果，归学校所有。毕业论文（设计）工作结束后，所有资料（包括实验记录、原始数据、图纸、图片、影像资料、样品实物等）由指导教师负责收回，交学院作为教学资料保存归档或销毁。

3. 需要保密的毕业论文（设计）按有关规定处理。

二、毕业论文（设计）工作程序

（一）选题

1. 选题原则

（1）符合教学基本要求和人才培养目标，与所学专业密切相关，使学生能够综合运用所学知识和技能。

（2）毕业论文选题原则上应结合学院实际科研课题和工程任务，毕业设计选题原则上应反映国家和社会的需求。

（3）选题应有一定的深度与广度，工作量饱满，使学生在规定的时间内经过努力能按期完成；同时选题要有明确的针对性，使学生有具体工作内容，避免过空过大，在完成毕业论文（设计）过程中得到理论与实践的训练。

（4）原则上一人一题。需几名学生完成的课题，在选题时每个学生必须有各自的侧重点，明确规定每名学生应独立完成的任务。

（5）选题由指导教师提出，可选题目的数量应适当多于学生人数。

（6）选题分配实行学生和指导教师双向选择的方法，学院可根据教师指导学生数量进行适当调整，并将选题情况汇编成表报教务处备案。选题和指导教师一经确定不得随意更改。

（7）双向选择确定后，如果因故需要修改题目，指导教师应与学生协商后，填写《毕业论文（设计）选题方向调整申请表》，学院工作组须进行重新审核，通过后方可按照新题目进行后续工作。

2. 选题工作程序

（1）指导教师提出毕业论文（设计）题目，并填写《北京林业大学环境科学与工程学院本科毕业论文（设计）选题表》，由教研室上交给学院教学办公室；

（2）学院组织相关教师对指导教师提出的题目进行讨论，其程序是教师介绍课题的主要工作内容和预期达到的目标等信息，然后学院老师进行讨论，确定该题目是否适合作为本科毕业论文（设计）的题目。讨论会后，学院会将相关意见与结果进行汇总，经教研室反馈给各位指导教师，由指导教师进行补充、修改，然后按照上述程序再进行讨论，并由毕业论文（设计）工作组审批通过后，方可作为本科毕业论文（设计）的备选题目。

（3）选题分配实行学生和指导教师双向选择的方法。学院组织全体毕业生和指导教师双向选择会，向学生公布备选题目，教师介绍课题的主要工作内容和预期达到的目标等信息，学生据此填报选题志愿，学院根据学生填报的志愿确定论文（设计）题目和指导教师。

（二）本科毕业论文（设计）任务布置

选题工作完成后，指导教师应及时向学生布置毕业论文（设计）工作，并填写《毕业论文（设计）任务书》，确定工作计划，准备开题。

（三）开题

（1）同学填写《北京林业大学环境科学与工程学院本科毕业论文（设计）开题报告》，完成文献综述，并根据开题报告制作汇报的 PPT 文件。

（2）学院毕业论文（设计）工作组组织进行开题报告，由学生在规定的时间内介绍自己的工作计划，开题报告会小组成员对其进行质疑并给出相应的建议，学生回答相关问题，并做好记录。

（3）学生根据开题报告会上的意见对开题报告进行修改，并按规定填写相关信息，然后上交开题报告和文献综述。

（四）中期检查

1. 中期检查内容

（1）前期工作是否完成了规定的任务，论文（设计）工作中尚存在的问题及原因。

（2）后续工作能否按计划实施。

（3）教师对指导工作是否认真负责。

2. 中期检查工作程序

（1）同学填写《本科毕业论文（设计）中期检查表》，并根据工作进展制作汇报的 PPT 文件。

（2）学院毕业论文（设计）工作组组织进行中期检查，由学生在规定的时间内展示工作成果，中期检查小组成员对其进行质疑并给出相应的建议，学生应该回答相关问题，并做好记录。

（3）学生根据中期检查意见对后续工作进行调整。

（4）根据中期检查结果，对进度慢、表现差的学生出示黄牌警告，对指导不力的教师给予批评。

3. 中期检查完成后，学院应及时进行总结，报教务处备案。

（五）答辩

答辩工作要求和程序：

（1）答辩是毕业论文（设计）过程的最后环节，是学院对毕业论文（设计）进行考核、验收的一种形式，也是学生对自己的毕业论文（设计）进一步推敲、修改、深化的过程，对学生的分析能力、概括能力和表述能力的提高有重要的锻炼价值，因此毕业论文（设计）完成以后学院统一组织答辩，以检查学生是否达到了毕业论文（设计）的基本要求。

（2）学院成立毕业论文（设计）答辩委员会。委员会设主任委员、副主任委员各 1 人，委员 3~5 人，秘书由学院教学秘书兼任。答辩委员会下设若干答辩小组，成员 3 人以上，由中级职称及以上教师组成，设组长 1 人，主持答辩会，另设答辩秘书 1 人。指导教师可以参加其指导的学生的答辩会，但不作为该学生的答辩小组成员。答辩小组职责是：审阅学生毕业论文（设计），拟订答辩提纲，组织答辩工作，对学生论文（设计）和答辩进行评价。

（3）学生须于答辩前 10 天将全部资料（论文或设计说明书、设计图纸、电子文档等）交给指导教师，指导教师应对学生的毕业论文（设计）进行认真审查，审查内容包括学习态度与工作量、论文（设计）质量、文献综述、论文（设计说明书）撰写格式规范等，对论文（设计）水平写出书面审查意见交答辩小组。

（4）未经指导教师审查或指导教师认为学生未完成工作任务的论文（设计），不得参加答辩。

（5）答辩委员会对每份毕业论文（设计）安排至少 1 名相关专家进行评阅，并给出评阅分数。毕业论文（设计）须在答辩 3 天前提交给评阅人。

（6）学生应认真准备答辩事宜。答辩中，学生须汇报自己毕业论文（设计）的主要内容，出示全部论文（设计）文件或相关资料，并回答答辩委员会提出的问题。答辩过程中，应做好记录供评定成绩时参考。

（7）答辩结束后，答辩小组对学生的毕业论文（设计）及答辩情况写出评语，依据评分标准给出成绩。

（8）学生毕业论文（设计）答辩结束后，学院对整个过程进行总结，并上交教务处。

（9）毕业论文（设计）的文本和电子文档要按学校和学院的要求上交到学院，由学院统一收藏保管。

三、毕业论文（设计）格式规范

参照《北京林业大学本科毕业论文（设计）撰写规范及模板—环境科学与工程学院修订版》执行。

北京林业大学环境科学与工程学院

2009 年 9 月 10 日

参考文献

[1]　教育部，财政部. 关于实施高等学校本科教学质量与教学改革工程的意见.（教高[2007] 1 号）.2007.

[2]　教育部，财政部. 关于批准第六批高等学校特色专业建设点的通知.（教高函[2010]15 号）.2010.

[3]　教育部. 国家中长期教育改革和发展规划纲要（2010—2020 年）.2010.

[4]　教育部. 国家中长期人才发展规划纲要（2010—2020 年）.2010.

[5]　教育部. 国家教育事业发展第十二个五年规划. 2012.

[6]　教育部高等学校环境科学类教学指导分委员会. 环境科学专业发展战略研究报告. 2011.

[7]　教育部高等学校环境科学类教学指导分委员会. 环境科学专业规范. 2011.

[8]　教育部高等学校环境科学类教学指导分委员会. 环境科学类专业（本科）评估实施办法. 2011.

[9]　教育部高等学校环境科学类教学指导分委员会. 我国环境科学专业发展现状调查报告. 2010.

[10] 段昌群，和树庄. 环境科学专业建设探讨与实践. 北京：科学出版社，2011.